气相色谱及其联用技术
在石油炼制和石油化工中的应用

薛慧峰　编著

U0243413

化学工业出版社

·北京·

本书共分9章，主要内容包括气相色谱基础知识、石油炼制与石油化工产品简介、气态混合烃的分析、轻质馏分油的分析、中间馏分油和重油的分析、石油化工有机小分子和中间产品的分析、高分子聚合物的分析、石油炼制和石油化工生产应急分析、石油炼制和石油化工色谱分析注意事项。

本书具有较强的技术性和针对性，可供从事石油炼制和石油化工分析的技术人员、检测人员，从事石油炼制和石油化工技术开发人员参考，也可供高等学校石油工程、化学工程及其相关专业师生参阅。

图书在版编目（CIP）数据

气相色谱及其联用技术在石油炼制和石油化工中的应用/薛慧峰编著．—北京：化学工业出版社，2019.4
ISBN 978-7-122-33932-4

Ⅰ.①气…　Ⅱ.①薛…　Ⅲ.①气相色谱-应用-石油炼制②气相色谱-应用-石油化工　Ⅳ.①TE62②TE65

中国版本图书馆 CIP 数据核字（2019）第 029524 号

责任编辑：刘　婧　刘兴春　　　　　　　　　文字编辑：汲永臻
责任校对：杜杏然　　　　　　　　　　　　　装帧设计：关　飞

出版发行：化学工业出版社（北京市东城区青年湖南街 13 号　邮政编码 100011）
印　　刷：三河市航远印刷有限公司
装　　订：三河市宇新装订厂
787mm×1092mm　1/16　印张 24¾　字数 566 千字　2020 年 5 月北京第 1 版第 1 次印刷

购书咨询：010-64518888　　售后服务：010-64518899
网　　址：http://www.cip.com.cn
凡购买本书，如有缺损质量问题，本社销售中心负责调换。

定　　价：**138.00 元**　　　　　　　　　　版权所有　违者必究
京化广临字 2020-03

序

对《气相色谱及其联用技术在石油炼制和石油化工中的应用》，我学习该书稿后有如下体会：

紧密结合石油炼制和石油化工流程实践，将气相色谱及其联用技术用于保障产品质量和改善流程做了大量研发工作，具有很强的实用性。

将气相色谱及其联用技术用于诊断生产中的故障和应急分析，对工艺流程的完成起到了有效的辅助和补充作用。

将气相色谱及其联用技术用于生产过程中有害物质及废液的分析，有助于控制排放和对环境及人们健康的影响。

将气相色谱及其联用技术用于分析和诊断催化剂失活的原因，获良好结果。

根据石油炼制和石油化工流程的不同条件和产物，选择气相色谱不同色谱柱和检测器及联用技术，本书提供了有意义的参考和思维方法，提供解决实践中问题的、有意义的一些经验，对气相色谱工作中的实践工作和初学者的培训有良好的补益。

胡之德

2018.01.18

前言

石油是重要的能源和化学品原料，石油产品和石油化工产品已经广泛应用于各个领域，在国民经济和日常生活中发挥着举足轻重的作用。为了充分利用石油资源，更经济、更有效地加工原油，获取高品质的石油产品和后续的石油化工产品，在石油炼制和石油化工（石油炼化）生产与技术开发中需要深层次地分析研究原油、石油馏分和石油化学品的物理化学性质。随着信息化技术和石油炼化行业自身的不断发展，石油炼化生产的精细化、数字化和智能化已经成为目前发展的新趋势，这也符合中国制造 2025 五大工程之一——"智能制造"的发展要求。在推行分子炼油和智能炼厂的过程中，最基础的输入信息就是原料、中间产品、最终产品的详细信息，这就需要通过精细地分析研究石油炼化生产原料及其产品，从分子层面去认识石油炼化生产的原料和产品的组成以及反应过程，为反应机理研究和创新性技术开发提供强有力的技术支撑，同时需要利用大数据库，将各种数据综合加工分析，提出优化方案，实现原油的最佳利用。

为了满足石油炼化生产和技术研究中的分析需求，越来越多的分析技术已经应用于石油炼化生产和技术开发过程，其中使用最多的是气相色谱技术。气相色谱分析技术已经贯穿于石油炼制和石油化工生产的全过程，从原油轻体组成分析到馏分油族组成分析、详细烃组成分析、含硫和含氮化合物分析，从中间产品乙烯丙烯中微量痕量杂质分析到聚合物中残留单体、添加剂和聚合物结构分析，均使用到气相色谱及其联用技术。气相色谱技术是集分离和定性定量为一体的分析技术，其分离能力非常强，特别适合于石油炼化产品这类复杂体系的分析，可以为智能炼厂和分子炼油设计、优化提供详细的基础数据。前处理技术、二维分离技术和高灵敏、高选择性检测技术的发展，进一步扩大了气相色谱技术在石油炼化生产中的应用。在当今技术快速发展的时代，作为一名石油炼化领域的气相色谱分析者，除了熟知气相色谱原理和基础知识外，还应了解气相色谱技术在石油炼化生产中的应用情况，了解石油炼化生产的基础知识和分析需求，了解气相色谱技术的新进展，掌握一些气相色谱仪维护故障排除知识，这样才能更好地服务于石油炼化生产和技术开发。本书将在这些方面给予气相色谱分析者一定的帮助，为解决分析中的实际问题起到抛砖引玉的作用。

本书基本按照石油炼制、石油化工产品的生产顺序，即原油、馏分油、二次加工的油品、石油化工中间体、化工小分子产品、聚合物等的生产顺序，介绍气相色谱及其联用技术在此领域的应用。第1章、第2章简单介绍了色谱技术的基本知识和石油炼化主要产品分布，初次接触本领域的分析人员通过对这部分的阅读可以对色谱技术和石油炼化产品有一个初步的了解。第3章～第5章介绍了气相色谱在气态混合烃、轻质馏分油、中间馏分油及重质油分析中的应用，重点介绍气相色谱及其联用技术在汽柴油组成、含硫化合物、含氮化合物、含氧化合物、非常规添加剂分析中的应用，并介绍了全二维色谱技术分析柴油烃组成含硫化合物、含氮化合物、含氧化合物的应用。第6章介绍气相色谱在聚合单体和小分子中间产品分析中的应用，重点介绍聚合单体乙烯、丙烯、丁二烯中微量杂质的分析，以及中间产品混合芳烃、裂解 C_5、裂解 C_9 的分析。第7章介绍气相色谱及其联用技术在聚合物分析中的应用，重点是聚合物残留单体、聚合物添加剂和聚合物组成分析。第8章针对石油炼化生产中突发的生产问题和产品质量问题，结合实际工作案例，介绍解决突发问题的应急分析思路、方案和相关应用。第9章根据实际工作经验，针对石油炼化分析的特殊性，介绍了气相色谱仪使用中应注意的事项和操作技巧，同时就气相色谱仪购置和验收提出了一些建议，供使用者参考。

本书主要具有以下特点：

① 针对性强，只针对石油炼制和石油化工（石油炼化）行业；

② 内容丰富，不仅介绍了气相色谱及其联用技术在石油炼化行业的应用，还介绍了一些石油炼化的基础知识和分析研究热点；

③ 实用性强，主要内容来自笔者及其分析团队的工作实践，与石油炼化生产和科研结合紧密，与气相色谱仪规范使用结合紧密；

④ 引用标准多，在介绍相关产品分析时，引用了大量现行的相关国内外分析方法标准，便于使用者查找和比对分析，了解标准发展动向。

本书主要内容基于笔者及中国石油天然气股份有限公司石油化工研究院兰州化工研究中心的秦鹏、耿占杰、王芳和赵家琳等的研究结果；书中汽柴油部分含氮化合物、柴油酚类化合物、汽柴油烃组成全二维气相色谱分析，以及重馏分油馏程分析内容，基于中国石油天然气股份有限公司石油化工研究院分析研究室的史得军、马晨菲、陈菲、王春燕、曹青、林骏等的研究结果。本书凝聚了笔者及其分析团队的智慧和结晶，同时也穿插介绍了国内外其他分析工作者的研究成果。在编著本书前及编著过程中，就图书的编写思路、设想和内容与胡之德先生进行过多次讨论，胡先生提出许多宝贵的意见和建议。在完成本书初稿后，再次请教了胡先生，胡先生不仅认真仔细地审阅了全部书稿，修正了一些错误、提出了意见和建议，还提笔为本书写了序。在此对胡先生表示深深的感谢。

限于编著者水平及时间，书中难免出现不当和疏漏之处，恳请读者提出宝贵意见和建议。

薛慧峰

2019 年 1 月

目录

第5章　中间馏分油和重质油的分析　　129

第6章　石油化工有机小分子和中间产品的分析　　173

第 8 章　石油炼制和石油化工生产应急分析　　　314

第9章　石油炼制和石油化工色谱分析注意事项　　355

第1章

气相色谱基础知识

石油炼化领域的色谱分析人员，应熟悉色谱及气相色谱技术的基础知识，如色谱分离原理、色谱分类、气相色谱仪基本结构、气相色谱定性定量的基本方法、石油炼化行业常用的检测器、气相色谱前处理技术等；此外，还需要了解在石油炼化行业使用的气相色谱新技术，如全二维气相色谱技术、中心切割技术、便携式快速气相色谱技术以及其他新技术。掌握了这些基础知识和新技术，有利于分析人员充分利用气相色谱及其联用技术，高效地完成石油炼化生产和科研中的分析检测任务，准确地解决石油炼化生产和科研中遇到的难题，快速地提高自己的分析研究能力和水平。本章结合笔者对色谱、气相色谱及其联用技术的了解和认识，并参考他人的专业书籍，简要介绍气相色谱基础知识，并介绍气相色谱在石油化工应用中的新技术。如果需要详细学习色谱及气相色谱专业知识，推荐大家阅读一些专业书籍，如孙传经编著的《气相色谱分析原理与技术》[1]、傅若农和刘虎威编著的《高分辨气相色谱及高分辨裂解气相色谱》[2]、卢佩章等编著的《色谱理论基础》[3]、俞惟乐和欧庆瑜等编著的《毛细管气相色谱和分离分析新技术》[4] 及许国旺等编著的《现代实用气相色谱法》[5] 等。

1.1 色谱发展简史

色谱技术的提出源于石油烃分离，色谱的发展与石油化学工业密切相关，伴随着石油炼制和石油化工的发展，色谱技术也已经走过了一百多年的路程。1886 年 Engler 和 Boehm 发现当烃类通过活性炭吸附柱时，可以获取饱和烃，这一结果在德国被用来生产石油蜡。1897 年美国石油化学家 D. T. Day 将石油通过填有硅藻土和其他吸附剂的吸附柱，观察到石油组分在通过吸附柱时发生了改变，不同组分流动的速度不同，即出现在吸附柱的不同位置，他于 1900 年在巴黎举行的第一届国际石油会议上报道了这一结果。不久之后这种方法就被美国、俄国和德国的石油化学家开始采用。1906 年俄国植物学家 Mikhails Tsvet（也称 Tswett）研究植物色素时，用石油醚萃取色素，并用装有碳酸钙（CaCO$_3$）吸附剂的玻璃柱分离乙醚萃取液，当萃取液通过竖直玻璃柱时，萃取液在玻璃柱内形成不同颜色的谱带，色谱法的概念也随之诞生。1931 年德国 Kuhn 和 Lederer 重复了 Tswett 实验，用氧化铝和碳酸钙作为分离柱的填料，分离 α-胡萝卜素、β-胡萝卜素和 γ-胡萝卜素，使色谱法开始为人们所重视。1941 年英国化学家 Martin 和 Synge 提出色谱塔板理论，发明液-液分配色谱法[6]，并提出用气体代替液体作流动相的可能性（即气相色谱），为气相色谱技术的提出奠定了基础。1952 年 James 和 Martin 采用气-液分配色谱分析了挥发性脂肪酸，并提出了气-液分配色谱的理论，发明了从理论到实践比较完整的气-液色谱方法[7]，因而获得了 1952 年的诺贝尔化学奖。1955 年 Perkin-Elmer 公司推出了世界上第一台气相色谱仪。1957 年 Golay 开创了开管柱气相色谱法，并在 1957 年美国仪器学会组织的第一届气相色谱会议上发表了第一篇毛细管气相色谱的报告，为毛细管气相色谱随后的发展奠定了重要的基础。1979 年 Dandeneau 和 Zerenner 发明了柔韧性好、惰性内表面易于硅烷化、柱效高的弹性石英毛细管柱[8]，这使得气相色谱柱的制造有了突破性的发展。1991 年 Liu 和 Phillips 开发了全二维气相色谱（GC×GC）技术[9]，全二维气相色谱大幅度提高了气相色谱的峰容量，从而使气相色谱的分离技术又有了质的飞跃。1999 年 Phillips 和 Zoex 公司合作实现了全二维气相色谱技术的商品化。色谱技术发展中的主要贡献者见表 1-1。

表 1-1　色谱技术发展中的主要贡献者

时间	发明者	发明者的贡献
1900 年	D. T. Day	巴黎第一届国际石油会议，发表有关利用石灰岩粉末填充柱，分离原油
1906 年	Tsvet(Tswett)	用碳酸钙作吸附剂分离植物色素，最先提出色谱概念
1931 年	Kuhn,Lederer	用氧化铝和碳酸钙分离 α-胡萝卜素、β-胡萝卜素和 γ-胡萝卜素，使色谱法开始为人们所重视
1938 年	Izmailov,Shraiber	最先使用薄层色谱法
1938 年	Taylor,Uray	用离子交换色谱法分离了锂和钾的同位素
1941 年	Martin,Synge	提出色谱塔板理论；发明液-液分配色谱法；预言了气体可作为流动相（即气相色谱）。1952 年获诺贝尔化学奖
1944 年	Consden 等	发明了纸色谱
1949 年	Macllean	在氧化铝中加入淀粉黏合剂制作薄层板使薄层色谱进入实用阶段
1952 年	Martin,James	从理论和实践方面完善了气-液分配色谱法
1954 年	N. H. Ray	研究热导检测器，出现气相色谱仪的雏形
1955 年	Perkin-Elmer 公司	商品气相色谱仪问世
1956 年	Van Deemter 等	提出色谱速率理论，并应用于气相色谱
1957 年	Golay	发明毛细管柱气相色谱法

时间	发明者	发明者的贡献
1958 年	Mewillian, Harley	同时发明了氢火焰离子化检测器
1959 年	F&M 科学公司	在 Pittsburgh 会议上推出程序升温气相色谱
1959 年	Porath, Flodin	发表凝胶过滤色谱的报告
1964 年	Moore	发明凝胶渗透色谱
1965 年	Giddings	发展了色谱理论，为色谱学的发展奠定了理论基础
1967 年	Kirkland 等	研制高效液相色谱法
1975 年	Small	发明了以离子交换剂为固定相、强电解质为流动相，采用抑制型电导检测的新型离子色谱法
1979 年	Dandeneau, Zerenner	发明了弹性石英毛细管柱
1983 年	Hewlett-Packard 公司	推出 0.53mm 大口径毛细管柱
1991 年	Liu 和 Phillips	提出了全二维气相色谱(GC×GC)技术
1999 年	Phillips 和 Zoex 公司	实现了全二维气相色谱技术的商品化

中国色谱技术研究起步于 1954 年前后，中国科学院大连化学物理研究所卢佩章院士、中国石化石油化工科学研究院陆婉珍院士、中国科学院兰州化学物理研究所俞惟乐教授在中国色谱技术发展中做出了杰出的贡献。

1.2　色谱基本理论

1.2.1　色谱常用术语与定义

保留时间（t_R）是指待测组分（溶质）从被注入进样口到被检测到的时间（出现峰值最大时的时间）。死时间（t_M，也用 t_0 表示）指不被吸附的组分通过色谱柱的时间，在气相色谱中通常用空气、甲烷通过色谱柱的时间表示。调整保留时间（t_R'）等于组分的保留时间（t_R）减去死时间（t_0），即组分在色谱柱中的实际停留时间。

峰高（h）指峰值出现最大值时峰顶到基线的高度。半峰高（$h_{1/2}$）指峰高 1/2 时的高度。

峰宽（W）是指组分流出时峰的起始点到终点基线的距离。半峰宽（$W_{1/2}$）是在色谱峰高 1/2 处的峰宽度，峰宽和半峰宽的单位为时间。

以上术语定义如图 1-1 所示。色谱峰的峰形基本为高斯分布（Gaussian shape），其切点处的高度是峰高的 60.7%，用 $h_{0.607}$ 表示。$0.607h$ 处的峰的宽是高斯分布标准偏差（σ）的 2 倍即 2σ，半峰宽等于 2.35σ（$W_{1/2}=2.35\sigma$），峰宽是标准偏差的 4 倍（$W=4\sigma$）。

色谱柱的柱效是评价色谱性能的主要参数，通常用色谱柱的塔板数来评价柱效，塔

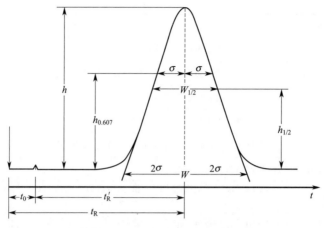

图 1-1 保留时间、峰高、峰宽的图示意

板数越高,色谱柱的总分离效果就越好。塔板数有理论塔板数和有效塔板数之别,理论塔板数(N)由保留时间计算而得,有效塔板数(N_{eff})由调整保留时间计算得到,其定义如下。

理论塔板数(N):$N = 5.44 \left(\dfrac{t_R}{W_{1/2}} \right)^2 = 16 \left(\dfrac{t_R}{W} \right)^2$ (1-1)

有效塔板数(N_{eff}):$N_{eff} = 5.44 \left(\dfrac{t_R'}{W_{1/2}} \right)^2 = 16 \left(\dfrac{t_R'}{W} \right)^2$ (1-2)

分离度(R)为两个相邻峰的分离程度。以两个相邻组分保留时间之差与其峰宽(峰底宽度,W)之和的平均值的比来表示。当 $R=1$ 时,两峰之间有 5% 的重叠;当 $R=1.5$ 时,两峰的分离程度为 99.7%,可视为基线分离。毛细管色谱柱比填充柱有更高的分辨率。

$$R = \frac{2(t_{R,2} - t_{R,1})}{W_2 + W_1}$$ (1-3)

分配系数(K)是指在一定温度下,待测组分(溶质)在固定相和流动相之间达到分配平衡时,组分在固定相中的浓度与流动相中的浓度之比。

$$K = \frac{\text{固定相中溶质的浓度}}{\text{流动相中溶质的浓度}} = \frac{C_S}{C_M}$$ (1-4)

容量因子(k),也称分配比,是指在一定温度下,待测组分(溶质)在固定相和流动相之间达到分配平衡时,组分(溶质)在固定相中的质量与流动相中的质量之比。容量因子 k 与分配系数 K 的关系见式(1-6)。式(1-6)中 β 为相比。

$$k = \frac{\text{固定相中溶质的质量}}{\text{流动相中溶质的质量}} = \frac{m_S}{m_M} = \frac{t_R'}{t_M}$$ (1-5)

$$K = \frac{C_S}{C_M} = \frac{m_S/V_S}{m_M/V_M} = k \frac{V_M}{V_S} = k\beta$$ (1-6)

不对称因子(A_s)指峰高的 10% 处后半部分峰的宽度(b)与前半部分峰的宽度(a)的比值,见式(1-7)。a 和 b 的含义见图 1-2。当 $A_s = 1$,表示峰完全对称;当 $A_s > 1$,为拖尾峰[见图 1-2(b)];$A_s < 1$,为前延峰[见图 1-2(a)]。当 $0.9 < A_s < 1.2$,一般认为是可以接受的。

$$A_s = \frac{b}{a} \qquad (1-7)$$

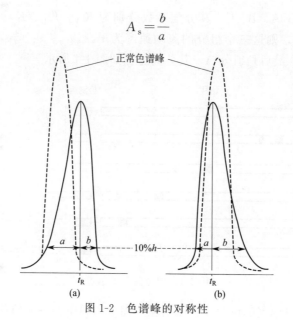

图 1-2　色谱峰的对称性

1.2.2　分离原理

　　色谱法是一种重要的分离分析方法，它是根据组分与固定相和流动相的作用力不同，即分配系数（或容量因子）不同，实现待测组分分离的。

　　分配系数与容量因子（分配比）都是与组分性质、固定相的热力学性质有关的常数，随分离柱温度的改变而变化；在柱箱程序升温的条件下，分配系数与容量因子和柱头压的改变也有关，因为柱头压的改变会影响柱流速，导致保留时间变化，间接引起脱附温度的改变。容量因子与分配系数有不同之处，容量因子与体积无关，而分配系数与体积有关。由于可以通过测定保留时间直接计算出容量因子，所以容量因子的应用比分配系数更广泛。

　　分配系数与容量因子都是衡量色谱柱对组分保留能力的参数，其数值越大，该组分在固定相中的滞留能力越强，其保留时间越长。所以在相同的色谱条件下，分配系数值小的组分则滞留时间短，先从色谱柱流出；待测混合物中分配系数值大的组分在固定相中滞留时间长，从色谱柱流出晚。混合物中各组分的分配系数相差越大，这些组分越容易分离。混合物中各组分的分配系数差异是色谱分离的前提。色谱分离的原理就是待测混合物中各组分在流动相（气体或液体）和在固定相（液体或固体）之间的反复吸附、脱附的过程，因为分配系数 K 的差异，使各组分彼此得到分离（见图1-3）。

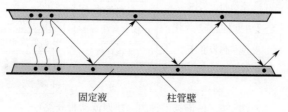

固定液　　　　柱管壁

图 1-3　组分的吸附、脱附过程示意

假如有三个组分 A、B、C，其分配系数分别为 K_A、K_B、K_C，如果 $K_A > K_B > K_C$，载气流速为 v，则这三个组分的流动速率为 $v_A < v_B < v_C < v$，即组分 C 最先流出，其次是组分 B，最后是组分 A，其分离过程如图 1-4 所示。

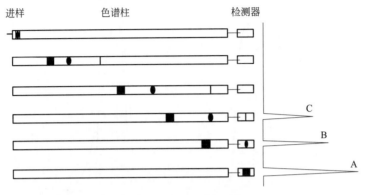

图 1-4　组分的分离示意

由于分配系数是温度的函数，在流动相、固定相和压力一定的条件下，通过调整柱温，如柱初始温度或升温速率，可以改变溶质（组分）的分配系数，从而达到分离的目的。

在流动相、固定相、温度和压力一定的条件下，样品浓度很低时，分配系数只取决于组分的性质，与浓度无关。在大多数情况下，分配系数随着浓度的增大而减小，这时色谱峰为拖尾峰；而有时随着溶质浓度增大，分配系数也增大，这时色谱峰为前延峰。因此，只有尽可能减少进样量，使组分在柱内浓度降低，分配系数恒定时才能获得正常峰。

1.2.3　色谱技术分类

色谱技术的分类方式主要有以下几种。

（1）按流动相的状态分类

按照流动相的状态可分为气相色谱（GC）、超临界流体色谱（SFC）、液相色谱（LC）。液相色谱可进一步细分为薄层色谱（TLC）、高效液相色谱（HPLC）、离子色谱（IC）、凝胶渗透色谱（GPC）。Waters 推出的一款新型色谱——合相色谱，其原理与超临界流体色谱相同，流动相为超临界流体。按照流动相分类的示意见图 1-5。

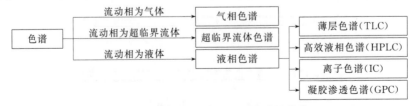

图 1-5　色谱技术种类（按照流动相分类）

（2）按分离原理分类

按照分离原理可分为吸附色谱、分配色谱、离子交换色谱、尺寸排阻色谱（即凝胶渗透色谱），见图1-6。吸附色谱包括气-固吸附色谱、液-固吸附色谱；分配色谱又可分为气-液分配色谱、液-液分配色谱，液-液分配色谱可根据流动相的极性分为正相色谱、反相色谱。

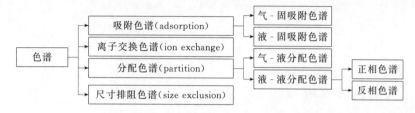

图1-6　色谱技术种类（按分离原理分类）

（3）按固定相支撑体的形状分类

按照固定相支撑体的形态可分为柱色谱、平板色谱。平板色谱又可细分为纸色谱和薄层色谱，见图1-7。

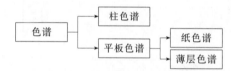

图1-7　色谱技术种类（按固定相支撑体的形状分类）

1.3　气相色谱技术

1.3.1　气相色谱分类

气相色谱技术分类有多种方式。

① 气相色谱技术按照固定相形态分为气-液气相色谱（如现在常用的壁涂开管毛细管柱气相色谱）和气-固气相色谱（如现在常用的分子筛填充柱气相色谱和大口径PLOT柱气相色谱）。

② 按照色谱柱口径分为毛细管柱气相色谱（CGC）和填充柱气相色谱（PGC）。

③ 按照色谱柱维数分为一维气相色谱、多维气相色谱（MGC）和全二维气相色谱（GC×GC）。多维气相色谱由两根或两根以上的色谱柱通过一个阀（或多个阀）连接在一起，或利用中心切割技术（Deans switch），实现复杂组分的分离与检测。全二维气相色谱由两根不同极性的毛细管柱通过调制器连接，实现复杂样品的分离与检测，全二维气相色谱的峰容量远大于多维气相色谱和一维气相色谱。

气相色谱分类见图1-8。

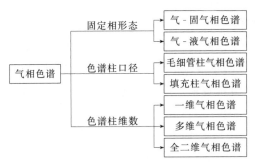

图 1-8　气相色谱分类

1.3.2　气相色谱仪组成

气相色谱仪由进样系统（进样器）、分离系统（色谱柱，以及切换阀或 Dean swith）、检测系统（检测器）和数据记录系统（记录仪、计算机或智能系统等）组成，气路系统见图 1-9。

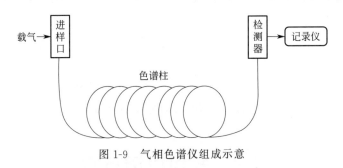

图 1-9　气相色谱仪组成示意

1.3.2.1　进样系统

进样系统由进样器、进样口（汽化室）组成。

（1）进样器

进样器用于样品的导入，通常进样器有手动进样针（注射器）、进样阀、自动液体进样器三种。手动进样针主要用于液体样品的进样，气密性好的大体积的注射器也可以用于气体的手动进样；进样阀主要有气体阀和高压微量液体阀，气体阀用于气体样品的进样，高压微量液体阀用于易汽化液体或含低沸点组成的液体的进样；自动液体进样器主要用于液体样品的进样，不适合易汽化液体或低沸点液体的进样，也不能用于气体的进样。

（2）进样口

进样口用于样品的汽化，常用的进样口有填充柱进样口（packed injector）、分流/不分流进样口（split/splitless injector）、柱头进样口（on-column）、程序升温进样口（PTV）；根据分析的需要，又推出了闪蒸进样口、脉冲分流/不分流进样口。

1）填充柱进样口　该类进样口用于连接填充柱和大口径毛细管柱，随着毛细管柱的推广使用，填充柱进样口使用得越来越少。

2）分流/不分流进样口　是目前最常用的进样口，既可用于分流进样，也可以选择无分流进样，分流比调整范围大，选择方便、灵活。分流进样用于宽沸点样品进样时，可能会产生非线性分流，导致样品的分流不均匀，引起歧视效应；此外，分流进样不适于痕量组分的分析。如果选择无分流进样模式，要注意样品过载引起的溶剂拖尾和分离效果变差的问题。分流/不分流进样口可连接毛细管柱和大口径毛细管柱。

3）柱头进样口　是一种将液体样品在不加热的情况下直接注射到色谱柱柱头上的进样方法。这种进样方法有助于消除样品从进样口到色谱柱传输过程中的损失，减少热不稳定物质的分解，定量精密度好，常用于高沸点油品的模拟蒸馏分析。冷柱头进样相当于无分流进样，要注意进样过载的问题。柱头进样口适于连接填充柱和 $0.53\mu m$ 大口径柱。

4）程序升温进样口　其结合了分流、不分流和冷柱头进样口的优点。此进样方式是将样品注入冷的进样口中，然后程序升高进样口的温度，使样品中待测组分汽化，并进入色谱柱中分离。程序升温进样不存在高温下汽化的热分解问题，也不存在进样瞬间热效应带来的挥发问题；此外，使用程序升温进样口时，可以利用在较低温度下先汽化溶剂，通过大分流除去溶剂，再采用无分流程序升温汽化室，将较高沸点的组分导入色谱柱中，特别适于微量、痕量组分的分析。一般要求待测组分比溶剂的沸点至少高 50℃。

5）闪蒸进样口、脉冲分流/不分流进样口　该类进样口主要用于样品的快速进样，减少样品汽化的歧视效应和热裂解效应。

1.3.2.2　分离系统

气相色谱分离系统由气相色谱柱和切换阀（针对多维色谱技术）组成，其中色谱柱是分离系统的核心部分，也是色谱仪的关键组成部分。

（1）气相色谱柱

气相色谱柱的用途就是利用各待测组分在色谱柱固定相中的分配系数的差异，使组分在通过色谱柱时达到彼此分离。

气相色谱柱的分类方法有多种，常见的分类方法见表 1-2。

表 1-2　气相色谱柱分类方法

分类方法	分类结果
按固定相的聚集状态分类	气-固色谱柱、气-液色谱柱
按分离原理分类	吸附型色谱柱、分配型色谱柱
按色谱柱口径分类	填充柱和毛细管柱 毛细管柱又进一步分为大口径毛细管柱（ID＝0.53mm）、宽口径毛细管柱（ID＝0.32mm）、常规毛细管柱（ID 0.20～0.25mm）、微径毛细管柱（ID＜0.15mm）

根据毛细管柱固定相的涂制方式，毛细管柱又可以分为以下几种。

1）壁涂开管柱（wall coated open tubular column，WCOT）　在柱子的内表面直接涂渍很薄的固定液。为了提高固定液的稳定性，降低固定液在使用过程中的流失，在涂渍过程中通过加入偶联剂进行交联键合，可以改善柱子的耐温性、抗水性和抗溶剂性等性能。石油炼化行业中最常用的 WCOT 柱有石油烃组成分析柱如 PONA 柱、芳烃分析柱如聚乙二醇柱 GEP-20、聚乙二醇改性柱如 FFAP 柱等。

2）多孔层开管柱（porous layer open tubular column，PLOT）　在柱内壁上涂有多孔的固体层吸附剂颗粒。这种多孔层毛细管色谱柱既可以降低相比率，又可以将固定相的膜涂渍得比较薄，有利于传质，提高分析速度。石油炼化行业中最常用的 PLOT 柱有分析轻烃的氧化铝 PONA 柱、分析气体的分子筛 PLOT 柱等。

3）载体涂渍开管柱（support-coated open-tubular，SCOT）　在柱内表面先涂固态载体，然后再涂上固定液。由于内表面涂有载体，增加了比表面积，可以提高固定液的涂渍量，从而提高色谱柱的柱容量。

石油炼化分析常用 WCOT 和 PLOT 柱，很少使用 SCOT。

石油炼化样品绝大多数由烃类化合物构成，组成相对复杂，由于毛细管柱的柱效高、峰容量大，所以，毛细管柱的使用非常广泛。但是，炼厂气分析仪、汽油烃族组成含氧化合物分析仪仍以填充柱为主，可能逐渐会被大口径毛细管柱替代。毛细管柱和填充柱因其柱容量、峰容量、柱效的不同，使用对象也不同，二者的主要差异见表 1-3。

表 1-3　毛细管柱与填充柱的差异

比较项	填充柱	毛细管柱
柱长	<15m	5～100m
固定相涂渍量	大	小
柱容量	大	小
柱效	低	高
峰容量	低	高
定量准确性	好	分流的歧视效应,可能变差
定量重复性	好	分流的歧视效应,可能变差
分析对象	简单样品	复杂样品

对于分配型色谱柱而言，一般按照固定液的极性确定色谱柱的极性，在选择色谱柱时可以根据固定液的极性来选择合适的色谱柱。在气相色谱技术中，用相对极性 P_x 来表示固定液的极性，计算公式见式(1-8)，所用物质有苯/环己烷、乙醇、甲乙酮、硝基甲烷、吡啶。

$$P_x = 100(1 - \frac{q_1 - q_x}{q_1 - q_2}) \tag{1-8}$$

式中　q_1——在 β,β'-氧二丙腈柱上的相对保留值的对数；

$\quad\quad q_2$——在角鲨烷柱上的相对保留值的对数；

$\quad\quad q_x$——在待测柱上的相对保留值的对数。

β,β'-氧二丙腈的 $P=100$，角鲨烷的 $P=0$，其余固定液的 $P_x=0～100$，并分为 5 级，见表 1-4。

表 1-4　固定液（色谱柱）极性

P_x	分级	极性	固定液实例
0～20	0 或 1	非极性和弱极性	角鲨烷、甲基聚硅氧烷
21～40	2	中等极性	DNP、OV-17

P_x	分级	极性	固定液实例
41～60	3	中等极性	氰基聚硅氧烷
61～80	4	极性	聚乙二醇
81～100	5	极性	β,β'-氧二丙腈

（2）切换阀

在气相色谱分离系统中，切换阀是构成分离系统的一个组成部分，主要适用于多维色谱技术。其作用是将第一根色谱柱流出的感兴趣的组分切换到第二根不同极性的色谱柱，进行进一步的分离；或将不感兴趣的组分切出分离系统，缩短分析时间；或减少高沸点组分对分析系统的污染。炼厂气分析仪、裂解气分析仪就是采用了这种阀切换技术，将不同性质的待测组分切入合适的分离柱中，分别进行有效的分离，实现一次进样完成全组分的分析。

切换阀存在一定的死体积，其主要用于填充柱之间的切换。Deans switch（也称中心切割）技术为无死体积切换技术，可以用于毛细管色谱柱之间的无死体积切换，其在许多应用中已经取代阀切换技术。目前 Deans switch 技术在石油炼化行业中也比较常用，主要用于某些特殊组分的切割分离和分析，如汽油中的含氧化合物分析。

1.3.2.3 检测系统

检测系统由检测器和信号放大系统组成。气相色谱检测器用于被分离组分的检测，即待测组分的定性和定量。气相色谱检测器有通用和特殊检测器之分。通用检测器对大多数化合物有响应，可以用于大多数化合物的检测；特殊检测器只对某类化合物有响应，仅限于某类化合物的测定，特殊检测器也称选择性检测器或专用检测器。

表 1-5 是现有的气相色谱检测器。

表 1-5　气相色谱检测器

检测器名称	英文缩写	主要检测对象
氢火焰离子化检测器	FID	有机物。对甲醛、甲酸、四氯化碳的响应很低，对永久性(无极)气体没有响应
热导检测器	TCD	有机物、永久性气体
氧选择性火焰化检测器	O-FID	含氧有机物
电子捕获检测器	ECD	含卤素化物
火焰光度检测器	FPD	含硫、氮、磷等化合物
脉冲火焰光度检测器	PFPD	含硫、氮、磷、砷等 20 多种元素的化合物
硫化学发光检测器	SCD	含硫化合物,包括含硫单质
原子发射光谱检测器	AED	元素检测
电化学硫检测器	ASD	含硫化合物,包括含硫单质,以气体物质为主
氮磷检测器 热离子化检测器	NPD TID、TSD	含氮、磷化合物
氮化学发光检测器	NCD	含氮化合物

检测器名称	英文缩写	主要检测对象
光离子检测器	PID	大多数有机物,芳和烯
脉冲放电氦离子检测器	PDHID/PDD	H_2、O_2、N_2、CO、CO_2、CH_4 和挥发性有机物,用于痕量分析
真空紫外检测器	VUV	通用型检测器,还可以分辨共流出化合物
热能分析检测器	TEA	亚硝基化合物、硝基化合物、含氮化合物

由于不同的检测器检测的对象有别,这就需要根据分析对象的性质选择适当的检测器。石油炼制和石油化工行业最常用的检测器是 FID 和 TCD,FID 检测器主要用于油品和烃类化合物的分析,TCD 检测器主要用于天然气、炼厂气、裂解气中永久性气体的分析。随着人们对车用燃料对环境危害的认识的提高,市场对清洁燃料的需求日益迫切,在石油炼制技术开发和石油产品生产中,不仅要分析检测油品中的总硫、总氮的含量,还需要认识油品中含硫化合物、含氮化合物、含氧化合物的结构,以便有针对性地开展深度脱硫、脱氮技术的研究和产品质量控制。为了完成这些化合物的分析,需要使用配置有 FPD、PFPD、SCD、NCD 等选择性检测器的气相色谱,所以,近几年 SCD、NCD、PFPD 已开始在石油炼制和石油化工生产及科研开发中普遍使用。在丙烯聚合生产聚丙烯、乙烯聚合生产聚乙烯时,丙烯、乙烯中的某些微量、痕量杂质可能会引起聚合催化剂中毒,导致催化活性降低。近年来随着人们对这一问题认识的提高,研究者也着手这方面的色谱分析技术的研究,并取得了可喜的研究成果。一些特殊检测器被用于丙烯、乙烯中的痕量组分测定,如脉冲放电氦离子化检测器(PDHID)可应用于乙烯、丙烯中痕量 CO、CO_2 的分析。

1.3.2.4 气路系统

气路系统由气源和压力控制系统、流量控制系统组成。气路系统主要为气相色谱分离系统提供稳定的载气,为检测器提供工作气体。

常用的载气有氦气(He)、氮气(N_2)、氢气(H_2)和氩气(Ar)等。根据各实验室使用的检测器、分析对象、使用成本等因素,合理选择载气(见表 1-6)。随着先进电子控制技术在气相色谱中的应用,可以稳定地控制各路气体的压力和流量,其中载气有恒压模式或恒流模式,而且载气控制有流量节省模式,可以有效降低载气的用量。

检测器的工作气因检测器的种类不同有差异,如果使用毛细管色谱柱,检测器一般还需要一路尾吹气或补偿气(makeup gas),一般采用氮气或氦气。常用检测器的气体见表 1-6。

表 1-6　常用检查器用的载气和工作气

检测器	FID	TCD	ECD	PFPD	NPD	SCD	NCD
载气	He N_2 H_2	He N_2 H_2 Ar	N_2 CH_4+Ar	N_2 He H_2	He N_2	N_2 He H_2	N_2 He H_2
燃烧气	H_2 空气			H_2 空气	H_2 空气	H_2 空气	H_2 空气

气相色谱用的气体需要经过纯化处理,如脱氧、脱水、脱烃类化合物等处理,对于

微量、痕量分析，还需要进行进一步的纯化处理，降低所用气体中杂质的干扰，提高检测的灵敏度和准确度。

1.4　气相色谱定性定量

1.4.1　气相色谱定性

(1) 保留时间定性

在相同的气相色谱条件下，同一物质（溶质）在同一色谱柱上的保留时间相同。根据这一色谱特性，通过与纯物质比对，定性分析待测样品中未知物。由于各实验室的标准品数量有限，也可以利用文献保留时间定性，但是，即便使用相同制造商、同规格的色谱柱，由于色谱柱自身参数（液膜厚度、液膜均匀性、柱内径）、柱温、柱头压等的微小差异，也可能导致保留时间产生一定波动，影响组分的定性，特别是定性分析石油馏分这种复杂的石油烃混合物。所以，利用文献保留时间定性时需用部分纯物质或标准样品进行验证。

保留时间定性的方法已经在多维气相色谱技术分析天然气、炼厂气、汽油族组成定性分析中得到应用，可以实现一次进样获得烃、永久性气体的定性定量分析数据。

(2) 保留指数定性

保留指数也是气相色谱定性的常用方法之一，保留指数中最常用的是 Kovats 指数和 Van den Dool-Kratz 指数。Kovats 指数为恒温保留指数，用于恒温气相色谱分析定性；Van den Dool-Kratz 指数为程序升温保留指数，用于程序升温气相色谱分析定性。

Kovats 指数（$I_{(i)}$）的计算见式(1-9)

$$I_{(i)} = 100Z + 100 \frac{\lg t'_{R[i]} - \lg t'_{R[Z]}}{\lg t'_{R[Z+1]} - \lg t'_{R[Z]}} \qquad t'_{R[Z]} < t'_{R[i]} < t'_{R[Z+1]} \tag{1-9}$$

式中　$t'_{R[Z]}$——碳原子数为 Z 的正构烷烃的调整保留时间；

$t'_{R[Z+1]}$——碳原子数为 $(Z+1)$ 的正构烷烃的调整保留时间；

$t'_{R[i]}$——出峰在碳原子数为 Z 和 $(Z+1)$ 的正构烷烃之间的组分 i 的调整保留时间。

Van den Dool-Kratz 指数（$I_{PT(i)}$）的计算见式(1-10)：

$$I_{PT(i)} = 100Z + 100 \frac{T_{R(i)} - T_{R(Z)}}{T_{R(Z+1)} - T_{R(Z)}} \qquad T_{R(Z)} < T_{R(i)} < T_{R(Z+1)} \tag{1-10}$$

式中　$T_{R(Z)}$——碳原子数为 Z 的正构烷烃的保留温度；

$T_{R(Z+1)}$——碳原子数为 $(Z+1)$ 的正构烷烃的保留温度；

$T_{R(i)}$——出峰在碳原子数为 Z 和 $(Z+1)$ 的正构烷烃之间的组分 i 的保留温度。

可以用保留时间与程序升温速率计算出保留温度（T_R）。式(1-10)适于线性程序升温的保留指数计算，对于非线性程序升温，可能存在起始温度恒温段、中间温度恒温段、终止温度恒温段，在恒温段时保留温度（T_R）相同，不能再用式(1-10)计算，可以用式(1-11)计算。

$$I_{\text{PT}(i)} = 100Z + 100 \frac{t_{\text{R}(i)} - t_{\text{R}(Z)}}{t_{\text{R}(Z+1)} - t_{\text{R}(Z)}} \quad t_{\text{R}(Z)} < t_{\text{R}(i)} < t_{\text{R}(Z+1)} \tag{1-11}$$

式中 $t_{\text{R}(Z)}$ ——碳原子数为 Z 的正构烷烃的保留时间；

      $t_{\text{R}(Z+1)}$ ——碳原子数为（$Z+1$）的正构烷烃的保留时间；

      $t_{\text{R}(i)}$ ——出峰在碳原子数为 Z 和（$Z+1$）的正构烷烃之间的组分 i 的保留时间。

这种保留指数采用相邻两个参考峰（正构烷烃）的保留指数进行校正计算，减少了分析条件的微小波动引起的随机误差，使定性分析更准确。这种方法已经在石油炼制馏分油单体烃组成分析和族组成分析中普遍使用，用于馏分油中单体烃定性，如热裂解制乙烯原料石脑油、催化裂化汽油的单体烃专用分析仪，实现了用保留时间自动计算保留指数，并定性单体烃的过程。

（3）保留时间与化合物结构关系定性

化合物在色谱柱上的保留行为与组分（化合物）自身的结构、性质有关，对于结构类似于同系物的化合物，其保留时间与碳原子数、杂原子数、甲基个数、亚甲基个数、苯环数等有一定的关系，根据这一特性，通过内插法用已知化合物的结构推出未知化合物的结构。图 1-10 是含硫化合物保留时间与结构碳原子数（或亚甲基数）的关系图，图 1-10(a) 是在不同线性程序升柱温的条件下 $C_1 \sim C_6$ 正硫醇（甲硫醇、乙硫醇、丙硫醇、丁硫醇、戊硫醇、己硫醇）的保留时间与碳原子数的关系曲线，图 1-10(b) 是在不同线性程序升柱温的条件下二甲基二硫醚、二甲基三硫醚、二甲基四硫醚的保留时间与碳原子数的关系。

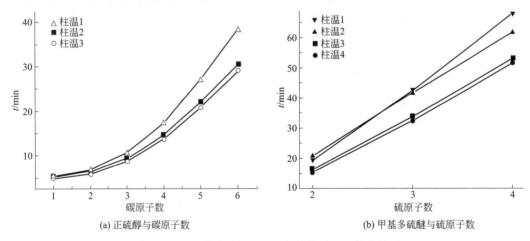

(a) 正硫醇与碳原子数　　　　　　　　　(b) 甲基多硫醚与硫原子数

图 1-10　含硫化合物保留时间与结构碳原子数的关系

（4）特殊基团反应特性

可以利用化合物中某些特殊基团与某些试剂能发生特殊反应的这一特性，通过分析反应前后的样品，对样品中含有特殊基团的化合物进行类别的定性，如果再辅以其他定性技术如气相色谱-质谱技术，可以进行准确的定性分析。

多数二次加工的油品含烯烃，利用烯烃可以发生加成反应这一特性，通过分析加成反应前后的样品，确定烯烃。笔者实验室采用硫酸与 FCC 轻汽油反应，测定 FCC 轻汽油中烯烃，反应后消失或峰强度明显减小的峰为烯烃（见图 1-11），并联合 GC-MS 和醚化反应组成的变化，确定了烯烃的结构[10]。裂解汽油中不仅富含单烯烃，还富含共轭二烯烃，通过加氢反应可以确定主要烯烃，通过与马来酸酐发生共轭二烯烃的［2＋4］加成反应，可以确定主要共轭二烯烃。图 1-12 是裂解汽油 C₉ 馏分加氢前后的比对，加氢后消失的峰为烯烃[11]。

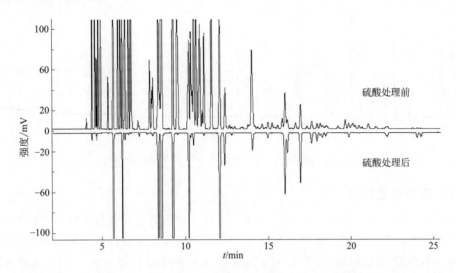

图 1-11　FCC 轻汽油与硫酸反应前后的气相色谱图

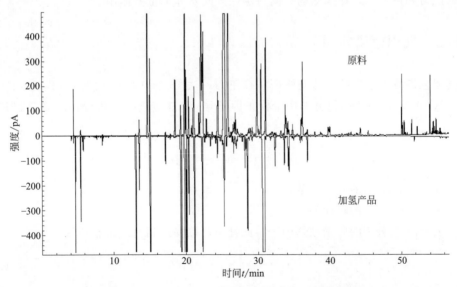

图 1-12　裂解汽油 C₉ 馏分加氢前后的气相色谱图

（5）选择性检测器

利用选择性检测器仅对某些含杂原子化合物有响应的这一特性，用选择性检测器测定某一类化合物。如火焰光度检测器（FPD）、脉冲火焰光度检测器（PFPD）、硫化学发光检测器（SCD）可以检测含硫化合物；用氮磷检测器（NPD）检测含氮或含磷化合物；用氮化学发光检测器（NCD）检测含氮化合物；用 O-FID 检测含氧化合物。这些选择性检测器已经应用于石油炼化技术研发和工业生产，如汽油中含硫化合物的分析、汽油中含氧化合物的分析、柴油中含氮化合物的分析。图 1-13 为 FCC 汽油中含硫化合物的 GC-SCD 色谱。

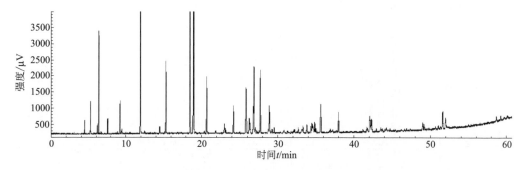

图 1-13　FCC 汽油 GC-SCD 气相色谱（含硫化合物）

(6) 定性联用技术

除了以上的气相色谱定性方法外，还可以将气相色谱与其他仪器联用，用于未知物的分离与定性，气相色谱主要用作分离手段，联用仪器用于定性，目前比较常用的联用技术有气相色谱-质谱联用（GC-MS）、气相色谱-红外光谱联用（GC-IR）、气相色谱-电感耦合等离子体-质谱联用（GC-ICP-MS）。这些定性技术的联用，增强了气相色谱定性分析的能力和可靠性，在未知物分离与定性方面发挥了重要作用[12,13]。

1.4.2　气相色谱定量

气相色谱技术定量的方法有峰面积校正归一法[式(1-12)]、外标法[式(1-14)]、内标法[式(1-15)]，当待测组分的质量校正因子 f_i 非常接近时，可以使用峰面积归一法[式(1-13)]。

$$m_i(\%) = \frac{A_i f_i}{\sum A_i f_i} \times 100 \tag{1-12}$$

式中　m_i——组分 i 的质量分数；

　　　A_i——组分 i 的峰面积；

　　　f_i——组分 i 的质量校正因子（此处也可以使用相对质量校正因子 f_i'）。

$$m_i(\%) = \frac{A_i}{\sum A_i} \times 100 \tag{1-13}$$

$$m_i = A_i f_i = A_i \frac{m_{i(s)}}{A_{i(s)}} \tag{1-14}$$

式中　$m_{i(s)}$——外标样品中组分 i 的质量分数；

　　　$A_{i(s)}$——外标样品中组分 i 的峰面积。

$$m_i = f_i' A_i \frac{m_s}{A_s} \tag{1-15}$$

式中　m_s——待测样品中加入的内标物 s 的质量分数；

　　　A_s——待测样品中加入的内标物 s 的峰面积；

　　　f_i'——组分 i 的相对质量校正因子（组分 i 相对于内标物 s）。

应用峰面积校正归一法或峰面积归一法定量时，样品中全部组分在检测器上有响应，并流出色谱柱被检测。使用外标法、内标法定量时，都需要先测定标准样品，计算出校正因子（f_i）或相对校正因子（f_i'）。

外标法、内标法适合于组成简单的待测样品的定量，或复杂样品中某几个目标化合物的测定；峰面积校正归一法或峰面积归一法既可以用于组成简单的待测样品，也可以用于组成复杂的待测样品。在分析天然气、炼厂气时，多采用外标法定量；在分析汽油单体烃和族组成时，多采用峰面积校正归一法定量。

1.5　气相色谱分析前处理技术

在分析测定样品中的目标化合物时，有许多样品可以直接被导入气相色谱仪中分析测试，但是也有一些样品不能直接被导入气相色谱仪中分析，需要经过一定的处理才能分析，如柴油中硫化物的定性研究、高分子材料中添加剂的分析、石油炼化生产废水中有机物的分析等，这些目标化合物含量相对较低，受样品基质干扰不能直接分析测定，需要采用一定的前处理技术，将样品中的目标化合物从基体中分离出来，并进行富集浓缩后方可分析。

在样品前处理的技术中，液-液萃取、柱层析、蒸馏等传统的前处理技术已经使用多年，因传统的前处理技术仪器设备价格低廉、操作简单、运行成本低，目前还在普遍使用。随着低毒和自动化前处理技术的发展和完善，固相萃取、固相微萃取、微波萃取、快速溶剂萃取、超临界萃取、顶空、吹扫捕集、热脱附、热裂解等已经在气相色谱分析技术中普遍使用，而且有些技术已经实现与气相色谱仪在线连接，如顶空、固相微萃取、吹扫捕集、热脱附、热裂解等。常用的前处理技术及其使用对象见表 1-7。

表 1-7　常用的前处理技术及其使用对象

技术名称	缩写	使用对象	原理及特点
蒸馏		液体样品	利用化合物沸点的差异，将沸点有差异的化合物分离
液-液萃取	LLE	液体、固体样品	利用目标组分在互不相溶溶剂中溶解性的差异，将不同类型的化合物分离
柱层析	LC	液体、固体样品	传统的液-固型液相色谱法，利用样品中组分与吸附剂、洗脱剂作用的差异，将不同的物质分离、富集
液-固萃取	LSE	固体样品	利用溶剂的渗透性和溶质的溶解性，将目标组分从固体中萃取出来
索氏萃取		固体样品	一种液-固萃取法，采用蒸馏的方法将萃取溶剂蒸馏出，进行连续液-固萃取
微波萃取	ME	固体样品	一种微波辅助加热的液-固萃取法，利用微波加热和传递能量，可以加快萃取速度

技术名称	缩写	使用对象	原理及特点
超声波萃取	UE	固体样品	一种超声波辅助的液-固萃取法,利用超声波传递能量,可以加快萃取速度
快速溶剂萃取	ASE	固体样品	在一定压力、温度下的液-固萃取。溶剂用量少、速度快
固相萃取	SPE	液体、固体样品	由柱层析发展而来。采用高比表面的细小颗粒的吸附填料,提高了吸附效率,有效降低了吸附剂的装填量和洗脱剂的用量
固相微萃取	SPME	液体、固体样品	一种微萃取分离技术,利用涂有吸附性材料石英纤维萃取头,将相应的化合物吸附,富集于萃取头上,达到分离浓缩的目的
超临界萃取	SFE	固体样品	利用一定温度、压力下的超临界流体作为萃取剂进行萃取。超临界流体的密度类似液体,溶剂化能力很强;其黏度和扩散系数接近于气体,传递性能和扩散速度很强。其萃取速度快、效率高、溶剂用量少
顶空	HS	液体、固体样品	通过加热升温使挥发性组分从样品基体中挥发出来,富集于顶部,直接抽取顶部气体进行色谱分析。测定样品中挥发性组分的成分
吹扫捕集	PT	水样品	通过气提的方式,将水样中挥发性有机物吹扫出来,富集于冷阱或有吸附剂的吸附阱中,再通过闪蒸,导入气相色谱中
热脱附	TD	气体、固体样品	通过加热将挥发性和半挥发性物质从样品基质或吸附剂(吸附阱)中解吸出来,并导入气相色谱中进行检测
热裂解	PYL	液体、固体样品	通过高温裂解将大分子、高分子组分转化为气相色谱可分析的小分子。用于高分子材料组成分析
凝胶渗透色谱	GPC	液体、固体样品	利用固定相孔径尺寸不同,将不同尺寸的分子进行分离。分子越小进入微孔越深,大分子不能进入孔穴,大分子先流出,小分子后流出。可以用于分离大分子中的小分子化合物
制备液相色谱	LC	液体、固体样品	利用液相色谱的分离原理,分离纯化目标组分

  样品前处理已经成为气相色谱分析中一个重要组成环节,特别在分析方法研究中。现在已经有许多样品前处理技术应用于石油炼化领域,如顶空技术常用于合成橡胶、合成树脂中残留单体和挥发性组分的分析,各种液-固萃取已经广泛用于合成橡胶、合成树脂中添加剂的分离,热脱附技术也已经用于合成橡胶、合成树脂中半挥发性添加剂的分析;在柴油、蜡油和其他重质油烃族组成、含硫化合物、含氮化合物、酚类化合物的分析研究中,柱层析、固相萃取等前处理技术最为常用。前处理过程也是整个油品分析过程中最耗时的一个环节。据统计,在许多分析中,样品前处理过程占据整个分析用时的40%~65%。如果样品前处理方法得当,可以有效降低后续气相色谱分析的难度,简化分析过程,提高分析的准确性和重复性。

1.6 气相色谱联用技术

  可以与气相色谱联用的技术非常多,按照样品分析流程,分为样品前处理(进样)技术联用、分离技术联用和检测技术联用。

1.6.1 前处理技术联用

  已经实现与气相色谱仪在线联用的前处理技术有顶空、吹扫捕集、热脱附、热裂解等。使用这些在线样品前处理技术,可以简化样品前处理操作,不仅提高了工作效率,

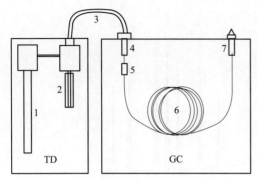

图 1-14　热脱附与气相色谱联用示意

1—热脱附管；2—捕集阱；3—传输线；4—进样口；

5—聚焦附件；6—色谱柱；7—检测器

而且提高了定量的重复性。顶空、热脱附、热裂解等技术已经广泛应用合成树脂和合成橡胶中残留单体和溶剂、添加剂、聚合基体的分析。图 1-14 是热脱附（TD）与气相色谱（GC）联用的示意，图 1-15 是采用 TD-GC 联用分析丁腈橡胶的色谱。

1.6.2　分离技术的联用

与气相色谱联用的分离技术有高效液相色谱技术、凝胶渗透色谱技术。在这种分离联用技术中，高效液相色谱和凝胶渗透色谱起到了在线前处理的作用，通过前处理分离后，将需要的组分段切入气相色谱中进行。图 1-16 是 GPC 与 GC 联用的流程[14]，在测定高分子聚合物中添加剂时，可以采用 GPC 分离高分子聚合物中的添加剂，当溶有聚合物的试样通过 GPC 色谱柱时，大分子添加剂先流出，最后流出的是小分子添加剂，通过示差检测器（RID）检测不同分子量组分的分离情况，当小分子添加剂流经切换阀时，转动阀切换，将添加剂部分切入气相色谱程序升温进样口（PTV）中，在较低的温度下汽化除去大部分溶剂，然后程序升高进样口的温度，将添加剂汽化导入气相色谱柱分离。图 1-17 是采用这种分离联用技术测定聚氯乙烯中酯类增塑剂的色谱[14]。

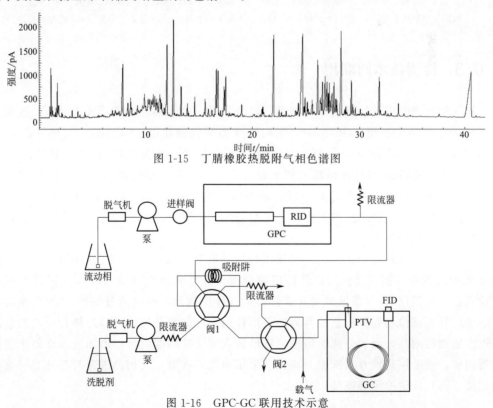

图 1-15　丁腈橡胶热脱附气相色谱图

图 1-16　GPC-GC 联用技术示意

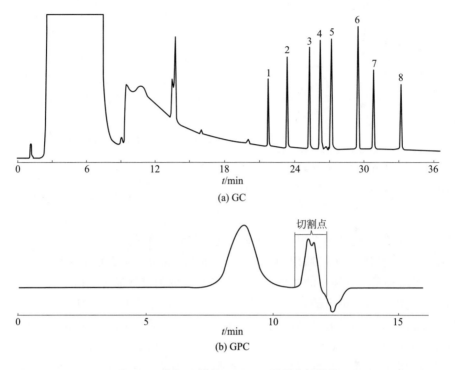

图 1-17　聚氯乙烯的 GPC-GC 联用分析结果

1—邻苯二甲酸二甲酯；2—邻苯二甲酸二乙酯；3—邻苯二甲酸二丙酯；4—邻苯二甲酸二异丁酯；
5—邻苯二甲酸二丁酯；6—正二十二烷；7—邻苯二甲酸丁基苄基酯；8—邻苯二甲酸二（2-乙基）己酯

1.6.3　检测技术的联用

与气相色谱联用的检测技术有质谱、红外光谱、电感耦合等离子体质谱等。连接方式有气相色谱-质谱联用（GC-MS）、气相色谱-红外光谱联用（GC-IR）、气相色谱-红外光谱-质谱联用（GC-IR-MS）、气相色谱-电感耦合等离子体-质谱联用（GC-ICP-MS）。

在使用气相色谱-红外光谱联用技术时，要特别注意气相色谱与红外光谱的接口技术，GC-IR 有三种接口：光管式接口、基质隔离接口和直接沉积式接口。如果 GC-IR 为光管式接口，因光管的扩散效应，会导致分离效果变差，灵敏度降低。由于光管式接口价格低，使用较多。

气相色谱与红外光谱、质谱同时联用时分并联和串联两种方式。采用并联方式时，用 T 形分流管在气相色谱柱出口将流出物分流至红外光谱检测器（红外光谱仪）和质谱检测器（质谱仪），如果选择光管式接口的红外检测器，可以通过调整 T 形分流管出口连接红外光谱检测器和质谱检测器的色谱柱的长度调整分流比，即选择长一点的色谱柱连接质谱检测器，增加分流的阻尼，降低进入质谱检测器的量，增加进入红外光谱检测器的量；或采用其他方式调整分流比。采用串联方式时，气相色谱先与红外光谱检测器连接，再与质谱检测器连接。

1.7 气相色谱新技术

近几年在石油化工领域已经开始使用的气相色谱新技术有全二维气相色谱、Deans switch（中心切割）技术、快速气相色谱、微型气相色谱、气相色谱-高分辨质谱、远程控制技术、气相色谱-液相色谱联用。

1.7.1 全二维气相色谱技术

全二维气相色谱（comprehensive two-dimensional gas chromatography，GC×GC）由 Liu 和 Phillips[9] 提出。全二维气相色谱不同于传统的二维气相色谱，GC×GC 通过一个调制器以串联方式把极性不同又互相独立的两支色谱柱组合在一起，组成二维气相色谱，经第一根色谱柱分离后的每一个馏分，进入调制器聚焦后，再以脉冲方式进入第二根色谱柱中进一步分离，所有组分均进入检测器。色谱图为三维色谱图，峰容量是两个柱（各自峰容量）的乘积。而传统的二维色谱的峰容量是两个柱的加和。

全二维气相色谱的核心部件是调制器，现有的调制器主要有冷阱调制器[9]、热调制器[15] 和阀调制器[16,17] 三种，随着制造技术的发展，有些仪器制造商又推出一些其他调制器，如微板流路调制器[18]、固态热调制器。

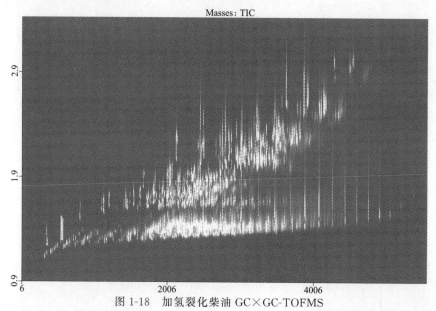

图 1-18　加氢裂化柴油 GC×GC-TOFMS

全二维气相色谱的第二根色谱柱一般采用更高效的微径的开管短柱，以便在第二根柱上快速分离从第一根柱流出的峰族。第二根柱流出的峰宽在 $100\sim200\text{ms}$，普通 FID 检测器和四级杆质谱检测器难以满足这一要求，需要高频 FID 或飞行时间质谱（TOF-MS）。全二维气相色谱技术有以下优点：a. 峰容量大；b. 分辨率高；c. 灵敏度高；d. 分析时间短；e. 定性定量可靠性高。图 1-18 是加氢裂化柴油的全二维气相色谱图。

1.7.2　中心切割技术

中心切割技术（heart cutting）也称 Deans switch 技术，是由 D. R. Deans[19] 最早提出的，并在随后的使用中不断改进和发展[20,21]。中心切割技术就是将两根不同极性的色谱柱，通过 Deans switch 连接起来，用 Deans switch 将从第一根色谱柱流出的感兴趣的组分切割至第二根色谱柱中进一步分离，用于分析复杂样品中目标化合物的分离，或微量和痕量组分的分析。图 1-19 是中心切割连接的示意，在 Deans switch 阀后可以连接两个色谱柱和两个检测器，也可以连接一根色谱柱、一个限流器（也可以用长毛细管柱替代限流器）和两个检测器，还可以连接一根色谱柱、一个限流器（也可以用长毛细管柱替代限流器）和一个检测器，应根据测定需要选择合适的连接方法。利用中心切割技术切割第一维色谱中的某一段流出组分，也可以对第一根色谱柱流出组分进行多段切割（见图 1-20）。图 1-20 是采用中心切割技术对汽油中甲基叔丁基醚（MTBE）和苯、甲苯的分析，在第一根色谱柱上，MTBE 和苯受其他组分干扰严重，不容易定量，经过中心切割后，干扰明显减少，定量准确。

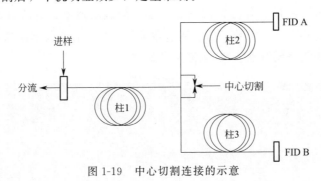

图 1-19　中心切割连接的示意

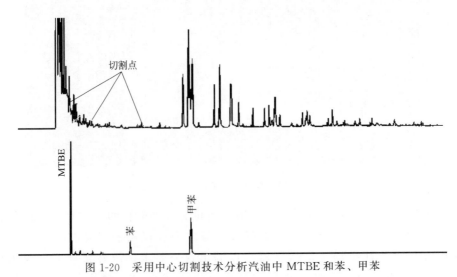

图 1-20　采用中心切割技术分析汽油中 MTBE 和苯、甲苯

1.7.3 快速气相色谱仪

一般采用以下几种途径实现。

(1) 微径毛细管柱 (ID 0.1mm)

微径和窄口径毛细管柱的内径为 0.10～0.18mm，其每米理论塔板数为 5000～10000；常规和宽口径毛细管柱的内径为 0.25～0.32mm，其每米理论塔板数为 3000～5000，柱径越小、柱效越高。利用微径或窄口径毛细管柱的高分辨率，采用高柱头压、高分流比的方式进样，可以实现快速分析。但是，微径和窄口径毛细管柱气阻大，需要提高柱头压；此外，微径和窄口径毛细管柱中固定液涂渍量少，样品负载小，需要高分流比，以便减少样品过载。这种技术适合复杂样的快速分析。图 1-21 是采用 20m×0.18mm×0.18μm 的 HP-INNOWax 窄口径毛细管柱分析芳烃溶剂的色谱[22]。

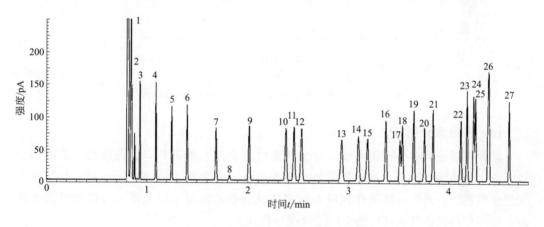

图 1-21　快速气相色谱分析

1—庚烷；2—环己烷；3—正辛烷；4—正壬烷；5—苯；6—癸烷；7—甲苯；8—1,4 二噁烷；
9—十一烷；10—乙苯；11—对二甲苯；12—间二甲苯；13—异丙苯；14—十二烷；15—邻二甲苯；
16—正丙苯；17—邻甲乙苯；18—对甲乙苯；19—叔丁基苯；20—异丁基苯；21—苯乙烯；
22—十三烷；23—1,3-二乙基苯；24—1,2-二乙基苯；25—正丁基苯；26—α-甲基苯乙烯；27—苯乙炔

(2) 大口径毛细管柱 (ID 0.53mm)

利用大口径毛细管柱的气阻小，使分离组分快速通过色谱柱，实现快速分析。由于大口径毛细管柱分辨率相对低一些，峰容量少，适于组成相对简单的样品的快速分析。

(3) 低热容色谱

低热容 (low thermal mass，LTM) 技术把 LTM 色谱柱模块与带有加热器和温度传感器部件的熔融石英毛细管结合在一起，从而可以高速加热或冷却色谱柱，而常规空气浴柱箱需要很高热容量。与常规空气浴柱箱相比，LTM 技术可以显著缩短分析周期，实现快速分析。图 1-22 是用常规空气浴气相色谱和 LTM 气相色谱测定 ASTM D2887 模拟蒸馏参考油 (RGO) 的色谱[23]，色谱图表明，采用 LTM 可以明显缩短分析时间。

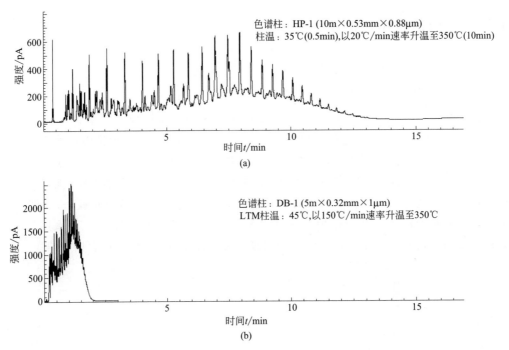

图 1-22　空气浴气相色谱和 LTM 气相色谱测样比较

(4) 多通道分析技术

该分析系统由多个通道组成，每个通道由各自独立的进样口、色谱柱、检测器组成，独立加热独立检测。对于不需要检测的组分，采用阀切换或 Deans switch 切换反吹出分离系统，通过一次进样同时进行多通道分析，实现不同检测项目的同时快速检测，如现在各仪器公司推出的炼厂气快速分析仪。

1.7.4　微型便携式气相色谱仪

微型便携式气相色谱仪由微型化的进样系统、独立加热的微型色谱柱、微型检测器组成，仪器体积小，便于携带移动，适于野外环境和装置在线分析[24]，由于采用高效短柱，所以分离速度快；此外，可以采用多通道组合安装，既可以进行多个样品的同时分析，可以进行一个样品不同组分的同时测定。

微型便携式气相色谱技术已经在石油炼制和石油化工新技术开发中用于在线控制分析[25]，如用于裂化催化剂、工艺技术开发中；用于炼厂气中轻烃和永久性气体的快速在线分析，为催化剂评价及时提供反馈信息；在原油评价研究中，用于轻质、中间馏分油的快速模拟蒸馏分析。

1.7.5　气相色谱-高分辨质谱联用

气相色谱与质谱联用技术主要用于未知物的定性分析，传统的气相色谱-单四极杆质谱的分辨率为单质量数，不能准确测定离子的质量数，当出现共流峰或质谱图比较相近时，很难根据质谱信息进行准确定性，为了能够准确定性，多采用串联质谱技术（GC-MS/MS）定性，或将气相色谱与高分辨扇形磁质谱联用，由于扇形磁质谱价格昂贵，使用扇形磁质谱极少。随着高分辨质谱技术的发展，新一代高分辨质谱可以与气相色谱联用，新推出的有以下几种，其主要差异在于质量分析器。

1）飞行管质量分析器　如 Agilent 的 7200B GC/Q-TOF 和 7250 GC/Q-TOF，采用加长的 U 形飞行管质量分析器，增加离子的飞行距离，从而提高质量分辨率，得到高分辨率的精确质量。

2）多重反射质量分析器　如 Leco 的 Pegasus GC-HRT，采用多反射通道技术（folded flight path^{TM}，FFP^{TM}），在多重反射"飞行箱"内实现多级反射，飞行距离达到 64m，质量精度达 ppb（10^{-9}）级。

3）静电场轨道阱质量分析器　如 Thermo 公司的 Q Exactive GC Orbitrap，该系统将气相色谱技术、四极杆技术和静电场轨道阱（orbitrap）结合在一起，实现更高的分辨率、更好的质量精度、更高的灵敏度，具有三重四极杆质谱仪的定量性能，还具备 orbitrap 技术的高分辨率、精确质量的优势。质量分辨率达 50000，质量精度小于 $1×10^{-6}$。

4）离子淌度质量分析器　如 Waters 将离子淌度质谱（SYNAPT G2-Si）与大气压气相色谱电离源（APGC）技术结合在一起，实现了精确质量数、分离度和离子淌度的结合，可以进行多维质谱分析，采用离子淌度分离技术，可以分析同分异构体。

利用气相色谱-高分辨质谱技术可以精确测定离子质量数，可以用于准确测定石油产品中杂原子化合物，从而达到与烃类基质的分离，便于杂原子化合物的定性分析。

参考文献

[1]　孙传经. 气相色谱分析原理与技术. 北京：化学工业出版社，1979.

[2]　傅若农，刘虎威. 高分辨气相色谱及高分辨裂解气相色谱. 北京：北京理工大学出版社，1992.

[3]　卢佩章，戴朝政，张祥民. 色谱理论基础. 北京：科学出版社，1997.

[4]　俞惟乐，欧庆瑜，等. 毛细管气相色谱和分离分析新技术. 北京：科学出版社，1999.

[5]　许国旺，等. 现代实用气相色谱法. 北京：化学工业出版社，2004.

[6]　Martin A J P，Synge R L M. A new form of chromatogram employing two liquid phases [J]. Biochem. J，1941，35：1358-1368.

[7]　James A T，Martin A J P. Gas-liquid partition chromatography：the separation and micro-estimation of volatile fatty acids from formic acid to dodecanoic acid [J]. Biochem. J. 1952，50：679-690.

[8]　Dandeneau R D，Zerenner E H. An investigation of glasses for capillary gas chromatography [J]. J High Res. Chromatogr.，1979，2（6）：351-456.

[9]　Zaiyou Liu，John B Phillips. Comprehensive two-dimensional gas chromatography using an on-column thermal modulator interface [J]. J. Chromatogr. Sci，1991，29：227-231.

[10]　薛慧峰，秦鹏，赵家林，等. 气相色谱-质谱法分析催化裂化汽油的组成 [J]. 质谱学报，2004，25（1）：17-23.

[11]　薛慧峰，赵家林，秦鹏，等. 热裂解汽油 C$_9$ 馏分加氢产物分析 [A]. 西北地区第三届色谱学术报告会暨甘肃省第八届色谱年会论文集 [C]，2004：191-194.

[12]　薛慧峰. GC-MS 和 GC-IR 技术在石化分析中的应用 [A]. 第八届全国石油化工色谱学术会 [C]，2008：

14-16.

[13] 薛慧峰，赵家林，刘满仓，等．用气相色谱-质谱和气相色谱-红外联用技术分析热裂解汽油 C_9 馏分中的组成 [J]．分析化学，2004，34（9）：1145-1150.

[14] Kobayashi N, Arimoto H, Nishikawa Y. Simultaneous determination of polymer average molar mass and molar mass distribution, and concentration of additives by GPC-GC [J]. J. Microcolumn Sep. , 2000, 12 (9): 501-507.

[15] Marriott P J, Kinghorn R M. Longitudinally Modulated Cryogenic System. A Generally Applicable Approach to Solute Trapping and Mobilization in Gas Chromatography. Anal. Chem. , 1997, 69 (13): 2582-2588.

[16] Bruckner C A, Prazen B J, Synovec R E. Comprehensive two-dimensional high-speed gas chromatography with chemometric analysis. Anal. Chem. , 1998, 70 (14): 2796-2804.

[17] Freye C E, Mu L, Synovec R E. High temperature diaphragm valve-based comprehensive two-dimensional gas chromatography. J. Chromatog, A, 2015, 1424: 127-133.

[18] Seeley J V, Micyus N J, Bandurski S V, et al. Microfluidic deans switch for comprehensive two-dimensional gas chromatography. Anal. Chem. , 2007, 79 (5): 1840-1847.

[19] Deans D R. A new technique for heart cutting in gas chromatography [J]. Chromatographia, 1968, 1 (1-2): 18-22.

[20] Tranchida P Q, Sciarrone D, Dugo P and L. Mondello. Heart-cutting multidimensional gas chromatography: A review of recent evolution, applications, and future prospects. Anal. Chim. Acta, 2012, 716 (24): 66-75.

[21] Pavlova A, Sharafutdinov I, Dobrev D, et al. Determination of Benzene and Oxygenates in Petroleum by Heart-Cutting Gas Chromatography [J]. Anal. Lett. , 2016, 49 (12): 1816-1823.

[22] Zou Y, Xi Z. Fast Analysis of Aromatic Solvent with 0. 18mm I. D. GC column, Agilent Note 5989-7623EN.

[23] Wang C. Fast Hydrocarbon and Sulfur Simulated Distillation Using the Agilent Low Thermal Mass (LTM), Agilent Note 5990-3174EN.

[24] Wang J, Wang H, Duan C, et al. Micro-flame ionization detector with a novel structure for portable gas chromatograph [J]. Talanta, 2010, 82 (3): 1022-1026。

[25] Nachef K, Marty F, Donzier E, et al. Micro gas chromatography sample injector for the analysis of natural gas. J. Microelectromech. Syst. , 2012, 21 (3): 730-738.

第2章

石油炼制与石油化工产品简介

石油炼制和石油化工涉及的生产装置、产品种类多。一方面，不同装置生产的产品组成差异较大，即使类同的装置，由于工艺技术有别或原料不同，其产品组成也有差异。另一方面，不同装置又有一定的关系，一套装置的产品可能是另一套装置的原料，上一套装置产品质量会影响下一套装置的生产情况和产品质量。而企业生产的技术水平、员工素质和产品的质量决定着企业的发展和生命。为了准确检验炼化产品质量，研究原料组成与产品质量之间的关系，深层次研究相关分析技术，从事石油炼制和石油化工分析的人员，不仅需要熟悉相关分析技术，还需要了解一些石油炼制和石油化工生产的基础知识，了解不同生产装置的主要产品分布和其用途，了解不同装置产品的组成特点，了解不同生产技术对产品组成的影响等，这样在面对生产和科研各种分析需求时，才能游刃有余地应对问题。当分析数据发生偏离时，可以及时发现问题所在；当出现异常数据时，可以判断生产问题或产品质量问题所在；当应对生产应急情况时，可以及时提出合理的分析方案，有的放矢。本章根据专家著述和笔者本人 30 年在生产企业工作所了解和学习到的相关知识及气相色谱分析应用，介绍石油炼制和石油化工企业主要生产装置的主要产品分布、各装置产品之间的关系，以及与气相色谱分析相关的基本要求。

石油化学工业是以石油为原料生产各种油品和石油化工产品的工业。根据石油加工技术、原料与产品关系，石油化学工业可以分为石油炼制和石油化工两大领域。石油炼制工业主要是生产石油相关的油品，如汽油、柴油、煤油、润滑油、石蜡等；也生产一些有机化工原料，如石油苯、甲苯、二甲苯、甲基叔丁基醚等。石油化工工业主要是生产合成高分子材料的烯烃如乙烯、丙烯、丁二烯、苯乙烯等；生产合成树脂、合成橡胶、合成纤维等；也生产有机化工原料如苯、甲苯、二甲苯、甲基叔丁基醚、环戊二烯、异戊二烯、异丁烯等。石油化学工业的框架见图 2-1。

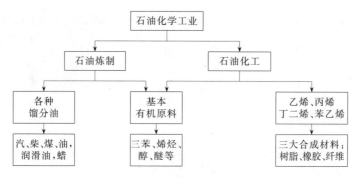

图 2-1 石油化学工业的框架

2.1 石油开采产品

油气藏和油藏经过开采，可以直接获取天然气、凝析油和原油等主要产品。这些产品均为烃类化合物。

天然气主要成分为甲烷，并含有少量氮气、二氧化碳、$C_2 \sim C_4$ 的烷烃和硫化氢。通常需要分析天然气中的甲烷、其他烃及非烃类组分的含量。

凝析油是指从凝析气田的天然气凝析出来的液相组分，又称天然汽油。其主要成分是 $C_5 \sim C_8$ 烃类的混合物，并含有少量的 C_4、$C_9 \sim C_{12}$ 的烃。凝析油是热裂解制乙烯的良好原料，这就需要分析凝析油的单体烃含量或族组成含量以及馏程、硫含量或含硫化合物分布等。

原油主要由链烷烃、环烷烃和芳烃组成，原油中还含极少量的含硫、含氧、含氮等化合物及金属化合物。原油按组成分类可分为石蜡基原油、环烷基原油和中间基原油；按硫含量可分为超低硫原油、低硫原油、含硫原油和高硫原油。作为炼油的原料，需要分析原油的馏程、硫含量、氮含量、密度、盐含量、金属含量等，气相色谱主要可用于原油馏程、原油中轻烃、硫分布、氮分布的分析。

2.2 石油炼制主要产品

石油炼制主要包括原油的一次加工和二次加工。原油的一次加工就是通过蒸馏将原油按照烃组成的沸点不同切割为不同馏分油，原油中的烃分子结构未发生变化。二次加工目的之一就是采用碱洗、吸附、加氢等技术脱除馏分油中含硫化合物、含氮化合物、金属等有害组分；二次加工目的之二就是通过裂化或重整技术等，将常减压蒸馏出的馏分油（混合烃）转化为不同结构的烃，经过转化反应后许多烃的结构已经完全不同于原油中的烃。

石油炼制的龙头装置是常减压蒸馏装置，用于原油的一次加工。原油经过常减压装置的常压蒸馏，得到沸点低于350℃各种馏分，主要有直馏汽油（石脑油）、煤油、直馏柴油，还有一定量的炼厂气和液化石油气。由于在大气压力下350℃以上的馏分中一些成分可能会在其沸点前发生分解，而且能耗高，所以不能采用常压蒸馏技术分离350℃以上的馏分，需采用减压蒸馏技术，这样可以有效降低油品的汽化温度。因此，350℃以上的原油再经过常减压装置的减压蒸馏，得到减压蜡油（VGO油）和减压渣油，减压蜡油用于制取各种润滑油和石蜡，减压蜡油和减压渣油也可作为催化裂化、加氢裂化、延迟焦化的原料。常减压装置出来的各种馏分（包括液化石油气）均由对应碳数的链烷烃、环烷烃、芳烃组成，均不含烯烃。

常减压装置出来的减压蜡油和减压渣油等重质油经过脱硫、脱氮、脱金属等脱杂处理后，被送往催化裂化、加氢裂化、延迟焦化等装置，进行原油的二次加工处理，这些重质油中的大分子化合物在高温和催化剂的作用下，发生分子断裂（即裂解），转化为小分子的烃类化合物，主要产品有炼厂气、汽油、柴油和油浆。

催化裂化装置主要产品是催化裂化汽油、催化裂化柴油和裂化气（炼厂气）。催化裂化汽油富含烯烃、异构烷烃，其辛烷值比较高，经过加氢脱硫处理，可以用于调合❶车用汽油，是国内车用汽油的主要调合组分。催化裂化柴油经过脱硫、脱氮处理，可以用于调合车用柴油。裂化气中富含丙烯，经过分离后可以得到高纯度的炼厂丙烯，主要用于生产聚丙烯和丙烯腈。催化裂解装置有多种催化剂可供选择，有多产汽油型催化剂、多产柴油型催化剂和多产丙烯型催化剂，可以根据市场的变化，调整催化裂化装置用催化剂，增产满足市场需求的产品。

加氢裂化装置可以在氢气和催化剂的作用下将重质油转化为低分子的轻质油——汽油、煤油、柴油。加氢裂化的产品异构烃含量高、芳烃含量低；通过加氢还将原料中的硫、氮、氧等杂质脱除，使烯烃饱和。加氢裂化汽油（石脑油）是铂重整装置的优质原料，也可用于调合车用汽油组分，还可用作热裂解制乙烯的原料。加氢裂化煤油芳烃含量少、烯烃含量极低，是良好的航空喷气燃料。加氢裂化柴油十六烷值高、硫含量低，适合于调合低硫车用柴油。

延迟焦化装置出来的主要产品有焦化气体、焦化汽油、焦化柴油、焦化蜡油和焦炭。由于延迟焦化异构化和芳构化反应少，其产物中的正构烷烃多于催化裂化和加氢裂化的产物。由于延迟焦化原料更偏重质油，延迟焦化产物中的硫氮含量高，需要经过加氢精制才能用于后加工。如焦化汽油经过加氢精制处理后，可以用于热裂解制乙烯的原料。

铂重整装置主要用于生产芳烃。直馏重汽油（重石脑油）或加氢裂化汽油在催化剂的作用下，经过重整得到重整汽油。重整汽油富含的芳烃，经过环丁砜芳烃抽提后，可以生产出甲苯、乙苯、二甲苯、三甲苯；重整汽油的辛烷值高，也可以直接用于调合车用汽油。

蜡油经过糠醛精制、酮苯脱蜡，可以生产出润滑油和石蜡。

炼油厂主要装置之间原料转移和主要产品示意见图2-2。

---

❶ 根据《石油产品术语标准》（GB/T 4016—2019）规定：将不同组分完全混合以制备特定性质的石油产品的操作过程为调合。

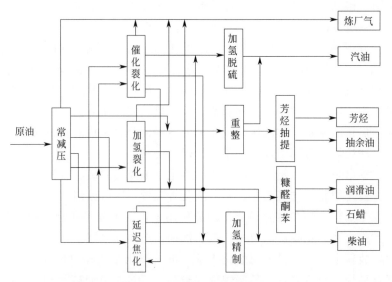

图 2-2　炼油厂主要装置的相互关联及主要产品

炼厂气是炼厂的重要副产品，可以分离出非常有价值的小分子烃和氢气。不同装置产的炼厂气，组成差异较大，如催化裂化装置炼厂气富含丙烯、丁烯、丁烷，催化重整装置的炼厂气主要是氢气，焦化气中主要是甲烷和少量烯烃。炼厂气经过分离可以得到 $C_1 \sim C_4$ 等，C_3 经过进一步分离可以得到聚合级丙烯。含有烯烃的混合 C_4 经过烷基化得到烷基化汽油，通过芳构化得到芳构化汽油，含有烯烃的混合 C_4 经过与甲醇发生醚化反应可以得到甲基叔丁基醚（MTBE），烷基化汽油、芳构化汽油和 MTBE 均是调合高辛烷值车用汽油的组分。图 2-3 是炼厂气分离示意。

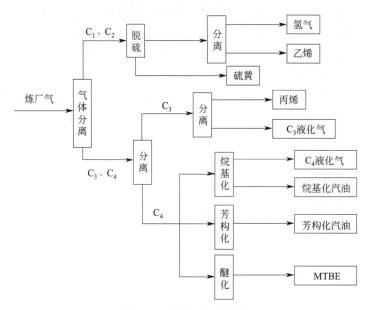

图 2-3　炼厂气分离示意

汽油脱硫是近几年车用汽油质量升级的主要攻关课题，2017 年 1 月 1 日实施的国 V

车用汽油的硫含量限值已经降至 10mg/kg。汽油脱硫主要是指脱除车用汽油调合组分油——催化裂化汽油（FCC 汽油）中的硫含量，脱除技术以加氢脱硫技术和吸附脱硫技术为主。根据 FCC 汽油中含硫化合物分布的特点——主要为噻吩类硫化物，且分布于重汽油中，因此，采用分段加氢脱硫，主要针对含硫多的重汽油加氢脱硫，这样既可以有效脱除 FCC 汽油中的含硫化合物，又可以减少因加氢导致 FCC 轻汽油中高辛烷值烯烃的损失。图 2-4 是 FCC 汽油深度加氢脱硫工艺流程示意。

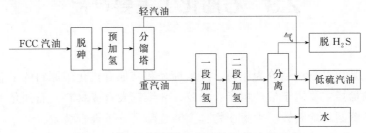

图 2-4　FCC 汽油深度加氢脱硫工艺流程示意

石油炼制产业链的主要产品见图 2-5。

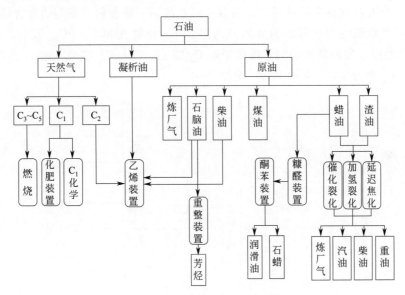

图 2-5　石油炼制产业链的主要产品

在石油炼制生产和技术开发中，除了关注原油及其馏分油、原油二次加工油品的馏程、密度、硫含量、氮含量、金属含量、盐含量常规分析项目外，现在越来越关注决定馏分油性质的关键参数——烃组成。通过对原油及其馏分油、二次加工油详细烃组成的分析，人们希望从分子水平去研究和认识炼油过程，实现突破性的技术革新；此外，油品中的有害组分脱除仍然是一个需要关注的研究课题，如油品中含硫化合物不仅易引起设备腐蚀，还易引起许多催化剂中毒失活；馏分油中的碱性含氮化合物易引起催化剂的酸性活性组成中毒；二次加工油品中的二烯烃，在后续加工中容易聚合生成大分子，会附着于催化剂上，影响催化剂的活性。为了研究催化剂中毒的原因和机理，这就需要通过分析研究确认中毒原因和这些有害组分的分子结构。现代分析技术水平的不断进步，为分析这些复杂体系的组成提供有效的技术手段，在众多分析技术中，气相色谱技术集分离技术与定性、定量技术为一体，分析有机化合物的优势显著，气相色谱与样品前处理技术、各种定性技术联用，进一步扩大了其功能，气相色谱可以用于轻质馏分、中间馏分、重馏分中烃组成、含硫化合物、含氮化合物、含氧化合物的结构分析，也可用重质油馏程、硫分布、氮分布的分析。

2.3　石油化工主要产品

石油化工是指以石油馏分为原料，产生烯烃和其他有机化工原料的工业。从石油烃中生产得到的烯烃主要用于生产树脂、橡胶、纤维三大合成材料。石油化工的主要装置有石油烃热裂解制乙烯装置、裂解产物分离装置和高分子聚合装置。

石油烃热裂解制乙烯装置是石油化工的龙头装置，其原料主要有轻烃、直馏汽油（石脑油）、凝析油、轻柴油和乙烷等，其主要产物是乙烯、丙烯、丁二烯，这些小分子烯烃构成了三大合成材料的基料。石油混合烃在高温下热裂解，断裂为富含烯烃的裂解产物，裂解产物经过初分离塔的分离得到 $C_1 \sim C_4$ 裂解气和 $C_5 \sim C_{10}$ 裂解汽油。$C_5 \sim C_{10}$ 裂解汽油经过分离塔再切割，得到裂解 C_5 馏分、$C_6 \sim C_8$ 馏分（或 $C_6 \sim C_7$ 馏分和 C_8 馏分）、C_9 馏分、C_{10} 以上馏分（见图 2-6）。

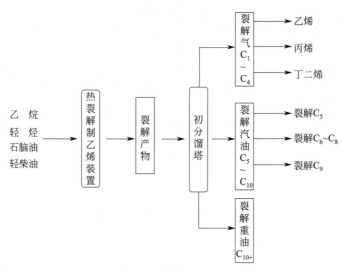

图 2-6　石油烃热裂解制乙烯装置主要产物

$C_1 \sim C_4$ 裂解气富含烯烃和二烯烃，经过分离可以得到混合 C_2、混合 C_3 和混合 C_4。混合 C_2 经加氢除炔烃，再分离精制得到聚合级乙烯，用于生产聚乙烯和乙丙橡胶。混合 C_3 经加氢除炔烃、二烯烃，再分离精制得到聚合级丙烯，用于生产聚丙烯和乙丙橡胶。丙烯经过丙烯腈装置的氨氧化得到丙烯腈，用于生产丁腈橡胶、腈纶。$C_1 \sim C_4$ 裂解气的分离及产物分布见图 2-7。

裂解混合 C_4 馏分经过溶剂抽提（如乙腈法、二甲基甲酰胺法、N-甲基吡咯烷酮

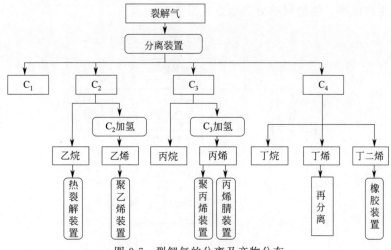

图 2-7 裂解气的分离及产物分布

法），分离得到丁二烯；抽余 C_4 进入 MTBE 装置，抽余 C_4 中的异丁烯与甲醇反应制取甲基叔丁基醚（MTBE）；其余 C_4 再经过精馏分离得到丁烷、1-丁烯、2-丁烯，也可以直接通过烷基化、齐聚反应生产高辛烷值的汽油。甲基叔丁基醚经过裂解又可以生产高纯度的异丁烯。丁二烯是生产顺丁橡胶、丁腈橡胶的主要原料，异丁烯可用于生产丁基橡胶、聚异丁烯和甲基丙烯酸甲酯（MMA），1-丁烯可以用于聚乙烯的第二共聚单体，1-丁烯和 2-丁烯可以用于生产仲丁醇、丁酮。混合 C_4 分离示意见图 2-8。

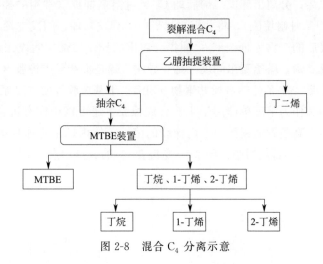

图 2-8　混合 C_4 分离示意

　　裂解汽油经过切割分离得到裂解 C_5、裂解汽油 $C_6 \sim C_7$ 馏分（或 $C_6 \sim C_8$ 馏分）和裂解 C_9。裂解汽油 $C_6 \sim C_7$ 馏分（或 $C_6 \sim C_8$ 馏分）富含芳烃，经过一段加氢除去二烯烃、含硫化合物，二段加氢除去烯烃后，将裂解汽油中的不饱和烃均转化为饱和烃，然后经过环丁砜抽提（芳烃抽提装置），可以将芳烃抽提于环丁砜中，实现与其他烃分离。加氢后的裂解汽油再经过蒸馏分离后，可以生产出苯、甲苯、乙苯和二甲苯。现在采用将 C_8 馏分单独切割出来，从 C_8 馏分直接分离出苯乙烯和乙苯、二甲苯，避免将裂解汽油中的苯乙烯加氢为乙苯，再将乙苯氧化脱氢制取苯乙烯，从 C_8 馏分直接分离苯乙烯可以降低生产成本。裂解汽油分离示意见图 2-9。

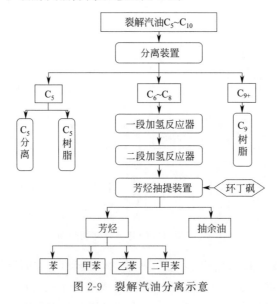

图 2-9　裂解汽油分离示意

裂解 C$_5$ 馏分富含异戊二烯、环戊二烯、间戊二烯,经过分离可以生产出相应的异戊二烯、环戊二烯、间戊二烯等。裂解 C$_5$ 先经过热聚合,环戊二烯很容易发生热聚生成二聚体——双环戊二烯,通过蒸馏容易将双环戊二烯与其他 C$_5$ 分离;双环戊二烯再经过热解聚又得到环戊二烯;分离出环戊二烯后的 C$_5$ 经过溶剂抽提(常用的抽提剂有乙腈、二甲基甲酰胺、N-甲基吡咯烷酮),将共轭二烯烃——异戊二烯、间戊二烯与其他 C$_5$ 分离,抽提出共轭二烯烃后的产物为抽余 C$_5$;抽提分离出的异戊二烯、间戊二烯混合物经过蒸馏,塔顶流出异戊二烯,塔釜流出间戊二烯。异戊二烯是生产异戊橡胶(天然橡胶的主题结构)、苯乙烯-异戊二烯-苯乙烯嵌段共聚物(SIS)、丁基橡胶等的主要原料。环戊二烯可用于生产石油树脂和作为第三单体用于生产合成橡胶,还可以用作有机合成的基本原料。间戊二烯常用于生产高级石油树脂、乙丙橡胶的第三单体丙烯基降冰片烯。裂解 C$_5$ 馏分也可以直接用于生产 C$_5$ 石油树脂。图 2-10 是混合 C$_5$ 的分离示意。

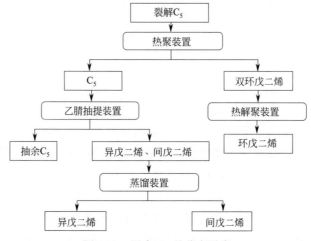

图 2-10　混合 C$_5$ 的分离示意

从热裂解气中分离出的乙烯、丙烯、丁二烯、苯乙烯、异戊二烯，以及丙烯氨氧化得到的丙烯腈构成了三大合成材料的主要基本原料，这些聚合单体经过均聚、共聚得到相应聚合物。

乙烯经过均聚或与第二单体如1-丁烯、1-己烯共聚用于生产聚乙烯，主要产品有线型低密度聚乙烯（LLDPE）、低密度聚乙烯（LDPE）、中密度聚乙烯（MDPE）、高密度聚乙烯（HDPE）等。乙烯的主要聚合产品见图 2-11。

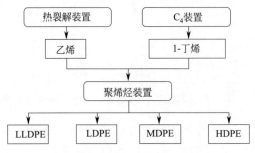

图 2-11　乙烯的主要聚合产品

丙烯主要来自催化裂化装置（FCC 装置）和热裂解制乙烯装置（热裂解装置）。丙烯主要用作聚合单体，用于生产聚丙烯。此外，丙烯经过氨氧化（丙烯腈装置）可以生产丙烯腈，丙烯腈是腈纶的主要原料，也是生产丁腈橡胶（NBR）、苯乙烯-丁二烯-丙烯腈树脂（ABS）、苯乙烯-丙烯腈树脂（SAN）的主要原料之一。与丙烯相关的主要产品见图 2-12。

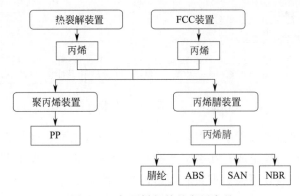

图 2-12　与丙烯相关的主要产品

苯乙烯、丁二烯、丙烯腈、异戊二烯是合成橡胶和树脂的主要单体。苯乙烯主要由乙苯氧化脱氢生产获得，也有一部分来自裂解汽油 C_8 的直接分离。苯乙烯均聚可以生产聚苯乙烯（PS），苯乙烯与丁二烯共聚可以生产丁苯橡胶（SBR），苯乙烯与丁二烯嵌段共聚可以生产苯乙烯-丁二烯-苯乙烯热塑性弹性体（SBS），苯乙烯与异戊二烯嵌段共聚可以生产苯乙烯-异戊二烯-苯乙烯热塑性弹性体（SIS），苯乙烯与丙烯腈共聚可以获得苯乙烯-丙烯腈树脂（SAN），苯乙烯与丁二烯、丙烯腈三元共聚可以获得苯乙烯-丁二烯-丙烯腈树脂（ABS）；丁二烯是橡胶的主要原料之一，丁二烯均聚得到顺丁橡胶（NR），丁二烯与苯乙烯共聚可以生产 SBR，丁二烯与丙烯腈共聚可以生产抗油性高的丁腈橡胶（NBR），异戊二烯聚合可以生产异戊橡胶，结构与天然橡胶相近。丁二烯、苯乙烯、丙烯腈、异戊二烯聚合产物分布见图2-13。

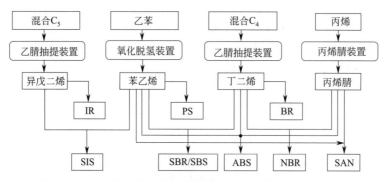

图 2-13　丁二烯、苯乙烯、丙烯腈、异戊二烯聚合产物分布

从天然气、炼厂气、裂解气中分离出的 C_1（甲烷）用途也非常广泛。C_1 以前主要用于燃烧，随着人们对 C_1 化学的认识，C_1 的用途越来越多，可以生产合成氨、甲醇、低碳醇、乙烯、二甲醚、MTBE、甲酯等众多化学品，C_1 的主要衍生物分布见图2-14。

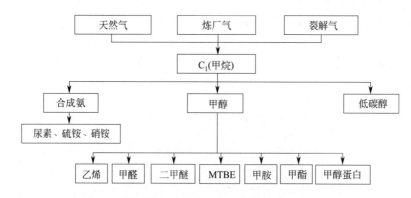

图 2-14　C_1 的主要衍生物分布

在石油烃热裂解生产过程中，需要测定原料——石脑油、轻烃、轻柴油的烃组成，还需要分析裂解产物的烃组成；在裂解产物初分离过程中，需要对其烃组成进行分析，确定分离效果并为后续分离提供重要的数据；在分离聚合用单体烯烃时，需要测定单体烃的纯度、杂质成分及含量；在裂解汽油加氢生产芳烃抽提原料时，需要分析加氢原料及产品的烃组成，特别是二烯烃、含硫化合物等；在环丁砜抽提芳烃生产中，需要分析抽提原料烃组成、抽余油中的残留抽提剂、抽提产品的芳烃组成和残留非芳烃；在三苯分离过程中，需要测定苯、甲苯、乙苯、二甲苯的纯度；在合成橡胶、合成树脂聚合生产中，除了需要测定聚合单体的纯度外，还要分析可导致聚合催化剂中毒的致毒性有害组分，这些都可以采用气相色谱分析技术解决。此外，在石油化工生产中，还需要针对生产的突发生产异常问题和产品质量问题，及时分析研究，通过对原料、产品的分析研究，确定引发问题的原因。

石油是生产各种油品、化学品的主要原料，根据上述对各生产装置主要原料和产品的简介，将石油化学工业的主要产品汇总，见图2-15，便于分析人员直观地了解石油炼制和石油化工的主要产品及相互之间的关系。作为分析人员，需要了解一些石油炼制和石油化工工艺知识和主要产品分布情况，才能更有效地发挥分析的诊断作用，优化生产工艺，提升产品质量，降低生产成本。如果欲学习石油炼制和石油化工的详细知识，请阅读相关专业的书籍，如侯祥麟院士主编的《中国炼油技术》[1]、邹长军主编的《石油化工工艺学》[2] 以及其他专业人士编写的书籍[3~6]。

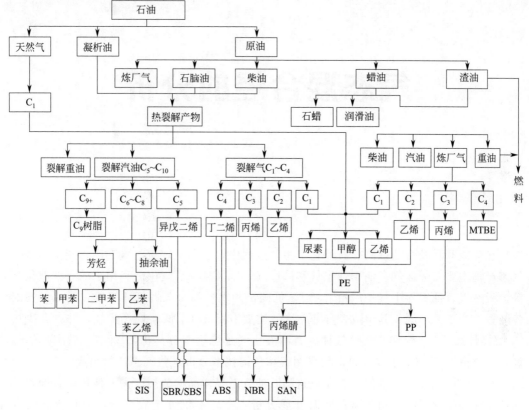

图 2-15　石油化学工业的主要产品汇总

参考文献

[1]　侯祥麟. 中国炼油技术. 北京：中国石化出版社，2001.
[2]　邹长军. 石油化工工艺学. 北京：化学工业出版社，2017.
[3]　曾念华. 石油炼制. 北京：化学工业出版社，2009.
[4]　Surinder Parkash. 石油炼制工艺手册. 孙兆林，王海彦，赵杉林译. 北京：中国石化出版社，2007.
[5]　沈本贤. 石油炼制工艺学. 北京：中国石化出版社，2010.
[6]　《石油和石化工业概述》编写组. 石油和石化工业概述. 北京：中国石化出版社，2010.

第 3 章

气态混合烃的分析

在原油开采及石油炼制、石油化工生产过程中，会有一定量的气态产物产生，这些气态产物主要有天然气、油田伴生气和炼厂气，以及从炼厂气中分离出来的石油液化气等。天然气、油田伴生气一般由 $C_1 \sim C_4$ 低碳饱和烷烃和永久性气体组成；而炼厂气因各装置生产工艺不同，其组成差异非常大，主要有 $C_1 \sim C_4$ 低碳烷烃烯烃，并含有少量 C_5 烷烃烯烃、C_{6+} 烃和永久性气体。石油液化气是炼厂气分离出 C_1 和 C_2 后剩余的轻烃，主要由 C_3 和 C_4 组成。目前均采用气相色谱技术分析这些气态产物组成。

在 20 世纪 50～70 年代，为完成这类石油气态烃样品的分析，需要使用多台配置不同填充柱和检测器的气相色谱仪同时开展分析[1~3]，不仅分析效率低，而且投入的设备和人力成本都比较高。随着色谱阀技术、色谱柱技术、自控技术和计算机技术的发展，色谱工作者可以有效地将不同填充柱、检测器合理组合在一台色谱仪上，借助预分离柱和切换阀技术，通过多个切换阀的多次切割，将不同的组分按照分子尺寸或极性不同切入合适的色谱柱，从而可以获得更好的分离，并逐一被检测，实现一次进样或多通道同时进样完成全组分的分析[4~6]，这就是天然气和石油开采、石油炼化工生产中普遍使用的天然气、炼厂气多维气相色谱分析技术[7~9]。到了 20 世纪末 21 世纪初，随着 PLOT 色谱柱和微填充色谱柱在石油炼化领域的应用，以及无死体积切换阀和微流板切换技术的使用，又开发了采用大口径毛细管柱分析天然气、炼厂气的多维气相色谱技术，有效改善了分离效果；色谱柱独立加热技术的应用，避免了在同柱箱时不同色谱柱的柱温不能最佳化的问题；此外，大口径毛细管柱和分区加热技术的应用，使得气相色谱仪的体积可以小型化，色谱工作者又开发了便携式或微型炼厂气、天然气分析技术[10,11]，适合于中试装置、小型评价装置等的在线控制分析。

本章简要介绍这些分析技术和应用，重点介绍炼厂气的分析和液态烃的分析。

3.1 炼厂气分析

3.1.1 炼厂气组成

炼厂气是石油炼制过程中炼厂产生的气态产物，主要来源于原油常减压蒸馏装置、催化裂化装置、催化裂解装置、加氢裂化装置、催化重整装置、延迟焦化装置、热裂解装置（乙烯装置）等。不同来源的炼厂气组成差异非常大，即使同类装置，因原料、催化剂和工艺条件的不同，炼厂气的组成也存在一定的差异。炼厂气的主要成分为 $C_1 \sim C_4$ 烷烃、烯烃以及氢气和少量氮气、二氧化碳、硫化氢和 C_5 以上的烃，并含有极少量的其他含硫化合物、含氮化合物等。炼厂气中的氢气可以用于石油炼制和石油化工产品的加氢；炼厂气中低碳烯烃和烷烃可以用于生产高辛烷值的汽油如烷基化汽油、重叠汽油，也是石油化工的主要原料，如生产合成橡胶、塑料、化纤和其他化工产品等。

1）常减压炼厂气　主要是 $C_2 \sim C_4$ 烷烃。

2）催化裂化炼厂气　主要是 $C_1 \sim C_4$ 烷烃、烯烃，富含丙烯、丁烯、丁烷，含有一定量的乙烯、丙烷、乙烷，是丙烯和丁烯的主要来源之一。催化裂化炼厂气经过分离后可以获取高纯度丙烯、异丁烯、1-丁烯，用于生产聚丙烯、乙丙橡胶、丙烯腈、MTBE 等；混合 C_4 和 C_3 通过异构化反应或重叠反应，生产高辛烷值的烷基化汽油或重叠汽油，用于调合高辛烷值的汽油；乙烷和丙烷可以用作热裂解的原料生产乙烯、丙烯。

3）加氢裂化炼厂气　主要是 $C_1 \sim C_4$ 烷烃。甲烷用作 C_1 化学后加工；$C_2 \sim C_4$ 用作热裂解制乙烯和异构化的原料，或直接用作燃料。

4）延迟焦化炼厂气　主要是 $C_1 \sim C_4$ 烷烃、烯烃。用途同催化裂化炼厂气。

5）热裂解气　也称裂解气，是石油烃热裂解的气体产物，主要是 $C_1 \sim C_4$ 烯烃和烷烃，富含乙烯、丙烯、丁二烯，是生产聚乙烯、聚丙烯、橡胶的主要原料。

各种炼厂气的主要组成见表 3-1，数据仅供参考。

表 3-1　不同装置炼厂气典型组分

组成	质量分数/%					
	原油蒸馏	催化裂化	加氢裂化	催化重整	延迟焦化	热裂解
氢气	—	0.2	1.2	21.2	0.6	0.6
甲烷	8.5	4.2	14.2	15.5	31.1	14.9
乙烷	15.4	1.0	12.4	19.1	21.0	4.1
乙烯	—	7.9	—	—	3.3	28.3
丙烷	30.2	11.0	18.3	22.3	15.7	5.5
丙烯		27.6			7.8	22.3
丁烷	39.8	22.8	46.1	21.9	6.0	4.8
丁烯	—	18.2	—	—	5.7	12.4
其他	6.1	7.1	7.8		8.8	7.1

3.1.2 炼厂气分析技术

分析炼厂气组成的方法以多维气相色谱技术为主，主要有三阀四柱双通道分析技术[12,13]、四阀五柱三通道分析技术[14,15]、四阀六柱三通道分析技术[16]、五阀七柱三通道分析技术等[17,18]。炼厂气多维气相色谱分析技术使用的色谱柱主要有癸二腈填充柱、Porapark Q（或 HayeSep Q）填充柱、13X 分子筛（5A 分子筛）填充柱[12]。癸二腈填充柱主要用于分离 C_3 及 C_3 以上的烃，Porapark Q（或 HayeSep Q）填充柱用于分离 C_2 烃，13X 分子筛（5A 分子筛）填充柱用于分离永久性气体和甲烷；随着大口径 Al_2O_3 PLOT 柱的推广使用，因其对低碳烃有良好的分离效果，特别是 $C_1 \sim C_4$ 烃，所以替代了癸二腈填充柱，用于炼厂气中 $C_1 \sim C_6$ 烃的分析；Porapark Q（或 HayeSep Q）和 13X 分子筛（5A 分子筛）PLOT 柱的应用，也替代了相应的填充柱，使分离效果明显得到改善[17,18]。

(1) 四阀五柱双通道技术

四阀五柱双通道技术是由四个阀、五根填充柱和两个 TCD 检测器组成的双通道分析技术，流程见图 3-1。五根色谱柱如下。

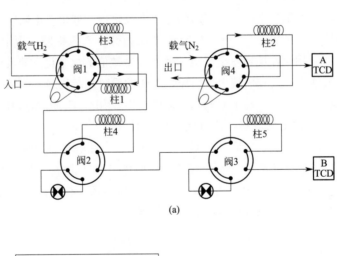

(a)

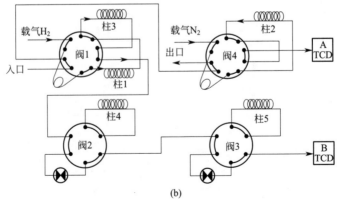

(b)

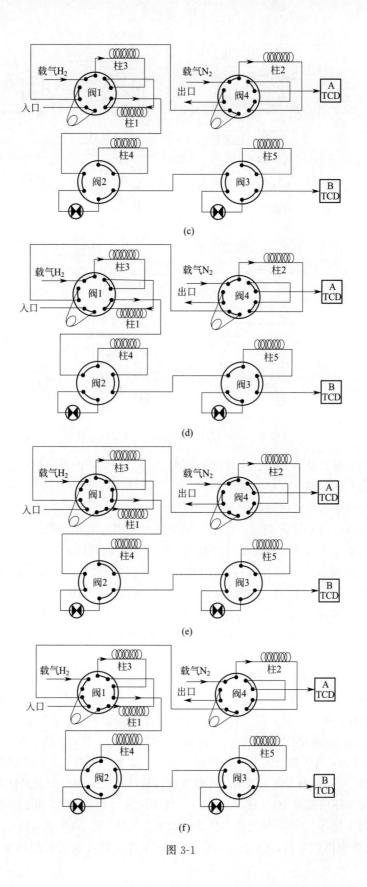

图 3-1

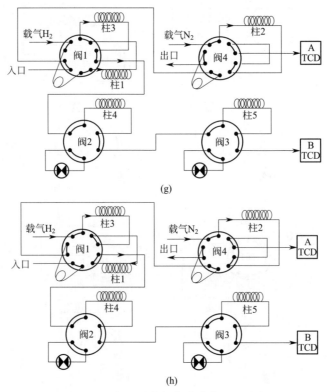

(g)

(h)

图 3-1 四阀五柱分析技术分离过程示意

柱 1: 20％癸二腈填充柱, 主要用于反吹 C_6 和 C_6 以上的烃 (以 C_{6+} 表示)。

柱 2: 13X 分子筛填充柱, 分离 H_2。

柱 3: 20％癸二腈柱, 分析 $C_3 \sim C_5$ 烃。

柱 4: Porapark Q (或 HayeSep Q) 填充柱, 分离乙烷和乙烯。

柱 5: 13X 分子筛柱, 分离氧气、氮气、甲烷、一氧化碳。

1) TCD A 通道　由阀 4 (与阀 1 串联, 用于进样) 和柱 2 构成, 以氦气作为载气, 通用于分析氢气。首先将阀 1、阀 4 的定量管充满样品 [见图 3-1(a)], 然后打开阀 4 后, 定量管中的样品进入柱 2, 氢气被分离后进入 TCD (A) 检测 [见图 3-1(b)], 当氢气流出柱 2 后, 关闭阀 4, 将柱中其他组分全部反吹出柱 2, 直接进入 TCD (A) (放空) [见图 3-1(c)]。

2) TCD B 通道　由阀 1、阀 2、阀 3 和柱 1、柱 3、柱 4、柱 5 组成, 以氢气 (或氦气) 作为载气, 用于分析其他永久性气体和烃类。阀 1 与阀 4 串联, 阀 1 和阀 4 同时进样, 载气将定量管中的样品带入柱 1 [见图 3-1(b)], 烃类与永久性气体在柱 1 上得以分离, 永久性气体最先通过柱 1, 烃随着碳数增加在柱 1 内保留时间而增加, 当永久性气体、$C_1 \sim C_5$ 烃流出柱 1 后, 关闭阀 1, 柱 1 则处于反吹状态 [见图 3-1(c)], 柱 1 中的 C_{6+} 重组分被反吹出, 直接进入 TCD (B) 中被检测。阀 1 关闭时, 载气携带从柱 1 流出的组分经过柱 3 进一步分离, 分离出永久性气体以及 C_2H_2、H_2S、$C_3 \sim C_5$ 烃类组分。当完成 C_6 和 C_{6+} 重组分检测后, 打开阀 2 和阀 3 [图 3-1(d)], 使先流出柱 3 的永久性气体、C_1、C_2 进入柱 4、柱 5, 当 O_2、N_2、CH_4、CO 流出柱 4 后, CO_2、C_2H_6、C_2H_4 未流出柱 4 前, 关闭阀 2 和阀 3 [图 3-1

(e)]，将柱4和柱5切出分离系统，使柱3上分离$C_3 \sim C_5$烃——直接经过阀2和阀3进入TCD（B）中被检测，然后打开阀2[图3-1(f)]，使柱4中CO_2、C_2H_6、C_2H_4流出被检测；最后打开阀3[图3-1(g)]，释放柱5中的O_2、N_2、CH_4、CO进入TCD被检测，然后恢复至冲洗/准备状态[图3-1(h)]。

这种四阀五柱双通道分析技术是早期开发的炼厂气多维气相色谱分析技术，也是后期炼厂气分析技术改进的基础。

（2）四阀六柱三通道技术

四阀六柱技术由两个十通阀、两个六通阀和六根色谱柱组成，采用了大口径Al_2O_3毛细管色谱柱，色谱柱配置如下，阀和色谱柱连接示意见图3-2。

柱1：Al_2O_3毛细管色谱柱。

柱2、柱3：5A分子筛填充柱。

柱4、柱5、柱6：Porapark Q填充柱。

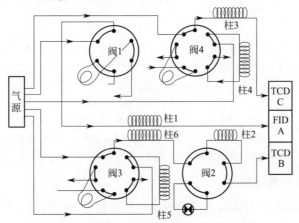

图 3-2 四阀六柱分析技术分离系统示意

一次进样将样品充满阀1、阀3和阀4上的三个定量管，然后利用阀切换技术让三个定量管的样品分别进入通道A、通道B、通道C，进行独立分析。

1）通道A 由阀1、柱1和FID组成，用于分析烃类，以氢气作为载气。打开阀1，定量管中的样品进入柱1进行分离，然后进入FID检测器被检测。出峰顺序为甲烷、乙烷、乙烯、丙烷、环丙烷、丙烯、异丁烷、正丁烷、丙二烯、乙炔、反-2-丁烯、1-丁烯、异丁烯、顺-2-丁烯、异戊烷、正戊烷、1,3-丁二烯、丙炔等。

2）通道B 由阀2、阀3、柱2、柱5、柱6和TCD（B）组成，以氢气作为载气，用于分析CO_2、O_2、N_2、CO。打开阀3，定量管中样品依次进入柱5、柱6，首先在柱5中预分离，待CO_2进入柱6后，切换阀3，将C_2及以上组分反吹出去；当CO流出柱6、进入柱2后，切换（关闭）阀2，将柱2切出分离系统，使随后从柱6流出的CO_2经阻尼阀直接进入TCD（B）检测器进行检测，此时O_2、N_2、CO被封存于柱2上；在CO_2被检测后，再次切换（打开）阀2，将柱2重新切入分离系统，被封存于柱2里的O_2、N_2、CO依次从柱2流出，并进入TCD（B）检测器被检测。出峰顺序为CO_2、O_2、N_2、CO。如果样品中含有CH_4，CH_4也会在此通道流出并被检测，但是，一般不将甲烷纳入此通道组分含量计算。通常在通道A检测CH_4。

3）通道 C　由阀 4、柱 4、柱 3 和 TCD（C）组成，以氮气作为载气，用于分析 H_2。打开阀 4，定量管中的样品进入柱 4 进行预分离，H_2 与 O_2，N_2 和 CO 共同流出柱 4，进入柱 3。当 H_2 流出柱 3 后，切换阀 4，将 H_2 以后的其余组分反吹出，而 H_2 进入 TCD（C）被检测，只得到一个氢气的峰。

四阀六柱分析系统测定炼厂气的典型的色谱见图 3-3。

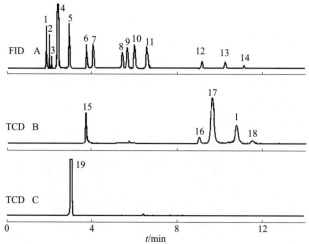

图 3-3　炼厂气四阀六柱色谱图

1—甲烷；2—乙烷；3—乙烯；4—丙烷；5—丙烯；6—异丁烷；7—正丁烷；8—反-2-丁烯；
9—正丁烯；10—异丁烯；11—顺-2-丁烯；12—异戊烷；13—正戊烷；14—正己烷；15—二
氧化碳；16—氧气；17—氮气；18—一氧化碳；19—氢气

(3) 五阀七柱三通道技术

五阀七柱技术由两个十通阀、三个六通阀和七根色谱柱组成，色谱柱如下，阀和色谱柱连接示意见图 3-4。

柱 1、柱 2、柱 4：HayeSep Q 填充柱。

柱 3、柱 5：5A 分子筛填充柱。

柱 6：Al_2O_3 PLOT 毛细管色谱柱。

柱 7：聚二甲基硅氧烷毛细管柱。

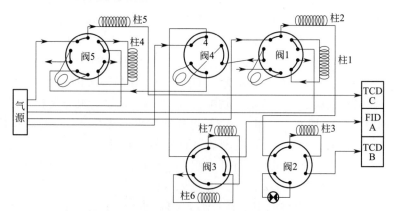

图 3-4　五阀七柱分析技术分离系统示意

1）通道 A　由阀 4、阀 3、柱 6、柱 7 和 FID A 组成，以氢气或氦气作为载气，用于分析烃类。打开阀 4，定量管中样品在载气的作用下进入柱 7 进行预分离，待 $C_1 \sim C_5$ 流出柱 7 并进入柱 6 后，而 C_{6+} 组分（C_6 和 C_6 以上烃）还在柱 7 上时，切换阀 3，C_{6+} 组分形成一个合峰从柱 7 反吹到检测器 FID A 上进行检测；而 $C_1 \sim C_5$ 经过柱 6 分离后，再一次进入柱 7 分离，然后到检测器进行检测。出峰顺序为：C_{6+}、甲烷、乙烷、乙烯、丙烷、丙烯、异丁烷、正丁烷、反-2-丁烯、正丁烯、异丁烯、顺-2-丁烯、异戊烷、正戊烷和 1,3-丁二烯等。

2）通道 B　由阀 1、阀 2、柱 1、柱 2、柱 3 和 TCD（B）组成，用氢气作为载气，用于分析 CO_2、H_2S、O_2、N_2、CO。打开阀 1，定量管中样品先进入柱 1，然后进入柱 2，待 H_2S 进入柱 2 后，关闭阀 1，C_2 及以上组分将被反吹出去；当 CO 进入柱 3 后，切换阀 2，将柱 3 切出分离系统，让从柱 2 中流出的 CO_2、H_2S 经阻尼阀先到检测器进行检测，此时 O_2、N_2、CO 被保留在柱 3 上，等 H_2S 被检测后，再次切换阀 2，O_2、N_2、CO 从柱 3 上流出并进入检测器 TCD（B）检测。出峰顺序为：CO_2、H_2S、O_2、N_2、CO。若样品中含 CH_4、C_2H_6 和 C_2H_4，也会在此通道上出峰，因这几个组分与 CO_2、H_2S、O_2、N_2、CO 出峰不重叠，不影响结果计算。

3）通道 C　由阀 5、柱 4、柱 5 和 TCD（C）组成，以氮气作为载气，用于分析 H_2。打开阀 5，定量管中的样品进入柱 4 进行预分离，H_2 与 O_2、N_2 和 CO 共同流出柱 4，进入柱 5。当 H_2 流出柱 5 后，切换阀 4，将 H_2 以后的其余组分反吹出，而 H_2 进入 TCD（C）被检测，只得到氢气的一个峰。

与前面的四阀六柱分析技术相比，五阀七柱中增加了聚二甲基硅氧烷柱 7，将轻烃预分离，特别是 C_6 及其以上的烃，通过阀切换，将 C_6 及其以上的烃直接反吹出，进入检测器。由于 C_6 及其以上的烃在 Al_2O_3 PLOT 柱上保留时间较长，通过预先分离，将其切出，避免了进入 Al_2O_3 PLOT 柱，可以缩短分析时间，提高工作效率。通道 A（FID A 通道）反吹与不反吹的分析时间差异见图 3-5。

使用五阀七柱分析技术得到的炼厂气色谱图与四阀六柱很相似，只是 C_6 及其以上的烃合并在一起出峰。

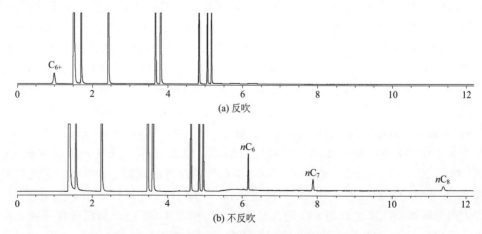

图 3-5　五阀七柱通道 A 反吹与不反吹的分析时间差异

（4）四阀七柱三通道分析技术

Agilent 推出的分析炼厂气的四阀七柱三通道技术，流程图见图 3-6，该分析技术由一个十四通阀、一个十通阀、两个六通阀和七根色谱柱组成，色谱柱如下。

柱 1、柱 2：HayeSep Q 内径 1mm 微填充柱。

柱 3：5A 分子筛 1mm 微填充柱。

柱 4：HayeSep Q 填充柱。

柱 5：5A 分子筛填充柱。

柱 6：聚二甲基硅氧烷毛细管柱。

柱 7：Al_2O_3 PLOT 毛细管色谱柱。

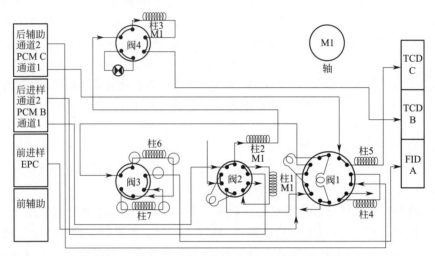

图 3-6　Agilent 四阀七柱分析技术分离系统示意

四阀七柱分析技术使用了三根微填充柱（柱 1、柱 2、柱 3），而且安装于大阀箱（large valve oven，LVO）上，可以独立加热。

1）通道 A　由进样阀 1、切换阀 3、柱 6、柱 7 和 FID A 组成，柱 6 和柱 7 安装于色谱仪的柱箱中，以氢气或氦气作为载气，采用程序升温加热色谱柱，用于分析烃类。打开阀 1，定量管中样品在载气的作用下进入柱 6 进行预分离，待 $C_1 \sim C_5$ 流出柱 6 并进入柱 7 后，切换阀 3，C_{6+} 组分形成一个合峰从柱 6 反吹到检测器 FID A 上进行检测；而 $C_1 \sim C_5$ 经过柱 7 分离后，再一次进入柱 6 分离，然后到检测器进行检测。出峰顺序为：C_{6+}、甲烷、乙烷、乙烯、丙烷、丙烯、异丁烷、正丁烷、反-2-丁烯、正丁烯、异丁烯、顺-2-丁烯、异戊烷、正戊烷和 1,3-丁二烯等，色谱见图 3-7(a)。

2）通道 B　由进样阀 2、阀 4、柱 1、柱 2、柱 3 和 TCD（B）组成，柱 1、柱 2、柱 3 安装于 LVO 中，独立加热，阀箱保持恒温，以氦气作为载气，用于分析 CO_2、H_2S、O_2、N_2、CO。通道 B 的进样、切换流程与前面讲的五阀七柱一样。首先打开进样阀 2，定量管中样品先进入柱 1，然后进入柱 2，待 H_2S 进入柱 2 后，关闭阀 1，C_2 及以上组分将被反吹出去；当 CO 进入柱 3 后，切换阀 4，将柱 3 切出分离系统，让从柱 2 中流出的 CO_2、H_2S 经阻尼阀先到检测器进行检测，此时 O_2、N_2、CO 被保留在柱 3 上，当 H_2S 被检测后，再次切换阀 4，O_2、N_2、CO 从柱 3 上流出并进入检测器

TCD（B）检测。出峰顺序为：CO_2、H_2S、O_2、N_2、CO。若样品中含 CH_4、C_2H_6 和 C_2H_4，则也会在此通道上出峰，因这几个组分与 CO_2、H_2S、O_2、N_2、CO 出峰不重叠，不影响结果计算。色谱见图 3-7（b）。

3）通道 C 由集进样和反吹为一身的阀 1、柱 4、柱 5 和 TCD（C）组成，柱 4、柱 5 安装于色谱仪柱箱中，以氮气作为载气，用于分析 H_2。通道 C 的进样、切换流程与前面的五阀七柱一样。打开阀 1，定量管中的样品进入柱 4 进行预分离，H_2 与 O_2、N_2 和 CO 共同流出柱 4，进入柱 5。当 H_2 流出柱 5 后，切换阀 1，将 H_2 以后的其余组分反吹出，而 H_2 进入 TCD（C）被检测，只得到 H_2 的一个峰。

Agilent 的四阀七柱三通道炼厂气技术，使用了独立加热的大阀箱 LVO，将用于分析永久性气体的柱 1、柱 2 和柱 3 置于 LVO 中，LVO 可以独立加热，避免了采用 Al_2O_3 PLOT 柱程序升温分析 $C_1 \sim C_{6+}$ 时柱温不匹配的问题；此外，LVO 可以保持良好的恒定温度，避免了程序升温条件下测定 O_2 时响应值不稳定的问题。

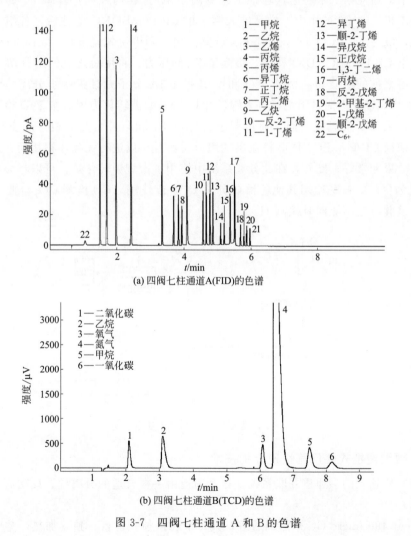

(a) 四阀七柱通道A(FID)的色谱

(b) 四阀七柱通道B(TCD)的色谱

图 3-7 四阀七柱通道 A 和 B 的色谱

与其他分析技术不同之处：四阀七柱分析技术采用了独立加热 LVO，相当于两个独立加热的柱箱，可以获得更好的分离效果；采用了微填充柱，进一步改善了分离效果；在分析永久性气体时，采用了恒定的柱温，避免了 O_2 的响应值随柱温改变的问题。不提倡用五阀七柱分析技术分析 C_9 以上（含 C_9）烃的样品。

（5）中心切割分析技术

随着中心切割（或 Deans switch）技术的推广应用，中心切割技术也被用于炼厂气的分析。通过中心切割同样可以将炼厂气中不同的组分切割至合适的色谱柱中进行分离，然后用相应的检测器定量。

Luong 等[8] 提出的中心切割炼厂气分析技术由一根 CP-PoraBOND Q 柱（50m×0.32mm×5μm）、一根 5A 分子筛柱（15m×0.32mm×2.5μm）、两根阻尼柱、两个微流板三通、一个镍转化炉、一个 FID 和一个 TCD 组成。两根阻尼柱为钝化的空色谱柱，其中一根阻尼柱（5m×0.25mm）用于连接第一个三通与镍转化炉，另一根阻尼柱连接第一个三通与第二个三通，连接示意见图 3-8。进样前样品进样口 P1 的压力大于第二个微流板三通 P2 的压力，样品进入第一根 CP-PoraBOND Q 柱后，各组分经过色谱柱分离，O_2、N_2、CO（O_2、N_2 和 CO 共流出）和甲烷先流出 CP-PoraBOND Q 柱，当甲烷流出 CP-PoraBOND Q 柱后，提高了 P2 的压力，将甲烷之后的组分切入 FID 通道中，甲烷之前的组分 O_2、N_2、CO 和甲烷进入 5A 分子筛柱进一步分离，甲烷之后的 CO_2 及其他轻烃则通过阻尼柱进入镍转化炉，CO_2 被转化为甲烷被 FID 检测。在此分离系统中采用了微流板三通，通过调整进样口 P1 和第二个微流板三通 P2 的压力，不仅可以切换 CP-PoraBOND Q 柱流出的组分，而且可以进行无死体积切换，用于毛细管柱切换效果非常好；此外，在此分离系统中使用了微型镍转化炉，可以将分离出来的 CO_2 转化为甲烷，避免使用其他色谱柱分离 CO_2 或使用 TCD 检测 CO_2。此方法简单实用，不过此方法不能同时检测 H_2。

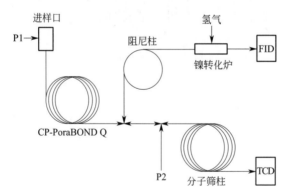

图 3-8 微流板中心切割技术流程示意

（6）微型便携式炼厂气快速分析技术

一般采用独立的多通道并联系统。每个通道由一根合适的分离柱、反吹阀和检测器组成。

Agilent 490 micro GC 采用四通道，其每个通道独立运行、独立加热，整个分析在2min 内完成，其各通道配制及用途如下。

1）通道 1   5A 分子筛 PLOT 柱（10m），带反吹，微型 TCD，用氩气作为载气。分离除二氧化碳之外的其他永久性气体。

2）通道 2   Pora PLOT U 柱（10m），带反吹，微型 TCD，用氦气作为载气，分析 C_2、H_2S。

3）通道 3 Al_2O_3/KCl PLOT 柱（10m），带反吹，微型 TCD，用氦气作为载气，分析 $C_3 \sim C_4$ 烃。

4）通道 4   聚二甲基硅氧烷毛细管柱（8m），微型 TCD，用氦气作为载气，分析 C_5 和 C_5 以上的烃。

色谱分析条件见表 3-2，色谱见图 3-9。

表 3-2   Agilent 4% micro GC 炼厂气分析条件

参数项	通道 1	通道 2	通道 3	通道 4
汽化室温度/℃	110	110	110	110
柱箱室温度/℃	80	100	100	80
载气种类	Ar	He	He	He
柱头压/kPa	150	205	70	205
进样时间/ms	40	10	10	100
反吹时间/s	11	7.1	33	—

便携式炼厂气分析仪使用了 PLOT 柱、毛细管柱和微型 TCD，有效地改善了分离效果；采用了色谱柱独立加热技术，各色谱柱之间不受柱温不匹配的影响；采用了柱反吹技术，将不需要分析的组分反吹出分离系统，有效地缩短了分析时间；采用了微型 TCD，提高了检测灵敏度；整个色谱仪微型化，可以用于在线控制分析和随意移动。

综上所述，分析炼厂气组成的气相色谱技术较多，不论几阀几柱，其主要色谱柱基本都类似，色谱柱和阀的工作流程基本接近，基本都采用氧化铝柱和聚二甲基硅氧烷柱分析 $C_1 \sim C_6$ 烃类，用分子筛柱分析 H_2，用 Porapark Q（或 HayeSep Q）与分子筛联用分析其他永久性气体和 $C_1 \sim C_2$ 烃类。使用 PLOT 柱或微填充柱和毛细管柱后，有效地提高了分离效果，改善了峰的对称性，有利于准确定量和缩短分析时间。各仪器制造商如 Agilent、Shimadzus、PE 等，针对炼厂气组成的不同，开发了一系列商品化的炼厂气分析仪，并已经广泛应用于石油炼制和石油化工的生产质量监控和科研技术开发。

（7）单柱分析热裂解气

热裂解气即裂解气，不同于其他炼厂气，富含乙烯、丙烯、丁二烯、氢气和其他轻烃，其他永久性气体含量较少，如果仅考虑分析烃类化合物的组成，可以直接用 Al_2O_3 PLOT 柱分析，效果非常好。图 3-10 是本实验室采用 Al_2O_3/S PLOT 柱分析石油烃热裂解气的烃组成的色谱，色谱分离条件如下。

1）色谱柱   中国科学院兰州化学物理研究院所色谱中心 Al_2O_3/S PLOT 柱 50m×0.53mm。

2）色谱参数   起始柱温 50℃，以 2℃/min 速率升温至 195℃；载气为氦气，柱头压 10psi（1psi≈6894.757Pa，下同）；汽化室为 150℃，检测器（FID）200℃。

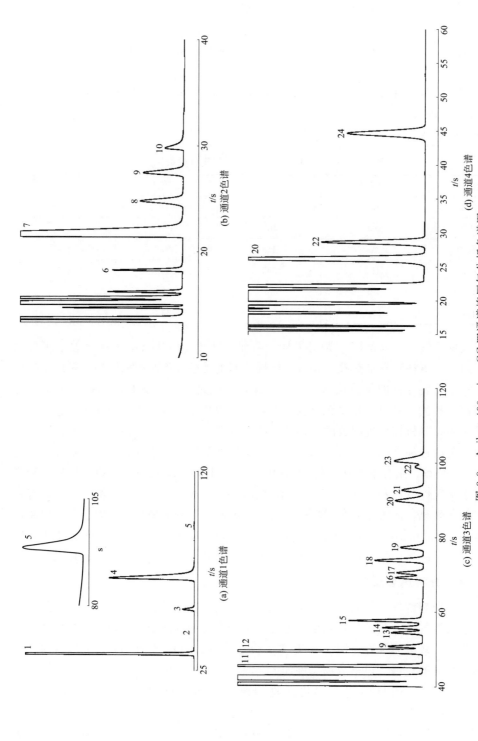

图 3-9 Agilent 490 micro GC 四通道炼厂气分析色谱图

1—H_2;2—O_2;3—N_2;4—甲烷;5—CO;6—CO_2;7—乙烯;8—乙烷;9—乙炔;10—H_2S;11—丙烷;12—丙烯;13—异丁烷;14—丙二烯;15—正丁烷;16—反-2-丁烯;17—1-丁烯;18—异丁烯;19—顺-2-丁烯;20—异戊烷;21—甲基乙炔;22—正戊烷;23—1,3-丁二烯;24—正己烷

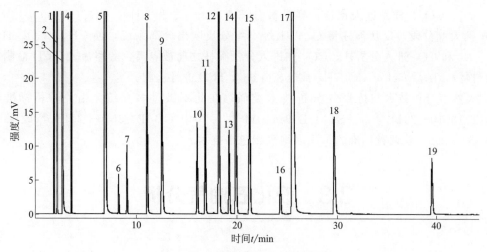

图 3-10　热裂解气的烃组成色谱图

1—甲烷；2—乙烷；3—乙烯；4—丙烷；5—丙烯；6—异丁烷；7—正丁烷；8—丙二烯；
9—乙炔；10—反丁烯；11—正丁烯；12—异丁烯；13—顺丁烯；14—异戊烷；15—正戊烷；
16—1,2-丁二烯；17—1,3-丁二烯；18—丙炔；19—乙烯基乙炔

3.2　天然气分析

3.2.1　天然气组成

天然气主要来自气田气、油田半生气、凝析气田气，主要组成是甲烷和少量的乙烷、丙烷、丁烷、二氧化碳和硫化氢，并含有微量的一氧化碳、氮气、氢气、氧气、水、C_5 烃和硫醇等。天然气主要用于燃料和 C_1 化学。由于天然气中含有少量二氧化碳、硫化氢和其他有机硫，在使用前需要进行脱除处理。所以，在天然气处理和使用中，需要分析天然气的烃、硫化物和永久性气体等。

3.2.2　天然气分析技术

天然气含有甲烷、乙烷、丙烷、丁烷和 C_5 以上烃等有机物，还含有氮气、氢气、氧气、硫化氢、二氧化碳、一氧化碳等永久性气体和水。早期完成天然气全组分的分析时，需要采用多台气相色谱仪。现在采用一台气相色谱仪可以实现全组分的分析，一般采用多维气相色谱技术，针对天然气的分析需求已经开发了诸多专用天然气分析仪。

双通道分离系统：一个通道由一根色谱柱（大口径 PLOT Al_2O_3 柱）、一个六通进样阀和 FID 检测器组成，用于测定 $C_1 \sim C_6$ 烃类组分；另一个通道由两根色谱柱（大口径 PLOT 分子筛柱）、一根预柱（大口径 PLOT Q 柱）、一个反吹十通阀、一个隔离旁路六通阀和 TCD 检测器组成，用来测定非烃类组分（永久性气体）CH_4、CO、H_2、

O_2、N_2、CO_2，样品进入预柱，样品被分离为 $C_2 \sim C_6$ 和 CH_4、CO、H_2、O_2、N_2、CO_2 两大馏分段，反吹预柱将 C_2 以上烃类组分反吹出分离系统，使 CH_4、CO、H_2、O_2、N_2 和 CO_2 进入分析柱，CO_2 在进入分子筛柱之前被隔离，旁路流入 TCD 检测器进行检测，随后 CH_4、CO、H_2 被分离并进入 TCD 进行检测。

天然气分析技术与炼厂气分析技术类似，在此不做过多介绍。相关分析标准有 GB/T 13610—2014[19]、ASTM D1945—14[20]，其中 GB/T 13610—2014 等效采用 D1945—1996。这两种标准均采用多维气相色谱技术。

3.3 液化石油气分析

3.3.1 液化石油气组成

液化石油气是指从炼厂气中分离出来的主要组分为 C_3 和 C_4 的混合轻烃，在炼厂有时也称之为液态烃。由于炼厂气的来源不同，液化石油气的组成差异较大，如从催化裂化装置的炼厂气中分离出的液化石油气富含丙烯和丁烯，从石油烃热裂解制乙烯装置的热裂解气中分离出的液态烃富含乙烯、丙烯、丁烯、丁二烯，这些烯烃均是后续石油化工生产的主要原料。为了充分利用这些混合轻烃，需要对其进行进一步脱硫和分离处理，获得相应的高纯度烯烃；或脱硫处理后，再经过醚化反应、异构化反应、重叠反应得到相应的高附加值的产品，如烷基化汽油。在液化石油气脱硫及 C_3 和 C_4 分离生产过程以及相应的新技术开发中，均需要分析液化石油气组成、含硫化合物分布等。

3.3.2 液化石油气烃组成分析

分析液化石油气烃组成的方法标准有 SH/T 0230—92[21] 和 ASTM D2163—14[22]，SH/T 0230—92 采用了 5～6m 邻苯二甲酸二丁酯填充柱或 5～8m 十二醇/多孔硅珠（HDG-202A）填充柱，用于炼厂生产的液化石油气中 $C_2 \sim C_4$ 和总 C_5 烃类组成的分析。因填充柱的分离效果有限，各组分的分离效果并不是很理想，见图 3-11，而且此方法不能用于二烯烃和炔烃的检测，存在一定的缺陷。修订后的 SH/T 0230 规定采用 Al_2O_3 PLOT 分析烃类化合物。ASTM D2163-14 规定采用 50m × 0.53mm×15μm 的 Al_2O_3/Na_2SO_4 PLOT 柱或 100m×0.25mm×0.5μm 的聚二甲基硅氧烷柱，采用这两种色谱柱在规定的色谱参数下，均能够有效分离液化石油气的烃组分。

由于 Al_2O_3 柱对低碳烃有非常好的分离效果，随着 Al_2O_3 PLOT 柱制作技术的提高和推广使用，Al_2O_3 PLOT 柱已经在石油炼制与石油化工轻烃分析中广泛应用，主要用于 $C_1 \sim C_4$ 混合烃的分析，也可以拓展到 $C_1 \sim C_6$ 混合烃的分析。Al_2O_3 PLOT 柱对 $C_1 \sim C_4$ 烃具有非常好的分离效果。

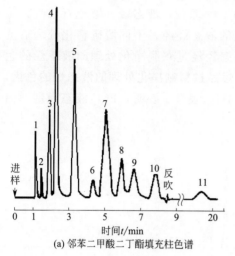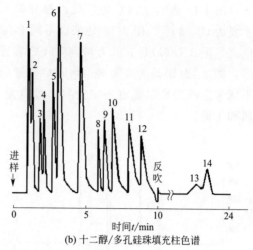

图 3-11　SH/T 0230—92 方法分析液化气的色谱

(a) 邻苯二甲酸二丁酯填充柱色谱　　　　　(b) 十二醇/多孔硅珠填充柱色谱

1—空气+甲烷；2—乙烷+乙烯+CO_2；3—丙烷；　　　1—空气；2—甲烷；3—乙烯；4—乙烷；5—丙烷；
4—丙烯；5—异丁烷；6—正丁烷；7—正丁烯+异丁烯；　6—丙烯；7—异丁烷；8—正丁烷；9—正丁烯；10—异
8—反-2-丁烯；9—顺-2-丁烯；10—异戊烷，　　　　　丁烯；11—反-2-丁烯；12—顺-2-丁烯；13—异
11—C_{5+}　　　　　　　　　　　　　　　　　戊烷；14—C_{5+}

本实验室采用 Al_2O_3 PLOT 柱对催化裂化（FCC）炼厂气和液态烃（液化石油气）的烃组成进行了测定，色谱见图 3-12。

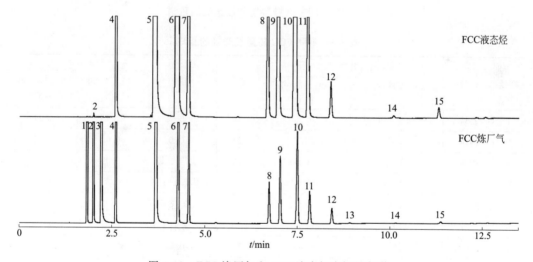

图 3-12　FCC 炼厂气和 FCC 液态烃中烃的色谱

1—甲烷；2—乙烷；3—乙烯；4—丙烷；5—丙烯；6—异丁烷；7—正丁烷；8—反丁烯；
9—异丁烯；10—正丁烯；11—顺丁烯；12—异戊烷；13—正戊烷；14—丁二烯；15—异戊烯

色谱条件如下。

1）色谱柱　中国科学院兰州化学物理研究院所色谱中心 Al_2O_3/S PLOT 柱 50m×0.53mm。

2）色谱参数　起始柱温 80℃，以 5℃/min 速率升温至 195℃；柱头压 10psi；分流比 5∶1；进样量 20μL 气体样品（样品于 70～80℃汽化后，进气体样品）；汽化室 150℃；检测器（FID）200℃。

图 3-12 表明，FCC 炼厂气经过分离 C_1 和 C_2 处理后，液态烃（液化石油气）中主要为 C_3 和 C_4。图 3-13 是来自不同 FCC 装置的液态烃经过不同脱硫精化处理后的色谱，图 3-13(a)是 300 万吨/年 FCC 装置的液态烃经过双脱净化处理的液态烃的色谱，图 3-13(b)是 140 万吨/年 FCC 装置的液态烃经过精制净化处理的液态烃的色谱，不同装置液态烃组成有一定差异，烃含量见表 3-3。表 3-3 表明，FCC 液态烃富含丙烯和丁烯。

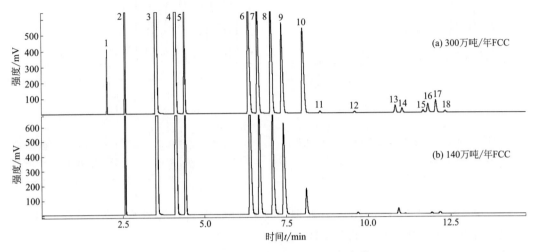

图 3-13　不同 FCC 装置的液态烃的色谱

表 3-3　不同 FCC 装置液态烃的组成

峰号	组分	质量分数/%		峰号	组分	质量分数/%	
		140 万吨/年 FCC	300 万吨/年 FCC			140 万吨/年 FCC	300 万吨/年 FCC
1	乙烷	—	0.96	10	异戊烷	1.46	5.94
2	丙烷	7.91	7.78	11	正戊烷	0.02	0.10
3	丙烯	29.90	33.44	12	1,3-丁二烯	0.09	0.08
4	异丁烷	22.28	17.08	13	3-甲基-1-丁烯	0.34	0.42
5	正丁烷	5.70	4.27	14	反-2-戊烯	0.02	0.26
6	反-2-丁烯	9.26	8.00	15	2-甲基-2-丁烯	0.01	0.15
7	正丁烯	7.75	6.59	16	1-戊烯	0.09	0.58
8	异丁烯	8.47	7.78	17	2-甲基-1-丁烯	0.11	0.77
9	顺-2-丁烯	6.58	5.69	18	顺-2-戊烯	0.01	0.11

3.3.3　液化石油气中硫化物分析

液化石油气（液态烃）中通常含有少量的 H_2S、COS、硫醇和硫醚等，液化石油气中的硫化物对后加工影响最大，在进一步分离前必须进行脱硫处理。分析硫化物的组成对脱硫生产和技术开发都非常重要。石油气体和液体产品中硫化物形态分析的技术以气相色谱（GC）与选择性检测器联用为主，硫选择性检测器主要有火焰光度检测器（FPD）、脉冲火焰光度检测器（PFPD）、原子发射光谱检测器（AED）、硫化学发光检测器（SCD）、质谱检测器（MS）等。

　　笔者实验室采用GC-PFPD对不同装置的液态烃和碱洗后的液态烃中硫化物进行了分析研究[23]，140万吨/年FCC装置、300万吨/年FCC装置和延迟焦化装置产炼厂气分离出的液态烃和碱洗后的液态烃中的硫化物分布见图3-14。尽管装置不同，从炼厂气中分离出的液态烃中的主要硫化物基本相同，主要有硫化氢、甲硫醇、乙硫醇等，见图3-14(a)～(c)。经过碱洗后，液态烃中硫化氢和硫醇等酸性硫化物基本被除去，但是又有新的硫化物产生，见图3-14(d)。

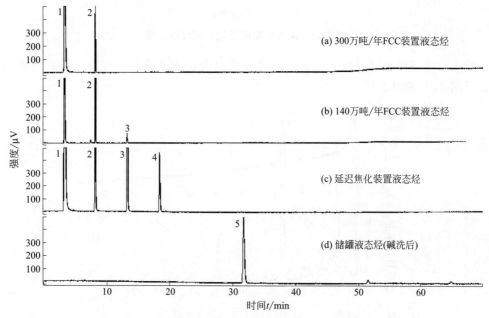

图 3-14　不同装置的液态烃（液化石油气）的硫化物色谱
1—硫化氢；2—甲硫醇；3—乙硫醇；4—异丙硫醇；5—二甲基二硫醚

　　图3-14的色谱条件：色谱柱CP-8570（30m×0.53mm×6μm）；起始柱温100℃，以5℃/min速率升温至210℃；柱头压力20kPa；汽化室200℃，检测器（PFPD）200℃；采用钝化六通气体阀进样。

　　图3-14(d)碱洗后的液态烃中硫化物的保留时间较长，说明这些硫化物沸点比较高。需要提高柱温，以便碱洗后的液态烃中硫化物都能尽快流出被检测。提高柱温后，不仅分析时间变短，而且高沸点的硫化物出峰变窄，灵敏度提高，通过提高柱温，在碱洗的液态烃中又检测到多个硫化物，见图3-15。图3-15的柱温为200℃，其余条件与图3-14的相同。

　　根据碱洗后的液态烃中可能存在的硫化物的类别，笔者实验室以多硫醚、噻吩为目标物进行SIM扫描，结果见图3-16，通过对图3-16中峰1～峰4的检索，得到结果见图3-17，在液态烃中检测到二甲基二硫醚、甲基乙基二硫醚、二乙基二硫醚、二甲基三硫醚。在检测到二硫醚、三硫醚后，在提高GC-MS柱温的前提下，针对碱洗液态烃

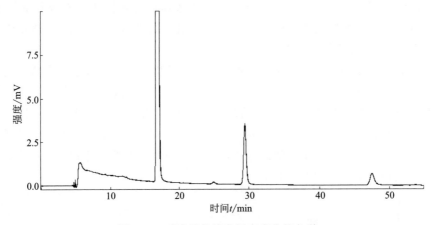

图 3-15　碱洗后的液态烃中硫化物色谱

是否存在二甲基四硫醚进行了分析，通过分析得到在此碱洗液态烃中存在二甲基四硫醚，见图 3-18 和图 3-19。

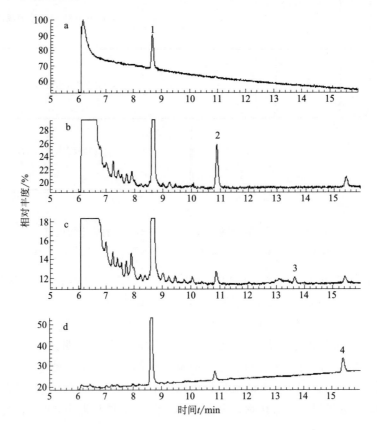

图 3-16　碱洗液态烃 GC-MS 的选择性离子扫描

a—（m/z）15，45，46，47，48，61，64，79，81，94，96；

b—（m/z）27，29，35，45，46，47，59，64，79，80，82，93，108，110；

c—（m/z）27，29，66，68，79，94，96，122，124；

d—（m/z）45，47，64，79，111，126，128

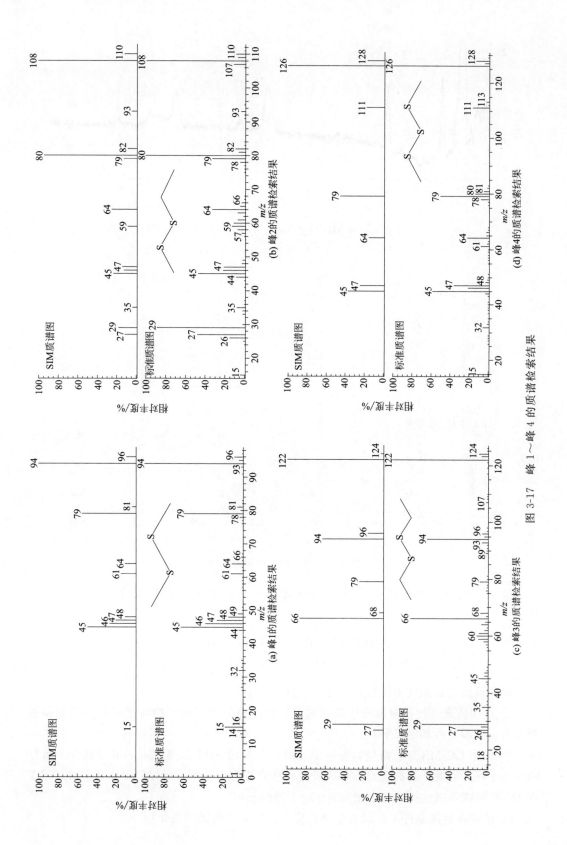

图 3-17 峰 1～峰 4 的质谱检索结果

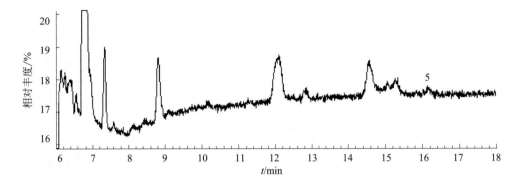

图 3-18　碱洗液态烃的 SIM 扫描 (m/z 为 45，47，64，79，94，158)

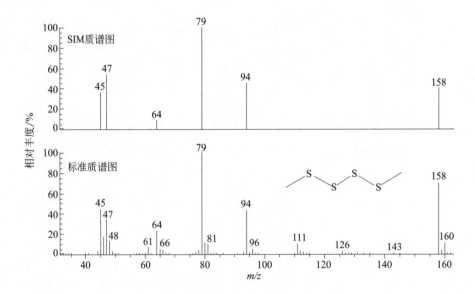

图 3-19　峰 5 的质谱检索结果

碱洗脱硫后的液态烃中出现新的硫化物，是由于硫醇在碱的作用下发生缩合反应：

$$RSH + NaOH \longrightarrow RSNa + H_2O$$
$$4RSNa + O_2 + 2H_2O \longrightarrow 2RSSR + 4NaOH$$

在分析液化石油气中硫化物时需要注意以下事项。

① 在用硫选择性检测器分析硫化物时，要注意防止因硫化物含量过高，引起检测器溢出，影响定性和定量分析。

② 在用 GC-MS 分析微量和痕量组分时，应采用 SIM 扫描技术，可以减少非目标物质的干扰，有效地提高选择性和灵敏度；针对硫化物分析，最好利用硫元素对离子丰度 M+2 特殊贡献这一特性，增加对 M+2 峰的扫描。

③ 硫醇在碱洗条件下可以发生缩合反应，生成二硫醚类硫化物。

3.4　混合 C_4 分析

3.4.1　混合 C_4 组成

富含 C_3 和 C_4 烃的液化石油气经过分离 C_3 后，就得到混合 C_4。混合 C_4 富含丁烯和丁二烯，并含有少量的 C_3、C_2 和 C_5 烃，混合 C_4 是后加工获取高附加值产品的重要原料。液化石油气的来源不同（不同生产工艺），经过分离 C_3 后得到的混合 C_4 的组成差异也非常大。

热裂解制乙烯装置的混合 C_4 富含丁二烯和其他丁烯，是生产丁二烯的优质原料，也是制取其他丁烯的原料。热裂解混合 C_4 经过乙腈抽提装置分离，得到丁二烯和抽余 C_4；抽余 C_4 再与甲醇发生醚化反应（MTBE 装置），将异丁烯转化为 MTBE；剩余 C_4 烃再经过脱轻脱重分离，可以得到 1-丁烯、丁烷等；抽余 C_4 也可直接用于烷基化，生产烷基化汽油；抽余 C_4 也可以经过芳构化生产芳烃等。

FCC 装置的混合 C_4 富含各种丁烯，但是丁二烯含量非常低，是分离其他丁烯的优质原料，也可以用作齐聚或烷基化原料。混合 C_4 与甲醇经醚化反应（MTBE 装置），可以得到 MTBE；混合 C_4 经过齐聚或烷基化，可以得到辛烷值很高的异辛烷，用作高质量车用汽油的调合；混合 C_4 也可以经过芳构化生产芳烃等。

在分离混合 C_4 生产中，需要进行原料和产品的质量控制分析；在混合 C_4 齐聚或烷基化技术开发中，更关注原料的组成和产物的结构。所以，混合 C_4 组成分析是生产和科研中不可缺少的工作环节。

3.4.2　混合 C_4 烃组成分析

早期分析混合 C_4 采用 20％癸二腈填充柱，随着 Al_2O_3 PLOT 柱的推广应用，现在多采用 Al_2O_3 PLOT 柱分析混合 C_4 以及抽余 C_4 和丁二烯等，而且分离效果非常好。

图 3-20 是笔者实验室采用 Al_2O_3/S PLOT 柱分离 FCC 装置产混合 C_4 的色谱图，分离效果良好。FCC 混合 C_4 主要是异丁烷、反丁烯、正丁烯、异丁烯、顺丁烯和正丁烷，各组分含量见表 3-4。

图 3-20 的色谱条件如下。

1）色谱柱　中国科学院兰州化学物理研究院所色谱中心 Al_2O_3/S PLOT 柱，$50m \times 0.53mm$。

2）色谱参数　起始柱温 80℃，保持 10min，以 5℃/min 速率升温至 195℃；柱头压 10psi；气体阀进样，分流比 5：1；汽化室 150℃；检测器（FID）200℃。

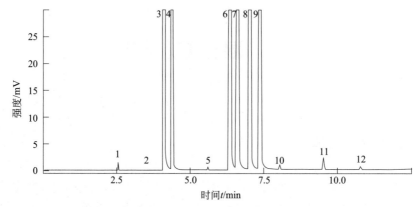

图 3-20 FCC 装置产混合 C_4 的色谱

1—丙烷；2—丙烯；3—异丁烷；4—正丁烷；5—未知物；6—反丁烯；7—正丁烯；

8—异丁烯；9—顺丁烯；10—异戊烷；11—1,3-丁二烯；12—丙炔

表 3-4 FCC 装置产混合 C_4 组成

序号	组分	质量分数/%	序号	组分	质量分数/%
1	丙烷	0.01	7	正丁烯	12.97
2	丙烯	0.01	8	异丁烯	12.79
3	异丁烷	37.54	9	顺丁烯	11.01
4	正丁烷	9.44	10	异戊烷	0.02
5	未知物	0.01	11	1,3-丁二烯	0.07
6	反丁烯	16.11	12	丙炔	0.02

　　热裂解制乙烯装置产混合 C_4 富含丁二烯，是生产丁二烯的重要原料。在乙腈抽提生产丁二烯过程中，需要对分离的丁二烯纯度和抽余 C_4 中的残留丁二烯进行分析，评价抽提效果。图 3-21 是笔者实验室采用 Al_2O_3/KCl PLOT 柱分析热裂解装置产混合

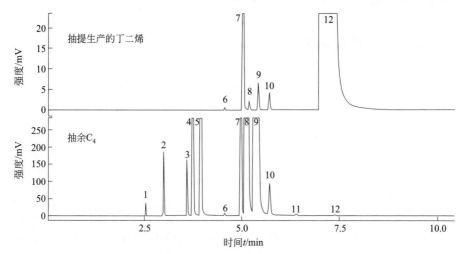

图 3-21 热裂解装置产混合 C_4 乙腈抽提后抽余 C_4 和丁二烯色谱图

1—丙烷；2—丙烯；3—丙二烯；4—异丁烷；5—正丁烷；6—未知物；7—反丁烯；

8—正丁烯；9—异丁烯；10—顺丁烯；11—未知物；12—1,3-丁二烯

C_4 的乙腈抽提后的抽余 C_4 和丁二烯的色谱图，色谱分离效果良好。定量分析数据（见表 3-5）表明，抽余 C_4 中的残留丁二烯含量低于 0.5%，抽余 C_4 主要是异丁烯、正丁烯、正丁烷、异丁烷、反丁烯、顺丁烯，各丁烯的总含量接近 80%，是生产各种丁烯的良好原料；抽提出的丁二烯纯度大于 99%，说明抽提效果良好。

表 3-5　抽余 C_4 乙腈和丁二烯产品的组成

峰号	组分	质量分数/%		峰号	组分	质量分数/%	
		丁二烯	抽余 C_4			丁二烯	抽余 C_4
1	丙烷		0.15	7	反丁烯	0.55	6.53
2	丙烯		0.99	8	正丁烯	0.02	30.40
3	丙二烯		1.01	9	异丁烯	0.07	40.18
4	异丁烷		7.01	10	顺丁烯	0.05	1.18
5	正丁烷	0.00	12.40	11	未知物		0.05
6	未知物	0.01	0.06	12	1,3-丁二烯	99.30	0.04

图 3-21 的色谱条件如下。

1）色谱柱：Chrompack Al_2O_3/KCl PLOT 柱 50m×0.53mm。

2）色谱参数：起始柱温 100℃，保持 1min，以 5℃/min 速率升温至 195℃，保持 10min；柱头压 10psi。气体阀进样，分流比 40：1；汽化室 150℃，检测器 200℃。

从表 3-4 和表 3-5 数据可以看出，经过乙腈抽提后的热裂解抽余 C_4 与 FCC 装置产混合 C_4 主要由丁烯和丁烷组成，但是，丁烯和丁烷的含量差异非常大。热裂解抽余 C_4 中烯烃总量接近 80%，其中异丁烯高达 40%、正丁烯高达 40%；FCC 混合 C_4 总烷烃和总烯烃含量接近（均超过 40%），但是异丁烷含量很高（37%），各丁烯含量基本相近（11%～16%）。根据混合 C_4 组成及其含量的分析数据，可以很好地综合利用混合 C_4。

分析由轻烃组成的混合物时，采用 Al_2O_3 PLOT 柱可以有效分离各种低碳烃，有利于准确定性定量。但是，使用不同化学物质改性的 Al_2O_3 PLOT 柱时，要特别注意试样中炔烃、二烯烃等组分的流出顺序，此外，还要关注样品中的水分和载气中的水对 Al_2O_3 PLOT 柱的保留行为的影响。详细见 9.1.2 部分相关内容。

3.5　气态混合烃分析小结

在用气相色谱分析石油炼制产出的气态混合烃时，应根据分析对象的组成选择合适的分析技术，对于炼厂气这种组成既含混合烃又含永久性气体，一维色谱技术不能一次进样实现全分析，需要采用多维色谱技术实现全分析；对于液化石油气（液态烃）和混合 C_4 这种只含有烃类组分的试样，可以采用 Al_2O_3 PLOT 柱实现烃的全分析。如果要分析液化石油气（液态烃）和混合 C_4 中的微量硫化物，要采用硫选择性检测器如 SCD、AED、PFPD 等，减少烃类基质的干扰，便于准确定性定量。在分析炼厂气时，可以根据需要，选择台式炼厂气分析仪或便携式炼厂气分析仪。

参考文献

[1] Cross R A. Analysis of the Major Constituents of Fuel Gases by Gas Chromatography. Nature，1966，211 (5047)：409-409.

[2] TCL Chang. Gas chromatographic methods for mixtures of inorganic gases and $C_1 \sim C_2$ hydrocarbons [J]. J. Chromarogr. A, 1968，37 (1)：14-26.

[3] Nand S，Sarkar M K. One-step analysis of a mixture of permanent gases and light hydrocarbons by gas chromatography [J]. J. Chromarogr. A, 1974，89 (1)：73-75.

[4] Huber L，Obbens H. Gas chromatographic analysis of hydrocarbons up to C_{16} and of inert gases in natural gas with a combination of packed and capillary columns [J]. J. Chromatogr. A.，1983，279 (25)：167-172.

[5] Osjord E H，Malthe-Sorenssen D. Quantitative analysis of natural gas in a single run by the use of packed and capillary columns [J]. J. Chromatogr. A.，1983，279 (25)：219-224.

[6] Poy F，Cobbclli L. Determination of permanent gases and light hydrocarbons by simultaneous operation on packed and capillary columns with thermal conductivity detection and flame-ionization detection on a single computer integrator [J]. J. Chromatogr. A.，1985，349：17-22.

[7] 张齐，徐立英，乐毅. 多维气相色谱技术在炼厂气分析中的应用 [J]. 精细石油化工，2013，30 (5)：83-86.

[8] Luong J，Gras R，Cortes H J，et al. Multidimensional gas chromatography for the characterization of permanent gases and light hydrocarbons in catalytic cracking process [J]. J. Chromarogr. A. 2013，1271 (1)：185-191.

[9] 薛青松，薛腾，王一萌. 模块化阀柱多维色谱系统用于分析炼厂气的技术 [J]. 石油与天然气化工，2015 (2)：105-109.

[10] 王亚敏，杨海鹰. 气相色谱仪多通道并行快速分析炼厂气方法的研究 [J]. 分析仪器，2003 (4)：41-46.

[11] Duvekot C. Fast Refinery Gas Analysis Using the 490-GC Micro-GC QUAD. Agilent note：SI-02233, 2003.

[12] 刘嘉敏，赵盛伟，于世建，等. 毛细管多维气相色谱法分析炼厂气 [J]. 分析化学，2000，28 (10)：1263-1266.

[13] Zhou Y，Wang C，Firor R. Analysis of Permanent Gases and Methane with the Agilent 6820 Gas Chromatograph，Agilent note 5988-9260EN，2003.

[14] 陈贺军，殷宗玲. HP4890 炼厂气色谱仪工作原理及应用 [J]. 分析测试技术与仪器，2003，9 (1)：14-16.

[15] 刘俊涛，邹乃忠，钟思青，等. 多维气相色谱法分析炼厂气 [J]. 石油化工，2004，33 (10)：983-986.

[16] 于杰，马涛，苗翠华，等. 用 Agilent＋7890A 气相色谱仪分析炼厂气组成 [J]. 当代化工，2004，44 (5)：1179-1181.

[17] 魏然波，李冬，李保，等. 用气相色谱校正归一法分析炼厂气组成 [J]. 石油与天然气化工，2009，38 (5)：444-447.

[18] 张铧元. 多通道色谱的炼厂气全分析 [J]. 精细石油化工，2013，30 (2)：62-64.

[19] GB/T 13610—2014 天然气的组成分析 气相色谱法.

[20] ASTM D1945—14 Standard Test Method for Analysis of Natural Gas by Gas Chromatography.

[21] SH/T 0230—92 液化石油气组成测定法（色谱法）.

[22] ASTM D2163—14e1 Standard Test Method for Determination of Hydrocarbons in Liquefied Petroleum (LP) Gases and Propane/Propene Mixtures by Gas Chromatography.

[23] 薛慧峰，王芳，秦鹏. 液态烃中硫化物的定性分析 [J]. 石化技术与应用，2009，27 (2)：166-171.

第4章

轻质馏分油的分析

　　轻质馏分油为馏程在 50～220℃ 的石油馏分和石油产品，其主要成分是 C_5～C_{10} 的混合烃，并含有少量 C_4 和 C_{11}～C_{12} 的混合烃。轻质馏分油主要有各种汽油和类似馏程的油品。轻质馏分油的生产工艺不同，其组成也不同，而且组成差异比较大，如直馏汽油（也称直馏石脑油）中正构烷烃含量很高，基本不含烯烃；裂解汽油中富含芳烃和烯烃；催化裂化汽油中异构烷烃和烯烃含量较高。轻质馏分油既是石油炼制的产品，也是油品二次加工和生产石油化工产品的原料，如直馏汽油（直馏石脑油）是热裂解制乙烯的主要原料之一，重石脑油是铂重整生产重整汽油的原料，轻催化裂化汽油又可作为醚化汽油的原料，催化裂化汽油、重整汽油是调合车用汽油的主要组分。

　　轻质馏分油由混合烃组成，除了混合烃外，还含有极少量的杂原子化合物，如含硫化合物、含砷化合物、含氮化合物、含氧化合物等。轻质馏分油的烃组成决定了其性能和后加工用途；轻质馏分油中的杂原子化合物，可能会引起后加工催化剂的中毒，作为车用燃料使用时其燃烧产物还会污染环境。所以，在轻质馏分油生产和相应技术开发中，均需要分析轻质馏分油的烃组成和杂原子化合物。

　　近几年随着城市空气质量问题的日趋突出，汽车尾气污染问题和汽柴油质量问题已备受关注。国家针对车用汽柴油产品也连续修订了标准。2013 年 12 月发布的国Ⅴ车用汽油标准[1]，国Ⅴ标准规定车用汽油中硫含量由国Ⅳ的 50mg/kg 降低至 10mg/kg 以下，烯烃含量由国Ⅳ的 28% 降低至 24% 以下。2016 年 12 月又发布国Ⅵ车用汽油标准[2]，车用汽油标的烯烃含量再一次降低至 18%（Ⅵ A）和 15%（Ⅵ B）以下，同时芳烃含量由国Ⅴ的 40% 降低至 35% 以下。国Ⅴ车用汽油质量升级主要针对汽油降硫，国Ⅵ车用汽油质量升级主要针对汽油降烯烃和芳烃。所以，汽油脱硫、降烯烃和降芳烃成为汽油质量升级技术开发的关键。在汽油质量升级技术研究中，简单地只测汽油中的烃族组成、总硫含量、总氮含量已经不能满足技术开发的需求，不仅需要认识汽油在处理过程中烯烃结构的变化，还需要认识汽油中含硫化合物、含氮化合物的结构，为深度脱硫、脱氮和保辛烷值技术开发提供必要的信息，这就需要准确测定烯烃的结构和含硫、含氮化合物的结构。测试项目最常用的分析技术就是气相色谱、气相色谱与质谱、气相色谱与选择性检测器联用的技术。

辛烷值是车用汽油质量标准中最重要的指标之一，可以适当加入能增加辛烷值的添加剂，如甲基叔丁基醚。在汽油降烯烃和深度脱硫过程中，汽油中辛烷值相对较高的烯烃组分也有较大的损失，致使辛烷值降低；在调合车用汽油时，受国Ⅵ汽油标准芳烃含量的限制，高辛烷值芳烃的加入量降低，导致车用汽油辛烷值降低。为了保证车用汽油的辛烷值，需要用辛烷值高的烷基化汽油、醚化汽油等来调合车用汽油，由于烷基化汽油、醚化汽油产量少、成本高，随之就出现了非常规或非法辛烷值添加剂，有些会影响发动机性能，有些会造成更严重的空气污染。近年来，国内车用汽油中非常规或非法辛烷值改进剂的问题和分析技术研究已经成为研究者关注的热点[3~6]。

本章将针对汽油及类似轻质馏分油生产分析需求和车用汽油分析关注的热点，介绍多维色谱、单柱色谱、中心切割和全二维色谱等技术在轻馏分油烃组成、含硫化合物、含氮化合物、含氧化合物、汽油辛烷值改进剂等分析中的应用。

4.1 汽油及轻馏分油的种类及分析要求

汽油的种类与其生产技术密切相关。本节介绍不同种类汽油的生产来源、组成差异、用途和分析要求。

4.1.1 不同轻质馏分油烃组成差异

轻质馏分油主要有凝析油、直馏石脑油（直馏汽油）、裂解汽油、FCC 汽油、重整汽油、烷基化汽油、加氢裂化汽油等。其生产工艺不同，组成也相差很大。

1）凝析油 是凝析气田或者油田伴生天然气凝析出来的液体组分，馏程与汽油馏程接近，主要由 $C_4 \sim C_6$ 的饱和烃组成，含少量 C_3、$C_7 \sim C_9$ 的饱和烃。凝析油是热裂解装置制乙烯的主要原料之一。通常需要分析烃族组成和单体烃组成。

2）直馏石脑油（直馏汽油） 是原油常减压装置生产的馏程在 $50 \sim 180℃$ 的馏分，成分为 $C_5 \sim C_{10}$ 的饱和烃，其正构烷烃含量比较高，芳烃含量比较低，基本不含烯烃，是热裂解装置制乙烯的主要原料之一。重石脑油（$C_6 \sim C_8$ 馏分）是重整装置的原料。

3）裂解汽油 来自热裂解制乙烯装置的副产物，是石油烃（石油轻烃、石脑油、凝析油、轻柴油等）热裂解产物经过分离出 $C_1 \sim C_4$ 后的轻质液相产物，碳数分布在 $C_5 \sim C_{10}$，富含芳烃和烯烃，而且二烯烃含量非常高。裂解汽油是提出许多化工产品或中间体的重要原料，从裂解汽油可以分离出环戊二烯、异戊二烯、苯、甲苯、乙苯、二甲苯、三甲苯等高附加值的产品；裂解汽油也是生产石油树脂的主要原料，裂解汽油的 C_5 馏分可以用于生产 C_5 树脂，裂解汽油的 C_9 馏分可以用于生产 C_9 树脂。

4）催化裂化汽油　通常也称 FCC 汽油，是重质油如蜡油、渣油在催化剂的作用下裂解得到的轻馏分的液体产品，馏程在 $50\sim180℃$，成分为 $C_5\sim C_{10}$ 的混合体，其芳烃、烯烃、异构烷烃含量相对较高，正构烷烃含量相对很低。因 FCC 汽油的辛烷值比较高，经过加氢脱硫处理后，主要用于调合车用汽油；也有一部分 FCC 轻汽油用于醚化，生产高辛烷值的醚化汽油。

5）重整汽油　是重石脑油经过铂重整得到的汽油馏分，碳数主要分布在 $C_6\sim C_8$，富含芳烃。重整汽油是生产三苯的主要原料，重整汽油经过溶剂抽提（如用环丁砜抽提），可以将芳烃分离出来，再经过进一步分离，得到高纯度的苯、甲苯、乙苯、二甲苯等化工原料和试剂。重整汽油的辛烷值高，也是调合高辛烷值车用汽油的主要组分之一。

6）醚化汽油　是 FCC 轻汽油在酸性催化剂的作用下，轻汽油中的烯烃特别是双键上含支链的异构烯与甲醇反应得到的醚化产物。醚化汽油的辛烷值高，常用于调合高辛烷值车用汽油。

7）烷基化汽油　炼厂的混合 C_4 在酸性催化剂的作用下，低碳烷烃与烯烃发生烷基化反应得到的 $C_5\sim C_9$ 液体产物，主要为异构化的辛烷，基本不含烯烃和芳烃，辛烷值高，硫含量非常低，是调合高品质车用汽油的主要原料。随着国Ⅴ车用汽油标准的实施和国Ⅵ车用汽油标准的发布实施，烷基化汽油的生产将大幅度提高。

8）异构化汽油　轻直馏汽油（$C_5\sim C_6$）经过分流异戊烷后的组分与芳烃抽提装置的抽余油混合，在催化剂的作用下，经过异构化反应，将直链烷烃转化为异构烷烃，产品辛烷值高，可以用于调合车用汽油。

9）抽余油　一般指重整汽油或裂解汽油加氢产品经过溶剂抽提（如用环丁砜抽提）芳烃后剩余的烃混合物，不含芳烃。抽余油可以用作热裂解制乙烯的原料，也可以用作铂重整的原料，也是生产溶剂油的良好原料。

10）加氢裂化石脑油/汽油　是来自加氢裂化装置的轻馏分油，其烯烃含量非常低，硫氮含量也非常低，经过加氢精制后，可以用作重整的原料，也可用于调合车用汽油。

通过气相色谱分析，从色谱图上可以直观了解不同汽油的差异。图 4-1 是典型石脑油、FCC 汽油和裂解汽油的烃组成色谱，其组成相差较大，但是这三种汽油各有特点，有明显的特征峰，石脑油有高含量的正构烷烃的特征峰，即正戊烷、正己烷、正庚烷、正辛烷、正壬烷、正癸烷，对应图 4-1(a) 中的峰 2、峰 3、峰 4、峰 5、峰 6、峰 7；裂解汽油有明显的高含量芳烃的特征峰，即苯、甲苯、乙苯、间/对-二甲苯、苯乙烯、邻二甲苯，对应图 4-1(a) 中的峰 A1、峰 A2、峰 A3、峰 A4、峰 A5、峰 A6；FCC 汽油中的正构烷烃含量低于石脑油，但是，有较高含量的芳烃。所以，通过汽油的特征峰可有效区分不同工艺生产的汽油。图 4-1 的主要色谱条件为：起始柱温 35℃（保持 15min），以 1.5℃/min 速率升温至 70℃，以 2℃/min 速率升温至 120℃，以 5℃/min 速率升温至 250℃（保持 10min）；载气为氦气；柱头压 21.8psi；汽化室 250℃；检测器（FID）250℃；分流比 100：1。

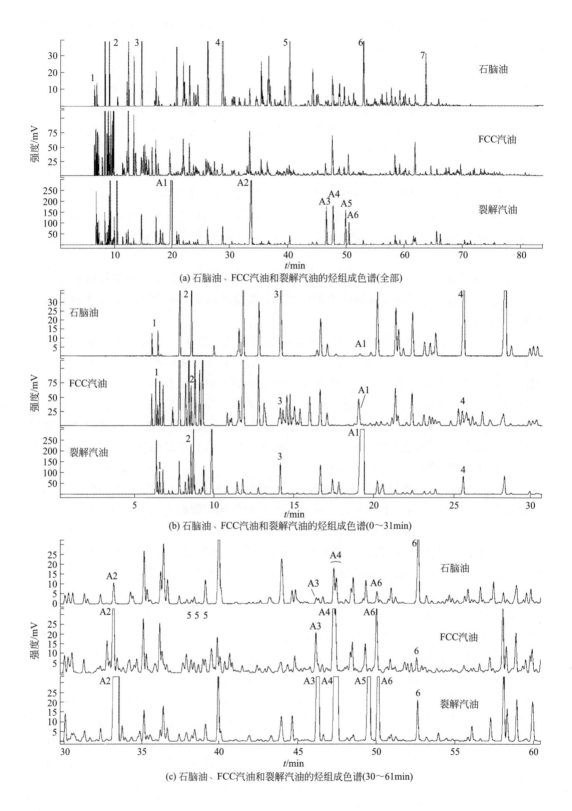

(a) 石脑油、FCC汽油和裂解汽油的烃组成色谱(全部)

(b) 石脑油、FCC汽油和裂解汽油的烃组成色谱(0~31min)

(c) 石脑油、FCC汽油和裂解汽油的烃组成色谱(30~61min)

气相色谱及其联用技术在石油炼制和石油化工中的应用 ◀◀◀

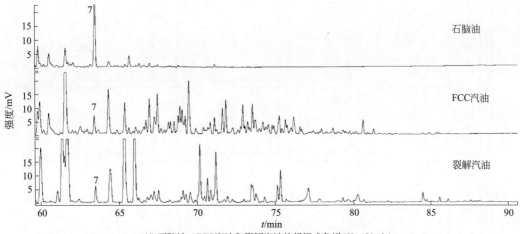

(d) 石脑油、FCC汽油和裂解汽油的烃组成色谱(60~91min)

图 4-1　石脑油、FCC 汽油和裂解汽油的烃组成色谱图

1—正丁烷；2—正戊烷；3—正己烷；4—正庚烷；5—正辛烷；6—正壬烷；7—正癸烷；

A1—苯；A2—甲苯；A3—乙苯；A4—间/对-二甲苯；A5—苯乙烯；A6—邻二甲苯

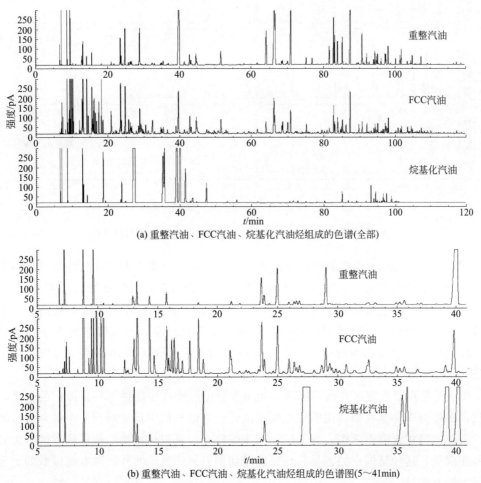

(a) 重整汽油、FCC汽油、烷基化汽油烃组成的色谱(全部)

(b) 重整汽油、FCC汽油、烷基化汽油烃组成的色谱图(5~41min)

图 4-2

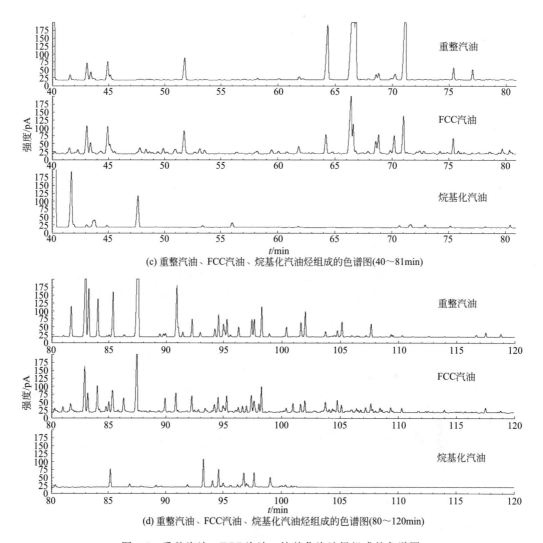

(c) 重整汽油、FCC汽油、烷基化汽油烃组成的色谱图(40~81min)

(d) 重整汽油、FCC汽油、烷基化汽油烃组成的色谱图(80~120min)

图 4-2　重整汽油、FCC 汽油、烷基化汽油烃组成的色谱图

　　图 4-2 是车用汽油主要调合组分的色谱，组成相差也非常大，这三种汽油也各有特点，也有明显的特征峰。重整汽油富含芳烃，有高含量芳烃的特征峰，主要是 $C_7 \sim C_9$ 的芳烃，芳烃分布趋势与 FCC 汽油的相近，但是重整汽油中芳烃含量非常高，轻组分比较少，而且轻组分含量比较低；FCC 汽油轻组分比较多，而且轻组分含量相对比较高；烷基化汽油组成相对简单，主要是辛烷异构体和庚烷异构体，不含芳烃、正构烷烃等。

　　图 4-3 是直馏汽油（直馏石脑油）和加氢裂化汽油（加氢裂化石脑油）的色谱，两种汽油的峰分布非常相似，说明组成非常接近。直馏汽油中低碳烃成分个数和含量略多些，直馏汽油中含有正丙烷、异丁烷、正丁烷等，加氢裂化汽油中最低碳数的烃为异戊烷和正戊烷。这种初馏点的差异，也可能是切割差异所致。此外，两者高碳数的组分和含量也略有差异。

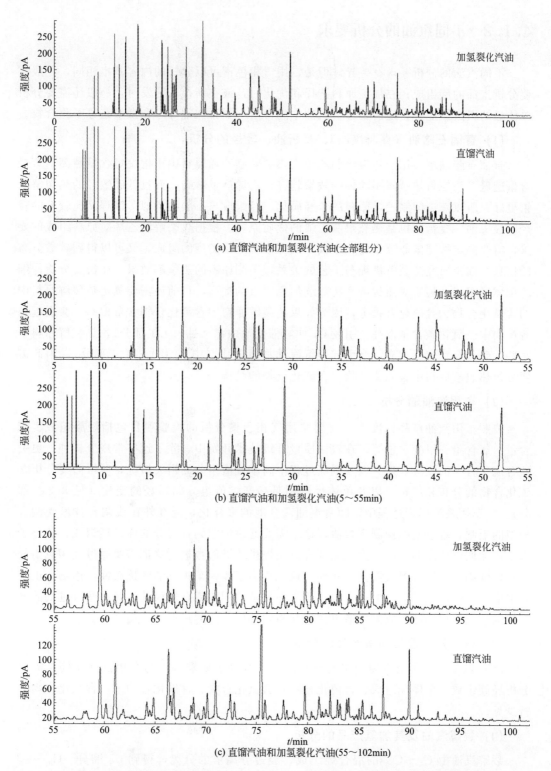

(a) 直馏汽油和加氢裂化汽油(全部组分)

(b) 直馏汽油和加氢裂化汽油(5~55min)

(c) 直馏汽油和加氢裂化汽油(55~102min)

图 4-3 加氢裂化汽油（加氢裂化石脑油）和直馏汽油（直馏石脑油）的色谱图

4.1.2　不同汽油的分析要求

不同汽油的分析要求有差异，但是，用气相色谱可以分析的内容基本相同，一般需要分析汽油的族组成；在加工原料选择和优化时，或在新技术开发时，一般还需要分析单体烃的组成。此外，还需要分析汽油中的常量（如添加剂等）和微量杂原子化合物。

（1）直馏石脑油（直馏汽油）、凝析油、轻烃的分析

直馏石脑油主要用于热裂解制乙烯。热裂解制乙烯原料中正构烷烃含量越高、芳烃含量越低，该原料热裂解制乙烯的效果越好，乙烯产量越高，而且低碳数烃的热裂解效果更好，所以热裂解制乙烯原料趋于轻质化。烃组成与石脑油类似、馏程又比较低的轻烃、拔头油、凝析油也是热裂解制乙烯的优质原料。根据热裂解制乙烯对原料组成的要求，需要测定按照碳数分布的族组成，既可以得到烃类型的组成，又可以得到碳数分布的信息。如果研究热裂解机理与工艺的关系，预测原料的热裂解效果，还需要分析详细的单体烃组成。随着对热裂解产物后续加氢要求的提高，目前还需要测定热裂解原料中的含氧化合物、含硫化合物等，因为如果热裂解原料中含氧化合物含量偏高，会引起裂解产物中一氧化碳含量偏高，引发 C_2 加氢催化剂中毒（见8.4.1部分），热裂解原料中某些含硫化合物含量偏高，会引起裂解汽油加氢催化剂中毒（见8.1.4部分），因此需要分析热裂解原料中含氧化合物、含硫化合物的结构。

（2）车用汽油的分析

按照车用汽油产品标准[2]，需要采用气相色谱分析的检验项目包括烃族组成、苯含量、氧含量、甲醇含量等。在汽油质量升级技术开发中，除了这些常规分析外，更关注含硫化合物的脱除效果，以及脱硫过程中高辛烷值组分的损失情况，所以需要分析含硫化合物的分布和结构，以及单体烃特别是高辛烷值组分如烯烃的变化（见8.2.2部分）。在车用汽油调合过程中，随着汽油调合池的多样化，近红外在线调合技术受调合模型的限制，难以精准预测辛烷值，这就需要通过测定调合组分的详细烃组成，从分子水平预测调合产品的性能，为优化调合方案提供关键的数据，这都需要通过气相色谱分析获取准确的单体烃组成数据。此外，近几年为了改善车用汽油的抗爆性，市场上也出现了多种辛烷值改进剂，但是，有些改进剂是被禁用的或有争议的，对这些改进剂的分析技术研究和检测已经成为色谱工作者和检测部门关注的热点。

（3）FCC汽油及其加氢产品的分析

FCC汽油作为车用汽油的主要调合组分，其分析要求基本与车用汽油相同，需要分析烃族组成、单体烃组成、含硫化合物、含氮化合物、含砷化合物等，含氧化合物分析少见。

（4）裂解汽油及其加氢产品的分析

裂解汽油由 $C_5 \sim C_{10}$ 的混合烃组成，经过分离塔的分离，得到 C_5 馏分、$C_6 \sim C_8$ 馏分/$C_6 \sim C_7$ 馏分、C_9 馏分。C_5 馏分富含二烯烃和烯烃，是分离环戊二烯、异戊二烯和各种戊烯的原料；$C_6 \sim C_8$ 馏分经过一段加氢除二烯和硫氮杂质、二段加氢使烯烃饱和转化为烷烃，再经过环丁砜抽提，分离出芳烃；C_9 馏分富含 C_9 芳烃，经过加氢后，可以分离出甲乙苯和三甲苯。在切割裂解汽油各馏分和分离烯烃、芳烃等时，均需要分析裂解汽油中的单体烃组成，以便评价分离的效果。在 $C_6 \sim C_8$ 馏分、C_9 馏分加氢过程中，需要通过分析加氢前后烃组成的变化，评价催化剂的性能和加氢产品质量。此外，在裂解汽油加氢过程中，还需要分析含硫化合物分布和结构，因为原料中的活性含硫化合物可能会使催化剂活性组分中毒（见 8.1.4 部分）。

4.2 轻质馏分油的烃组成分析

轻质馏分油烃组成分析主要包括烃单体烃组成分析和族组成分析，采用的分析技术有单柱毛细管气相色谱法、多维气相色谱法和全二维气相色谱法。采用的分析技术不同，测定数据输出形式也不同。多维色谱技术可以根据轻质馏分油中烃类的性质差异，采用不同极性的色谱柱和吸附阱，将混合烃按照类别分离，并可以得到按照碳数分布的各类烃的含量，也可以获得个别组分的含量数据，但是，不能获得单体烃组成的信息；采用单柱毛细管气相色谱法，可以获得汽油馏分中单体烃的含量以及各烃类按照碳数分布的族组成，但是由于受毛细管柱分离效果的限制，分析汽油这类复杂组分体系时，总会存在组分共流出（峰重叠）的问题；全二维气相色谱技术利用其高峰容量、高分辨的优势，进一步提高了对汽油馏分中烃的分离能力，可以有效将芳烃、烯烃、饱和烃分离，特别是芳烃，但是，饱和烃之间仍有重叠的问题。本节将介绍相关技术及相关分析方法标准。

4.2.1 烃族组成分析——多维气相色谱技术

轻质馏分油为链烷烃、环烷烃、芳烃组成的混合烃，如果是二次加工的裂解产品，还含有烯烃。轻质馏分油烃族组成分析就是指油品中链烷烃（P）、烯烃（O）、环烷烃（N）和芳烃（A）含量及按照碳数分布的 P、O、N、A 含量的测定，通常称之为 PONA 分析；如果将烷烃再进一步分离为正构烷烃（P）和异构烷烃（I），又称之为 PIONA 分析；如果待测样品中不含烯烃，油品的族组成分析又可称为 PNA 或 PINA 分析。在车用汽油调合中，为了提高辛烷值，还要加入醇醚等含氧化合物，这就需要测定含氧化合物的含量与分布，所以在车用汽油族组成分析中，又增加了含氧化合物（O）的分析，称为 OPONA 或 OPIONA 分析。

(1) 分析烃族组成的方法标准

最早采用液-固柱色谱的方法分析汽油族组成，经过不断的改进完善，液-固柱法已经发展为现在的荧光指示法（FIA）[7]，分离效果和准确性都有所改善。但是，由于汽油挥发性较大和受分离用不同硅胶性能差异的影响，FIA 法用于汽油族组成分析时，其测定结果的重复性和再现性都不是很好。随着多维气相色谱技术的发展，20 世纪 80 年代前后多维气相色谱技术（MGC）开始用于汽油的族组成的分析[8,9]，随着不断的技术改进[10,11]，已经广泛用于汽油馏分及类似轻馏分油的族组成分析，并制定了相应的国际标准[12~14]，中国也制定了相应的国家标准[15,16] 和行业标准[17]，在 2016 年 12 月发布的《车用汽油》产品标准[2] 中已经将多维气相色谱法[15,16] 列入国Ⅵ汽油中烯烃、芳烃含量测定方法。MGC 分析汽油及类似馏分油的烃族组成和含氧化合物的方法标准见表 4-1。

表 4-1　MGC 分析汽油及类似馏分油的烃族组成和含氧化合物的方法标准

现行标准号	标准名称
GB/T 28768—2012①	车用汽油烃类组成和含氧化合物的测定 多维气相色谱法
GB/T 30519—2014	轻质石油馏分和产品中烃族组成和苯的测定 多维气相色谱法
SH/T 0741—2010	汽油中烃族组成的测定 多维气相色谱法
ISO 22854—2016	Liquid petroleum products—Determination of hydrocarbon types and oxygenates in automotive-motor gasoline and in ethanol(E85) automotive fuel—Multidimensional gas chromatography method
ASTM D5443—14(2018)	Standard Test Method for Paraffin, Naphthene, and Aromatic Hydrocarbon Type Analysis in Petroleum Distillates Through 200 ℃ by Multi-Dimensional Gas Chromatography
ASTM D6839—18	Standard Test Method for Hydrocarbon Types, Oxygenated Compounds and Benzene in Spark Ignition Engine Fuels by Gas Chromatography

① GB/T 28768—2012 修改采用 ISO 22854—2008。

(2) MGC 分析烃族组成常用模式

汽油烃族组成 MGC 分析技术采用多根不同极性的色谱柱和特殊的吸附阱，配合阀切换技术，从而将汽油中不同类型的烃（族）分离，并进行定量测定。MGC 技术一般采用极性柱（如 OV275），先将流经此柱的芳烃与脂肪烃（链烷烃、环烷烃、烯烃）分离，芳烃保留于极性柱中；流出的脂肪烃进入烯烃吸附阱，烯烃被吸附，从而将烯烃与链烷烃、环烷烃分离；穿过烯烃吸附阱的链烷烃和环烷烃流经 5A 分子筛柱和 13X 分子筛柱时，正构烷烃被吸附于 5A 分子筛柱上并按照碳数分离；异构烷烃和环烷烃不被 5A 分子筛柱吸附，直接进入 13X 分子筛柱，在 13X 分子筛柱上按照碳数流出，从而实现了烃族组成的分析。如果要分析加入含氧化合物的车用汽油，还需要在极性柱前和后各加一根醇醚吸附阱，将醇醚分离[12,14,15]，完成烃组成、含氧化合物的分析测定。

由于不同轻质馏分油的组成差异较大、用途不同，烃族组成分析的要求也不同。如石脑油、凝析油不含烯烃，烃族组成分析指 PNA 或 PINA 分析，无需分析烯烃含量；FCC 汽油除了链烷烃、环烷烃、芳烃外，还含有大量的烯烃，烃族组成分析就是指 PONA 或 PIONA 分析；对于醚化汽油和车用汽油，由于含有含氧化合物，除了分析 PONA 或 PIONA 外，还要分析含氧化合物，即 OPIONA 分析。不同的族组成分析需求的流程示意见图 4-4，可以根据油品的分析需求配置不同的仪器硬件，OPIONA 配置的多维色谱仪可以兼容 PONA、PIONA、PNA 和 PINA 分析的功能，当然仪器价格也会随着配置增加而增加。

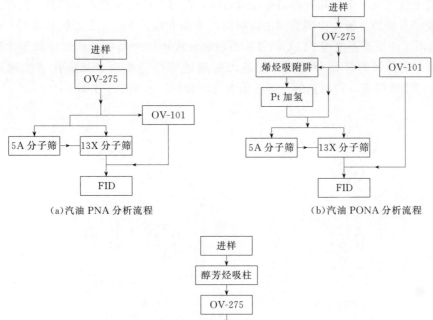

(a)汽油 PNA 分析流程　　　　　　　　　(b)汽油 PONA 分析流程

(c)汽油 OPIONA 分析流程

图 4-4　不同的族组成分析需求的流程示意

(3) GB/T 30519—2014 分析方法简介

GB/T 30519—2014[16] 的分离系统由一根 N,N-双（α-氰乙基）甲酰胺极性柱
（BCEF 柱）、一个烯烃吸附阱和两个六通切换阀组成，GB/T 30519 分析系统中色谱柱
和阀连接的结构示意见图 4-5。汽油样品汽化后首先通过 BCEF 柱，芳烃在 BCEF 柱中
保留时间长，从而将脂肪烃（饱和烃和烯烃）与芳烃分离；分离出的脂肪烃随后进入烯
烃吸附阱，烯烃被吸附于烯烃吸附阱中，饱和烃则穿过烯烃吸附阱进入 FID 被检测；
当饱和烃组分穿过烯烃吸附阱后，此时芳烃组分中最轻的苯尚未流出 BCEF 柱，通过切
换六通阀 V2 将烯烃封存于吸附阱中，暂时脱离载气流路，随后苯通过旁路进入检测
器；当苯被检测后，通过切换六通阀 V1，将 BCEF 柱中的 C_{7+} 芳烃（C_7 及 C_7 以上的
芳烃）反吹出，直接进入检测器；待 C_{7+} 芳烃检测完毕后，再次切换六通阀 V2，使烯

烃吸附阱置于载气流路中，同时加热烯烃吸附阱，使烯烃解吸并进入检测器，完成了饱和烃、烯烃、芳烃的分析，检测到的色谱峰依次为饱和烃、苯、C_{7+}芳烃和烯烃。GB/T 30519 适用于终馏点不高于 215℃的轻质石油馏分或汽油产品中烃族组成和苯含量的测定。分析不含烯烃的轻馏分油时，样品无需通过烯烃捕集阱，只需在苯洗脱后对BCEF 柱进行反吹即可，检测到的色谱峰依次为饱和烃、苯和 C_{7+}芳烃。

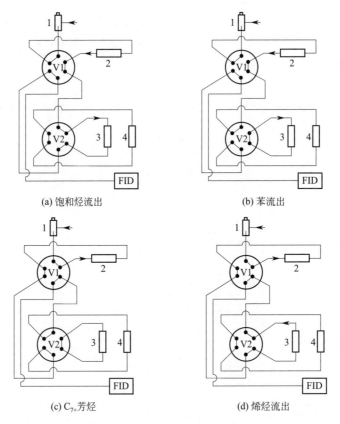

(a) 饱和烃流出　　　　　　　　　　(b) 苯流出

(c) C_{7+}芳烃　　　　　　　　　　(d) 烯烃流出

图 4-5　GB/T 30519 汽油烃族组成分析过程中阀切换示意
1—进样口；2—极性柱（BECF）；3—烯烃吸附阱；4—平衡柱

但是，按照 GB/T 30519 分析含有醚类或醇类含氧化合物的车用汽油时，样品中的醚类化合物会随烯烃共流出，醇类化合物随 C_{7+}芳烃共流出，从而影响烯烃、芳烃和含氧化合物的正常检测。所以，采用 GB/T 30519 分析含有含氧化合物的汽油样品时，还需要借助其他试验方法如 SH/T 0663[18] 测定样品中的含氧化合物类型和含量，并按照 GB/T 30519 附录 A 对烃族组成结果进行校正，才能得到相应的结果。GB/T 30519用于分析不含含氧化合物的汽油样品时，操作简单、分析成本低，可以准确测定油品中饱和烃、烯烃、苯和 C_{7+}芳烃的总含量。但是，对于含有醚类或醇类含氧化合物组分的车用汽油、乙醇汽油，采用 GB/T 30519 不能直接测定含氧化合物，还需要借助其他方法，操作复杂、计算繁琐，也增加了运行成本。可以采用 GB/T 28768[15]，通过一次进样完成汽油中烃族组成、苯、含氧化合物的同时测定，类似的方法标准还有 ASTM D6839[14] 和 ISO 22854[12]。

（4）GB/T 28768—2012 分析方法简介

GB/T 28768—2012[15] 分离系统由硫酸盐预柱、OV 275 极性柱、醚醇吸附阱、烯烃吸附阱、Pt 加氢柱、5A 分子筛柱、13X 分子筛柱、聚二甲基硅氧烷非极性柱、多孔聚合物柱（Porapak P 柱）和六个六通阀组成，其分析系统的结构示意见图 4-6，色谱柱和吸附阱的尺寸大小和填料见表 4-2。

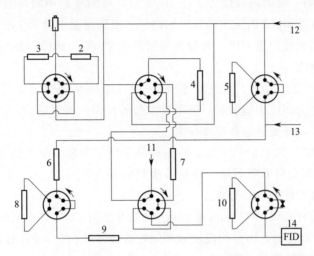

图 4-6 GB/T 28768 汽油烃族组成和含氧化合物分析系统阀柱连接示意
1—进样口；2—硫酸盐预柱；3—OV 275 柱；4—醇醚吸附阱；5—烯烃吸附阱；
6—Pt 加氢柱；7—聚二甲基硅氧烷柱；8—5A 分子筛柱；9—13X 分子筛柱；
10—Porapak P；11—反吹气；12—载气；13—氢气（Pt 加氢）；14—检测器 FID

表 4-2 GB/T 28768 方法推荐的色谱柱和吸附阱

柱名称	柱长/cm	柱内径/mm	固定相	描述
硫酸盐预柱	30	2	50%硫酸盐，Chromosorb750（80～100 目）	吸附醇和高沸点芳烃
极性柱	270	2	30%OV 275，ChromosorbPAW（60～80 目）	分离脂肪烃与芳烃
非极性柱	1500	0.53	$5\mu m$ 液膜，聚二甲基硅氧烷	分离洗脱出的芳烃
硫酸盐柱	30	3	50%硫酸盐，Chromosorb750（80～100 目）	吸附醚
烯烃吸附阱	30	3	8%银盐，硅胶（80～100 目）	吸附烯烃
加氢柱	5.5	1.7	2%Pt，氧化铝	加氢烯烃
13X 分子筛柱	170	1.7	3%的 13X 分子筛，Chromosorb750	分离链烷烃与环烷烃
5A 分子筛柱	30	2	5A 分子筛	分离正构烷与异构烷
多孔聚合物柱	90	3	Porapak P（80～100 目）	分离芳烃、醇、醚

各色谱柱和吸附阱的操作条件和用途如下。

1）硫酸盐预柱（醇吸附阱） 使用温度 140～160℃，进样后 2min 内苯、甲苯、链烷烃、环烷烃、醚流出此柱，而醇和 C_{8+} 芳烃（C_8 及 C_8 以上的芳烃）滞留于硫酸盐预柱中。将硫酸盐预柱温度升至 280℃，在 2min 内将滞留的醇和 C_{8+} 芳烃反吹出硫酸盐预柱。

2）极性柱（OV 275） 使用温度 130℃，可以有效滞留所有芳烃，并使沸点低于

185℃的所有非芳烃在进样后5min内流出极性柱；并在10min之内将苯、甲苯和沸点低于215℃的非芳烃洗脱出极性柱；最后反吹极性柱，将滞留于极性柱内的C_{8+}芳烃在10min之内反吹出。

3）非极性柱　使用温度130℃，将按照碳数分离沸点低于200℃的芳烃。而更高沸点的链烷烃、环烷烃、芳烃被反吹出非极性柱。

4）烯烃吸附阱　吸附阱温度为90～105℃时，吸附样品中的所有烯烃、C_7之前的饱和烃在进样后6.5min之内流出烯烃吸附阱。将吸附阱温度升至146～150℃，轻烯烃和C_{8+}非烯烃被解吸流出吸附阱。再加热吸附阱至280℃，解吸重烯烃，所有被解吸的烯烃流入Pt加氢柱。

5）Pt加氢柱　在180℃、氢气流速（14±2）mL/min条件下，将从烯烃吸附阱流出的烯烃定量加氢为相应的饱和烃，并不发生裂解反应。加氢后的产物流入5A分子筛柱、13X分子筛柱，并按照饱和烃被分离。

6）醚醇吸附阱　在105～130℃，吸附样品中所用的醚、沸点低于175℃的非芳烃在进样后6min内流出醚醇吸附阱。将醚醇吸附阱温度升至280℃，将醚及其他组分解吸，使其进入非极性柱进一步分离。

7）5A分子筛柱　以10℃/min速率从120℃升温至450℃，在低的柱温下正构烷烃被滞留于5A分子筛柱中，而异构烷烃和环烷烃直接通过5A分子筛柱；随着柱温升高，正构烷烃按照碳数被脱附和检测。

8）13X分子筛柱　以10℃/min速率从90℃升温至430℃，链烷烃和环烷烃按照碳数被分离。

9）Porapak P柱　控制在130～140℃，用于分离单个含氧化合物、苯、甲苯。可以根据需求增加此柱。

样品被注入汽化室后，样品中各族化合物流出顺序如下：a. 汽化后的样品首先进入硫酸盐预柱，醇和高沸点的C_8芳烃滞留在硫酸盐预柱中，苯、甲苯、脂肪烃、醚等流过硫酸盐预柱，并进入极性柱（OV 275柱）；b. 组分流经极性柱时，苯、甲苯等轻芳烃滞留，与脂肪烃和醚类分离；c. 流出极性柱的脂肪烃和醚类进入醚醇吸附阱，醚被吸附，而脂肪烃穿过醚醇吸附阱进入烯烃吸附阱；d. 脂肪烃流经烯烃吸附阱时，烯烃被吸附，与饱和烃分离，分离出的饱和烃随后进入5A分子筛柱；e. 饱和烃流入5A分子筛柱后，正构烷烃滞留于5A分子筛柱中，异构烷烃和环烷烃流入13X分子筛柱；f. 异构烷烃和环烷烃通过13X分子筛柱时，按照碳数异构烷烃和环烷烃被分离和检测，如果不分离正构烷烃，可以直接通过旁路进入13X分子筛柱；g. 解吸醚醇吸附阱中的醚，并按照其沸点被分离和检测；h. 分两步解吸烯烃吸附阱中的烯烃，解吸出的烯烃进入铂加氢柱，并被加氢饱和转化成相应的饱和烃，随后通过5A分子筛柱和13X分子筛色谱柱被分离和检测；i. 最后加热硫酸盐预柱，并反吹极性柱和硫酸盐预柱，醇和高沸点芳烃被反吹出，流过非极性柱（OV 101柱或HP-1柱）时按照其沸点被分离和检测。

（5）Reformulyzer® M4分析技术简介

PAC公司（前身AC公司）一直致力于汽油烃族组成MGC分析技术的研究，近几年又推出了 Reformulyzer® M4，与 Reformulyzer® M3 相比，Reformulyzer® M4 又有新改进：a. 采用了微填充柱、大口径柱和微填充吸附阱，改善了分离效果，同时缩短了分析时间；b. 使用了新一代烯烃吸附阱，改善了吸附阱的寿命，同时提高了吸附容量，可以分析烯烃含量高达 70％ 的样品；c. 可以使用氮气作载气，降低使用成本。Reformulyzer® M4 的色谱柱、吸附阱、切换阀连接见图 4-7，Reformulyzer® M4 分析技术符合现行标准 GB/T 28768、ISO 22854、ASTM D6839、ASTM D5443。Reformulyzer® M4 具有的分析模式、可测试样品种类、所需分析时间见表 4-3，部分模式的色谱见图 4-8。

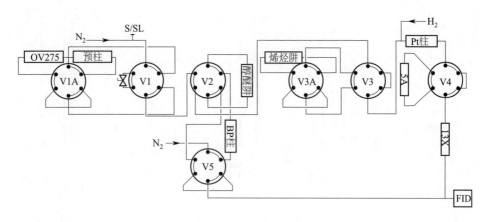

图 4-7 Reformulyzer® M4 流程示意

表 4-3 Reformulyzer® M4 分析汽油的模式

分析对象	分析模式							
	PNA	PIPNA	PONA	PIONA	OPONA	OPIONA	FAST	E85
凝析油	√	√						
直馏汽油	√	√						
重整汽油	√	√						
加氢裂化汽油	√	√						
烷基化汽油	√	√						
异构化汽油	√	√						
芳烃抽余油	√	√						
FCC 汽油			√	√				
醚化汽油					√	√		
车用汽油					√	√	√	
乙醇汽油								√
分析时间/min	25	30	30	55	42	60	15	39

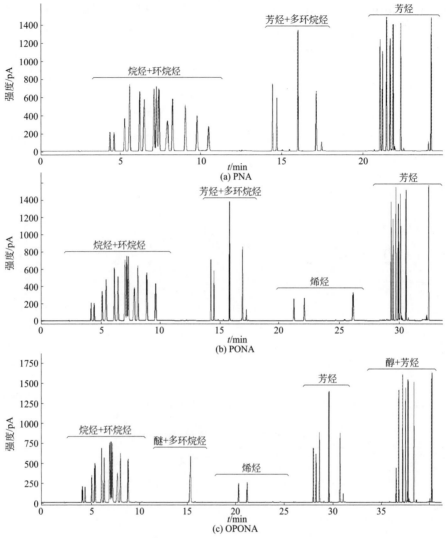

图 4-8　Reformulyzer® M4 不同模式下的不同试样色谱图（PAC 提供）

以下就 Reformulyzer® M4 常用的 OPINOA 模式做简要介绍。Reformulyzer® M4 的 OPINOA 模式用于分析含醇醚汽油中烃组成和含氧化合物，各组分的流出顺序见表 4-4。在 OPIONA 模式下，进样后样品中各组分的流出顺序如下。

① 样品中的组分经过硫酸盐预柱预分离，醇和高沸点的 C_8 芳烃滞留于硫酸盐预柱中，其余组分进入极性柱（OV 275 柱）；在极性柱中，脂肪烃和醚类不被吸附而穿过与苯、甲苯等轻芳烃分离。

② 从极性柱流出的脂肪烃和醚类进入醚醇吸附阱，醚被吸附，与脂肪烃分离；脂肪烃进入烯烃吸附阱，烯烃被吸附，与饱和烃分离；饱和烃进入 5A 分子筛柱，正构烷烃滞留于 5A 分子筛柱中，与异构烷烃和环烷烃分离；异构烷烃和环烷烃流入 13X 分子筛柱，按照碳数顺序异构烷烃、环烷烃先后流出，并被检测。

③ 切换 V2，解吸并反吹醚醇吸附阱，醚被反吹进入非极性柱，按照沸点流出非极性柱，醚类化合物被检测。

表 4-4　OPIONA 模式烃组成和含氧化合物流出顺序

时间段/min		组分	通过的色谱柱
起始	截止		
0	12	$C_4 \sim C_{11}$ 环烷烃和链烷烃	通过 OV275 柱的第一分部,并于 13X 柱分离
12	15	醚类化合物	吸附于醚吸附阱,经过醚/醇吸附阱,进入非极性 BP 柱
15	16	>185℃饱和烃	反吹非极性 BP 柱
16	27	$C_4 \sim C_{11}$ 正构烷烃	解吸 5A 吸附阱(柱),并于 13X 柱分离
27	29	$C_6 \sim C_8$ 芳烃和多环环烷烃	通过 OV275 柱的第二分部,经过醚/醇吸附阱,进入非极性 BP 柱
29	30	>185℃饱和烃	反吹从 OV275 柱流入非极性 BP 柱的第二分部的重组分
30	40	$C_4 \sim C_{11}$ 烯烃	反吹解吸的烯烃阱,通过 5A 吸附阱和 13X 柱
40	49	醇和 $C_8 \sim C_{10}$ 芳烃	通过 OV275 柱的第三分部,经过醚/醇吸附阱,进入非极性 BP 柱
49	50	>185℃芳烃	反吹从 OV275 柱流入非极性 BP 柱的第三分部重组分
50	60	$C_4 \sim C_{11}$ 正构烯烃	解吸 5A 吸附阱,并经过 13X 柱分离

④ 加热 5A 分子筛柱,使正构烷烃脱附,并经过 13X 分子筛柱进入 FID,正构烷烃被检测。

⑤ 低沸点的芳烃流出极性柱,经过醚醇吸附阱进入非极性柱,在非极性柱中按照沸点低高先后流出,并被检测。

⑥ 加热烯烃吸附阱,解吸烯烃,烯烃脱附后进入 Pt 加氢柱,被加氢转化为饱和烃,然后进入 5A 分子筛柱、13X 分子筛,正构烷烃(正构烯烃的加氢产物)被吸附于 5A 分子筛柱,异构烷烃(异构烯烃的加氢产物)和环烷烃(环烷烯烃的加氢产物)按照碳数流出并被检测,得到对应的烯烃组分。

⑦ 切换阀 V1A,反吹极性柱,将醇和高沸点芳烃反吹出极性柱,经过醚醇吸附阱,进入非极性柱,按照沸点高低流出非极性柱,进入 FID。

⑧ 二次加热 5A 分子筛柱,使正构烯烃转化的正构烷烃脱附,并经过 13X 分子筛柱进入 FID,被检测组分对应加氢前的正构烯烃。

(6) MGC 分析烃族组成注意事项

① 适宜分析沸点不超过210℃、碳数在 C_{12} 以下的脂肪烃(含 C_{12}),再高碳数的脂肪烃会干扰芳烃的检测。

② 试样中含硫化合物和含氮化合物也会吸附于烯烃吸附阱中,并产生不可逆性吸附,长期积累最终会降低烯烃吸附阱容量或使用寿命。所以在分析高含硫、高含氮的汽油及类似馏分油后,要特别关注烯烃吸附阱的效果,建议用参考样品进行检查。

③ 试样中含硫化合物也会吸附于醚醇吸附阱上,尚无定论是否对测定结果有影响。

④ 尚未发现汽油中的抗氧剂、清净剂、抗静电剂、含铅防爆剂和含锰抗爆剂对分析结果有影响。

⑤ 需要经常采用参考样品进行期间核查,特别注意各吸附阱吸附效果的变化。

4.2.2　单体烃分析——单柱毛细管色谱技术

在炼油与化工新技术开发和生产问题查找过程中，除了需要汽油或类似馏分油的烃族组成信息外，还需要认识详细的烃组成，从分子层面去认识石油烃在加工过程中的变化，从而有效地利用加工原料，获取高附加值的产品，实现利润最大化。这就需要采用高分辨的毛细管气相色谱技术分析汽油或类似馏分油，以便获得详细单体烃分析（DHA）信息。

（1）分析单体烃的方法标准

早期采用角鲨烷毛细管柱分析汽油单体烃组成[19~22]，受角鲨烷固定液温度的限制，色谱柱的最高使用温度仅 100℃ 左右，用于分析汽油单体烃组成时间过长。随着聚二甲基硅氧烷交联毛细管柱的使用，色谱柱的使用温度可高达 300 ℃，而且柱流失低、柱效高、稳定性好，不仅大幅度缩短分析汽油单体烃的时间，并明显改善了汽油中组分的分离效果，这类毛细管色谱柱随后被广泛用于汽油及类似轻烃的单体烃分析[23~26]。

测定汽油单体烃的单柱气相色谱法通常采用 50~100m 的聚二甲硅氧烷高效毛细管柱，该色谱柱的理论塔板数一般为 5000/m 以上。50m 的聚二甲硅氧烷毛细管柱适合于分析不含烯烃的直馏汽油、加氢裂化汽油、烷基化汽油等[27,28]，也可以用于含烯汽油中单体烃的测定，但是用 50m 的聚二甲硅氧烷毛细管柱分析含烯汽油或类似的含烯馏分油时，苯与 1-甲基环戊烯共流出、甲苯与 2,3,3-三甲基戊烷共流出[29]，影响关键组分苯和甲苯的准确定量，为了准确检测苯和甲苯含量，还需要采用其他方法分析苯和甲苯含量。用 100m 的聚二甲硅氧烷毛细管柱，可以将汽油或类似馏分油中的苯与 1-甲基环戊烯、甲苯与 2,3,3-三甲基戊烷有效分离，除了可以测定含烯汽油中的绝大部分单体烃，还可以测定汽油中的甲醇、乙醇、丁醇、甲基叔丁基醚、乙基叔丁基醚等含氧化合物，现有相应的 ASTM 方法标准[30,31]。也有人采用更长的毛细管柱分析研究汽油中的单体烃，从分子层面进一步认识汽油的详细烃组成，Berger[24] 采用 9 根 50m×0.2mm×0.33μm HP-Ultra 1 串联的分离系统，分析研究了汽油中的详细烃和含氧化合物，从汽油中检测到约 970 个组分，而用单根 50m×0.25mm×0.25μm 的聚二甲硅氧烷柱仅能检测到 370 个组分，使用 450m（9 根 50m 串联）的色谱柱，提高了分离系统的总峰容量，从而可以获得汽油更为详细的烃组成信息，便于汽油新工艺新技术的研究开发，但是此方法分析时间过长（需要 650min），不适合常规分析。分析汽油或类似馏分油中的详细组成的现行标准均采用 50m 或 100m 的毛细管柱，常用方法标准见表 4-5[25~32]。

表 4-5　CGC 分析汽油单体烃和含氧化合物的方法标准

现行标准号	标准名称
SH/T 0714—2002[①]	石脑油中单体烃组成测定法（毛细管气相色谱法）
ASTM D5134—13(2017)	Standard Test Method for Detailed Analysis of Petroleum Naphthas through n-Nonane by Capillary Gas Chromatography
ASTM D6733—01(2016)	Standard Test Method for Determination of Individual Components in Spark Ignition Engine Fuels by 50-Metre Capillary High Resolution Gas Chromatography

现行标准号	标准名称
ASTM D6729—14	Standard Test Method for Determination of Individual Components in Spark Ignition Engine Fuels by 100 Metre Capillary High Resolution Gas Chromatography
ASTM D6730—01(2016)	Standard Test Method for Determination of Individual Components in Spark Ignition Engine Fuels by 100-Metre Capillary(with Precolumn) High-Resolution Gas Chromatography
ASTM D7900—18e1	Standard Test Method for Determination of Light Hydrocarbons in Stabilized Crude Oils by Gas Chromatography

① SH/T 0714—2002 修改采用 D5134—98。

在用 CGC 完成汽油或类似馏分油中各单体烃分离的基础上，通过 CGC-MS、CGC-IR 和标准样品比对等技术，已经基本确定汽油类似馏分油中大部分单体烃的结构或烃类别。所以，可以以单体烃保留时间、相对校正因子、密度为基本参数，借助计算机和专门设计的分析软件，完成单体烃的自动定性识别和定量，从而实现汽油或类似馏分油中各单体烃的自动分析。现在商品化的 DHA 分析软件和 DHA 分析包已经广泛应用于汽油和类似馏分油中单体烃的分析。

（2）汽油多项参数的同时测定

采用 CGC 技术不仅可以得到汽油和类似馏分油中单体烃的定性定量数据和烃族组成数据，还可以通过相关公式计算得到油品的其他性质参数，如碳氢比（或碳含量、氢含量）、平均分子量、密度、关联指数、热值、辛烷值以及沸点分布等[33~35]，即通过一次进样分析，完成汽油和类似馏分油的多项性质参数测定，节省了时间，降低了分析成本。

实验室也开发了 CGC 分析石脑油的多项性质参数的分析软件[33~35]，可以在得到石脑油的单体烃组成、按照碳数分布的族组成、碳氢比（或碳含量、氢含量）、平均分子量、密度的同时，还得到详细的色谱馏程数据和沸点分布图，这种色谱馏程分布图以单体烃的标准沸点为纵坐标，以含量（质量分数或体积分数）为横坐标，含量增量为0.5 个百分单位，得到非常详细的沸点分布图，通过这种色谱馏程分布图，可以直观地看到轻质油品馏程分布的差异，见图 4-9 和图 4-10。图 4-9 是不同产地石脑油的色谱馏程，吐哈石脑油和库西石脑油的馏程非常接近，说明其组成也很相近。长庆石脑油与吐哈、库西石脑油略有不同，但青海石脑油与其他三地石脑油相差较大。通过色谱馏程分析，可以非常直观地判断出这几种石脑油的差异所在。图 4-10 是不同轻质油的色谱馏程分布，色谱馏程分布图中有多段平坦直线段，平坦直线段对应高含量的单体烃，直线段越长，对应的组分含量越高，图 4-10 中凝析油的色谱沸点分布中两个大的平坦直线段分别对应异戊烷和正戊烷。

实验室采用自开发的石脑油多参数 CGC 分析方法[35]，对某公司的热裂解乙烯装置用原料——不同产地的石脑油和其裂解产物进行了跟踪分析。表 4-6 是一组典型裂解原料及其裂解产物的分析数据，色谱馏程分布见图 4-9。表 4-6 中裂解原料的分析数据表明，库西石脑油链烷烃含量最高，碳氢比最低，其"三烯"特别是乙烯的收率应最高；尽管长庆石脑油芳烃含量最低，但其链烷烃含量相对比较低，环烷烃较高，故长庆石脑油的裂解效果要差于库西和吐哈石脑油。此外，长庆石脑油和青海石脑油的链烷烃含量

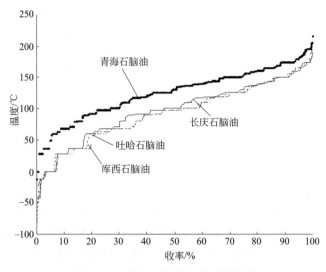

图 4-9　不同产地石脑油的色谱馏程

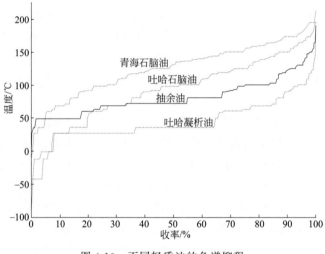

图 4-10　不同轻质油的色谱馏程

比较接近,所以两者裂解得到的主产物乙烯含量应基本相近。由于青海石脑油的芳烃含量比较高,芳烃自身又不易裂解,青海石脑油平均分子量、碳氢比、密度均又最大,因此,青海石脑油裂解产生的液相产物应最多。吐哈石脑油平均分子量最低,密度最小,其液相产物应最少。根据色谱分析数据推测的结果与裂解工艺评价的结果完全一致。表4-6 的裂解性能评价表明,库西石脑油的乙烯收率最高,吐哈石脑油次之,长庆石脑油最低。而且长庆石脑油裂解产物中乙炔含量最高(1.34%),增加了乙炔加氢的负担,对 C_2 加氢不利。对于乙烯生产企业而言,乙烯收率增加一个百分点,企业效益的增值将相当可观。因此,裂解原料的评价相当重要,它不仅为生产工艺控制提供必要的数据,而且是选购原油的重要参考依据之一。本分析方法已用于乙烯裂解评价研究和裂解原料控制分析,结果令人满意。

表 4-6　不同石脑油及其裂解主产物分析数据

参数		不同石脑油			
		库西	吐哈	长庆	青海
石脑油	P 质量分数/%	69.77	65.78	58.00	58.71
	N 质量分数/%	22.29	26.19	36.07	26.96
	A 质量分数/%	7.93	8.03	5.91	14.32
	平均分子量	96.44	94.44	98.31	111.66
	C/H 质量比	5.69	5.71	5.70	6.06
	$d^{20}/(g/cm^3)$	0.7068	0.7061	0.7071	0.7421
裂解产物	甲烷质量分数/%	12.62	13.90	14.47	14.21
	乙烯质量分数/%	32.69	31.99	29.52	30.08
	乙烷质量分数/%	2.65	2.49	2.39	2.36
	乙炔质量分数/%	1.12	1.23	1.34	0.99
	丙烯质量分数/%	13.69	13.72	13.75	12.30
	丙烷质量分数/%	0.53	0.28	0.37	0.58
	1,3-丁二烯质量分数/%	5.34	5.99	5.77	5.44
	液体收率/%	14.92	13.97	15.75	21.27

4.2.3　单体烃分析——全二维气相色谱技术

使用单柱毛细管色谱技术分析汽油和类似馏分油的单体烃时，总有一些单体烃会共流出。使用 50m 的毛细管柱时，汽油中的关键控制组分苯和甲苯分别与 1-甲基环戊烯、2,3,3-三甲基戊烷共流出，影响苯的准确定量，使用 100m 的毛细管柱时，尽管可以将苯与 1-甲基环戊烯、甲苯与 2,3,3-三甲基戊烷分离，但是分析时间比较长（130～150min）。可以利用全二维气相色谱的高峰容量优点，有效分离汽油和类似馏分油的单体烃，特别是芳烃的分离，而且分析时间短，全二维气相色谱技术已应用于汽油中单体烃的分析[36]。

实验室采用全二维气相色谱技术分析研究汽油的烃组成，第一维为较长的非极性毛细管柱，第二维为较短的中极性色谱柱。图 4-11 是催化裂化汽油的全二维气相色谱，色谱图的上方为芳烃，芳烃与其他烃完全分离，而且芳烃之间也完全分离，芳烃的分布从左到右依次为苯、甲苯、二甲苯、C_3 苯和 C_4 苯，芳烃的定性定量不受其他烃的干扰，色谱条件如下。

① 仪器：Agilent GC 7890A- Leco 公司 Pegasus Ⅳ TOFMS。

② 色谱柱：第一维 DB-Petro （50m × 0.20mm × 0.5μm），第二维 DB-WAX（2m×0.10mm×0.1μm）。

③ 色谱参数：第一维起始柱温 40℃ （保持 2min），以 1.5℃/min 速率升温至 190℃ （保持 5min）；第二维起始柱温 45℃ （保持 2min），以 1.5℃/min 速率升温至 195℃ （保持 5min）。载气为氦气，恒流 1.5mL/min，调制周期 5s。

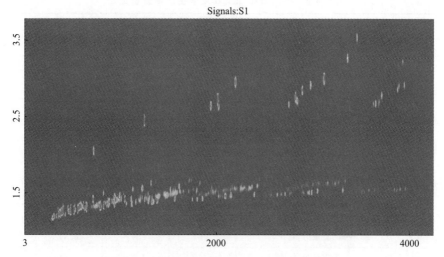

图 4-11　催化裂化汽油的全二维气相色谱图

4.3　裂解汽油烃组成分析

裂解汽油是石油烃热裂解制乙烯的副产物，由 $C_5 \sim C_{10}$ 的混合烃组成，富含芳烃和烯烃，是生产环戊二烯、异戊二烯、苯、甲苯、乙苯、二甲苯、三甲苯等化工产品的重要原料。为了便于分离所需的化工产品，需要将裂解汽油切割为裂解汽油 C_5 馏分（简称裂解 C_5）、裂解汽油 $C_6 \sim C_8$ 馏分（或 $C_6 \sim C_7$ 馏分和 C_8 馏分）、裂解汽油 C_9 馏分（简称裂解 C_9）。裂解 $C_6 \sim C_8$ 馏分 / $C_6 \sim C_7$ 馏分经过一段加氢、二段加氢、芳烃抽提，分离出芳烃，所以说，裂解汽油是石油化工生产中一种非常主要的中间产品。有关直馏汽油、FCC 汽油的分析研究和方法标准比较多见，但是，有关裂解汽油分析的方法标准比较鲜见。裂解汽油中富含二烯烃、烯烃，容易自聚或共聚形成二聚体、三聚体，所以在裂解汽油中有二环和桥环烃类化合物。

笔者实验室长期从事裂解汽油的分析研究，为裂解汽油钯系、镍系加氢催化剂的开发和工业应用提供了大量的重要数据，并长期配合企业裂解汽油分离、加氢和芳烃抽提生产，开展相应的分析研究和应急分析。由于裂解汽油组成特殊，本节将针对裂解汽油和裂解 $C_6 \sim C_8$ 馏分 / $C_6 \sim C_7$ 馏分的烃组成分析略做介绍。裂解 C_5 和裂解 C_9 的分析见第 6 章。

4.3.1　不同装置裂解汽油烃组成分析

实验室采用 CGC 对不同乙烯装置的裂解汽油进行了单体烃分布的分析，色谱见图 4-12。尽管这些裂解汽油来自不同企业的热裂解制乙烯装置，用的裂解原料不同，但是，裂解汽油的单体烃分布数据表明，各裂解汽油中单体烃组分及其含量分布非常接近，特别是轻组分［见图 4-12(b)］，相对较重的单体烃含量差异略大一些，这除了与各企业裂解汽油的切割工艺有关外，还与裂解汽油的放置时间和储存条件有关。裂解汽油富含异戊二烯、环戊二烯、苯乙烯和少量丁二烯，这些二烯烃比较活泼，容易发生 Diels-Alder 反应（［4＋2］环加成反应），自聚或与其他二烯烃共聚生产二聚体，也容易与其他单烯烃发生 Diels-Alder 反应，如果裂解汽油存放时间长、环境温度高，生成的二聚物相对就多些，见第 6 章环戊二烯和裂解 C_5 的分析。所以，分析裂解汽油时，尽可能将样品保存于温度较低的环境中。图 4-12 的分析条件如下。

① 仪器：Varian CP-3800。

② 色谱柱：Agilent PONA 柱（50m×0.20mm×0.5μm）。

③ 色谱参数：起始柱温 35℃（保持 15min），以 1.5℃/min 速率升温至 70℃，再以 2℃/min 速率升温至 120℃，最后以 5℃/min 速率升温至 250℃。载气为氦气，柱头压 21.8psi，进样量 0.2μL，分流比 100∶1。汽化室 230℃，检测器 250℃。

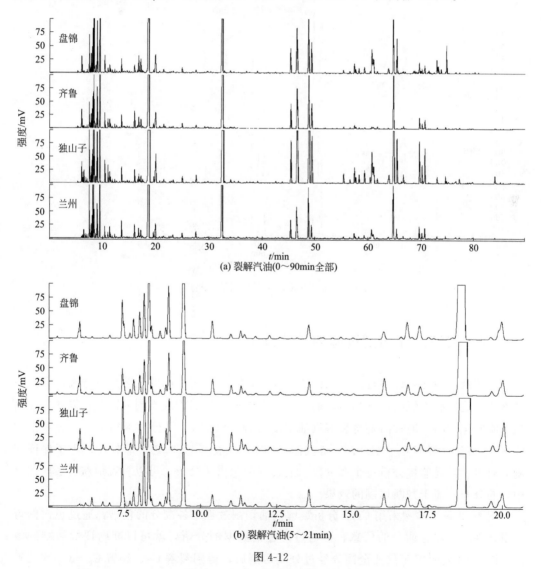

图 4-12

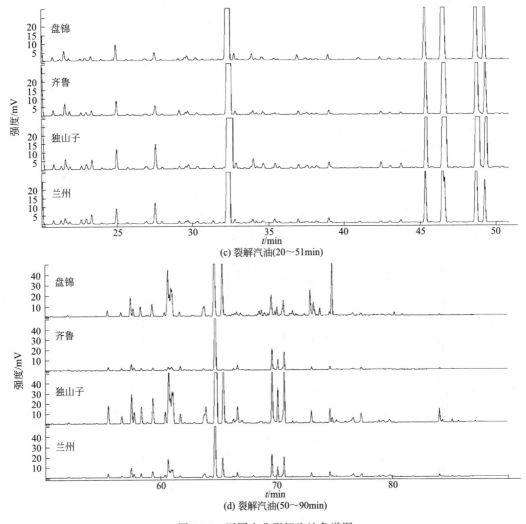

(c) 裂解汽油(20～51min)

(d) 裂解汽油(50～90min)

图 4-12　不同企业裂解汽油色谱图

4.3.2　裂解汽油切割过程的监控分析

裂解汽油中含有许多有高附加值的化学品，需要采用不同的工艺加以分离提取。在分离获取这些有价值的化学品前，通常需要将裂解汽油切割成不同的馏分，以便再分离出相应的化学品。通常需要将裂解汽油切割为裂解汽油 C_5 馏分（裂解 C_5）、裂解汽油 C_6～C_8 馏分（裂解 C_6～C_8）、裂解汽油 C_9 馏分（裂解 C_9）三个馏分段，为了保证切割的效果，需要监控分析每个馏分段。通过气相色谱法分析，可以直观地获得各段馏分中烃的分布，便于判断切割的效果。

图 4-13 是实验室采用 CGC 分析裂解汽油切割过程中各馏分的色谱，通过色谱图可以很直观地获取各馏分的信息，再通过对色谱数据的分析，就可以准确评价切割的效果。图 4-13 表明裂解汽油全馏分经过分段切割后，得到裂解 C_5、裂解 C_6～C_8 和裂解

C_9，裂解 C_5 含有极少量的苯和双环戊二烯，裂解 $C_6 \sim C_8$ 含有少量 C_5（经分析为环戊二烯）和极少量的双环戊二烯、甲基双环戊二烯，裂解 C_9 含有少量环戊二烯和甲基环戊二烯等低碳不饱和烃，该裂解汽油切割效果良好。通过对某装置裂解汽油切割过程中各馏分的跟踪分析，还发现一个值得关注的现象：不论如何切割裂解汽油，每个馏分均含有环戊二烯和双环戊二烯、甲基环戊二烯和甲基双环戊二烯，原因在于环戊二烯容易自聚，而自聚的环戊二烯二聚体又容易在加热时解聚。当切割分离裂解 C_5 时，分离出的 C_5 中的环戊二烯会自聚产生双环戊二烯；当切割分离裂解 $C_6 \sim C_8$ 时，切割釜底裂解汽油中残留的双环戊二烯继续热解聚产生环戊二烯，并进入裂解 $C_6 \sim C_8$，在裂解 $C_6 \sim C_8$ 中的环戊二烯同样会自聚产生极少量的双环戊二烯；当切割分离裂解 C_9 时，切割釜底裂解汽油中残留的双环戊二烯仍然继续热解聚产生环戊二烯，并进入裂解 C_9，此外，裂解汽油中的甲基双环戊二烯和甲基环戊二烯二聚体也继续热解聚产生环戊二烯和甲基环戊二烯，所以，在裂解 C_9 中经常会检测到低碳数的环戊二烯和甲基环戊二烯（见图 4-13 中的峰 1、峰 2、峰 9、峰 10、峰 11）。图 4-13 的分析条件同图 4-12。

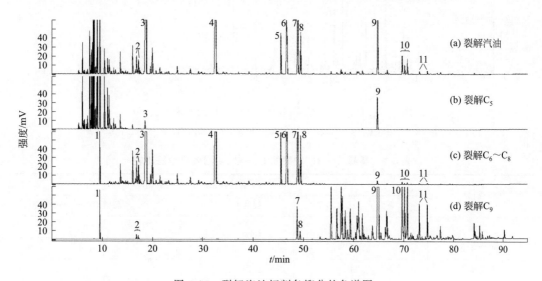

图 4-13　裂解汽油切割各馏分的色谱图

1—环戊二烯；2—甲基环戊二烯；3—苯；4—甲苯；5—乙苯；6—间/对-二甲苯；7—苯乙烯；
8—邻二甲苯；9—双环戊二烯；10—甲基双环戊二烯；11—甲基环戊二烯二聚体

裂解 $C_6 \sim C_8$ 主要用于生产苯、甲苯、乙苯和二甲苯，在裂解 $C_6 \sim C_8$ 用于环丁砜抽提之前，需要将裂解 $C_6 \sim C_8$ 加氢饱和。裂解 $C_6 \sim C_8$ 中一般含有 $4\% \sim 8\%$ 的苯乙烯，在裂解 $C_6 \sim C_8$ 加氢过程中，裂解 $C_6 \sim C_8$ 中高附加值的苯乙烯也被加氢为乙苯，而且还增加了加氢的难度。为了最大化利用裂解 $C_6 \sim C_8$ 馏分，在裂解 $C_6 \sim C_8$ 加氢前抽提分离苯乙烯，不仅可回收苯乙烯，还可以降低加氢装置运行成本，提高装置运行稳定性，降低下游的芳烃抽提装置的能耗，提高混二甲苯的质量等级。因此，有些企业将裂解汽油切割为裂解 C_5、裂解 $C_6 \sim C_7$、裂解 C_8 和裂解 C_9 四个馏分段，其中裂解 C_8 中苯乙烯含量在 $40\% \sim 50\%$，可以先将裂解 C_8 中的苯乙烯抽提出，提高企业的整体效益。

图 4-14 是裂解汽油切割为裂解 $C_6 \sim C_8$ 和裂解 $C_6 \sim C_7$ 的切割分离效果比较（色谱），比对表明，图 4-14(b) 所示裂解 $C_6 \sim C_7$ 切割效果欠佳，仍有一定量的 C_8 残留，图 4-14(c) 所示裂解 $C_6 \sim C_7$ 的切割效果比较好，其残留的 C_8 组分非常低，其中残留苯乙烯含量小于 0.02%，主要 C_8 组分比对分析数据见表 4-7。图 4-14 的分析条件同图 4-12。

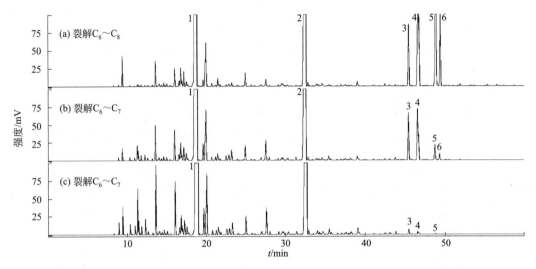

图 4-14 裂解 $C_6 \sim C_8$ 与裂解 $C_6 \sim C_7$ 切割效果（色谱）

1—苯；2—甲苯；3—乙苯；4—间/对-二甲苯；5—苯乙烯；6—邻-二甲苯

表 4-7 裂解 $C_6 \sim C_8$ 和裂解 $C_6 \sim C_7$ 切割效果数据比较

C_8 组分	质量分数/%		
	裂解 $C_6 \sim C_8$(a)	裂解 $C_6 \sim C_7$(b)	裂解 $C_6 \sim C_7$(c)
乙苯	2.35	1.56	0.15
间-二甲苯	5.05	2.02	0.08
对-二甲苯	1.85	0.60	0.04
苯乙烯	7.38	0.55	0.02
邻-二甲苯	2.92	0.21	0.01

4.3.3 裂解汽油加氢产物的分析

在用环丁砜抽提裂解 $C_6 \sim C_8$ 或裂解 $C_6 \sim C_7$ 中的芳烃前，需要经过两段加氢将裂解汽油中的烯烃转化为饱和烃。一段加氢主要是将二烯烃转化为单烯烃，二段加氢是将单烯烃转化为饱和烃，同时通过加氢除去含硫化合物和含氮化合物等有害组分。在生产中为了控制加氢的效果和产品的质量，需要分析原料、一段产品、二段产品的烯烃含量。测定裂解汽油中共轭二烯烃含量的常用方法为马来酸酐法，徐亚贤等[37] 研究了马来酸酐法的准确性，研究结果表明，共轭二烯烃在不同的催化体系以及不同共轭二烯烃与马来酸酐都存在不同的反应转化率，反应不完全，从而影响了共轭二烯烃的准确测定；测定裂解汽油中烯烃含量为溴加成法和碘加成法，由于溴和碘均可能与裂解汽油中的芳烃发生取代反应，也影响了烯烃的测定。现在多采用毛细管色谱法测定裂解汽油中烯烃、芳烃，不仅可以测定二烯烃、单烯烃的结构，还有助于研究催化加氢反应机理和开发加氢新技术。

图 4-15 是实验室分析裂解 $C_6 \sim C_8$ 加氢前后的色谱，分析数据见表 4-8。裂解 $C_6 \sim C_8$ 经过一段加氢后，二烯烃基本被全部加氢转化为单烯烃，有些二烯烃甚至被加氢为饱和烃。从表 4-8 的数据看出，经过两段加氢后，含量变化最大的组分对有：环戊二烯对应环戊烷、甲基环戊二烯对应甲基环戊烷、环己二烯对应环己烷、苯乙烯对应乙苯。原料中环戊二烯含量为 0.57％，经过一段加氢后环戊二烯含量降为 0.01％，而环戊烯含量由 0.03％增加到 0.16％，环戊烷含量由 0.01％增加到 0.44％，说明有大量环戊二烯直接加氢为环戊烷，裂解 $C_6 \sim C_8$ 中双环戊二烯含量只有 0.01％，在一段加氢中双环戊二烯解聚不影响环戊二烯、环戊烯的量；经过二段加氢后，环戊二烯和环戊烯均转化为环戊烷，环戊烷含量增加到 0.63％，在加氢过程中环戊二烯、环戊烯、环戊烷的转化量基本一致。在一段加氢中，苯乙烯大部分被加氢成乙苯，苯乙烯含量由 7.38％降低至 0.29％，乙苯含量由 2.35％增加至 8.73％；再经过二段加氢后，苯乙烯含量降低至 0.01％以下，乙苯含量增加到 8.97％，苯乙烯的转化基本一致。在一段加氢中，有约 3％的甲基环戊二烯被加成，但是表 4-8 中单个的甲基环戊烯含量增加不明显，甲基环戊烷含量增量也不大（由 0.54％增加至 0.91％），唯有苯的含量增加比较明显，即甲基环戊二烯大部分被转化为与苯共流出的 1-甲基环戊烯；再经过二段加氢后，苯含量由 47.94％降低至 44.62％，降低了 3.3％，是因为与苯共流出的 1-甲基环戊烯被加氢成为甲基环戊烷；经过二段加氢后，甲基环戊烷的含量则由 0.91％增加到 3.68％，增加了约 2.78％，数据基本吻合。经过两段加氢后，裂解 $C_6 \sim C_8$ 中的二烯烃、单烯烃基本被加氢为饱和烃，说明加氢转化率高。图 4-15 的分析条件同图 4-12。

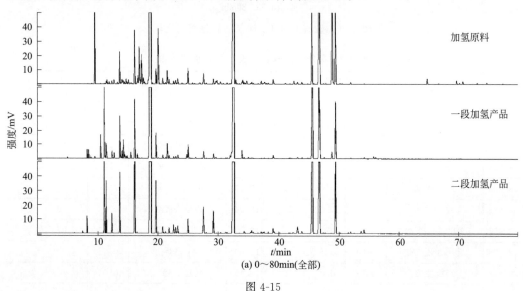

(a) 0～80min(全部)

图 4-15

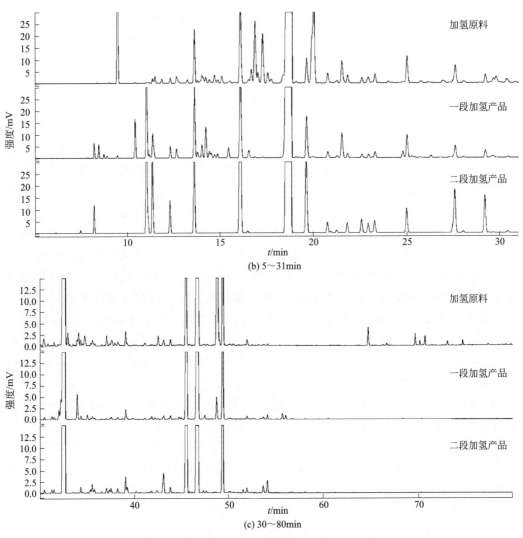

(b) 5～31min

(c) 30～80min

图 4-15 裂解 C_6～C_8 加氢前后色谱图比较

表 4-8 裂解 C_6～C_8 一段、二段加氢产品

时间 t/min	组分	质量分数/%			时间 t/min	组分	质量分数/%		
		原料	一段	二段			原料	一段	二段
7.414	异戊烷			0.03	10.972	环戊烷	0.01	0.44	0.63
8.142	正戊烷		0.03	0.09	11.297	2-甲基戊烷	0.04	0.06	0.49
8.295	异戊二烯	0.02			11.422	2-甲基-1,4-戊二烯	0.05	0.10	
8.386	反-2-戊烯			0.07	11.778	1,6-己二烯	0.04		
8.668	顺-2-戊烯			0.02	12.240	3-甲基戊烷	0.04	0.06	0.31
8.852	2-甲基-2-丁烯			0.03	12.585	2-甲基-1-戊烯	0.03	0.07	
8.938	反-1,3-戊二烯	0.04			12.651	1-己烯	0.02		
9.413	环戊二烯	0.57	0.01		13.168	己二烯	0.04		
10.364	环戊烯	0.03	0.16		13.548	正己烷	0.64	0.96	1.14

时间 t/min	组分	质量分数/%			时间 t/min	组分	质量分数/%		
		原料	一段	二段			原料	一段	二段
13.967	2-己烯		0.18		26.191	未知物	0.01	0.07	
14.018	己二烯	0.12			26.819	C_7 环烯	0.04		
14.150	甲基己烯	0.02	0.28		26.916	二环[2,2,1]-2-庚烯	0.05	0.01	
14.342	甲基环戊烯	0.06	0.07		27.502	甲基环己烷	0.28	0.26	1.13
14.620	甲基环戊烯	0.10	0.05		27.950	1,1,3-三甲基环戊烷	0.03	0.03	0.03
14.791	3-己烯	0.03	0.06		29.120	乙基环戊烷	0.05	0.08	0.47
15.016	甲基-1,3-戊二烯	0.08	0.00		29.549	甲基环己烷	0.12	0.11	
15.408	甲基戊烯		0.17		29.701	二甲基戊二烯	0.10	0.01	
15.462	己二烯	0.05			30.266	未知物	0.07		
16.017	甲基环戊烷	0.54	0.91	3.68	30.365	1,2,4-三甲基环戊烷		0.03	0.03
16.443	己烯		0.08	0.03	30.729	甲基环己二烯	0.02		
16.594	3-甲基-1,3-戊二烯	0.18	0.01		31.140	未知物	0.01	0.05	0.05
16.793	甲基环戊二烯	0.57	0.01		31.373	1,2,3-三甲基环戊烷	0.04	0.04	0.04
16.952	1,3-己二烯	0.16			32.563	甲苯	24.37	24.57	24.33
17.195	甲基环戊二烯	0.46	0.01		32.845	1,1-二甲基环戊二烯	0.12		
17.500	甲基环戊二烯	0.17			33.835	甲基环己烯	0.04	0.31	
17.678	甲基-1,3-戊二烯	0.07			33.974	C_7 环二烯	0.08		
18.327	己二烯	0.11			34.218	2-甲基庚烷	0.05	0.05	0.06
18.767	苯和1-甲基环戊烯	45.37	47.94	44.62	34.620	C_7 环二烯	0.13	0.00	
19.027	未知物	0.02	0.01		35.272	3-甲基庚烷	0.02	0.02	0.03
19.588	环己烷	0.20	0.30	1.55	35.445	顺-1,3-二甲基环己烷	0.05	0.06	0.15
19.959	甲基环戊二烯	2.05	0.02		35.716	反-1,3-二甲基环己烷	0.03	0.02	0.06
20.708	2-甲基己烷	0.10	0.10	0.17	36.992	1-甲基 3-乙基环戊烷	0.06		
21.196	二甲基环戊烷	0.04	0.04	0.05	37.021	1-甲基 3-乙基环戊烷		0.01	0.06
21.459	环己烯	0.30	0.90	0.01	37.332	1,2-二甲基环己烷	0.02	0.01	0.04
21.766	3-甲基己烷	0.07	0.06	0.15	37.503	未知物		0.03	0.05
22.521	顺-1,3-二甲基环戊烷	0.05	0.06	0.22	37.566	未知物	0.09	0.01	
22.848	反-1,3-二甲基环戊烷	0.10	0.06	0.14	38.195	1,2-二甲基环己烷	0.05	0.04	0.08
23.047	3-乙基戊烷	0.01	0.02		39.032	正辛烷	0.17	0.19	0.17
23.213	反-1,2-二甲基环戊烷	0.12	0.13	0.20	39.211	1,4-二甲基环己烷			0.09
23.913	1,5-庚二烯	0.04	0.00		41.051	未知物	0.04	0.03	
24.695	C_7 环烯	0.03	0.14		42.455	4-乙烯基环己烯	0.09	0.02	
24.926	庚烷	0.44	0.52	0.47	43.061	乙基环己烷	0.05	0.06	0.40
25.662	C_7 环烯	0.04	0.01		43.778	1,1,3-三甲基环己烷	0.04		0.04
26.022	未知物	0.02			44.470	未知物	0.01	0.04	

时间 t/min	组分	质量分数/%			时间 t/min	组分	质量分数/%		
		原料	一段	二段			原料	一段	二段
45.431	乙苯	2.35	8.73	8.97	54.140	2-乙基二环[2,2,1]庚烷	0.01	0.03	0.08
46.603	间二甲苯	5.05	4.88	4.85	55.387	甲基苯乙烯	0.05	0.00	
46.717	对二甲苯	1.85	1.72	1.63	56.566	正丙苯	0.04	0.03	0.04
47.729	未知物	0.02	0.01	0.01	64.646	双环戊二烯	0.01		
48.838	苯乙烯	7.38	0.29	0.29	69.596	甲基双环戊二烯	0.01		
49.389	邻二甲苯	2.92	2.67	2.61	70.101	甲基双环戊二烯	0.00		
50.461	未知物	0.02	0.01	0.01	70.651	甲基双环戊二烯	0.01		
51.892	正壬烷	0.07	0.06	0.07	73.029	甲基环戊二烯二聚体	0.01		
53.228	异丙苯	0.02	0.01	0.01	74.636	甲基环戊二烯二聚体	0.01		

注：含量低于0.01%的组分未计入。

4.3.4 加氢产物芳烃抽提前后的分析

经过两段加氢后，裂解汽油中的二烯烃、单烯烃均转化为相应的饱和烃，得到裂解汽油加氢产品，该加氢产品经过环丁砜溶剂抽提后，芳烃被抽提于环丁砜中，与其他饱和烃分离，抽提后剩余的物质称为抽余油。在芳烃抽提生产中，需要监测分析抽余油中残留的芳烃，确定抽提效果。

图4-16是实验室采用CGC分析的典型裂解汽油加氢产品与其抽余油的色谱。加氢产品经过环丁砜溶剂抽提后，绝大部分芳烃被抽提。抽提前后的分析数据（见表4-9）表明，各芳烃的抽提率差异较大，低碳数芳烃抽提率非常高，苯的抽提率接近99.9%，

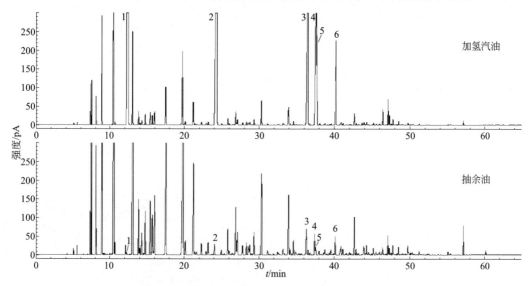

图4-16 环丁砜抽提裂解汽油二段加氢产品前后的比较

1—苯；2—甲苯；3—乙苯；4—间-二甲苯；5—对-二甲苯；6—邻-二甲苯

而邻-二甲苯的抽提率仅为 77.1%，抽提率除了与碳数或沸点有关外，可能与含量也有关。此加氢产品中芳烃的总抽提率约 96.6%，总体抽提效果良好。

表 4-9 加氢产品及抽余油中的芳烃含量

峰号	芳烃	质量分数/%		抽提率/%
		加氢产品	抽余油	
1	苯	39.92	0.06	99.8
2	甲苯	22.23	0.32	98.6
3	乙苯	8.32	0.89	89.3
4	间-二甲苯	6.16	0.70	88.6
5	对-二甲苯	1.82	0.24	86.8
6	邻-二甲苯	2.44	0.56	77.0
	合计	80.89	2.77	96.6

图 4-16 的分析条件如下。

① 仪器：Agilent 6890。

② 色谱柱：中国科学院兰州化学物理研究所 AT PONA 柱（50m×0.20mm×0.5μm）。

③ 色谱参数：起始柱温 35℃（保持 15min），以 1.5℃/min 速率升温至 70℃，再以 3℃/min 速率升温至 130℃（保持 15min）。载气为氦气，恒流 1mL/min，分流 100mL/min。汽化室 200℃，检测器 250℃。

4.4 轻质馏分油中含氧化合物的分析

轻质馏分油中的含氧化合物主要来自 3 个途径：a. 原油自身含有的含氧化合物，在炼制过程中带入轻质馏分中；b. 含烯轻质汽油（如催化裂化轻汽油）经过与醇发生醚化反应，产生的醚化汽油，用于调合高辛烷值的车用汽油；c. 为提高车用汽油辛烷值，在车用汽油调合中加入含氧化合物（如甲基叔丁醚、乙醇等）或醚化汽油。在常减压装置生产中，原油低分子含氧化合物会随蒸馏直接进入汽油馏分；在催化裂化、加氢裂化装置生产中，原料中的大分子含氧化合物经过裂解，变成低分子含氧化合物进入汽油馏分，这些汽油中的含氧化合物的含量非常低。但是，醚化汽油和加入含氧化合物的车用汽油中含氧化合物的含量一般较高。

4.4.1 直馏汽油中微量含氧化合物分析

直馏汽油（直馏石脑油）及不含烯烃的类似轻烃是热裂解制乙烯的良好原料，但是，热裂解原料中微量的含氧化合物会引起裂解产物中 CO、CO_2 等氧化物含量增多，在分离过程中 CO、CO_2 会被带入到 C_2 馏分，会引起 C_2 加氢催化剂中毒。早先人们对于这一问题还认识不足，随着对热裂解原料中含氧化合物危害的认识，人们也越来越关注裂解原料中含氧化合物的分析。

直馏石脑油和类似轻烃馏分中的含氧化合物的含量都非常低，采用一般的极性柱或非极性柱色谱很难将含氧化合物与高含量的烃基体逐一分离，受烃基体的干扰，无法直接分析石脑油和轻烃中含氧化合物。如果采用单柱 CGC 技术，需要采用前处理技术将烃基体预分离，减少烃基体对含氧化合物测定的干扰。实验室早期采用水萃取分离的方法来分离石脑油中的含氧化合物，即用水萃取石脑油或轻烃中的含氧化合物，将含氧化合物萃取于水中，与烃基体分离，再用 CGC 分析水萃取液。图 4-17 是水萃取液中有机物分析的色谱，色谱图表明预分离烃基体的效果良好，基本除去了烃基体的干扰，从石脑油中分离出多个低碳含氧化合物，主要有丙酮、甲醇（＋叔丁醇）、异丙醇、乙醇、正丙醇等低碳醇，还有更低含量的叔戊醇、2-丁醇、正丁醇、异戊醇等。水萃取分离法已经用于石油烃热裂解制乙烯装置裂产物 CO 偏高原因分析（见 8.4.1 部分）。图 4-17 的色谱条件如下。

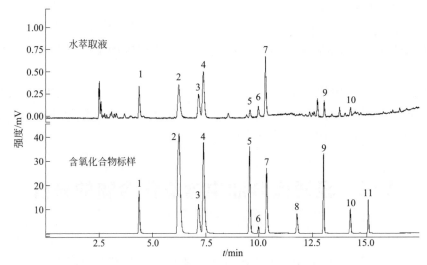

图 4-17　水萃取液中有机物分析的色谱图

1—丙酮；2—甲醇＋叔丁醇；3—异丙醇；4—乙醇；5—叔戊醇；
6—2-丁醇；7—正丙醇；8—异丁醇；9—正丁醇；10—异戊醇；11—正戊醇

① 仪器：Varian CP-3800。

② 色谱柱：中国科学院兰州化学物理研究所 AT FFAP 柱（50m×0.32mm×0.33μm）。

③ 色谱参数：起始柱温 40℃（保持 6min），以 10℃/min 速率升温至 150℃，再以 5℃/min 速率升温至 250℃（保持 10min）。载气为氦气，柱头压 15psi，进样量 0.4μL，分流比 20∶1。汽化室 200℃，检测器 250℃。

水萃取分离石油轻烃中的含氧化合物的方法尚存在一定的缺陷，除了增加前处理步骤外，主要问题是水萃取含氧化合物的萃取率不高，萃取率一般为 40%～80%，随着醇的碳数增加，醇的疏水性增加，萃取效果明显降低，这可能也是在石脑油中检测到的高碳醇含量低的原因。近几年随着适用于含氧化合物分离的高选择性毛细管柱的推出，使这一分析简单化，缩短了分析时间，提高了定量的准确性。适于分析 $C_1 \sim C_{12}$ 低碳烃中含氧化合物的高选择性色谱柱有 Lowox PLOT 和 GS OxyPLOT 柱，这两种色谱柱对含氧化合物有极强的吸附性，而对烃类化合物吸附性很小，从而可以将含氧化合物与烃类化合物有效分离，消除了烃类化合物基体对含氧化合物检测的干扰，提高了检测的灵敏度。这类色谱柱既可以用于低碳混合烃中微量和痕量含氧化合物的分析，也可以用于低碳混合烃中常量含氧化合物的分析。图 4-18 是采用 Lowox PLOT 柱分析低碳烃中含氧化合物的实例[38]，图 4-18 中含氧化合物与烃的保留时间表明，Lowox PLOT 可以非常有效地将含氧化合物与 C_{12} 前的烃组分分离，用于微量痕量含氧化合物分析时，不受烃组分的干扰，定量准确。

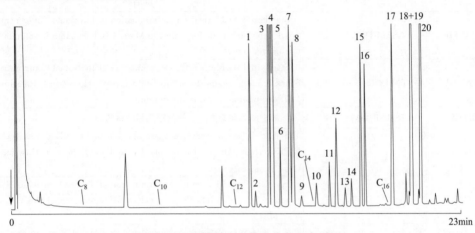

图 4-18　低碳烃中含氧化合物的色谱图

1—乙醛；2—二乙醚；3—乙基叔丁基醚；4—甲基叔丁基醚；5—二异丙基醚；6—丙醛；7—甲基叔戊基醚；
8—二丙醚；9—异丁醛；10—丁醛；11—甲醇；12—丙酮；13—异戊醛；14—戊醛；
15—2-丁酮；16—乙醇；17—正丙醇；18—异丁醇；19—叔丁醇；20—正丁醇

图 4-18 的色谱图条件如下。

① 色谱柱：Lowox PLOT （10m×0.53mm×10μm）。

② 色谱参数：起始柱温 50℃ （保持 5min），以 10℃/min 速率升温至 240℃。载气为氢气，柱头压 28.8kPa，进样量 1μL。汽化室 250℃，检测器 250℃。

4.4.2　醚化汽油和车用汽油中含氧化合物分析技术

醚化汽油是催化裂化（FCC）轻汽油的醚化产品。FCC 汽油中 $C_5 \sim C_6$ 馏分段富含烯烃，通过将这部分汽油醚化处理，可作为车用汽油调合组分使用，既可以降低车用汽油的烯烃含量，又可以提高汽油辛烷值，这也是国Ⅴ和国Ⅵ车用汽油质量升级中涉及的技术之一。

醚化汽油和车用汽油中的含氧化合物的含量相对比较高，分析醚化汽油和车用汽油中的含氧化合物常用的方法有单柱 CGC-FID 法[24,25,29]、单柱 CGC-OFID 法[39,40]、中心切割或阀切割二维毛细管色谱（2D-GC）法[41,42] 和多维色谱（MGC）法[12,14,15]。单柱 CGC-FID 法既可以分析含氧化合物，也可以分析单体烃，获得组分的信息量大，便于研究新技术的开发；单柱 CGC-OFID 法采用氧选择性检测器（OFID）技术，OFID 只对含氧化合物有响应，从而消除了烃基体对含氧化合物检测的干扰；二维毛细管色谱法采用将不同极性的色谱柱串联的方法，通过阀或 Deans switch 的合理切换，将含氧化合物切入合适的分析柱中分离，只得到含氧化合物的信息，主要用于汽油中含氧化合物的分析，但是用于分析含量低于 0.2％的含氧化合物时，烃基体会有干扰；多维色谱法既可以得到含氧化合物的信息，也可以得到按照碳数分布的烃组成信息（详见 4.2.1 部分）。分析轻质馏分油中含氧化合物的现行方法标准见表 4-10，可以根据分析需求和分析方法的特点，选择合适的分析方法。

表 4-10　分析轻质馏分油中含氧化合物的方法标准

方法类别	现行标准号	标准名称
CGC-FID	ASTM D6729—14	Standard Test Method for Determination of Individual Components in Spark Ignition Engine Fuels by 100 Metre Capillary High Resolution Gas Chromatography
CGC-FID	ASTM D6730—01(2016)	Standard Test Method for Determination of Individual Components in Spark Ignition Engine Fuels by 100 Metre Capillary (with Precolumn) High Resolution Gas Chromatography
2D-GC	NB/SH/T 0663—2014[①]	汽油中醇类和醚类含量的测定气相色谱法
2D-GC	ASTM D4815—15b	Standard Test Method for Determination of MTBE, ETBE, TAME, DIPE, tertiary-Amyl Alcohol and C_1 to C_4 Alcohols in Gasoline by Gas Chromatography
2D-GC	ASTM D7754—16	Standard Test Method for Determination of Trace Oxygenates in Automotive Spark-Ignition Engine Fuel by Multidimensional Gas Chromatography
CGC-OFID	SH/T 0720—2002	汽油中含氧化合物测定法(气相色谱及氧选择性火焰离子化检测法)
CGC-OFID	ASTM D5599—15	Standard Test Method for Determination of Oxygenates in Gasoline by Gas Chromatography and Oxygen Selective Flame Ionization Detection
MGC	GB/T 28768—2012[②]	车用汽油烃类组成和含氧化合物的测定 多维气相色谱法
MGC	ISO 22854—2016	Liquid petroleum products-Determination of hydrocarbon types and oxygenates in automotive-motor gasoline and in ethanol(E85) automotive fuel-Multidimensional gas chromatography method
MGC	ASTM D 6839—18	Standard Test Method for Hydrocarbon Types, Oxygenated Compounds and Benzene in Spark Ignition Engine Fuels by Gas Chromatography

① NB/SH/T 0663—2014 修改采用 ASTM D4815—09，SH/T 0720—2002 等效采用 ASTM D5599—00。
② GB/T 28768—2012 修改采用 ISO 22854—2008。

(1) 单柱 CGC-FID 法

在 FCC 轻汽油醚化技术开发中，除了需要分析醚化产品中含氧化合物的结构和含量外，还需要分析 FCC 轻汽油醚化前后单体烃组成的变化，特别是烯烃含量的变化，以便认识烯烃的转化规律和转化率，开发高选择性的醚化催化剂。实验室配合 FCC 轻汽油醚化技术研究，对 FCC 轻汽油醚化产品也进行了细致的分析研究[25]，采用气相色谱-质谱、气相色谱-红外、色谱保留值法、化学反应法、转化率计算法等技术分析研究了 FCC 轻汽油及其醚化产品的组成，特别是活性烯烃及含氧化合物的结构定性。表 4-11 是在用 GC-MS、GC-IR 和化学法定性的基础上，测定了主要叔碳烯醚化前后质量的变化和醚化产品中对应醚化产物含量，分析数据表明，轻汽油醚化后叔碳烯含量的减少与生成的醚化产物含量基本对应，也验证了定性结果准确。主要叔碳烯的醚化转化率见表 4-12。表 4-11 和表 4-12 的数据表明，端基叔碳烯的醚化效果非常好，醚化转化率基本在 77%；非端基叔碳烯的转化率在 20%～50%，与端基叔碳烯相比，醚化转化率相对较低。这说明叔碳烯支链的空间位阻对醚化反影响比较大，醚化有利于端基叔碳烯烃的转化。本方法已经用于催化裂化轻汽油的醚化催化剂评价和工艺研究。

表 4-11　轻汽油醚化前后叔碳烯及其醚化产物的含量分析

叔碳烯的质量分数/%			醚化产品对应醚的质量分数/%		
组分	反应前	反应后	组分	实验值	计算值
异丁烯	1.79	0.31	甲基叔丁基醚	3.12	2.32
2-甲基-1-丁烯	3.86	0.30	甲基叔戊基醚	15.40	11.35
2-甲基-2-丁烯	8.55	4.32			
2-甲基-1-戊烯	3.49	0.79	甲基叔己基醚	4.75	6.26
2-甲基-2-戊烯	3.00	2.17			
2,3-二甲基-1-丁烯	0.35	0.00	甲基-(2,3-二甲基丁)醚	0.92	0.99
2,3-二甲基-2-丁烯	1.76	1.39			
顺-3-甲基-2-戊烯	2.53	1.46	甲基-(3-甲基戊基)醚	2.27	2.11
反-3-甲基-2-戊烯	2.18	1.73			

表 4-12　叔碳烯的醚化转化率

叔碳烯名称	实际转化率/%	叔碳烯名称	实际转化率/%
异丁烯	82.7	2,3-二甲基-1-丁烯	100.0
2-甲基-1-丁烯	92.2	2,3-二甲基-2-丁烯	21.0
2-甲基-2-丁烯	49.5	顺-3-甲基-2-戊烯	42.3
2-甲基-1-戊烯	77.4	反-3-甲基-2-戊烯	20.6
2-甲基-2-戊烯	27.7		

(2) 中心切割二维色谱（2D-GC）法

阀切割 2D-GC 方法：NB/SH/T 0663[42] 和 ASTM D4815[41] 规定的 2D-GC 的分离系统由一根极性柱、一根非极性柱和一个十通切换阀或 Deans switch 组成。极性柱为 5.6cm 长的 1,2,3-三（2-氰基乙氧基）丙烷（TCEP）微填充柱，非极性柱为 30m 的大口径聚二甲基硅氧烷柱（30m×0.53mm），该分析系统的流程见图 4-19。当样品进入分析系统后，首先流经 TCEP 柱，轻烃从 TCEP 柱流出后被直接放空，而含氧化合物和重烃滞留于 TCEP 柱中；当甲基环戊烷从 TCEP 柱流出、而二异丙基醚和甲基叔丁醚尚未流出 TCEP 柱之前，切换十通阀至反吹状态，将含氧化合物反吹入非极性柱；醇和醚在非极性柱中按照沸点顺序被分离，并被检测；当苯和甲基叔戊基醚从非极性柱流出而其他重烃未流出之前，再次切换十通阀，将重烃吹出系统放空，典型的色谱见图 4-20，图中 1,2-二甲氧基乙烷为内标物。用这种方法既可以测定汽油中的含氧化合物，也可以同时测定苯的含量。此方法适合于测定汽油中醚的质量分数为 0.20%～20.0%，醇的质量分数为 0.20%～12.0%，当汽油中烯烃体积分数大于 10% 时，会干扰质量分数小于 0.20% 的含氧化合物的测定。

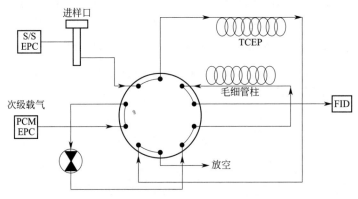

图 4-19　含氧化合物分析的 2D-GC 流程示意

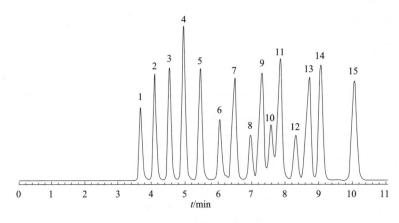

图 4-20　含氧化合物色谱图

1—甲醇；2—乙醇；3—异丙醇；4—叔丁醇；5—正丙醇；6—MTBE；7—2-丁醇；8—二异丙醚；
9—异丁醇；10—ETBE；11—叔戊醇；12—1,2-二甲氧基乙烷；13—正丁醇；14—苯；15—TAME

Deans switch 切割 2D-GC 方法：随着 Deans switch 技术的普遍使用，Deans switch 已被用于汽油中含氧化合物分析的 2D-GC 分离系统，用 Deans switch 替代了十通阀。

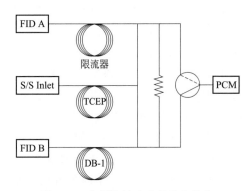

图 4-21　分析汽油中含氧化合物和
芳烃的中心切割技术示意

图 4-21 是 Agilent 公司提供的分析汽油中含氧化合物和芳烃的中心切割技术示意，采用壁涂开管 TCEP 柱替代微填充 TCEP 柱，进一步提高分离效果。色谱分离系统由第一根 TCEP 毛细管柱（60m × 0.25mm × 0.4μm）、第二根 DB-1 毛细管柱（30m × 0.25mm × 0.5μm）和 Deans switch 切换阀组成，中心切割法用于车用汽油中 MTBE 的测试见图 4-22，定量内标物为 1,2-二甲氧基乙烷（DME）。

图 4-22 的色谱参数：汽化室 225℃，进样口 45 psi（氦气），分流比 300∶1；TCEP

柱流量 2.0mL/min，恒压模式；HP-1 柱流量 3.0mL/min；压力控制模块（PCM）26psi（氦气），恒压模式；FID 250℃；柱初始温度 40℃（保持 6min），以 5℃/min 速率升温至 120℃（保持 20min）。

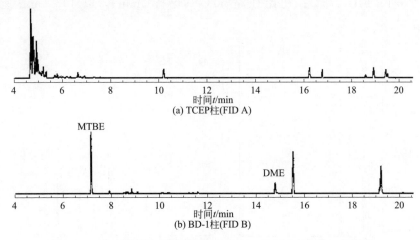

(a) TCEP柱(FID A)

(b) BD-1柱(FID B)

图 4-22　中心切割法分析汽油中 MTBE（DME 内标物）的测试

　　测定汽油中含氧化合物的 2D-GC 分离系统具有可调的灵活性，可以将原 2D-GC 中预柱与分析柱顺序对调，用非极性柱作为第一根预柱，用第二根极性柱作为分析柱，在此分离系统中还可以用氧选择性色谱柱 Oxy-PLOT 或 Lowox PLOT 替代 TCEP 柱，方法已经制订为相应的方法标准 ASTM D 7754[43]，相应的分离系统见图 4-23，切换系统可以使用四通阀也可以用微流板 Deans switch，检测系统可以采用两个 FID，也可以只用一个检测器（FID A）。该分离系统的分析流程为：当样品汽化进入色谱后，首先流经非极性柱，由于含氧化合物在非极性柱保留性差，含氧化合物与低碳烃先流出非极性柱；当内标物 1,2-二甲氧基乙烷流出非极性柱后，切换四通阀（或 Deans switch），将高碳数的烃切出进入检测器 B 或放空；含氧化合物和低碳烃继续在分析柱上分离，由于 Oxy-PLOT 或 Lowox PLOT 对含氧化合物具有极强的吸附作用，含氧化合物在分析柱中停留时间长，低碳烃最先流出，含氧化合物最后流出，并进入检测器 A 被检测。该 2D-GC 技术不仅可以测定常量含氧化合物，还可以分析汽油中低含量的含氧化合物（10～2000mg/kg）。图 4-23 的色谱条件为预柱：聚二甲基硅氧烷（30m×0.53mm×1μm）；分析柱：Oxy-PLOT 或 Lowox（10m×0.53mm×10μm）。

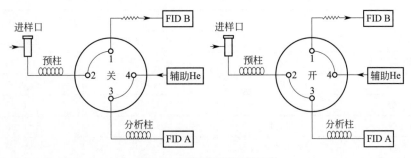

图 4-23　中心切割流程示意

图 4-24 为 Agilent 提供的使用该系统测定乙醇汽油中含氧化合物的色谱,分离效果良好。图 4-24 的色谱条件:预分离柱 DB-1 或 HP-5 (30m×0.53mm×1μm),分析柱 Oxy-PLOT 或 Lowox PLOT (10m×0.53mm×10μm);汽化室 225℃,载气为氦气,分流比 10:1;FID 275℃;初始柱温 50℃ (保持 5min),以 10℃/min 速率升温至 240℃。

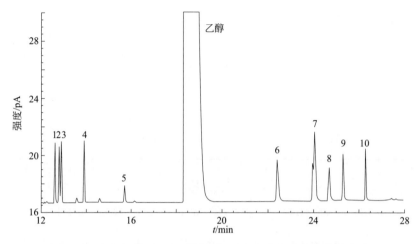

图 4-24 中心切割 2D-GC 法分析乙醇汽油中含氧化合物的色谱
1—ETBE;2—MTBE;3—DIPE;4—TAME;5—甲醇;6—正/异丙醇;
7—异/叔丁醇;8—正丁醇;9—叔戊醇;10—内标 (1,2-二甲氧基乙烷)

(3) 单柱 CGC-OFID 法

由于 OFID 只对含氧化合物有响应,采用 CGC-OFID 分析汽油时,烃类化合物(烃基体)在 OFID 上无响应,不会对含氧化合物的测试产生干扰,所以可以用 CGC-OFID 直接分析含氧化合物,而且 OFID 对含氧化合物的氧元素含量为等摩尔响应,用 CGC-OFID 不仅可以定量分析已知含氧化合物的含量,还可以定量分析未知含氧化合物的氧含量,通过加和各含氧化合物的氧含量,还可以得到试样的总氧含量。CGC-OFID 测定汽油中含氧化合物的方法已经为 ASTM 标准[39]和行业标准[40] 所采纳,表 4-13 是汽油中常见含氧化合物在 OFID 上的校正因子。图 4-25 是采用 CGC-OFID 测定汽油中含氧化合物标准试样的色谱。

表 4-13 汽油中含氧化合物在 OFID 上的校正因子

组分	分子量	相对校正因子[①]	
		相对化合物	相对氧元素
甲醇	32.0	0.70	0.98
乙醇	46.1	0.99	0.97
异丙醇	60.1	1.28	0.96
叔丁醇	74.1	1.63	0.99
正丙醇	60.1	1.30	0.98
MTBE	88.2	1.90	0.97

组分	分子量	相对校正因子[①]	
		相对化合物	相对氧元素
2-丁醇	74.1	1.59	0.97
二异丙基醚	102.2	2.26	1.00
异丁醇	74.1	1.64	0.99
ETBE	102.2	2.25	0.99
叔戊醇	88.1	2.03	1.04
1,2-二甲氧基乙烷	90.1	1.00	1.00
正丁醇	74.1	1.69	1.03
TAME	102.2	2.26	1.00

① 校正因子来自文献［39］。

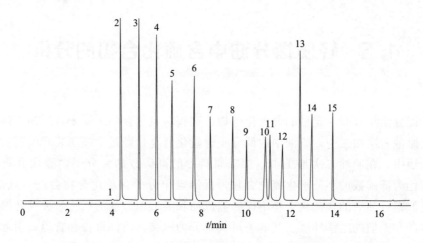

图 4-25　采用 GC-OFID 测定汽油中含氧化合物标准试样的色谱

1—水；2—甲醇；3—乙醇；4—异丙醇；5—叔丁醇；6—正丙醇；7—MTBE；

8—2-丁醇；9—二异丙醚；10—异丁醇；11—ETBE；12—叔戊醇；

13—1,2-二甲氧基乙烷；14—正丁醇；15—TAME

（4）MGC 法

详见 4.2.1 部分相关内容。

（5）方法的比较

测定汽油中含氧化合物含量的方法较多，不同的方法有各自的优缺点。Kanateva 等[44] 通过实验比较了单柱 CGC-FID 法、中心切割 2D-GC-FID、中心切割 2D-GC-MS（2DGC-MS）和 MGC 法测定汽油中苯和含氧化合物的准确性，Kanateva 等在各种方法中使用的分离柱见表 4-14。单柱 CGC-FID 法和 2D-GC-FID 法完全依赖保留时间定性，研究结果表明当组分保留时间非常接近时，容易出现定性识别错误，导致定性定量出现偏差。中心切割 2D-GC-MS 分析技术和多维气相色谱（MGC）分析技术，则克服了用一维保留时间定性时可能出现的识别错误这一缺陷，中心切割 2D-GC-MS 增加了质谱定性，采用保留时间和质谱信息双重定性技术，提高定性的准确性；MGC可以采用不同的色谱柱、吸附阱将汽油中的组分按照类别、极性有效分离，避免了不同类别组分共流出的问题。Kanateva等研究结果表明，由于2D-GC-MS和MGC定性准确，所以定量结果优于CGC-FID和2D-GC-FID。

表 4-14   方法及分离系统配置的比较

方法	分离系统	定性依据
单柱 CGC-FID	DB-1 非极性柱($100m \times 0.25mm \times 0.5\mu m$)	保留时间
2D-GC-FID	SPB-1 非极性柱($60m \times 0.25mm \times 0.25\mu m$) Supelcowax-10 极性柱($30m \times 0.25mm \times 0.50\mu m$)	保留时间
2D-GC-MS	SPB-1 非极性柱($60m \times 0.25mm \times 0.25\mu m$) Supelcowax-10 极性柱($30m \times 0.25mm \times 0.50\mu m$)	保留时间 质谱数据
MGC	AC Reformulyzer M3,符合 ISO 22854—2010	组分性质 保留时间

4.5 轻质馏分油中含硫化合物的分析

轻质馏分油均含有一定量的含硫化合物，这些含硫化合物主要来自原油中的含硫化合物。在原油一次加工中，原油中的低分子含硫化合物，经过常减压装置蒸馏后，集中在直馏汽油中；在原油二次加工中，加工原料中的高碳数的大分子含硫化合物经过裂解，也转化为低碳数的小分子含硫化合物，低沸点小分子含硫化合物会进入汽油馏分。汽油和类似馏分油中的含硫化合物不仅影响汽油和类似馏分油的气味，关键还影响其后续加工生产和人们的生活环境。其危害可大致分为三类：腐蚀设备和管道；引起后加工催化剂中毒；危害环境。

汽油和类似馏分的活性硫如硫化氢、元素硫、硫醇可以引起炼化加工设备和管道腐蚀，特别是在水存在下腐蚀显著增强。此外，车用汽油中的含硫化合物燃烧后生成的二氧化硫及三氧化硫，与水蒸气将生成强腐蚀性的亚硫酸及硫酸，不仅会腐蚀发动机，还会造成润滑系统的腐蚀。

催化剂中毒是指在汽油加工时汽油中的一些活性含硫化合物容易与催化剂中的活性组分结合，导致催化剂部分活性组分中毒，活性组分含量降低，催化性能降低，甚至失效，特别是贵金属催化剂。如裂解汽油中的硫醇、CS_2、硫醚等活性含硫化合物含量偏高时，可以导致钯系加氢催化剂、镍系加氢催化剂中毒[45]（详见9.1.4部分）。如铂重整催化剂对原料中的含硫化合物非常敏感，原料重石脑油中的硫醇、CS_2、硫醚等活性含硫化合物极容易引起催化剂中毒，铂重整原料均需要经过严格的加氢脱硫处理。所以，需要分析原料中的这些活性含硫化合物及其含量。

近几年车用汽油及其调合组分中含硫化合物已被视为城市主要污染物来源之一。车用汽油中的硫含量也成为关注的热点。为了促进炼化企业提升车用汽油产品质量，近几年车用汽油国标连续进行了指标升级，国Ⅲ车用汽油硫含量为小于150mg/kg，国Ⅳ车用汽油硫含量为小于 50mg/kg，目前国Ⅴ车用汽油硫含量已经降低至小于 10mg/kg，国Ⅵ车用汽油硫含量指标未变（主要针对烯烃和芳烃含量）。为了应对车用汽油标准质量升级，在过去的十几年中，降低车用汽油硫含量成为炼化企业技术开发的重要任务，其难点在于既要降低 FCC 汽油和车用汽油硫含量，又要保证 FCC 汽油辛烷值损失不大，车用汽油辛烷值满足国Ⅴ车用汽油标准。在这些技术小试研究、中试放大和工业应用中，除了测定硫含量外，还需要分析含硫化合物的结构，以便从分子层面了解脱硫效果，研究和改进脱硫催化剂，优化工艺条件。所以，分析研究和测试车用汽油及其调合组分中含硫化合物成为汽油质量升级技术开发过程中不可缺少的一部分工作。

4.5.1 不同汽油馏分中含硫化合物的差异

汽油和类似馏分中的含硫化合物均来自其生产原料。凝析油和直馏汽油中的含硫化合物来自原油中低分子含硫化合物，在开采石油或原油常压蒸馏中，低分子含硫化合物直接随轻烃进入汽油馏分；在 FCC 汽油和加氢裂化汽油生产中，原料蜡油和渣油等重质油中的高碳数的含硫化合物裂解产生的低碳数含硫化合物随着蒸馏进入汽油馏分；裂解汽油中的含硫化合物是由石脑油、轻烃、轻柴油中的含硫化合物的热裂解产生的；烷基化汽油中的含硫化合物是由混合 C_4 中的低碳硫醇缩合而产生的。由于各汽油或类似馏分油的原料不同、加工工艺不同，其含硫化合物含量的构成差异也较大，直馏汽油（直馏石脑油）中的硫化物以硫醇、硫醚为主，并含有少量的噻吩类含硫化合物；FCC 汽油中含硫化合物以高碳数的杂环含硫化合物为主，在 FCC 生产中，杂环含硫化合物裂解的主要产物为噻吩类含硫化合物，并含有一定量的硫醇硫醚；裂解汽油中含硫化合物以噻吩类含硫化合物为主，因为热裂解原料中的硫醇硫醚等含硫化合物经过热裂解转化为硫化氢、羰基硫、低碳硫醇，在初分离过程中进入 $C_1 \sim C_4$ 馏分，而裂解原料中噻吩类含硫化合物不容易裂解，基本都留在裂解汽油馏段。实验室采用 GC-SCD 和 GC-PFPD 技术对不同汽油中的含硫化合物进行了分析比较，详见图 4-26～图 4-28。

图 4-26 是裂解汽油、FCC 汽油、直馏汽油（直馏石脑油）中含硫化合物的 GC-SCD 分布。图 4-26 表明，裂解汽油和 FCC 汽油的含硫化合物以噻吩类为主，裂解汽油和 FCC 汽油中的噻吩类含硫化合物基本相同，但是 FCC 汽油还含有少量低碳硫醇和硫醚；直馏汽油中的含硫化合物主要是碳硫醇，噻吩类含硫化合物个数少、含量低；FCC 汽油中的低碳硫醇和硫醚的结构与直馏汽油中的基本相同〔见图 4-26（b）〕。

图 4-27 是直馏汽油（直馏石脑油）和加氢裂化石脑油（铂重整原料，重整汽油）中含硫化合物的 GC-SCD 分布。图 4-27 表明，与直馏石脑油相比，加氢裂化石脑油中的含硫化合物非常低，只有极少量 H_2S/COS、异丙硫醇、异丁硫醇、正丙硫醇和噻吩，这是因为铂重整技术对原料中硫含量要求苛刻，在铂重整前需要对原料进行预加氢，除去原料中的大部分含硫化合物。

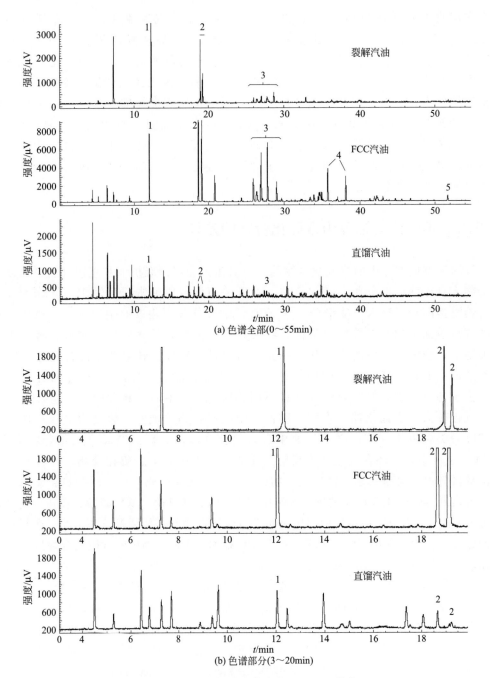

图 4-26　不同汽油含硫化合物 GC-SCD 分布

1—噻吩；2—甲基噻吩；3—二甲基/乙基噻吩；4—三甲基噻吩；5—苯并噻吩

图 4-26 和图 4-27 的色谱条件如下。

① 仪器：Agilent 7890，配 SCD 检测器。

② 色谱柱：Agilent PONA 柱（50m×0.20mm×0.5μm）。

③ 色谱参数：起始柱温 35℃，以 2℃/min 速率升温至 185℃。载气为氦气，恒流 0.6mL/min，进样量 1μL，分流比 50∶1。汽化室 200℃，检测器 250℃。

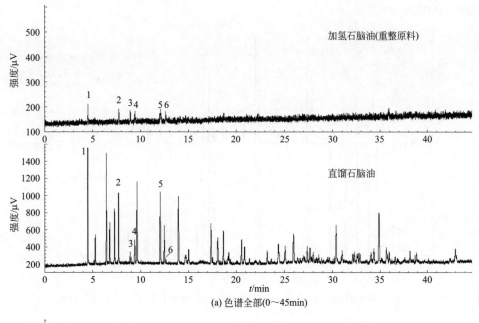

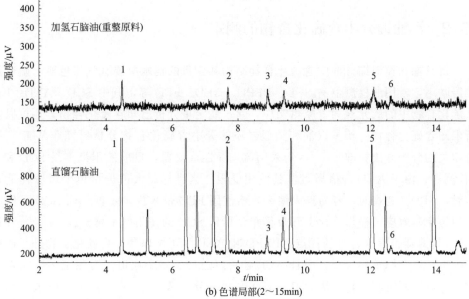

图 4-27　不同石脑油的含硫化合物色谱（GC-SCD）

1—H_2S；2—异丙硫醇；3—异丁硫醇；4—正丙硫醇；5—噻吩；6—未知

图 4-28 是催化裂化汽油（FCC 汽油）和延迟焦化汽油中含硫化合物的 GC-PFPD 分布。图 4-28 表明，延迟焦化汽油中含硫化合物含量明显高于 FCC 汽油，而且延迟焦化汽油中硫醇类含量也比较高。图 4-28 的色谱条件如下。

① 仪器：Varian CP-3800，配 PFPD 检测器。

② 色谱柱：Agilent PONA 柱（50m×0.20mm×0.5μm）。

③ 色谱参数：起始柱温 50℃（保持 5min），以 5℃/min 速率升温至 180℃（20min）。载气为氢气，柱头压 21.8psi，进样量 1μL，分流比 50∶1。汽化室 200℃，

检测器（PFPD）200℃。

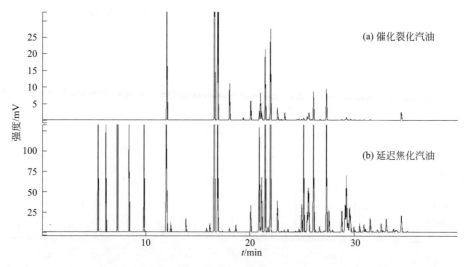

图 4-28　催化裂化汽油与延迟焦化汽油中的含硫化合物的 GC-PFPD 分布

4.5.2　汽油馏分中含硫化合物的测定

分析汽油和类似馏分油中含硫化合物结构和含量的技术主要有气相色谱与硫选择性检测器联用，常用的检测器有 SCD、PFPD、AED、FPD 等，其中 SCD、AED、PFPD 对含硫化合物中的硫元素为等摩尔响应，除了能定量分析已知含硫化合物，还可以定量分析未知含硫化合物。相关汽油和类似轻质馏分中含硫化合物分析研究非常多[46~50]，也有相关的分析方法标准[51,52]，均采用硫选择性检测器，目前使用最多是 SCD 和 PF-PD 检测器，由于 AED 价格昂贵，其使用受限。当进样量大或分析单个组分含量高的样品时，FPD（老式的）容易猝灭熄火，给使用 FPD 带来许多不便，而 SCD 不仅对硫元素为等摩尔效应，操作又比 PFPD 简单，所以 SCD 的使用越来越普遍。当然，PFPD 和 AED 检测器也有其自身的优点，PFPD 和 AED 除了可以测定含硫化合物外，还可以用于分析其他杂原子化合物，而且 AED 还可以适用于多个通道同时测定多个元素的化合物（如可以同时测定硫、碳、氮、氧化合物的分布情况）。此外，也可以采用气相色谱与电感耦合等离子体-质谱联用（GC ICP-MS），用于汽油和类似轻馏分中含硫化合物的测定，ICP-MS 也不受烃类化合物基质的干扰，并且对含硫化合物中的硫元素响应为等摩尔响应，不受含硫化合物结构影响，由于 ICP-MS 灵敏度高，GC-ICP-MS 可以用于汽油和类似轻馏分中低含量含硫化合物和其他杂元素化合物的测定。

（1）FCC 汽油中的含硫化合物

FCC 汽油和裂解汽油中噻吩类含硫化合物含量相对比较高，而且在非极性色谱柱上相对保留时间或保留值比较确定，定性噻吩类含硫化合物相对比较容易。但是，FCC 汽油和裂解汽油中的硫醇和硫醚含量低，种类（个数）也比较多，保留时间又比较接近，定性相对比较难。实验室利用硫醇可以与强碱发生反应这一特点，采用碱洗的方法来除去硫醇，即采用氢氧化钠水溶液处理 FCC 汽油，通过比对分析处理前后的 FCC 汽油，从而直接有效地区分出硫醇类含硫化合物。图 4-29 是实验室采用碱洗方法处理 FCC 汽油前后的 GC-SCD 比对，从图 4-29 可以看出在保留时间 16min 前后，碱洗前的 FCC 汽油有多个含硫化合物的色谱峰在碱洗后消失了，这些含硫化合物主要是低碳数的硫醇，硫醚类含硫化合物不与强碱反应，会保留在汽油中。经过定性分析得出碱洗后残留的低碳含硫化合物为 COS、二甲硫醚、甲乙硫醚 [见图 4-29(b)]。硫醇与强碱可以发生酸碱反应生产硫醇钠，硫醇钠随着烷基的增大，在水中溶解性降低，不容易除去，在用水洗涤反应后的 FCC 汽油时，硫醇钠又会水解，发生逆反应，生成硫醇又进入汽油中。所以高碳数硫醇的碱洗效果不理想。图 4-29 的色谱条件与图 4-26 相同。

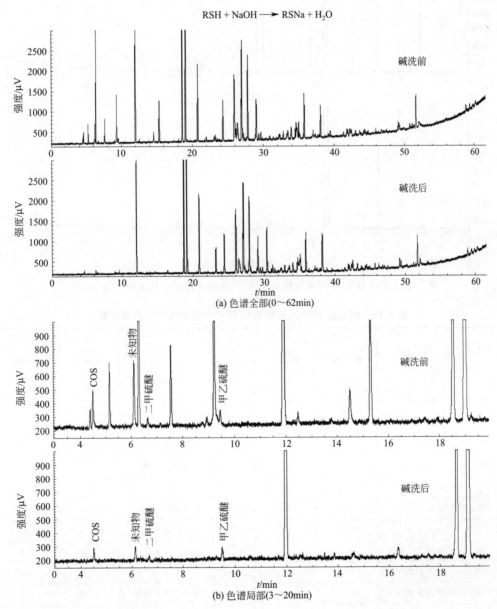

图 4-29　FCC 汽油碱洗前后的含硫化合物比较（GC-SCD）

实验室采用 GC-SCD 对某炼油厂 FCC 汽油碱洗精制装置的原料和产品进行了跟踪分析，以便评价碱洗精制装置的效果。图 4-30 是碱洗前的 FCC 汽油和精制 FCC 汽油的 GC-SCD 分析比对，分析数据见表 4-15，分析数据表明，碱洗精制后 FCC 中的低碳数的硫醇基本被洗除掉，高碳数的硫醇可能还残留一部分。经过碱洗精制工艺后，可以除去 FCC 汽油中的大部分活性含硫化合物——硫醇，便于 FCC 汽油后续的进一步深度加氢脱硫或吸附脱硫；也便于切割出 FCC 轻汽油，用于生产醚化汽油。

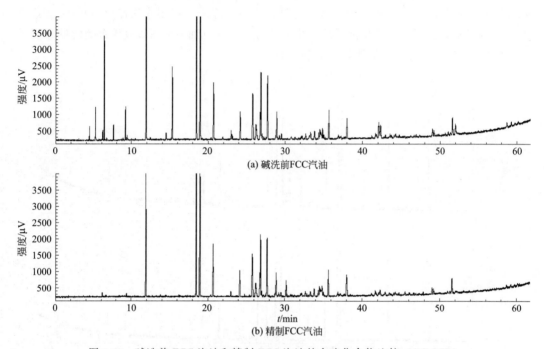

图 4-30 碱洗前 FCC 汽油和精制 FCC 汽油的含硫化合物比较（GC-SCD）

表 4-15 碱洗前 FCC 汽油和精制 FCC 汽油的含硫化合物含量

t/min	组成	硫含量/(mg/L)		t/min	组成	硫含量/(mg/L)	
		碱洗前	精制后			碱洗前	精制后
4.412	硫化氢	1.2	0.0	18.964	3-甲基噻吩	27.1	25.5
5.176	甲硫醇	2.8	0.0	20.370	未知硫化物	0.3	0.3
6.127	未知硫化物	1.2	0.5	20.680	四氢噻吩	9.7	8.9
6.320	乙硫醇	9.1	0.0	21.891	未知硫化物	0.5	0.0
6.661	二甲硫醚	0.3	0.2	23.025	硫醇/硫醚	1.5	0.9
7.571	异丙硫醇	1.6	0.0	23.171	硫醇	0.7	0.0
9.235	正丙硫醇	3.7	0.0	24.206	2-甲基四氢噻吩	5.0	4.7
9.468	甲乙硫醚	0.6	0.4	25.797	3-乙基噻吩	11.6	10.5
11.915	噻吩	18.7	17.3	26.232	2,5-二甲基噻吩	4.8	4.4
14.482	正丁硫醇	1.1	0.0	26.764	C_6 硫醇	3.4	3.3
15.294	叔戊硫醇	10.9	0.0	26.851	2,4-二甲基噻吩	11.2	9.9
18.500	2-甲基噻吩	20.0	19.2	27.014	未知硫化物	1.2	1.1

t/min	组成	硫含量/(mg/L)		t/min	组成	硫含量/(mg/L)	
		碱洗前	精制后			碱洗前	精制后
27.240	环己硫醚	0.4	0.5	41.202	C_4 噻吩	0.4	0.4
27.699	2,3-二甲基噻吩	11.9	10.9	41.690	未知硫化物	0.9	1.1
28.764	C_6 硫醇/硫醚	0.6	0.7	41.813	C_4 噻吩	0.6	0.7
28.905	3,4-二甲基噻吩	5.2	4.6	42.091	未知硫化物	4.4	0.6
29.260	3,3-二甲基四氢噻吩	0.7	0.7	42.319	C_7 硫醚	3.3	1.4
29.549	2,4-二甲基四氢噻吩	0.9	0.7	42.967	C_4 噻吩	0.6	0.6
30.214	硫醚	0.0	2.9	43.568	C_4 噻吩	0.7	0.6
30.814	C_6 硫醚	0.6	0.5	44.108	未知硫化物	0.5	0.6
31.308	未知硫化物	0.3	0.5	44.288	未知硫化物	1.1	0.9
32.131	未知硫化物	0.4	0.5	44.759	未知硫化物	0.5	0.5
32.238	未知硫化物	0.4	0.6	45.555	未知硫化物	0.0	1.0
32.702	甲基环己硫醚	1.0	0.9	46.651	C_4 噻吩	0.5	0.6
33.339	2-丙基噻吩	1.0	1.1	46.904	未知硫化物	0.6	0.3
33.822	3-丙基噻吩	1.7	1.7	47.362	未知硫化物	0.6	0.5
34.357	2-甲基-5-乙基噻吩	0.8	0.9	49.015	C_8 硫醚	1.5	1.2
34.504	2-甲基-4-乙基噻吩	1.8	1.8	49.216	未知硫化物	1.2	0.6
34.599	3-甲基-5-乙基噻吩	2.1	2.8	51.047	未知硫化物	0.6	0.5
34.857	3-甲基-2-乙基噻吩	1.5	1.8	51.610	苯并噻吩	3.5	3.0
35.018	3-甲基-4-乙基噻吩	0.9	0.9	58.708	甲基苯并噻吩	0.9	0.9
35.664	2,3,5-三甲基噻吩	5.1	4.9	59.280	甲基苯并噻吩	0.8	0.9
36.933	C_7 硫醚	0.9	0.9	59.739	甲基苯并噻吩	0.6	0.7
37.236	未知硫化物	0.6	0.6	60.185	甲基苯并噻吩	1.1	0.9
38.019	2,3,4-三甲基噻吩	3.8	5.9		合计	215.7	170.4

(2) 直馏汽油（直馏石脑油）含硫化合物

直馏汽油中含硫化合物以硫醇和硫醚类含硫化合物为主，噻吩类含硫化合物含量相对非常少。图 4-31 是实验室采用 GC-SCD 分析乙烯装置原料石脑油（直馏汽油）中含

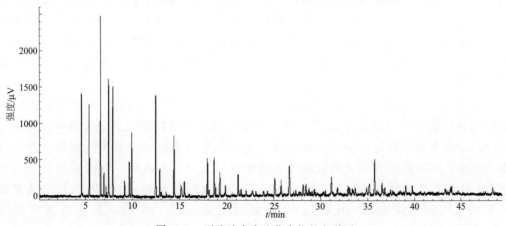

图 4-31　石脑油中含硫化合物的色谱图

硫化合物的色谱，经过定性分析，其含硫化合物主要是低碳硫醇、二硫化碳、低碳硫醚，还含有一定量的高碳硫醚、硫醇和噻吩，定性定量数据见表 4-16。

表 4-16　石脑油中主要含硫化合物含量

t/min	物质	含量/(mg/L)	t/min	物质	含量/(mg/L)
4.554	硫化氢	3.0	15.478	正丁硫醇	0.8
5.385	甲硫醇	2.7	17.907	戊硫醇	2.0
6.598	乙硫醇	5.7	18.622	戊硫醇	2.1
6.958	二甲基硫醚	0.8	19.223	2-甲基噻吩	1.3
7.475	二硫化碳	4.2	19.825	3-甲基噻吩	0.7
7.919	异丙硫醇	3.8	21.165	未知硫化物	1.2
9.172	叔丁硫醇	0.5	25.090	2-甲基四氢噻吩	1.4
9.663	正丙硫醇	1.4	26.655	3-乙基噻吩	2.2
9.915	甲乙硫醚	2.7	31.149	未知硫化物	1.1
12.431	噻吩	4.6	35.167	未知硫化物	1.2
12.865	2-丁硫醇	1.3	35.711	未知硫化物	2.2
14.381	二乙基硫醚	3.0	36.518	未知硫化物	0.8

(3) FCC 汽油脱硫处理过程中的含硫化合物分析

早期 FCC 汽油脱硫采用碱洗脱硫的处理工艺，这种碱洗方法主要是脱除 FCC 汽油中的低碳硫醇，同时除去 FCC 汽油的臭味。随着汽油质量标准的提升，对汽油中硫含量的要求越来越严格，应对汽油质量升级，FCC 汽油脱硫技术开发也成了当务之急：一是从 FCC 汽油生产过程降低 FCC 汽油中的硫含量，从源头降低 FCC 汽油中的硫；二是采用加氢脱硫和吸附脱硫等技术，脱除 FCC 中的硫。在加氢脱硫和吸附脱硫中，既可以采用直接脱硫处理，也有采用分步处理的工艺脱除含硫化合物。分步处理就是根据 FCC 汽油中含硫化合物的分布特性，将 FCC 汽油切割为轻汽油和重汽油两部分：通过碱洗除去轻汽油中的低碳硫醇，通过选择性加氢脱去重汽油中噻吩类硫。在脱硫技术开发、工业生产中都需要对含硫化合物进行分析测定，研究脱硫的效果。

图 4-32 是某炼油厂生产的满足国Ⅳ车用汽油调合用组分油——加氢 FCC 汽油中含硫化合物的分布，图 4-32 表明，FCC 汽油经过加氢精制处理后，大部分含硫化合物（包括噻吩类）被加氢脱除，而且噻吩类含硫化合物脱除的效果比较好，基本被脱除干净，在加氢中有低碳的含硫化合物生成，主要有乙硫醇、异丙硫醇和二乙基硫醚，生成低碳硫醇和硫醚的原因尚不清楚。经过加氢处理后，FCC 汽油的硫含量由 170mg/L 以上降至约 40mg/L，分析数据见表 4-17。图 4-32 的色谱条件与图 4-26 相同。

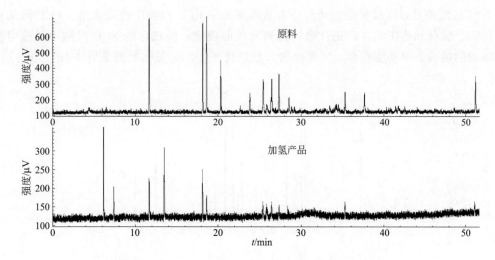

图 4-32 FCC 汽油加氢脱硫前后含硫化合物的分布图

表 4-17 FCC 汽油及其加氢产品中的含硫化合物测试数据

t/min	硫化物	硫含量/(mg/L)		t/min	硫化物	硫含量/(mg/L)	
		原料	产品			原料	产品
4.350	硫化物	1.8		28.564	3,4-二甲基噻吩	5.7	
6.190	乙硫醇		7.2	28.914	3,3-二甲基四氢噻吩	1.3	
7.415	异丙硫醇		2.9	29.207	2,5-二甲基四氢噻吩	1.9	
11.689	噻吩	20.5	3.8	29.863	未知硫化物	1.7	
13.508	二乙基硫醚		5.9	31.880	未知硫化物	1.6	
18.194	2-甲基噻吩	17.2	4.6	32.340	甲基环己醚	1.8	0.7
18.663	3-甲基噻吩	23.9	2.6	33.466	3-丙基噻吩	2.9	
20.373	四氢噻吩	14.1		34.172	2-甲基-5-乙基噻吩	1.9	
22.721	硫醇	1.3		34.511	3-甲基-4-乙基噻吩	2.8	
23.879	2-甲基四氢噻吩	6.5		35.316	2,3,5-三甲基噻吩	7.0	2.2
25.497	3-乙基噻吩	11.9	2.1	37.671	2,3,4-三甲基噻吩	6.6	
25.905	2,5-二甲基噻吩	1.5	1.2	41.767	C_4 噻吩	1.3	
26.414	C_6 硫醇	2.9	2.0	42.606	C_4 噻吩	1.4	
26.503	2,4-二甲基噻吩	8.9	0.0	51.253	苯并噻吩	12.4	1.4
27.350	2,3-二甲基噻吩	12.2	1.4		合计	173.0	38.0

现在车用汽油国 Ⅴ 和国 Ⅵ 标准对车用汽油硫含量的限值已降至 10mg/kg 以下，这就要求调合车用汽油的主要组分——FCC 汽油的硫含量也不能超过 10mg/kg。为此，炼化企业近几年也开发了深度脱硫技术，并用于 FCC 汽油脱硫生产。在 FCC 汽油深度脱硫技术研究和生产中，为了确定催化剂脱除效果和生产装置脱硫运行情况，分析 FCC 汽油脱硫前后不同含硫化合物含量是必不可缺的一项重要工作。实验室采用 GC-

SCD分析技术测定了某炼厂FCC汽油S-Zorb吸附脱硫装置产的深度产品，经分析测定，FCC汽油经过深度吸附脱硫后，有效地降低了FCC汽油中的硫含量，FCC汽油中的硫醇、硫醚和噻吩类含硫化合物均得到有效的脱除，脱硫后的FCC汽油中仅残留极其微量的噻吩、甲基噻吩和二甲基噻吩，色谱见图4-33，具体数据见表4-18。

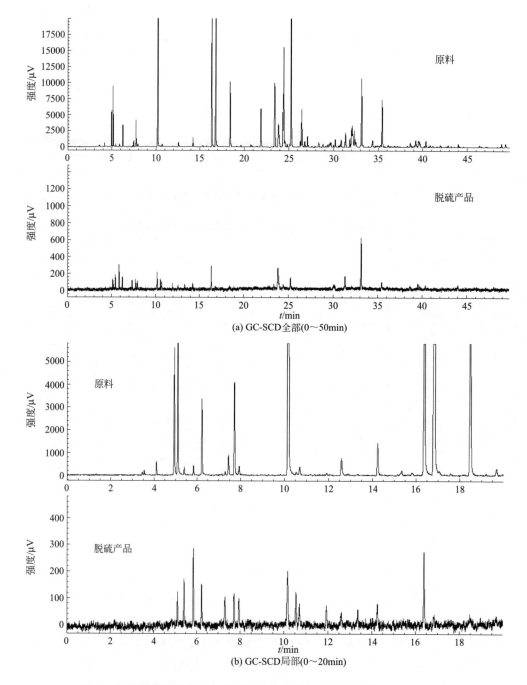

图 4-33　吸附脱硫前后 FCC 汽油含硫化合物分布变化色谱（GC-SCD）图

　气相色谱及其联用技术在石油炼制和石油化工中的应用

表 4-18　吸附脱硫前后 FCC 汽油中的含硫化合物含量变化

t/min	组成	硫含量/(mg/L)		t/min	组成	硫含量/(mg/L)	
		原料	产品			原料	产品
3.464	硫化氢	0.2		25.064	未知硫化物	0.5	0.0
3.555	羰基硫	0.3		25.216	2,3-二甲基噻吩	52.3	0.3
4.118	甲硫醇	0.5		25.956	未知硫化物	0.2	0.0
4.949	未知硫化物	5.1		26.258	C_6 硫醇/硫醚	1.5	0.0
5.113	乙硫醇	9.4	0.2	26.391	3,4-二甲基噻吩	10.6	0.0
5.413	二甲硫醚	0.3	0.2	26.747	3,3-二甲基四氢噻吩	1.6	0.0
5.835	二硫化碳	0.3	0.3	27.039	2,4-二甲基四氢噻吩	2.7	0.0
6.218	异丙硫醇	3.1	0.2	27.525	硫醚	0.2	0.0
7.294	叔丁硫醇	0.2	0.2	27.851	C_6 硫醚	0.3	0.0
7.445	未知硫化物	0.9	0.0	28.275	未知硫化物	1.5	0.0
7.709	正丙硫醇	6.1	0.2	28.761	未知硫化物	0.7	0.0
7.919	甲乙硫醚	0.4	0.2	29.016	未知硫化物	0.2	0.0
10.144	噻吩	46.5	0.4	29.238	未知硫化物	0.6	0.0
10.508	2-丁硫醇	0.2	0.2	29.429	未知硫化物	0.6	0.0
10.665	未知硫化物	0.5	0.2	29.559	未知硫化物	0.9	0.0
11.886	异丁硫醇	0.1	0.0	29.651	未知硫化物	1.1	0.0
12.548	正丁硫醚	1.2	0.1	29.951	未知硫化物	0.4	0.0
14.198	二甲基二硫醚	1.9	0.1	30.130	甲基环己硫醚	1.9	0.0
15.294	未知硫化物	0.4	0.0	30.496	未知硫化物	0.2	0.0
15.780	未知硫化物	0.2	0.0	30.640	未知硫化物	0.2	0.0
16.315	2-甲基噻吩	45.7	0.4	30.775	2-丙基噻吩	2.1	0.0
16.764	3-甲基噻吩	62.3	0.1	31.264	3-丙基噻吩	4.5	0.5
17.527	C_5 硫醚	0.2	0.0	31.777	2-甲基-5-乙基噻吩	1.6	0.0
18.401	四氢噻吩	20.2	0.1	31.937	2-甲基-4-乙基噻吩	3.8	0.0
19.610	硫醇	0.5	0.0	32.023	3-甲基-5-乙基噻吩	5.4	0.1
20.693	未知硫化物	0.5	0.0	32.106	2-甲基-3-乙基噻吩	3.3	0.1
20.814	甲基乙基二硫醚	0.3	0.0	32.283	3-甲基-2-乙基噻吩	3.1	0.0
21.386	未知硫化物	0.2	0.1	32.411	3-甲基-4-乙基噻吩	1.4	0.0
21.816	2-甲基四氢噻吩	9.7	0.1	33.080	2,3,5-三甲基噻吩	22.8	1.2
23.372	3-乙基噻吩	24.2	0.1	33.255	未知硫化物	0.2	0.0
23.807	2,5-二甲基噻吩	10.3	1.0	33.826	未知硫化物	0.3	0.0
24.296	C_6 硫醇	7	0.0	34.320	C_7 硫醚	1.9	0.0
24.390	2,4-二甲基噻吩	22.9	0.2	34.620	未知硫化物	0.2	0.0
24.522	未知硫化物	3.1	0.0	34.827	未知硫化物	0.3	0.0
24.779	环己硫醚	0.7	0.0	35.016	未知硫化物	0.2	0.0

t/min	组成	硫含量/(mg/L)		t/min	组成	硫含量/(mg/L)	
		原料	产品			原料	产品
35.194	未知硫化物	0.5	0.0	41.598	未知硫化物	0.3	0.0
35.390	2,3,4-三甲基噻吩	65.8	0.3	41.926	未知硫化物	0.7	0.0
35.706	未知硫化物	0.2	0.0	42.807	未知硫化物	0.6	0.0
36.081	未知硫化物	0.5	0.0	43.149	未知硫化物	0.3	0.0
36.768	未知硫化物	0.4	0.0	43.963	C_4 噻吩	0.9	0.1
37.123	未知硫化物	0.3	0.0	44.122	未知硫化物	0.3	0.0
38.238	未知硫化物	0.3	0.0	44.588	未知硫化物	0.3	0.0
38.592	C_4 噻吩	1.2	0.1	46.302	C_8 硫醚	0.6	0.0
38.703	未知硫化物	0.2	0.0	46.481	未知硫化物	0.4	0.0
39.018	未知硫化物	0.2	0.0	47.160	未知硫化物	0.2	0.0
39.185	C_4 噻吩	2.5	0.0	48.607	未知硫化物	0.2	0.0
39.483	未知硫化物	2.6	0.2	48.815	苯并噻吩	1.1	0.0
39.619	C_7 硫醚	1.7	0.1	49.264	未知硫化物	1.1	0.0
40.131	未知硫化物	0.3	0.0	55.893	甲基苯并噻吩	0.3	0.0
40.324	C_4 噻吩	1.7	0.1	56.437	甲基苯并噻吩	0.2	0.0
40.784	C_4 噻吩	0.4	0.0	57.348	甲基苯并噻吩	0.1	0.0
41.116	未知硫化物	0.4	0.0		合计	361.5	5.1

图 4-33 的分析条件如下。

① 仪器：Agilent 7890，配 SCD 检测器。

② 色谱柱：Agilent PONA 柱（50m×0.20mm×0.5μm）。

③ 色谱参数：起始柱温 35℃（0min），以 2℃/min 速率升温至 185℃。载气为氢气，恒流 0.6mL/min，进样量 1μL，分流比 50∶1。汽化室 200℃，检测器 250℃。

4.5.3 硫选择性检测器可能遇到的干扰问题

尽管 SCD 或 PFPD 只对含硫化合物有响应，不受烃类化合物基质干扰。但是，在用 SCD 或 PFPD 测定裂解汽油和重整汽油中的含硫化合物时，可能会遇到噻吩和 2-甲基噻吩的峰形异常的问题——色谱峰发生变形，峰的起始部位成斜坡状（前延峰），见图 4-34。这是因为噻吩与苯、2-甲基噻吩与甲苯为共流出峰，当分析苯、甲苯含量非常高的裂解汽油和重整汽油时，特别是当进样量过大时，共流出的苯和甲苯分别会抑制噻吩和 2-甲基噻吩响应，干扰噻吩和 2-甲基噻吩的检测，致使噻吩和 2-甲基噻吩的峰发生变形。实验室采用并联 GC-FID-PFPD 比对分析了裂解汽油和 FCC 汽油，色谱见图 4-35 和图 4-36，分析裂解汽油时，噻吩和 2-甲基噻吩的色谱峰变形严重，而分析 FCC 汽油时未出现噻吩和 2-甲基噻吩的色谱峰变形的问题，这是因为 FCC 汽油中苯和甲苯的含量不是很高。所以，用 GC-PFPD 或 GC-SCD 分析裂解汽油和重整汽油中含硫化合物时，应特别关注噻吩和 2-甲基噻吩的峰形，当发现噻吩和 2-甲基噻吩的峰形不正常时建议减少进样量，消除苯和甲苯的干扰。

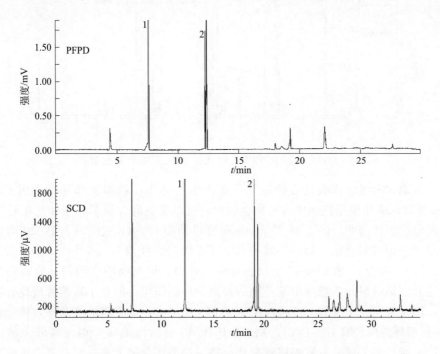

图 4-34　用 GC-PFPD 和 GC-SCD 测定裂解汽油色谱

1—噻吩；2—2-甲基噻吩

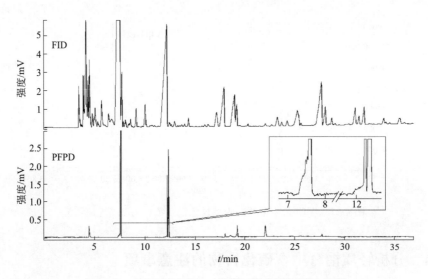

图 4-35　GC-FID-PFPD（并联）测定裂解汽油色谱

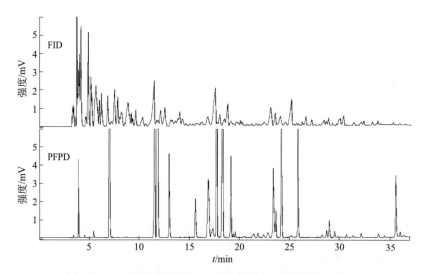

图 4-36　GC-FID-PFPD（并联）测定 FCC 汽油色谱

　　由于 ICP-MS 测定含硫化合物时几乎不产生烃类化合物抑制作用，采用 GC-ICP-MS 分析裂解汽油和重整汽油中含硫化合物时，可以避免高含量苯和甲苯对噻吩和 2-甲基噻吩测定的干扰问题。图 4-37 是 Agilent 公司采用 6890GC-7500a ICP-MS 测定噻吩和 2-甲基噻吩标样的色谱，标样中噻吩和 2-甲基噻吩浓度均为 2.5×10^{-6}，溶剂为异辛烷-甲苯（3∶1 混合）。在图 4-37 中，噻吩峰之后和 2-甲基噻吩之前的基线有轻微的下飘移，这分别是溶剂异辛烷和甲苯产生的轻微的抑制作用，但是不影响含硫化合物的准确测定。图 4-38 是采用 6890-7500a GC-ICP-MS 测定实际重整汽油样品的含硫化合物色谱[53]，色谱峰的峰形良好。所以，用 GC-ICP-MS 分析汽油和类似轻馏分中的含硫化合物时，无需过多考虑是否需要将含硫化合物与烃类化合物分离，只需要考虑将目标含硫化合物分离即可，采用短柱进行快速分析，如图 4-38 所示，在 10min 内可以完成重整汽油中含硫化合物的分析，节省分析时间，大幅度提高了效率。

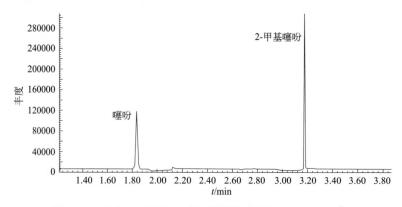

图 4-37　噻吩和 2-甲基噻吩标样色谱（浓度为 2.5×10^{-6}）

4.5.4　分析轻质馏分中含硫化合物的注意事项

　　① 测定深度脱硫汽油及类似轻质馏分油中的痕量含硫化合物时，需钝化处理取样

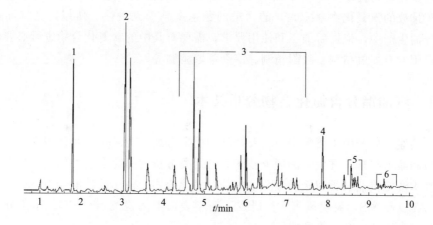

图 4-38　采用 GC-ICP-MS 测定重整汽油的含硫化合物色谱

1—噻吩；2—甲基噻吩；3—烷基噻吩；4—苯并噻吩；5—甲基苯并噻吩；6—二甲基苯并噻吩

器和色谱进样系统，以便获得准确的定量和好的重复性结果。

② 使用 PFPD 时，需要合理调节氢气、空气 1 和空气 2 的比例，同时选择合适的门延迟时间和宽度，以便获得良好的灵敏度，减少鬼峰的出现。

③ 在使用 SCD 时，会出现灵敏度降低的问题，这多与 SCD 内的陶瓷管老化有关，需定期更换。

④ 在用 SCD 或 PFPD 测定芳烃含量极高的裂解汽油和重整汽油中的含硫化合物时，要观察噻吩和甲基噻吩等含硫化合物的峰形是否正常。当发现含硫化合物的峰形不正常时，可以减少进样量，减小芳烃的干扰。

4.6　轻质馏分油中含氮化合物分析

汽油和类似的轻质馏分油中天然含氮化合物主要是原油及其馏分油加工中自身生产的。原油中的低分子含氮化合物，在常减压装置蒸馏过程中，沸点与直馏汽油馏程相近的会进入直馏汽油馏分中；从原油获取的重质馏分油如蜡油、渣油在催化裂化二次加工中，蜡油、渣油中的高沸点大分子含氮化合物经过裂解，变成相应小分子含氮化合物，裂化产物中的低沸点小分子含氮化合物在随后的切割分离中会进入汽油馏分中。

汽油和类似轻质馏分油中的含氮化合物的含量非常低，但是这些含氮化合物对汽油的储存稳定性、后加工和环境均有一定的影响。汽油中的含氮化合物可以促进汽油中的烃类发生自氧化，同时其自身也生成胶质和有色物质，导致汽油的氧化安定性变差和颜色变深，影响汽油的品质和储存期；汽油和类似轻质馏分油中的含氮化合物还可能引起后加工催化剂中毒，如在 FCC 汽油深度加氢脱硫过程中，碱性含氮化合物比含硫化合物更容易吸附在催化剂活性位上，使催化剂失活。又如在轻汽油醚化中，轻汽油中的含氮化合物会吸附在催化剂的酸性活性点上，使催化剂中毒；车用汽油在燃烧中，车用汽油中的含氮化合物会增加环境中氮氧化物（NO$_x$）的排放，随着中国机动车的快速增长，汽车排放的氮氧化物（NO$_x$）的污染问题越来越受到关注。所以，在汽油及类似轻质馏分油生产中，根据后加工和使用要求，需要对其中的含氮化合物进行必要的脱氮处理，常用的有加氢精制、吸附精制、溶剂萃取精制等。

4.6.1 汽油馏分含氮化合物分析技术

在汽油脱氮生产中需要测定原料及产品中的氮含量，为了进一步认识含氮化合物的脱除效果和脱氮机理，开发新的脱氮技术，还需要分析含氮化合物的结构。通常采用气相色谱技术测定汽油和类似轻质馏分油中的含氮化合物，使用的检测器有 NCD、NPD、PFPD、AED 和 MS，关亚风等[54] 研发了新型表面电离检测器（SID）用于分析含氮化合物，SID 的灵敏度和选择性优于 NPD。

NCD、NPD、PFPD、AED 和 SID 均为氮选择性检测器，仅对含氮化合物有响应，可以直接测定汽油及类似馏分中的含氮化合物，无需预分离和浓缩含氮化合物。但是，这些选择性检测器用于含氮化合物定性时，需要有已确认的含氮化合物的保留值，或含氮化合物标准样品，或需要借助 GC-MS 定性技术。通常采用 GC-MS 与含氮化合物标样相结合的方法来定性油品中的含氮化合物[55,56]。采用 GC-MS 定性分析汽油及其他馏分油中的含氮化合物时，由于受油品烃基质的干扰，无法直接测定含氮化合物，必须采用预分离方法将汽油中的含氮化合物分离和富集[54~58]，除去大部分烃基质，减少烃类化合物基质对微量含氮化合物测定的干扰，提高定性的准确性。分离含氮化合物常用的方法有液-液萃取法[55]、固相萃取法（SPE）[58]、离子交换法[59] 和液-液萃取与 SPE 分离相结合的方法[56]。

1）液-液萃取法　将稀硫酸加入油样进行萃取，然后将下层带颜色的水相分离出，用甲苯萃取水相，除去水相中残留的油品。用氢氧化钠水溶液中和水相，调节 pH 值大于 11，然后再用甲苯萃取水相，含氮化合物则被萃取到甲苯中。

2）固相萃取法　采用中性 Al$_2$O$_3$ 柱和改性 SiO$_2$ 柱分离含氮化合物、中性含氮化合物和碱性含氮化合物。首先借助 Al$_2$O$_3$ 柱分离油品中的含氮化合物：用己烷洗脱饱和烃，用己烷-二氯甲烷（体积比 6∶4）洗脱芳烃和含硫化物，再用二氯甲烷洗脱含氮化合物，最后用甲醇洗脱强极性化合物；将分离出的含氮化合物置于 SiO$_2$/KOH 柱上，用二氯甲烷洗脱出碱性和中性含氮化合物，酸性部分留在 SiO$_2$/KOH 柱上；将分离出的含有碱性和中性含氮化合物的浓缩液置于 SiO$_2$/HCl 柱上，用二氯甲烷洗脱出中性含氮化合物，而碱性含氮化合物滞留于 SiO$_2$/HCl 柱上，再用异丙胺-己烷（体积比 1∶9）洗脱出碱性含氮化合物，从而完成碱性含氮化合物和中性含氮化合物的分离。

这些分离方法不仅可以用于汽油及类似轻质馏分中含氮化合物的分离，也可以用于柴油和其他重质油品中含氮化合物的分离。

在完成含氮化合物分离后，可以借助 GC-MS 定性分析含氮化合物的结构。经过色谱工作者的分析研究，目前基本已经清楚了汽油及类似轻质馏分含氮化合物的结构。汽油及类似轻质馏分中含氮化合物种类和数量比较少，主要是苯胺类含氮化合物，并有少量的胺类和腈类含氮化合物。因此，在实验室分析汽油或类似轻质馏分中的含氮化合物时，为节省时间尽快完成测试工作，可以购置汽油中常见的含氮化合物混合标样；也可以采用液-液萃取、固相萃取等前处理的方法从汽油中预先提取含氮化合物，用作定性的储备样品。这样可以简化实际分析中的样品前处理过程，提高分析效率。

　　实验室采用 GC-NCD 分析的炼厂 FCC 汽油中含氮化合物主要有苯胺、甲基苯胺和二甲基苯胺等，见图 4-39。实验室还考察了非极性柱和极性柱分离汽油中含氮化合物的分离效果，见图 4-39 和图 4-40。图 4-39 是采用聚二甲基硅氧烷色谱柱的分离，图 4-40 是采用聚乙二醇 PEG-20M 色谱柱的分离，不同色谱柱分离汽油中含氮化合物的差异较大，从图 4-39 和图 4-40 的分离效果看，聚乙二醇色谱柱的分离效果相对比较好，使用聚乙二醇色谱柱时，邻、间、对-甲基苯胺之间完全分离至基线，而使用聚二甲基硅氧烷色谱柱时，邻、间、对-甲基苯胺的峰底仍然有重叠。图 4-39 和图 4-40 的色谱条件见表 4-19。

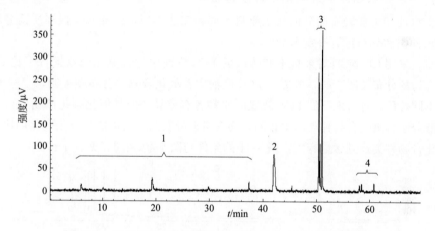

图 4-39　FCC 汽油中含氮化合物分析（GC-NCD，PONA 柱）
1—腈和脂肪胺类；2—苯胺；3—间/对/邻-甲基苯胺；4—二甲基苯胺

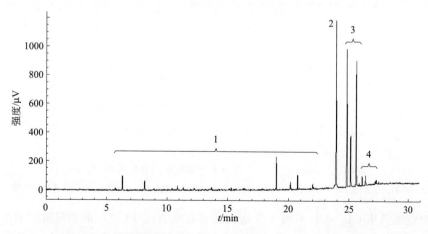

图 4-40　FCC 汽油中含氮化合物分析（GC-NCD，PEG 柱）
1—腈和脂肪胺类；2—苯胺；3—甲基苯胺；4—二甲基苯胺

表 4-19　汽油中含氮化合物分析的色谱条件

图号	色谱柱	色谱主要参数
图 4-39	PONA 50m×0.20mm×0.5μm	起始柱温 35℃（保持 15min），以 2℃/min 速率升温至 180℃（保持 10min）。载气为氢气，恒流 0.8mL/min，进样量 2μL，分流比 20∶1。汽化室 200℃，检测器 250℃
图 4-40 图 4-41 图 4-42	PEG-20M 60m×0.32mm×0.25μm	起始柱温 50℃（保持 5min），以 6℃/min 速率升温至 180℃（保持 10min）。载气为氢气，恒流 2mL/min，进样量 2μL，分流比 20∶1。汽化室 250℃，检测器 250℃
图 4-44	PONA 50m×0.20mm×0.5μm	起始柱温 35℃，以 2℃/min 速率升温至 170℃。载气为氢气，恒流 0.6mL/min，进样量 1μL，分流比 20∶1。汽化室 200℃，检测器 250℃

4.6.2　不同轻质馏分中含氮化合物的分析

（1）不同轻质馏分中含氮化合物分布差异

由于汽油和类似轻质馏分的加工原料不同、工艺不同，汽油和类似轻质馏分中的含氮化合物种类和分布也有一定差异。

实验室采用 GC-NCD 对来自不同炼厂的 FCC 汽油中的含氮化合物进行了比对分析，含氮化合物的分布见图 4-41，各炼厂 FCC 汽油中含氮化合物的分布图表明，尽管 FCC 汽油来自不同炼厂，各自炼厂的 FCC 装置的原料各有差异，但是催化裂化产物中汽油馏分段中的低分子含氮化合物种类基本相同，而含量差异较大，这可能与催化裂化用原料油中的含氮化合物种类及其含量有关。图 4-41 的条件与图 4-40 相同，见表 4-19。

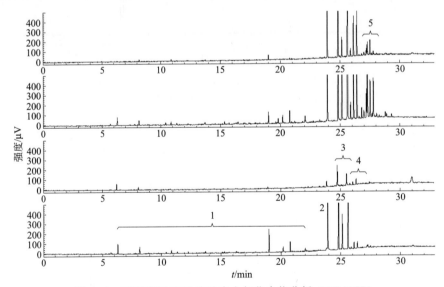

图 4-41　不同炼厂 FCC 汽油中含氮化合物分析（GC-NCD）

1—腈和脂肪胺类；2—苯胺；3—甲基苯胺；4—二甲基苯胺；5—三甲基苯胺（甲基乙基苯胺）

实验室还采用 GC-NCD 分析了直馏汽油（石脑油）、FCC 汽油和裂解汽油中含氮化合物的分布情况，色谱见图 4-42。图 4-42 表明，不同汽油中含氮化合物的种类和含量差异非常大，FCC 汽油中含氮化合物的种类和含量都比较多，含氮化合物以苯胺类为主，并含有少量腈和脂肪胺；裂解汽油含极少量的腈和脂肪胺类含氮化合物，而且含量非常低；直馏石脑油中含氮化合物含量极低，用 GC-NCD 几乎未检测到含氮化合物。图 4-42 的条件与图 4-40 相同，见表 4-19。

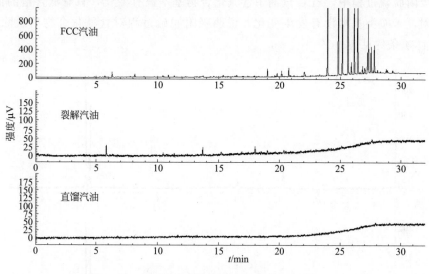

图 4-42　不同汽油中含氮化合物分析（GC-NCD）

（2）汽油深度脱硫过程中含氮化合物的变化

实验室还分析了 FCC 汽油深度脱硫过程中含氮化合物的变化，比较了不同脱硫技术对含氮化合物的影响。

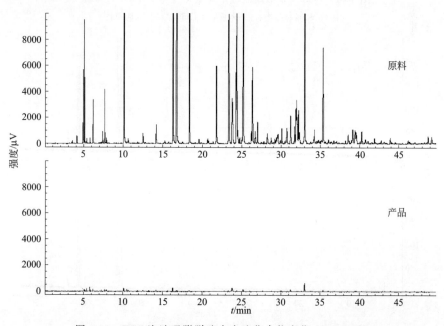

图 4-43　FCC 汽油吸附脱硫中含硫化合物变化（GC-SCD）

1）吸附脱硫　图 4-43 为某炼厂 FCC 汽油吸附脱硫装置的脱硫原料与产品中含硫

化合物的 GC-SCD 分析图，图 4-44 为对应原料与产品中含氮化合物 GC-NCD 分析。图 4-43 表明吸附脱硫效果非常理想，经过分析测定，FCC 汽油中硫含量由脱硫前的 460mg/kg 降低至脱硫后的 6.5mg/kg；图 4-44 中含氮化合物分布（PONA 柱分离）表明，在吸附脱硫过程中，FCC 汽油中含氮化合物基本没有变化，只有低含量的低碳腈、胺被吸附，苯胺类基本没有发生变化，说明吸附脱硫过程对含氮化合物的脱除影响不大。图 4-44 条件见表 4-19。

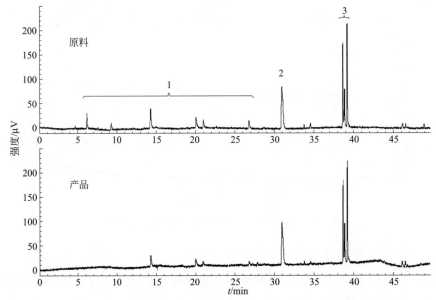

图 4-44   FCC 汽油吸附脱硫中含氮化合物变化（GC-NCD）
1—腈和脂肪胺类；2—苯胺；3—间/对/邻-甲基苯胺

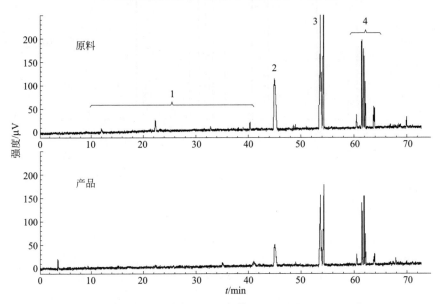

图 4-45   FCC 重汽油加氢脱硫中含氮化合物变化（GC-NCD）
1—腈和脂肪胺类；2—苯胺；3—间/对/邻-甲基苯胺；4—二甲基苯胺

2）加氢脱硫　图4-45为某炼厂FCC重汽油加氢脱硫装置原料与产品中含氮化合物GC-NCD分析，图4-45表明，在FCC重汽油加氢脱硫过程中，含氮化合物被部分脱除，可能是被催化剂加氢脱除，也可能是被催化剂吸附脱除，目前尚不清楚脱除机理。尽管不清楚加氢脱硫过程中含氮化合物被脱除的机理，但是，与FCC汽油吸附脱硫技术相比，加氢脱硫可以脱除一部分含氮化合物。

4.7　车用汽油非常规添加剂的分析

为了改善车用汽油的抗爆性能，在车用汽油调合过程中允许加入一定量的辛烷值改进剂（抗爆剂）。早期加入的辛烷值改进剂有四乙基铅、甲基环戊二烯基三羰基锰（MMT），随着对四乙基铅和MMT危害性的认识，国 V 车用汽油标准规定禁止添加四乙基铅和MMT，可允许加入的有甲基叔丁醚（MTBE）、甲基叔戊基醚（TAME）和乙醇等。国内车用汽油市场上也出现了不少其他类辛烷值改进剂，主要有苯胺类、脂类、甲缩醛等辛烷值改进剂。由于这些辛烷值改进剂的使用未经过系统的台架和行车试验，无法确认这些添加组分的使用是否影响汽车系统运行的可靠性和安全性，也尚未确认汽车燃烧后排放物是否会造成环境污染物的增加，所以暂把这些添加剂统称为非常规添加剂。随着对苯胺类和甲缩醛添加剂危害的认识，在车用汽油国 Ⅵ 标准中已经明确规定不得人为加入苯胺类、甲缩醛等。但是，受利益的驱使，有些不守法的企业仍然添加一些禁用的添加剂。目前车用汽油非法添加剂和非常规添加剂问题已经成为国内汽油流通市场突出的问题。针对车用汽油中非法添加剂和非常规添加剂的分析，不仅是分析工作者研究的热点，也成为汽油产品标准研究和社会各界关注的热点。

4.7.1　常见车用汽油非常规添加剂

车用汽油非常规添加剂暂被定义为未经过系统的行车试验和环境认证的汽油添加剂。这些添加剂可能对汽车的运行稳定性、安全性和尾气排放产生不利的影响。目前国内车用汽油流通市场上常见的非常规添加剂有以下几类。

（1）苯胺类添加剂

有苯胺、N-甲基苯胺、对甲基苯胺、邻甲基苯胺、间甲基苯胺，N,N-二甲基苯胺等，这类添加剂主要用于提高汽油的辛烷值。这类含氮化合物不仅可以促使汽油中的不饱和烃自氧化，并且自身氧化生成胶质和有色物质，影响汽油的氧化安定性和储存期；此外，大量的苯胺类添加剂的加入，燃烧后会生产大量的 NO_x 污染环境。这类添加剂已经被禁止人为加入车用汽油。

（2）酯类添加剂

有乙酸仲丁酯、乙酸异丁酯、碳酸二甲酯、乙酸乙酯，这类添加剂不仅可以提高辛烷值，还可以降低成本，特别是随着乙酸仲丁酯合成工艺的改进和生产成本的降低，乙酸仲丁酯的使用明显增多。这些脂类添加剂可能会引起汽车橡胶密封垫和纤维类输油管线溶胀，影响使用寿命。

（3）甲缩醛

又称二甲氧基甲烷，可以大幅度降低汽油调合成本。甲缩醛溶解性强，会引起汽车橡胶密封圈溶胀、溶解等问题，危害较大，已被禁止加入车用汽油。

随着 FCC 汽油深度脱硫和降烯烃、降芳烃技术的实施，车用汽油的主要调合组分——FCC 汽油的辛烷值必然有一定损失，这就需要调入高辛烷值的烷基化汽油，由于目前国内烷基化汽油成本高、产量少，为了降低车用汽油的成本，可能会出现更多的非法添加剂的问题和新的非常规添加剂。这就需要分析工作者随时针对可能出现的新的非常规添加剂问题，开展相应的分析方法研究工作。

4.7.2 分析非常规添加剂的方法

国内有关车用汽油中非常规添加剂的分析研究报道比较多，常用的方法有气相色谱法[6,60~62]、气相色谱-质谱法[5] 和红外光谱法[4]，其中使用最多的是气相色谱法。在使用的气相色谱法中，又分单柱气相色谱法和二维气相色谱色谱法（2D-GC），为了解决汽油中多类非常规添加剂的同时测定问题，多采用 2D-GC 技术，通过阀切换技术或 Deans switch 切换技术，可以实现多类非常规添加剂的分离和定量分析，这类分析技术已经转为相应的国家标准[63~65]。

分析汽油中非常规添加剂的 2D-GC 方法有两种配置方法，主要是色谱柱连接顺序不同：一种配置[6,61] 是将非极性柱用作预分离住，将极性柱用作分析柱；另一种配置[60] 是将极性柱用作预分离住，把非极性柱用作分析柱。第一种配置如同 ASTM D7754 方法[43] 的配置，第二种配置如同 ASTM D 4815[41] 的配置。使用的非极性色谱柱均为聚二甲基硅氧烷色谱柱；极性柱的选择则较为灵活，有 PEG-20M 柱、TCEP 柱、Lowox PLOT 柱和 Oxy-PLOT 柱可供选择。

1）第一种 2D-GC 预分离柱为非极性柱，分析柱为极性柱。试样进入预分离柱后，当缩甲醛、碳酸二甲酯、乙酸乙酯、乙酸仲丁酯、乙酸异丁酯流出非极性柱后，切换 Deans switch 或四通阀，将重组分切出分离系统，而缩甲醛、碳酸二甲酯、乙酸乙酯、乙酸仲丁酯、乙酸异丁酯和汽油中的轻组分在极性柱中进一步分离。由于轻烃在极性柱上保留行为较差，很快流出极性柱，而极性强的缩甲醛、碳酸二甲酯、乙酸乙酯、乙酸仲丁酯、乙酸异丁酯则滞留于极性柱中，经分离后流出极性柱并被检测。

2）第二种 2D-GC 预分离柱为极性柱，分析柱为非极性柱。分离系统与 SH/T 0663 和 ASTM D4815 的相同或相近。如果采用 TCEP 柱，非极性烷烃、烯烃最先流出 TCEP 柱，其次是甲缩醛、乙酸仲丁酯、碳酸二甲酯，并伴随有高碳烷烃和芳烃流出。通过阀或 Deans switch 将甲缩醛和碳酸二甲酯之间的组分段切入非极性柱中，在非极性柱上再次对甲缩醛、乙酸仲丁酯、碳酸二甲酯和其他烃类进行分离，完成甲缩醛、乙酸仲丁酯、碳酸二甲酯的分离。

如果汽油中含有缩甲醛和酯类等多种添加剂，采用非极性柱分析时，缩甲醛和酯类会与低碳烃重叠；如果采用极性柱分析，缩甲醛和酯类会与高碳烃或芳烃重叠，这需要采用中心切割的 2D-GC 技术。

如果仅分析汽油的苯胺类添加剂，可以直接使用单柱毛细管色谱法进行分析。实验室采用 60m 的 PEG-20M 毛细管柱，成功地分离了汽油中的 6 个苯胺类化合物，色谱见图 4-46，分离效果良好。用此方法除了可以分析汽油中的苯胺类添加剂外，同时还可以测定汽油中的芳烃。在分析检测车用汽油中苯胺类化合物时，要注意苯胺类的含量，如果含量高，则是后添加的；如果含量非常低，则是车用汽油调合组分含有的天然苯胺类含氮化合物（见 4.6 部分相关内容）。

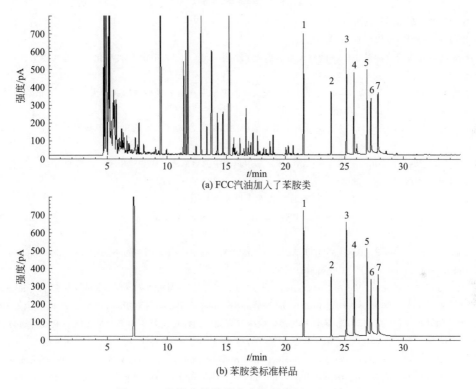

图 4-46 汽油中苯胺类化合物的分析（GC-FID）

1—N,N-二甲基苯胺；2—内标物；3—N-甲基苯胺；4—苯胺；5—邻甲基苯胺；6—对甲基苯胺；7—间甲基苯胺

4.8 轻质馏分油分析小结

轻质馏分油既是石油炼制的主要产品之一，又是炼油与化工主要加工用的中间原料。分析其烃组成、含硫化合物、含氧化合物、含氮化合物是生产和科研过程中不可缺少的环节之一，在炼油和化工生产和科研开发中，越来越关注更详细的组成分析，特别是在汽油质量升级技术开发和推广应用中，希望从分子水平去认识汽油烃组成和杂原子化合物的组成，以便开发高效催化剂和先进的工艺技术。气相色谱及其联用技术为解决

这些问题提供了有效的分析技术手段，在色谱工作者的努力下，已经实现了汽油和类似轻质馏分油中详细烃组成、含硫化合物、含氧化合物、含氮化合物的分析，但是，关于汽油中 C_6 以上单体烯烃、单体异构烷烃、环烷烃的准确测定，还存在一定的问题：主要是色谱峰共流出问题和结构准确定性问题，针对这些问题还需要进一步研究；此外，在炼油和化工生产科研中还会不断提出新的需求。当然随着气相色谱技术的发展，在色谱工作者的共同努力下，也将会不断解决更多、更难的分析问题。

参考文献

[1]　GB 17930—2013 车用汽油．

[2]　GB 17930—2016 车用汽油．

[3]　陈先银．浅谈调合油品中的苯胺物质等非常规汽油添加剂［J］．中国石油与化工质量标准，2013，12：621-623．

[4]　荣海腾，宋春风，袁洪福，等．近红外光谱法快速测定车用汽油中多种添加剂含量［J］．光谱学与光谱分析，2015，35（10）：2757-2760．

[5]　高枝荣，李继文，王川．GC-MS法检测车用汽油中的甲缩醛、碳酸二甲酯和 N-甲基苯胺［J］．石油化工，2013，42（3）：230-235．

[6]　高枝荣，李继文，王川．二维气相色谱法测定车用汽油中的甲缩醛、碳酸二甲酯、乙酸仲丁酯、乙酸异丁酯和 N-甲基苯胺［J］．石油学报（石油加工），2014，30（4）：712-718．

[7]　GB/T 11132—2008 液体石油产品烃类的测定 荧光指示剂吸附法．

[8]　Boer H，van Arkel P．An automatic PNA analyser for（heavy）naphtha［J］．Chromatographia，1972，5（1）：52．

[9]　Boer H，van Arkel P，Boersma W J．An automatic PNA analyser for the under 200℃ fraction contained in a higher boiling product［J］．Chromatographia，1980，13（8）：500-512．

[10]　Barman B N．Determination of hydrocarbon types in gasoline range samples by multidimensional gas chromatography，fluorescent indicator adsorption and bromine number methods［J］．Fuel，1995，74（3）：401-406．

[11]　徐广通，杨玉蕊，陆婉珍．多维气相色谱快速测定汽油中的烯烃、芳烃和苯含量［J］．石油炼制与化工，2003，34（3）：61-65．

[12]　ISO 22854—2016　Liquid petroleum products-Determination of hydrocarbon types and oxygenates in automotive-motor gasoline and in ethanol（E85）automotive fuel-Multidimensional gas chromatography method．

[13]　ASTM D5443—14（2018）　Standard Test Method for Paraffin，Naphthene，and Aromatic Hydrocarbon Type Analysis in Petroleum Distillates Through 200℃ by Multi-Dimensional Gas Chromatography．

[14]　ASTM D 6839—18 Standard Test Method for Hydrocarbon Types，Oxygenated Compounds and Benzene in Spark Ignition Engine Fuels by Gas Chromatography．

[15]　GB/T 28768—2012 车用汽油烃类组成和含氧化合物的测定 多维气相色谱法．

[16]　GB/T 30519—2014 轻质石油馏分和产品中烃族组成和苯的测定 多维气相色谱法．

[17]　SH/T 0741—2010 汽油中烃族组成的测定 多维气相色谱法．

[18]　NB/SH/T 0663—2014 汽油中醇类和醚类含量的测定 气相色谱法．

[19]　Martin R L，Winters J C．Determination of Hydrocarbons in Crude Oil by Capillary Column Gas Chromatography［J］．Anal. Chem.，1963，35（12）：1930-1933．

[20]　Sanders W N，Maynard J B．Capillary gas chromatographic method for determining the $C_3 \sim C_{12}$ hydrocarbons in full range motor gasolines［J］．Anal. Chem.，1968，40（3）：527-535．

[21]　Whittmore I M．in "Chromatography in Petroleum Analysis"，K. H. Altgelt，T. H. Gouw，Eds.，Marcel Dekker，New York，1979，Chapter 3. 50-70．

[22]　梁汉昌，谭程秀，杨培义，等．用毛细管气相色谱法测定胜利汽油的辛烷值［J］．色谱，1984，1（2）：

128-130.

[23] Shiomi K，Shimono M，Arimoto H，Takahashi S. High resolution capillary gas chromatographic hydrocarbon type analysis of naphtha and gasoline [J] . J. High. Resol. Chromatogr. ，1991，14 (11)：729-737.

[24] Berger T A. Separation of a gasoline on an open tubular column with 1. 3 million effective plates [J]. Chromatographia，1996，42 (1)：63-71.

[25] 薛慧峰，秦鹏，赵家林，等. 催化裂化轻汽油及其醚化产品的分析 [J]. 分析测试学报，2004，23 (1)：70-73.

[26] 薛慧峰，秦鹏，赵家林，等. 气相色谱-质谱法分析催化裂化汽油的组成 [J]. 质谱学报，2004，25 (1)：17-23.

[27] SH/T 0714—2002 石脑油中单体烃组成测定法（毛细管气相色谱法）.

[28] ASTM D5134—13 (2017) Standard Test Method for Detailed Analysis of Petroleum Naphthas through n-Nonane by Capillary Gas Chromatography.

[29] ASTM D6733—01 (2016) Standard Test Method for Determination of Individual Components in Spark Ignition Engine Fuels by 50-Metre Capillary High Resolution Gas Chromatography.

[30] ASTM D6729—14 Standard Test Method for Determination of Individual Components in Spark Ignition Engine Fuels by 100 Metre Capillary High Resolution Gas Chromatography.

[31] ASTM D6730—01 (2016) Standard Test Method for Determination of Individual Components in Spark Ignition Engine Fuels by 100-Metre Capillary (with Precolumn) High-Resolution Gas Chromatography.

[32] ASTM D7900—13 (e1) Standard Test Method for Determination of Light Hydrocarbons in Stabilized Crude Oils by Gas Chromatography.

[33] 薛慧峰，张晓昀，刘满仓，等. 毛细管气相色谱测定石脑油的多项性质指标参数 [A]. 西北地区首届色谱学术报告会暨甘肃省第六届色谱年会论文集 [C]，2000：51-53.

[34] 李长秀，王征，杨海鹰. 用气相色谱单体烃数据计算汽油的多项物性参数 [J]. 石油炼制与化工，2004，35 (5)：68-72.

[35] Hui-feng Xue，Xiao-yun Zhang，Cang-man Liu，et al. Simultaneous determination of major characteristic parameters of naphtha by capillary gas chromatography [J]. Fuel Process. Technol. ，2006，87：303-308.

[36] 花瑞香，刘军，阮春海，等. 全二维气相色谱法用于不同石油馏分的族组成分布研究 [J]. 化学学报，2002，60 (12)：2185-2191.

[37] 徐亚贤，徐磊，孙梅，等. 马来酸酐法分析汽油中共轭二烯烃可靠性探讨 [J]. 石油化工高等学校学报，1994，7 (3)：20-23.

[38] Separates oxygenates in a C_1 to C_6 hydrocarbon matrix. Agilent note，A01362，2010.

[39] ASTM D5599—15 Standard Test Method for Determination of Oxygenates in Gasoline by Gas Chromatography and Oxygen Selective Flame Ionization Detection.

[40] SH/T 0720—2002 汽油中含氧化合物测定法（气相色谱及氧选择性火焰离子化检测器法）.

[41] ASTM D4815—15b Standard Test Method for Determination of MTBE，ETBE，TAME，DIPE，tertiary-Amyl Alcohol and C_1 to C_4 Alcohols in Gasoline by Gas Chromatography.

[42] NB/SH/T 0663—2014 汽油中醇类和醚类含量的测定 气相色谱法.

[43] ASTM D7754—16 Standard Test Method for Determination of Trace Oxygenates in Automotive Spark-Ignition Engine Fuel by Multidimensional Gas Chromatography.

[44] Kanateva A Y，Paleev A V，Kurganov A A，Gorshkov A V，Gribanovkaya M G. Determination of oxygenates and benzene in gasoline by various chromatographic techniques [J]. Petroleum Chemistry，2013，53 (5)：349-355.

[45] 薛慧峰，耿占杰，王芳，等. 裂解汽油加氢钯系催化剂中毒原因的分析 [J]. 石油化工，2014，43 (9)：1076-1081.

[46] Stumpf A，Tolvai K，Juhasz M. Detailed analysis of sulfur compounds in gasoline range petroleum products with high-resolution gas chromatography-atomic emission detection using group-selective chemical treatment

[J] . J. Chromatogr. A，1998，819（1-2）：67-74.

[47]　梁咏梅，刘文惠，刘耀芳.重油催化裂化汽油中含硫化合物的分析［J］.色谱，2002，20（3）：283-285.

[48]　杨永坛，王征，杨海鹰，等.几种汽油脱硫工艺中含硫化合物类型变化规律［J］.石油与天然气化工，2004，33（5）：336-339.

[49]　秦鹏，薛慧峰.气相色谱法测定热裂解汽油 $C_6 \sim C_8$ 馏分中硫化物［J］.石化技术与应用，2004，22（2）：136-138.

[50]　杨永坛，王征.焦化汽油中硫化物类型分布的气相色谱-硫化学发光检测方法［J］.色谱，2007，25（3）：384-388.

[51]　NB/SH/T 0827—2010 轻质石油馏分中含硫化合物的测定 气相色谱和硫选择性检测器法.

[52]　ASTM D5623—94（2014）Standard Test Method for Sulfur Compounds in Light Petroleum Liquids by Gas Chromatography and Sulfur Selective Detection.

[53]　Agilent 5988—9880EN Quantification and Characterization of Sulfur in Low-Sulfur Reformulated Gasolines by GC-ICP-MS.

[54]　李伟伟，丁坤，王华，等.气相色谱-表面电离检测器分析汽油中含氮化合物的分布［J］.色谱，2011，29（2）：141-145.

[55]　杨永坛，吴明清，王征.气相色谱氮化学发光检测法分析催化汽油中含氮化合物类型的分布［J］.色谱，2010，28（4）：336-340.

[56]　张月琴.汽油中氮化物的定性定量方法研究与应用［J］.石油炼制与化工，2016，47（4）：91-95.

[57]　梁咏梅，刘文惠，史权，等.重油催化裂化汽油中含氮化合物的分析.分析测试学报，2002，21（1）：84-86.

[58]　Okumura L L，Stradiotto N R. Simultaneous determination of neutral nitrogen compounds in gasoline and diesel by differential pulse voltammetry［J］. Talanta，2007，72：1106-1113.

[59]　Oliveira E C，Campos M C V，Lopes A S，et al. Ion-exchange resins compounds from petroleum residues. J. Chromatogr. A，2004，1027：171-177.

[60]　费旭东，魏宇锋，邱丰，等.二维中心切割气相色谱法测定车用汽油中醚类、酯类和甲缩醛含量［J］.现代化工，2015，35（7）：178-181.

[61]　高记，秦金平，王建，等.二维气相色谱法测定汽油中甲缩醛、甲醇、乙醇和苯的含量［J］.南京工业大学学报（自然科学版），2016，38（1）：27-32.

[62]　张利萍，杜娟，闫江.用中心切割气相色谱法测定车用汽油中甲缩醛及苯胺类化合物含量研究［J］.中国标准，2016，479（8）：84-87.

[63]　GB/T 32693—2016 汽油中苯胺类化合物的测定 气相色谱质谱联用法.

[64]　GB/T 33646—2017 车用汽油中酯类化合物的测定 气相色谱法.

[65]　GB/T 33649—2017 车用汽油中含氧化合物和苯胺类化合物的测定 气相色谱法.

第5章

中间馏分油和重质油的分析

中间馏分油一般指 150～400℃ 的馏分油，主要有煤油、柴油等；重质油包括重馏分油和渣油，重馏分油一般指 350～600℃ 的馏分油，渣油为 550℃ 以上的釜底油。随着油品馏程温度的提高，构成油品组分的分子量越来越大，同分异构体的数量随碳数成幂次方急剧增加，油品的组成越来越复杂，分析重质油组成的难度也大幅度增加。受色谱柱峰容量的限制，单毛细管柱气相色谱技术已经难以实现煤油和柴油中众多单体烃或杂原子化合物的全分离，不仅不同类型烃或杂原子化合物之间的共流出问题越来越严重，而且同类型的烃或杂原子化合物之间的共流出问题也变得严重，从而影响了组分的准确定性和定量。全二维气相色谱技术的推出，大幅度提高了气相色谱的峰容量，可以有效地分离煤油、柴油中的烃类化合物和杂原子化合物，从而可以获得更为详细的烃组成和其他杂原子化合物的结构信息，为相关炼化生产和技术开发提供更为丰富的信息。随着极性柱使用温度的提高，全二维气相色谱已经可以用于 VGO 油（蜡油）的烃组成分析，受极性柱温度和色谱柱峰容量的双重限制，目前的气相色谱技术尚不能直接分析沸点更高的重质油的烃组成分析，但是，使用耐高温的大口径金属毛细管柱，可以完成终馏点高达 800℃ （碳数高达 120）的重质油馏程的测定。此外，裂解气相色谱技术也可以用于重质油中烃组成、杂原子化合物的研究。

本章主要介绍气相色谱、全二维气相色谱及其联用技术在中间馏分油和重馏分油烃组成、含硫化合物、含氮化合物和酚类化合物分析中的应用，以及色谱模拟蒸馏技术在分析重质油碳分布、硫分布、氮分布中的应用。

5.1 中间馏分油

中间馏分油主要有煤油和柴油。煤油主要来自常减压生产装置和加氢裂化装置，煤油的馏程一般为150～280℃，产品有直馏煤油和加氢裂化煤油。柴油主要来自常减压装置、催化裂化装置、延迟焦化装置和加氢裂化装置等，馏程一般在180～350℃，产品有直馏柴油、催化裂化柴油（FCC柴油）、延迟焦化柴油等。由于生产用原料不同、工艺不同，不同煤油或不同柴油差异也比较大，如直馏煤油正构烷烃含量比较高，而加氢裂化煤油中正构烷烃含量相对较低。在柴油馏分中，直馏柴油来自原油的常压蒸馏，正构烷烃含量比较高，不含烯烃，含硫、含氮化合物的含量相对比较低；FCC柴油来自重馏分油（减压蜡油、焦化蜡油等）的催化裂化，正构烷烃含量低，烯烃和芳烃含量高，而且芳烃中多环芳烃含量明显高于直馏柴油；焦化柴油是由减压渣油、催化裂化渣油、乙烯裂解焦油等重质油经过延迟焦化装置生产出的中间馏分油，正构烷烃含量低，烯烃和芳烃的含量高，而且芳烃中多环芳烃含量高，焦化柴油中含硫、含氮化合物含量也高。

中间馏分油的烃组成和杂原子化合物组成直接影响其使用性能、储存，以及后续加工条件的选择和优化，所以需要分析研究和测定其烃组成和杂原子化合物。如在车用柴油标准[1]规定需要检测柴油中的多环芳烃含量；在柴油生产技术开发和后加工中（如柴油加氢精制、柴油脱硫脱氮处理），还需要从分子层面认识详细的烃组成变化的信息，以及含硫、含氮化合物结构和含量变化的信息等，采用气相色谱及其联用技术可以获取相关信息，本节介绍相关分析。

5.1.1 中间馏分油烃组成分析

中间馏分油的烃组成分析主要包括正构烷分布、烃族组成、详细烃组成的分析。气相色谱分析技术有单柱气相色谱技术、全二维气相色谱技术（GC×GC）。单柱气相色谱技术主要用于直馏煤油、直馏柴油正构烷分布的分析，单柱气相色谱技术受色谱柱峰容量的限制，很难分离柴油和煤油这类中间馏分中的复杂烃，所以早期采用质谱法[2,3]测定中间馏分的烃族组成，采用高效液相色谱法[4,5]测定中间馏分的芳烃含量。全二维气相色谱技术的推出[6]大幅度提高了气相色谱的峰容量，使组成复杂样品的分析得以实现，特别适合于柴油、煤油、甚至重质油等复杂的石油产品的分析，近十来年分析研究者也热衷于石油产品的分析研究[7～15]，并取得了可喜的研究成果，为中间馏分油和重质油的深加工提供了非常重要的分析数据，全二维气相色谱技术已经广泛应用于中间馏分油中烃组成的分析。

分析中间馏分油烃组成的GC×GC分离系统一般由一根极性柱、一根非极性柱和调制器组成，色谱柱的连接有两种方式：a. 第一维为非极性柱、第二维为中极性柱，正相连接全二维气相色谱（nP-GC×GC）；b. 第一维为中极性柱、第二维为非极性柱，反相连接全二维气相色谱（rP-GC×GC）。两根色谱柱的连接方式（顺序）不同，得到的二维烃分布图也完全不同，而且同族烃的分离效果也有一定的差异。在nP-GC×GC技术中，烃类化合物经过第一维非极性柱时主要按照沸点顺序分离，并进入第二维中极性柱；进入第二维中极性色谱柱后，极性较大的芳烃在中极性柱内滞留时间长，而极性非常低的饱和烃则在中极性柱保留时间短。因此，对于沸点相近的烃类化合物而言，饱和烃最先从第二维色谱流出，芳烃在第二维中极性柱上按照极性大小顺序流出，支链异构多的烷基芳烃极性小就先流出，同碳数的正构烷基芳烃极性最大则最后流出，所以，在nP-GC×GC的二维色谱图中，饱和烃分布于二维色谱图的下方，芳烃随着碳数和芳环的增加向二维图的右上方移动。在rP-GC×GC技术中，烃类化合物在第一维中极性柱上主要按照极性顺序被分离，芳烃在中极性柱上保留时间长，后流出中极性柱，而且烷基链长、芳环数多的芳烃最后流出，饱和烃在中极性柱上保留时间短，先流入第二维非极性柱；进入第二维非极性色谱柱后，各组分则按照沸点进一步分离，在中极性柱上未分离的饱和烃则在非极性柱上会得到充分的分离，并按照沸点小大先后流出，最后是芳烃按照碳数、芳环数流出非极性柱；所以，在rP-GC×GC的二维色谱图中，饱和烃主要分布于二维图的左上方，芳烃则集中二维图的右下方。

Vendeuvre 和 Bertoncini 等[12] 比较了这两种连接方式对测定中间馏分油烃组成的分离效果，见图 5-1 和图 5-2，测定中间馏分油烃组成的分析条件见表 5-1。测定柴油烃组成的二维色谱图表明，使用 rP-GC×GC 连接方式时，组分的流出温度差值要大于使用 nP-GC×GC 时，而且饱和烃的分离效果更好；使用 nP-GC×GC 连接方式时，芳烃分离效果好。Vendeuvre 和 Bertoncini 等还比较了 nP-GC×GC、rP-GC×GC、LC 法和 MS 法测定柴油芳烃含量和烃组成的结果，数据表明采用 rP-GC×GC 测定的数据与 LC 法和 MS 法的一致性更好。此外，Vendeuvre 和 Bertoncini 等还将全二维气相色谱技术用于中间馏分油馏程的分析，结果与 ASTM D2887 测定结果一致。

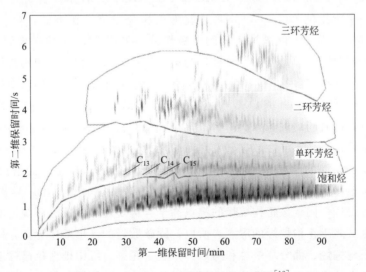

图 5-1 nP-GC×GC 测定柴油的色谱图[12]

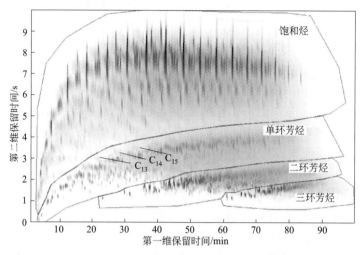

图 5-2   rP-GC×GC 测定柴油的色谱图[12]

表 5-1   全二维气相色谱色谱柱的不同连接方式

项目	nP-GC×GC	rP-GC×GC
第一维色谱柱	PONA(10m×0.20mm×0.5μm)	BPX50(10m×0.25mm×0.25μm)
第二维色谱柱	BPX50(0.8m×0.1mm×0.1μm)	BP1(0.8m×0.1mm×0.1μm)
柱温	起始50℃,以2℃/min速率升温至280℃	
载气	He,恒压,200kPa	
进样	0.2μL,分流比100:1,280℃	
检测器	FID,300℃,采集频率200Hz	
调制时间	7s	10s

马晨菲等[13] 采用 GC×GC-TOFMS 和 GC×GC-FID 技术分析研究了航空煤油的烃组成。实验中所用的 GC×GC 分离系统为正相全二维连接方式,第一维色谱柱为 50m 的非极性柱,第二维色谱柱为短的中极性柱。采用 50m 长柱作为第一维分离柱,虽然增加了分析时间,但是与使用短柱作为第一维柱的方法相比,使用长柱明显改善了分离效果,从而获得更多的单体烃的结构信息。为了便于定量分析柴油中的烃组成,采用 GC×GC-FID 和 GC×GC-TOFMS 比对测定正构烷烃、烷基苯、多环芳烃标准混合物样品,经过保留时间的关联分析,将 GC×GC-TOFMS 的定性结果转化为 GC×GC-FID 的定性结果,提高了定性数据转移的可靠性,从而为 GC×GC-FID 准确定量提供基础数据。航空煤油的全二维色谱见图 5-3,在第一维色谱柱上,烃组成按照沸点流出,在第二维色谱柱上按照极性流出。沸点相近的烃从第一维流出,异构烷烃最先流出,然后是环烷烃;同碳数正构烷烃的沸点高于异构烷烃和大部分环烷烃的沸点,同碳数芳烃的沸点又高于正构烷烃的沸点,所以,同碳数烃的流出顺序为:异构烷烃、环烷烃和烯烃、正构烷烃、部分环烷烃和烯烃、芳烃。在第二维中极性色谱柱上,非极性的先流出,极性大的后流出。烷烃的支链越多极性越小,芳烃极性最大,环烷烃和芳烃随着环数增加而极性增大,所以,在第二维色谱柱上,支链的烷烃先流出,随后是环烷烃

和烯烃、芳烃，而且随着芳环数的增加，芳烃极性明显增大，流出时间间距明显增大。由于同碳数的链烷烃之间、环烷烃之间和芳烃之间（同分异构体）沸点有差异，极性也有差异，经过一维柱和二维柱保留的叠加效益，各族的同分异构体的流出呈明显的瓦片效应，这也是 GC×GC 色谱图的特点。与航空煤油中族组成测定的标准 ASTM D5186[16] 比对测试数据见表 5-2，数据表明两种方法的测定结果一致。图 5-3 的色谱条件如下。

① 仪器：Agilent GC 7890A-Leco 公司 Pegasus Ⅳ TOFMS。

② 色谱柱：第一维 DB-Petro（50m×0.20mm×0.5μm），第二维 DB-WAX（2m×0.10mm×0.1μm）。

③ 色谱参数：第一维起始柱温 50℃（保持 2min），以 1.5℃/min 速率升温至 220℃（保持 10min）；第二维起始柱温 55℃（保持 2min），以 1.5℃/min 速率升温至 225℃（保持 10min）。载气为氦气，恒流 1.5mL/min，调制周期 5s。

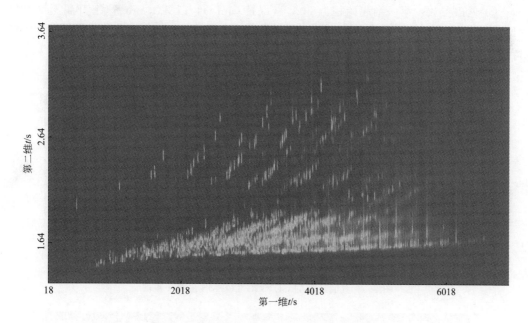

图 5-3　航空煤油的 GC×GC-TOFMS 色谱图

表 5-2　不同方法测定航空煤油的数据比对

烃类型	质量分数/%	
	ASTM D5186	GC×GC
饱和烃	80.9	79.9
单环芳烃	17.7	18.7
二环芳烃	1.4	1.4

马晨菲等[14] 还采用 GC×GC 技术分析研究了直馏柴油、催化裂化柴油的烃组成，全二维色谱分别见图 5-4 和图 5-5。烃组成分布图表明直馏柴油和催化裂化的烃组成差异非常大，直馏柴油饱和烃含量较高，芳烃含量相对比较低，而且芳烃结构比较简单，以长链烷基苯为主；催化裂化柴油中饱和烃含量远低于直馏柴油，芳烃含量则比较高，除了有烷基苯外，还有较高含量的二环芳烃和一定量的三环和四环芳烃，芳烃在第二维

中极性柱上得到了更好的分离，由于催化裂化柴油中芳烃种类多、含量高，催化裂化柴油芳烃分布的瓦片效应更明显，由左下方向右上方呈瓦片分布。直馏柴油、催化裂化柴油烃组成的分析数据见表 5-3。为了比较与常用的质谱法测定数据的差异性，采用 SH/T 0606[2] 进行了比对分析，数据见表 5-4，数据表明饱和烃和烷基苯的含量基本一致，但是二环芳烃和三环＋四环芳烃含量有一定差异，说明两种方法在芳烃的分离上可能存在一定差异，即不同环数芳烃之间的分离有交叉，如高碳数烷基的二环芳烃可能与低碳数烷基的三环芳烃有交叉，从而影响了一环、二环、三环、四环芳烃的定量，由于 GC×GC 的分离能力更强，其分离过程中的交叉问题较小。图 5-4 和图 5-5 的色谱条件如下。

① 仪器：Agilent GC 7890A-Leco 公司 Pegasus Ⅳ TOFMS。

② 色谱柱：第一维 DB-Petro（50m×0.20mm×0.5μm），第二维 DB-17ht（2m×0.10mm×0.1μm）。

③ 色谱参数：第一维起始柱温 50℃（保持 3min），以 3℃/min 速率升温至 300℃（保持 10min）；第二维起始柱温 60℃（保持 3min），以 3℃/min 速率升温至 310℃（保持 20min）。载气为氦气，恒流 1.5mL/min，调制周期 6s。

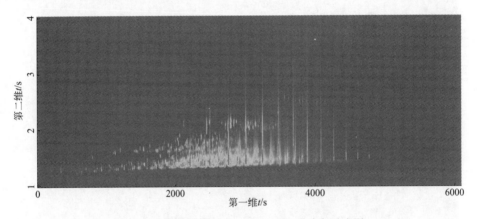

图 5-4　直馏柴油的 GC×GC-TOFMS 总离子流图

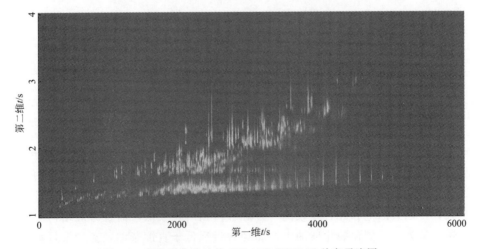

图 5-5　催化裂化柴油的 GC×GC-TOFMS 总离子流图

表 5-3　不同柴油烃族组成分析数据

烃类型	质量分数/%	
	直馏柴油	催化裂化柴油
链烷烃	59.3	30.6
环烷烃	13.4	2.1
单环芳烃	16.4	23.5
二环芳烃	8.9	29.6
三环+四环芳烃	2.2	14.2

表 5-4　不同方法测定催化裂化柴油的数据比对

烃类型	质量分数/%	
	SH/T 0606	GC×GC
饱和烃烃	31.8	31.4
单环芳烃	23.8	25.7
二环芳烃	35.0	29.7
三环+四环芳烃	10.4	13.2

5.1.2　柴油中含硫化合物的分析

石油产品中的含硫化合物种类及其含量因石油产地、馏程的不同而不同，并随石油产品馏分的沸点升高而增加，并且结构越来越复杂。中间馏分油中的含硫化合物以苯并噻吩、二苯并噻吩、三苯并噻吩和四苯并噻吩类为主。在油品深加工过程中，油品中含硫化合物不仅会腐蚀管线和设备，而且可能导致催化剂中毒，使催化剂活性降低甚至失活。此外，车用柴油中的含硫化合物在燃烧中生成的 SO_2 和 SO_3，能形成酸雨，造成环境污染。所以，柴油脱硫是柴油生产和柴油深加工必不可少的环节，在应对国 V 和国 VI 柴油质量升级技术开发中，特别是在柴油深度脱硫催化剂研究和工艺技术开发过程中，需要详细认识柴油中的含硫化合物组成，为脱硫机理研究和新技术开发提供基础数据。针对柴油中的含硫化合物，研究者也做了大量的分析研究工作[17~25]，并取得了丰硕的成果，基本已经确定了各种柴油中的大部分含硫化合物的结构。

5.1.2.1　分析技术

分析柴油中的含硫化合物的技术主要有 GC 与硫选择性检测器联用和 GC-MS。GC-MS 技术主要用于柴油中含硫化合物的定性分析，由于受柴油中复杂烃基体的干扰，不易用质谱直接定性分析含硫化合物，在定性分析之前需要采取适当的前处理，将含硫化合物分离出来，减少烃基体的干扰。如果采用高分辨质谱，可以根据分子离子峰的精确质量数，直接测定柴油中的含硫化合物[21]。GC 与硫选择性检测器联用技术主要用于柴油中含硫化合物的定量分析，常用的硫选择性检测器有 SCD、AED、PFPD 和 FPD，其中 SCD、AED 和 PFPD 对含硫化合物中的硫元素为等摩尔响应，用于定量时非常方便。早期采用单毛细管柱分析柴油中的含硫化合物，随着 GC×GC 技术推广应用，近十年来 GC×GC 技术已经应用于柴油中含硫化合物的分析[22~25]，改善了含硫化合物的分离效果，可以获得更详细的分析数据。

5.1.2.2 柴油中含硫化合物的定性

秦鹏等[20] 以 AgNO₃ 水溶液络合法、AgNO₃ 柱层析分离法、过氧化氢-乙酸氧化法对直馏柴油中的含硫化合物进行分离和富集，并用 GC-MS 对分离出的含硫化合物进行了定性分析。实验结果表明，采用 AgNO₃ 水溶液络合法能够从直馏柴油中选择性地分离出环硫醚类，用 AgNO₃ 硅胶柱分离法能够有效分离直馏柴油中二苯并噻吩类含硫化合物，用过氧化氢-乙酸氧化法可以将直馏柴油中的含硫化合物选择性地氧化成相应的强极性的、便于分离的砜。

(1) 含硫化合物的分离

1）AgNO₃ 水溶液络合法分离 将 2% AgNO₃ 溶液与柴油混合，室温下搅拌 1h，静置分层，用分液漏斗分出水层；向水相中滴加 HCl，使 AgCl 沉淀析出，并解析含硫化合物；用苯萃取水相中解析出的含硫化合物，得到苯萃取液。

2）AgNO₃ 柱层析法分离 采用 SH/T 0606[2] 的分离方法将直馏柴油中的芳烃分离出来，其中噻吩类主要集中在芳烃中；再经过 AgNO₃-硅胶柱进一步分离，将噻吩类与芳烃分离。

3）过氧化氢-乙酸氧化分离 将 30% H_2O_2-乙酸-苯混合物与柴油回流 16h，将含硫化合物氧化为砜或亚砜，待反应完全后，静置分层；用分液漏斗分出水相，用苯少量多次萃取水相，蒸馏浓缩后得富集含硫化合物的苯萃取液。

(2) 含硫化合物的定性

1）AgNO₃ 络合法分离出的含硫化合物 采用 GC-MS 定性分析。定性结果表明，含硫化合物主要为 $C_7 \sim C_{10}$ 环硫醚类含硫化合物，而且含硫化合物个数较多，但是其含量很低，且易于脱除，不是脱硫工艺研究的重点。

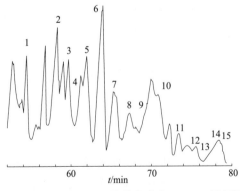

图 5-6　AgNO₃-SiO₂ 柱分离液的 GC-MS 局部图

2）AgNO₃-SiO₂ 柱层析法分离出的含硫化合物 根据含硫化合物特征离子（分子离子和 M+2 离子）以及 MS 检索，在分离出的洗脱液中定性出 15 个含硫化合物，这些含硫化合物主要为二苯并噻吩类含硫化合物，也是直馏柴油中的主要含硫化合物，是脱硫研究的重点。GC-MS 的总离子流见图 5-6，定性结果见表 5-5。

表 5-5　AgNO$_3$-SiO$_2$ 柱分离液的 GC-MS 定性结果

峰号	含硫化合物	M,M+2	峰号	含硫化合物	M,M+2
1	二甲基苯并噻吩	162,164	9	三甲基二苯并噻吩	226,228
2	4-甲基二苯并噻吩	198,200	10	三甲基二苯并噻吩	226,228
3	甲基二苯并噻吩	212,214	11	三甲基二苯并噻吩	226,228
4	4,6-二甲基二苯并噻吩	212,214	12	三甲基二苯并噻吩	226,228
5	二甲基二苯并噻吩	212,214	13	三甲基二苯并噻吩	226,228
6	二甲基二苯并噻吩	212,214	14	四甲基二苯并噻吩	240,242
7	二甲基二苯并噻吩	212,214	15	四甲基二苯并噻吩	240,242
8	三甲基二苯并噻吩	226,228			

3）过氧化氢-乙酸氧化分离出的含硫化合物　采用 GC-FPD 分析，从过氧化氢-乙酸氧化反应后的苯萃取液中也检测到十余个含硫化合物，含硫化合物经过氧化后转化为砜，沸点增高，为了便于 GC-MS 分析，采用短柱作为分离柱进行分离，GC-MS 总离子流图与 GC-FPD 图比较相近，说明经过氧化后再分离烃基体的效果非常好，GC-MS 的总离子流见图 5-7，烃基体的干扰明显低于图 5-6。氧化后的质谱图表明，柴油中的主要含硫化合物经过氧化氢氧化后，分子离子峰的质量数增加了 32，说明噻吩类转化成相应的砜，氧化产物的定性结果见表 5-6。

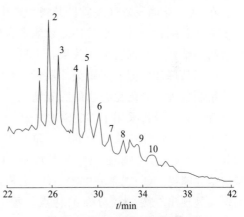

图 5-7　过氧化氢-乙酸氧化分离液的 GC-MS 局部图

表 5-6　过氧化氢-乙酸氧化分离液的 GC-MS 定性结果

峰号	含硫化合物	M,M+2	峰号	含硫化合物	M,M+2
1	二甲基苯并噻吩砜	244,246	6	甲基二苯并噻吩砜	230,232
2	甲基二苯并噻吩砜	230,232	7	甲基二苯并噻吩砜	230,232
3	二苯并噻吩砜	216,218	8	三甲基二苯并噻吩砜	258,260
4	二甲基二苯并噻吩砜	244,246	9	三甲基二苯并噻吩砜	258,260
5	二甲基二苯并噻吩砜	244,246	10	三甲基二苯并噻吩砜	258,260

分离柴油中的噻吩类含硫化合物时，也常用二氯化钯（PdCl$_2$）改性的硅胶柱。将硅胶浸渍于一定浓度的 PdCl$_2$ 水溶液中，在搅拌下缓慢加热除去大量的水，然后于 140～150℃烘干得到改性的 Pd-硅胶，填装于玻璃柱中即可制成 Pd-硅胶柱。在分离噻吩类时，首先采用硅胶柱分离的方法将柴油中的烃分离为饱和烃和芳烃，此方法类似于 SH/T 0606[2] 和 ASTM D2425[3] 中的分离方法。经过硅胶柱分离后，与芳烃结构相似的噻吩类含硫化合物也被二氯甲烷（DCM）洗脱于芳烃中。将富含芳烃的二氯甲烷洗脱液蒸发浓缩后，再用 Pd-硅胶柱进一步分离芳烃中的噻吩类含硫化合物，洗脱液为

己烷-二氯甲烷混合液，先洗脱出的是芳烃，随后是噻吩类含硫化合物，将富含噻吩类的洗脱液蒸发浓缩后，即可进行 GC-MS 分析定性。分离的示意见图 5-8。

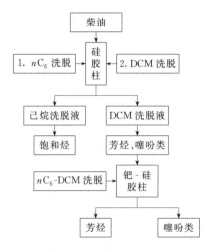

图 5-8　分离柴油中噻吩类含硫化合物的示意

5.1.2.3　柴油加氢脱硫精制效果分析

催化裂化（FCC）柴油是调合车用柴油的主要调合组分，其硫含量直接影响车用柴油的硫含量。从 FCC 装置生产出的 FCC 柴油通常含有几百 mg/kg（或 mg/L）的硫，需要经过脱硫处理才能用于车用柴油的调合。在 FCC 柴油脱硫处理质量升级生产中，除了测定总硫含量外，通常还需要测定含硫化合物的结构，认识脱硫的效果，为进一步研究深度脱硫提供基础数据。

根据某炼油厂国Ⅴ车用柴油质量升级生产需求，实验室跟踪分析了该厂 FCC 柴油加氢精制过程中含硫化合物的脱除情况，及时指导工艺调整参数，生产出符合国Ⅴ柴油的调合组分。分析采用了 GC-SCD 技术，FCC 柴油加氢精制前后含硫化合物的分布见图 5-9。加氢前 FCC 柴油中的硫含量高于 300mg/L，主要含硫化合物有 C_2-噻吩、甲基苯并噻吩、C_2-苯并噻吩、C_3-苯并噻吩、C_4-苯并噻吩、C_5-苯并噻吩、二苯并噻吩、甲基二苯并噻吩、C_2-二苯并噻吩、C_3-二苯并噻吩，而且噻吩类含硫化合物的分布随碳数的增加呈现出一簇一簇分布的特点，每一簇主要是同分异构体的噻吩。图 5-9 表明，FCC 柴油经过加氢精制后，其中的大部分含硫化合物被除去，烷基噻吩基本被完全脱除，但是，仍含有一定量的苯并噻吩、甲基苯并噻吩、C_2-苯并噻吩、C_3-苯并噻吩、二苯并噻吩、甲基二苯并噻吩、C_2-二苯并噻吩、C_3-二苯并噻吩；图 5-9 还表明在加氢工艺调整过程中，产品中残留含硫化合物的含量差异较大，图 5-9（b）说明加氢效果尚未达到预期目标，残留的含硫化合物的总硫含量大于 10mg/kg，经过工艺优化后，硫含量降低至 10mg/kg 以下［见图 5-9（c）］，达到预期目标值。分析数据见表 5-7。图 5-9 的色谱条件如下。

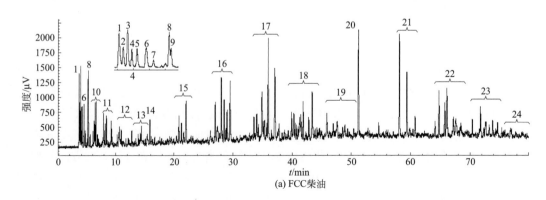

(a) FCC柴油

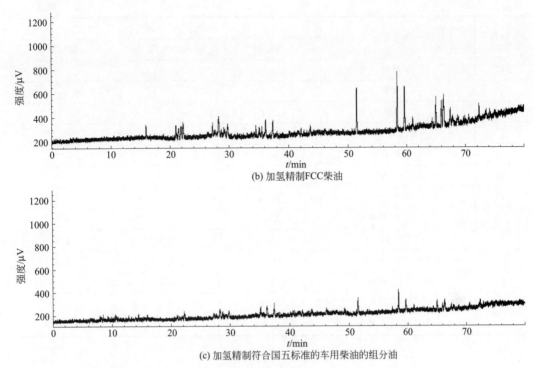

(b) 加氢精制FCC柴油

(c) 加氢精制符合国五标准的车用柴油的组分油

图 5-9　FCC 柴油加氢精制前后含硫化合物的分布（GC-SCD）

① 仪器：Agilent 7890 配 SCD。

② 色谱柱：Agilent PONA 柱（50m×0.20mm×0.5μm）。

③ 色谱参数：起始柱温 120℃，以 1.5℃/min 速率升温至 270℃（保持 10min）。载气为氦气，恒流 0.8mL/min，进样量 1.0μL，分流比 20：1。汽化室 280℃，检测器 280℃。

表 5-7　FCC 柴油加氢精制前后主要含硫化合物的含量变化

峰号	含硫化合物	硫含量/(mg/L)		
		加氢前	加氢后	加氢后
1	硫化氢	5.3		
2	甲硫醇	2.7		
3	乙硫醇	4.8		
4	异丙硫醇	2.0		
5	正丙硫醇	2.3		
6	噻吩	3.6		
7	未知含硫化合物	1.7		
8	2-甲基噻吩	4.5		
9	3-甲基噻吩	2.2		
10	C_2-噻吩	10.1		
11	C_3-噻吩	8.1		

峰号	含硫化合物	硫含量/(mg/L)		
		加氢前	加氢后	加氢后
12	C_4-噻吩	6.1		
13	C_5-噻吩	5.1		
14	苯并噻吩	2.4	0.4	
15	甲基苯并噻吩	14.1	2.6	0.3
16	C_2-苯并噻吩	34.6	2.9	0.8
17	C_3-苯并噻吩	40.7	2.3	1.0
18	C_4-苯并噻吩	17.4	0.7	
19	C_5+C_6-苯并噻吩	20.4		
20	二苯并噻吩	14.2	1.5	0.5
21	甲基二苯并噻吩	26.1	3.2	1.3
22	C_2-二苯并噻吩	34.2	4.8	1.0
23	C_3-二苯并噻吩	25.3	0.6	0.2
24	C_4+C_5-二苯并噻吩	1.6		

5.1.3 柴油中含氮化合物的分析

柴油中的含氮化合物来自原油的一次加工或二次加工的原料。直馏柴油中的含氮化合物主要来自原油中间馏分中自身存在的含氮化合物，催化裂化柴油、焦化柴油、加氢裂化柴油中的含氮化合物是由蜡油和渣油中大分子含氮化合物裂解而来。

柴油中的含氮化合物含量为几十到上千毫克每升，虽然含量不是很高，但是其危害众所周知。首先，含氮化合物会影响柴油的储存稳定性和颜色；其次，在柴油燃烧过程中，含氮化合物会燃烧释放出 NO_x，危害环境和人的健康；最后，碱性含氮化合物活性高会导致脱硫催化剂中毒，影响脱硫效果，中性含氮化合物活性低，不易通过脱氮除去。所以，在柴油脱氮处理技术开发和生产中，需要分析含氮化合物的分子结构，这也成为柴油脱氮技术研究和分析研究的关注点。

（1）柴油中含氮化合物分析技术

分析柴油中的含氮化合物常用的技术有 GC 与氮选择性检测器联用、GC-MS。常用的氮选择性检测器有 NCD、AED、NPD 等，其中 NCD、AED 对含氮化合物中的氮元素为等摩尔响应，用于含氮化合物定量分析时极为方便，并已经用于柴油中含氮化合物的定量分析研究[26~28]。气相色谱与质谱联用技术主要用于柴油中含氮化合物的定性分析研究[27~30]，受柴油中复杂烃基体的干扰，采用质谱定性分析前需要通过适当的样品前处理除去绝大部分烃基体。如果采用高分辨质谱，可以根据分子离子峰的精确质量数，直接测定柴油中的含氮化合物[29]。

柴油中的含氮化合物不同于汽油中的含氮化合物，通常有吡啶类、吖啶类、喹啉类、吲哚类、咔唑类等，使用单毛细管柱分析柴油中的含氮化合物时，存在一定的共流出问题，采用 GC×GC 技术分析柴油中含氮化合物时，可以有效地改善分离效果[30~32]，获取更详细的分子结构信息。

（2）不同柴油的含氮化合物分布

生产柴油的加工原料不同、工艺不同，柴油中的含氮化合物种类和分布也有所不同。FCC 柴油是由蜡油和渣油催化裂化生产而来，焦化柴油是渣油热裂解制取的中间馏分油，由于蜡油和渣油中的含氮化合物组成复杂，用其生产的柴油中的含氮化合物也比直馏柴油中的复杂。

实验室采用 GC-NCD 分析了 FCC 柴油、直馏柴油和焦化柴油中含氮化合物的分布情况，色谱见图 5-10。图 5-10 表明，不同柴油中含氮化合物的种类和含量有一定的差异，直馏柴油中低碳数含氮化合物的含量较低，FCC 柴油和焦化柴油中低碳数含氮化合物的含量较高，三种柴油中高碳数含氮化合物的种类基本相同，且含量较高。在焦化柴油含氮化合物色谱分布图中，随保留时间的增加，色谱"基线"呈馒头状，说明焦化柴油中低含量的含氮化合物特别多，用一维色谱难以完全分离这些含氮化合物，从而导致这些含氮化合物共流出，并在 35～38min 共流出组分的浓度达到了最大值，呈馒头状分布，类似于模拟蒸馏的色谱图。

图 5-10 的色谱条件如下。

① 仪器：Agilent 7890A，配 255 NCD。

② 色谱柱：HP-PONA （50m×0.2mm×0.5μm）。

③ 色谱参数：柱箱初温 120℃，以 4℃/min 速率升温至 270℃ （保持 10min）；载气为氮气，恒流 0.8mL/min；进样量 1μL，分流比 30:1；汽化室 280℃，NCD 燃烧器930℃；氢气流速 5mL/min；氧气流速 10mL/min。

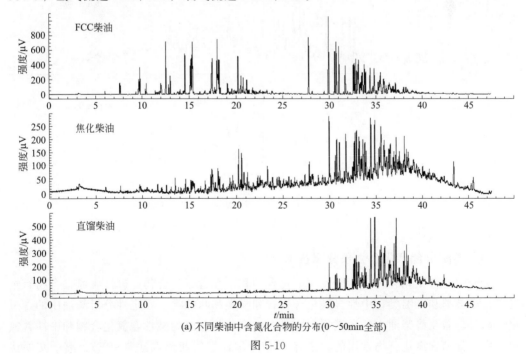

(a) 不同柴油中含氮化合物的分布(0～50min全部)

图 5-10

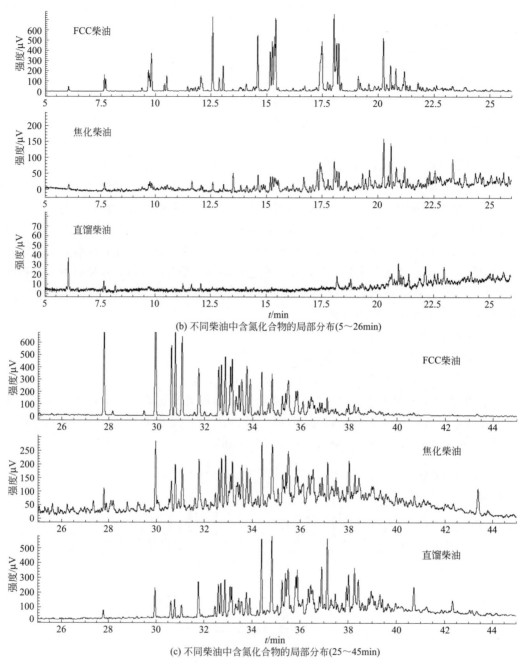

(b) 不同柴油中含氮化合物的局部分布(5~26min)

(c) 不同柴油中含氮化合物的局部分布(25~45min)

图 5-10　不同柴油中含氮化合物的分布（GC-NCD）

（3）柴油中含氮化合物预分离技术

柴油中的含氮化合物分为碱性含氮化合物和中性含氮化合物，碱性含氮化合物有吡啶类、喹啉类和吖啶类，中性含氮化合物有吲哚类和咔唑类。在定性分析柴油中的含氮化合物时，需要将柴油中的含氮化合物分离出来，并分离为碱性含氮化合物和中性含氮化合物。分离含氮化合物常用的方法有液-液萃取法、固相萃取法（SPE）、离子交换法和液-液萃取与SPE分离相结合的方法，比较常用的是SPE及液-液萃取与SPE联用法。

1）SPE法　通常采用中性 Al_2O_3 柱和改性 SiO_2 柱分离中性含氮化合物和碱性含氮化合物。

① 首先采用 Al_2O_3 柱分离油品中的含氮化合物。将柴油样品置于中性 Al_2O_3 柱顶端，用己烷洗脱饱和烃，再用己烷-二氯甲烷（体积比6∶4）洗脱芳烃和含硫化合物，最后用二氯甲烷洗脱出含氮化合物。

② 将分离出的含氮化合物转移至 SiO_2/KOH 柱（或 $SiO_2/NaOH$ 柱）顶部，用二氯甲烷洗脱出碱性和中性含氮化合物，酸性组分则保留于 SiO_2/KOH 柱（或 $SiO_2/NaOH$ 柱）。

③ 将分离出的含有碱性和中性含氮化合物的浓缩液转移至 SiO_2/HCl 柱顶部，用二氯甲烷洗脱出中性含氮化合物，再用异丙胺-己烷（体积比1∶9）洗脱出碱性含氮化合物。

2）液-液萃取与SPE联用法

① 将1mol/L稀硫酸（或盐酸）与柴油混合，酸与碱性含氮化合物反应，转化为亲水性更强的产物，从而将柴油中的碱性含氮化合物萃取于硫酸溶液中；将硫酸溶液分离出来，用二氯甲烷或正己烷洗涤硫酸溶液相，除去残留的烃。

② 用1mol/L的氢氧化钾或氢氧化钠将硫酸溶液中和至碱性（pH=12～13），还原碱性含氮化合物。

③ 用二氯甲烷萃取中和后的碱性水溶液，碱性含氮化合物则被萃取于二氯甲烷中，经过旋蒸浓缩，得到碱性含氮化合物。

④ 将第一步硫酸（或盐酸）处理过的柴油转移至中性氧化铝柱，先用正己烷-二氯甲烷洗脱出饱和烃和芳烃、噻吩类，再用二氯甲烷-甲醇洗脱中性含氮化合物，将二氯甲烷-甲醇洗脱液旋蒸浓缩，得到中性含氮化合物。

（4）FCC柴油中含氮化合物的分析

史得军等[28] 采用氧化铝-硅胶为填料的固相萃取的方法，对FCC柴油中的中性含氮化合物、碱性含氮化合物进行了分离，并与酸反应萃取分离碱性含氮化合物的方法进行了比较，氧化铝-硅胶混合填料固相萃取柱的萃取效果良好；采用GC-MS对分离出的中性含氮化合物、碱性含氮化合物进行定性分析，并与GC-NCD分析进行了比较，两种方法测定的含氮化合物分布图一致，分析结果满意，具体如下。

1）FCC柴油中含氮化合物的分离

① A法：固相萃取分离。填料为中性氧化铝-硅胶，混合比例为（30～40）∶（70～60）。取10g硅胶与氧化铝的混合物装入内径为1cm的层析柱内，用2mL正戊烷活化。加入2mL催化裂化柴油，用12mL正戊烷冲洗层析柱，然后依次用12mL 25％二氯甲烷-正戊烷（体积比1∶3）、15mL二氯甲烷、15mL 10％乙醇-二氯甲烷（体积比1∶9）冲洗，按顺序收集得到洗脱液。将二氯甲烷洗脱液和乙醇-二氯甲烷洗脱液旋转蒸发、氮气吹扫浓缩至0.5mL备用。

② B法：酸反应萃取分离（液-液萃取）。采用酸反应萃取的方法，得到酸萃取的碱性含氮化合物。

2）FCC 柴油中分离效果比较　采用 GC-NCD 对 A 法获得的二氯甲烷洗脱液、乙醇-二氯甲烷洗脱液和 B 法获得的碱性含氮化合物进行比对分析，分析结果表明，A 法乙醇-二氯甲烷洗脱液中的含氮化合物分布与 B 法获得的碱性含氮的分布图基本一致（见图 5-11），说明氧化铝-硅胶为填料的固相萃取法分离碱性含氮化合物的效果良好。

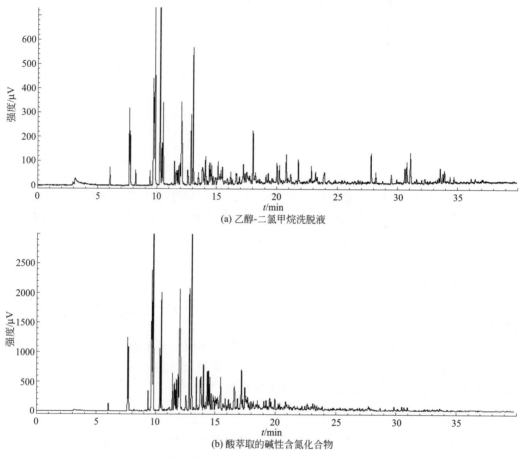

图 5-11　乙醇-二氯甲烷洗脱液和酸萃取碱性含氮化合物的 GC-NCD

3）FCC 柴油中含氮化合物的定性分析　采用 GC-MS 分析了 A 法分离出的正戊烷洗脱液、二氯甲烷-正戊烷洗脱液、二氯甲烷洗脱液、乙醇-二氯甲烷洗脱液。经质谱定性分析，正戊烷洗脱液中主要是从柴油中洗脱出的烷烃，二氯甲烷-正戊烷洗脱液中洗脱出的主要是芳烃和含硫化合物，二氯甲烷洗脱液和乙醇-二氯甲烷洗脱液主要是含氮化合物。

为了便于用 GC-NCD 定性定量，需要将 GC-MS 的定性数据转化为 GC-NCD 的定性数据。为此，采用 GC-MS 和 GC-NCD 同时分析了二氯甲烷洗脱液和乙醇-二氯甲烷洗脱液。图 5-12 为二氯甲烷洗脱液的 GC-MS 总离子流，图 5-13 为二氯甲烷洗脱液的 GC-NCD 的含氮化合物分布，图 5-12 和图 5-13 表明，GC-MS 总离子流图与 GC-NCD 的含氮化合物分布图非常接近，说明二氯甲烷洗脱液中除洗脱剂外，其余组分主要为含氮化合物，便于根据 GC-MS 的定性结果确定 GC-NCD 图中的含氮化合物。已经确定二氯甲烷洗脱液中的含氮化合物主要是吲哚类与咔唑类，即中性含氮化合物，定性结果见表 5-8。

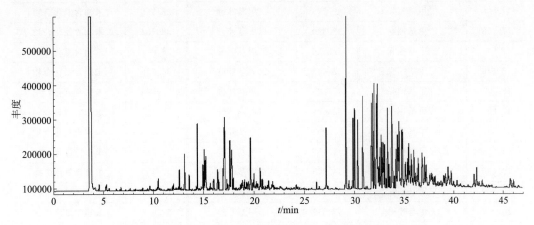

图 5-12　二氯甲烷洗脱液的 GC-MS 总离子流

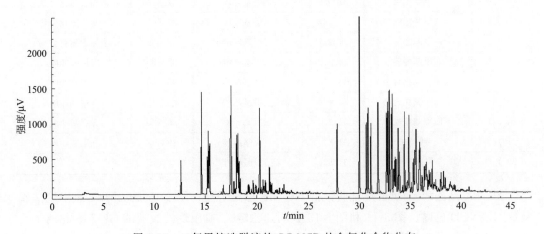

图 5-13　二氯甲烷洗脱液的 GC-NCD 的含氮化合物分布

表 5-8　催化裂化柴油中性含氮化合物定性数据

t/min	含氮化合物	t/min	含氮化合物	t/min	含氮化合物
12.590	吲哚	29.833	甲基咔唑	35.083	三甲基咔唑
14.385	5-甲基-1-H-吲哚	29.993	甲基咔唑	35.315	三甲基咔唑
14.861	2-甲基吲哚	30.303	甲基咔唑	35.410	三甲基咔唑
14.920	甲基吲哚	30.796	二甲基咔唑	35.482	三甲基咔唑
15.057	甲基吲哚	30.850	3-乙基咔唑	35.535	三甲基咔唑
15.152	甲基吲哚	31.670	二甲基咔唑	35.666	三甲基咔唑
15.224	甲基吲哚	31.777	二甲基咔唑	35.743	三甲基咔唑
16.954	2,6-二甲基吲哚	31.938	二甲基咔唑	35.826	三甲基咔唑
17.043	二甲基吲哚	32.170	二甲基咔唑	36.076	三甲基咔唑
17.103	二甲基吲哚	32.247	二甲基咔唑	36.255	未知含氮化合物

t/min	含氮化合物	t/min	含氮化合物	t/min	含氮化合物
17.608	二甲基吲哚	32.295	三甲基咔唑	36.516	未知含氮化合物
17.798	二甲基吲哚	32.390	二甲基咔唑	36.754	未知含氮化合物
17.941	二甲基吲哚	32.526	二甲基咔唑	36.807	未知含氮化合物
18.446	三甲基吲哚	32.663	二甲基咔唑	36.956	未知含氮化合物
18.744	三甲基吲哚	32.800	二甲基咔唑	37.028	未知含氮化合物
18.827	三甲基吲哚	32.871	二甲基咔唑	37.111	未知含氮化合物
19.047	三甲基吲哚	33.002	二甲基咔唑	37.170	未知含氮化合物
19.225	三甲基吲哚	33.157	三甲基咔唑	37.384	未知含氮化合物
19.630	三甲基吲哚	33.305	三甲基咔唑	37.468	未知含氮化合物
20.200	三甲基吲哚	33.442	三甲基咔唑	37.545	未知含氮化合物
20.599	三甲基吲哚	33.549	三甲基咔唑	37.670	未知含氮化合物
20.682	三甲基吲哚	33.751	三甲基咔唑	37.741	未知含氮化合物
20.819	三甲基吲哚	33.989	三甲基咔唑	37.818	未知含氮化合物
21.318	三甲基吲哚	34.162	三甲基咔唑	37.991	未知含氮化合物
21.425	三甲基吲哚	34.227	三甲基咔唑	38.092	未知含氮化合物
21.758	三甲基吲哚	34.310	三甲基咔唑	38.508	五甲基咔唑
21.836	未知含氮化合物	34.370	三甲基咔唑	38.680	五甲基咔唑
22.561	未知含氮化合物	34.459	三甲基咔唑	38.847	五甲基咔唑
24.321	四甲基吲哚	34.750	三甲基咔唑	38.930	五甲基咔唑
27.163	咔唑	34.810	三甲基咔唑	39.008	五甲基咔唑
29.155	9-甲基咔唑	34.994	三甲基咔唑		

图 5-14 是乙醇-二氯甲烷洗脱液的 GC-MS 总离子流，图 5-15 是乙醇-二氯甲烷洗脱液的 GC-NCD 色谱。图 5-14 和图 5-15 表明，乙醇-二氯甲烷洗脱液的 GC-MS 总离子流图与 GC-NCD 的含氮化合物分布图比较接近，便于根据 GC-MS 的定性结果确定对应的 GC-NCD 图中的含氮化合物。已经确定乙醇-二氯甲烷洗脱液中的含氮化合物主要为苯胺类与喹啉类，即碱性含氮化合物，定性结果见表 5-9。

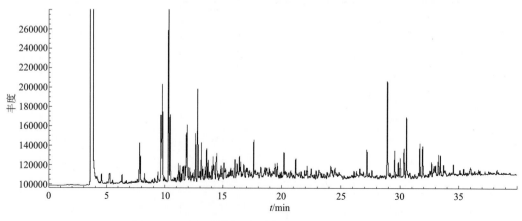

图 5-14　乙醇-二氯甲烷洗脱液的 GC-MS 总离子流

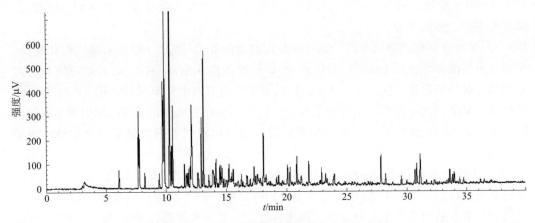

图 5-15 乙醇-二氯甲烷洗脱液的 GC-NCD 色谱

表 5-9 催化裂化柴油碱性含氮化合物定性数据表

t/min	含氮化合物	t/min	含氮化合物	t/min	含氮化合物
7.827	邻/间甲基苯胺	11.626	N-乙基-3-甲基苯胺	14.171	未知含氮化合物
7.892	对甲基苯胺	11.769	乙基甲基苯胺	14.260	未知含氮化合物
9.397	2-乙基苯胺	11.870	三甲基苯胺	14.463	甲基喹啉
9.688	3,4-二甲基苯胺	11.936	三甲基苯胺	14.593	甲基喹啉
9.819	二甲基苯胺	12.667	三甲基苯胺	14.724	未知含氮化合物
10.378	二甲基苯胺	12.857	三甲基苯胺	15.123	二甲基喹啉
10.479	二甲基苯胺	13.262	2-甲基喹啉	16.246	二甲基喹啉
11.317	4-丙基苯胺	13.476	4-异丁基苯胺	16.793	二甲基喹啉
11.442	乙基甲基苯胺	13.743	未知含氮化合物	16.829	二甲基喹啉
11.543	喹啉	14.082	未知含氮化合物	17.293	二甲基喹啉

图 5-11～图 5-15 的分析条件见表 5-10。

表 5-10 GC-MS 和 GC-NCD 分析条件

方法	分析条件
GC-MS	仪器：Agilent 7890A GC-5975C MS GC 条件：HP-PONA 柱（50m×0.2mm×0.5μm）；初始柱温 120℃，以 4℃/min 速率升温至 270℃（保持 10min）；载气为氦气，恒流 0.9mL/min；汽化室 280℃；进样量 1μL，分流比 30∶1 MS 条件：EI 源（70eV），离子源 230℃，四级杆 130℃，接口 300℃，溶剂延迟 4min
GC-NCD	仪器：Agilent 7890A，配 255 NCD 色谱柱：HP-PONA（50m×0.2mm×0.5μm） 色谱参数：初始柱温 120℃，以 4℃/min 速率升温至 270℃（保持 10min）；载气为氦气，恒流 0.8mL/min；进样量 1μL，分流比 30∶1；汽化室 280℃；NCD 燃烧器 930℃，氢气 5mL/min，氧气 10mL/min

(5) 焦化柴油中碱性含氮化合物的分析

实验室采用盐酸液-液萃取的方法分离焦化柴油中的碱性含氮化合物，并通过气相色谱-质谱、全二维气相色谱-飞行时间质谱分析了分离出的碱性含氮化合物，共检测出

423 种含氮化合物，其中 399 种为碱性含氮化合物，主要有吡啶类、喹啉类、吖啶类、苯并喹啉类、苯胺类等。

1）碱性含氮化合物的分离　用 1mol/L 的盐酸 8mL 萃取 30mL 某炼厂焦化柴油，分离出下层酸液，再用 1mol/L 的盐酸 8mL 萃取该焦化柴油一次，合并酸萃取液；用正戊烷洗涤酸萃取液三次后，用 1mol/L 的氢氧化钠溶液中和至碱性；用 3×6mL 二氯甲烷萃取碱液三次，合并二氯甲烷萃取液；用 2×3mL 去离子水洗涤二氯甲烷萃取液两次，再用无水 Na$_2$SO$_4$ 干燥二氯甲烷萃取液，最后用氮气吹扫二氯甲烷萃取液，浓缩至 1mL。

2）碱性含氮化合物的分析　采用 GC-MS-FID 分析二氯甲烷萃取液，将 MS 与 FID 并联在色谱柱后，GC-MS 总离子流和 GC-FID 见图 5-16。经过质谱检索和解析，确定二氯甲烷萃取液中约有 126 种碱性含氮化合物，主要为苯胺类、吡啶类、喹啉类、吖啶类等。此外，还含有少量的苯类、萘类等芳烃。从图 5-16 的 TIC 图和 FID 图看出，TIC 和 FID 图的基线均呈馒头状，而且分布较宽，说明萃取液中有大量的含量接近的组分共流出，使用 30m 的色谱柱仍然不能分离这些沸点相近、结构相近的组分，需要采用峰容量更高的全二维气相色谱分析。

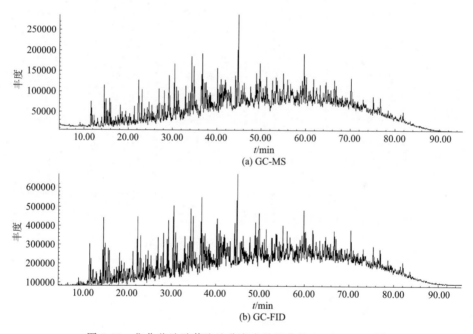

图 5-16　焦化柴油酸萃取法分离出的组分的 GC-MS-FID 图

史得军等[31] 采用 GC×GC-TOFMS 对焦化柴油的二氯甲烷萃取液进行了进一步分析，二维色谱见图 5-17。图 5-17 表明，采用二维色谱分离出的组分数量远多于一维色谱的，组分之间重叠减少，有助于准确定性，而且在二维色谱图中，不同类型化合物的分布呈现出一定的瓦片效应，便于归类分析。在二维色谱图的最下方，几乎等间距地出现一些峰，为分离中残留的正构烷烃及异构体。经过质谱解析，在萃取液中共定性出 423 种含氮化合物，其中碱性含氮化合物为 399 种，这些碱性含氮化合物中有吡啶、喹啉、苯并喹啉、吖啶、苯并吖啶，此外，还检测到了二氮化合物（N$_2$ 类），如吡嗪类、哌啶类化合物，以及含氮氧化合物（NO 类），如 3-甲基-2-喹啉酮和含氮硫化合物（NS 类）等。在酸萃取分离出的组分中还检测到了吲哚类、咔唑类中性含氮化合物。

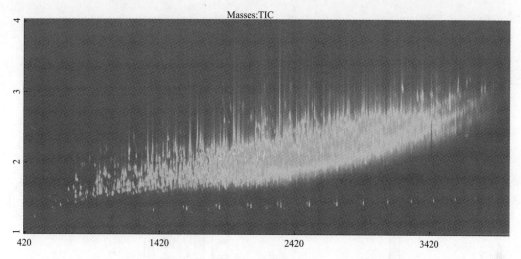

图 5-17　焦化柴油碱性含氮化合物的 GC×GC-TOFMS 图

采用面积归一化法计算酸萃取法分离出的含氮化合物的相对含量。含量最多的是喹啉类，其次是苯并喹啉类，苯胺类、吡啶类和吖啶类含量比较接近。中性含氮化合物吲哚类和咔唑类的含量比较少，二者相对含量合计约为 4.7%（萃取分离液中含氮化合物的相对质量含量）。各类含氮化合物的相对含量分布见图 5-18。

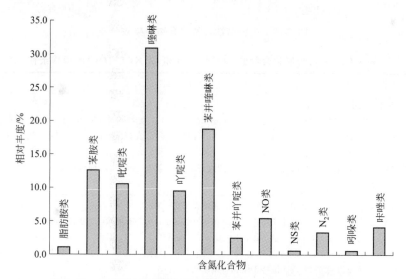

图 5-18　焦化柴油酸萃取法分离出的含氮化合物的相对含量

几类含量高的碱性含氮化合物的碳数分布见图 5-19。含量最高的喹啉类化合物的分布见图 5-19(a)，主要为二取代、三取代的喹啉和异喹啉，以及二取代、三取代的二氢喹啉和二氢异喹啉，碳数为 15、16、17、18 的喹啉类化合物为苯基喹啉及其衍生物；苯并喹啉类化合物主要是二甲基取代的苯并喹啉、三甲基取代的苯并喹啉〔见图 5-19 (b)〕；苯胺类主要是二取代、三取代的苯胺，此外还有一定含量的萘胺〔见图 5-19

（c）］；吡啶类化合物主要是多取代的吡啶，且偶数碳吡啶化合物的含量明显高于奇数碳吡啶化合物［见图 5-19（d）］。图 5-16 和图 5-17 的分析条件见表 5-11。

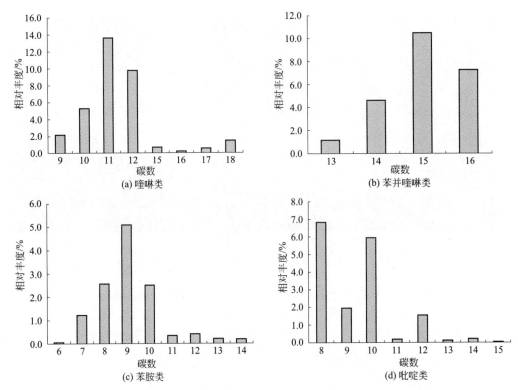

图 5-19　主要碱性含氮化合物的碳数分布

表 5-11　分析含氮化合物的 GC-MS-FID 和 GC×GC-TOFMS 操作条件

图号	分析条件
图 5-16	仪器：Agilent 7890A-5975C GC 条件：色谱柱 HP-5MS（30m×0.25mm×0.25μm）；初始柱温 120℃，以 2℃/min 速率升温至 300℃（保持 10min）；载气为氦气，恒流 0.5mL/min；进样量 0.2μL，分流比 30∶1；汽化室 300℃，FID 温度 350℃ MS 条件：EI 源（70eV），离子源 230℃，四级杆 130℃，接口 300℃，溶剂延迟 4min FID 与 MS 并联
图 5-17	仪器：Agilent GC 7890A-Leco 公司 Pegasus Ⅳ TOF MS GC×GC 条件：第一维柱 DB-Petro（50m×0.2mm×0.5μm），第二维柱 DB-17Ht（2m×0.1mm×0.1μm）；汽化室 280℃；进样量 1μL，分流比 30∶1；载气为氦气，恒流 1.2mL/min；第一维柱初始温度 110℃（保持 2min），以 3℃/min 升至 300℃（保持 10min）；第二色谱柱初始温度 115℃（保持 2min），以 3℃/min 速率升温至 305℃（保持 10min）；调制周期 6s TOF MS 条件：EI 源（70eV），离子源 200℃，传输线 305℃；采集速度 50Hz；溶剂延迟 4min

5.1.4　柴油中酚类化合物的分析

油品中的酚类化合物来源一般有两种途径：一是油品中含有 α-H 的芳烃过氧化产生；二是油品中的烷基芳基醚裂解产生[33]。尽管有些酚具有抗氧化的作用，如常用的

2,6-二叔丁基对甲酚，但是，油品中大部分酚类化合物会影响油品的稳定性[34~36]，即对油品的稳定性会产生不利的影响。酚容易被氧化生成红色甚至褐红色的醌类，酚可以被氧化偶联形成胶质性沉淀，酚还可以与 Fe^{3+} 反应生成有色物质。酚的存在不仅影响油品的颜色，还影响油品的存储稳定性。所以，分析研究油品中的酚类化合物，对于研究油品的稳定性、脱酚处理都非常重要。

5.1.4.1　柴油中酚类化合物分析技术

柴油中酚类化合物含量也非常低，受柴油中烃基体的干扰，采用 GC-FID 或单质量数的 GC-MS 很难直接分析柴油中的酚类化合物。通常需要采用预处理的方法将酚类化合物分离出来，再采用 GC-MS 定性分析分离出的酚类化合物[35~39]。根据酚类化合物具有一定的酸性这一特性，一般采用碱溶液萃取的方法分离酚类化合物。由于酚类化合物沸点高，为了便于用气相色谱测定，可以采用烷基化方法将酚类化合物转化为硅醚类化合物[37]，不仅可以降低色谱柱的温度，还可以明显改善色谱的分离效果。随着全二维气相色谱技术的使用，全二维色谱技术也被应用于柴油中酚类化合物的分析[40,41]，可以获得更好的分离效果。

5.1.4.2　柴油中酚类化合物的分析

(1) 采用 GC-MS 分析酚类化合物

陈菲等[39] 采用碱溶液萃取的方法，对柴油中酚类化合物进行了分离，并采用 GC-MS-FID 并联技术定性定量分析了酚类化合物。通过分析研究，从催化裂化柴油共检测到 6 类 70 多种酚类化合物，主要是苯酚类和萘酚类，分离、定性过程如下。

1) 酚类化合物的分离　用 10%氢氧化钾溶液萃取柴油，体积比为 1∶1，重复萃取 3 次，收集碱萃取液；用异辛烷洗涤碱萃取液 3 次，除去碱萃取液中残留的柴油；用稀盐酸中和碱萃取液至 pH 值等于 4，将碱萃取液中的酚钠还原为酚类；用二氯甲烷萃取中和后的酸液 3 次，合并二氯甲烷萃取液，并旋蒸浓缩。

2) 酚类化合物的定性　采用特征离子扫描、全离子扫描谱库解析与文献结合的方法，对分离出的酚类化合物进行了定性分析。在质谱 70eV 的电离能的作用下，酚类化合物很容易电离，得到丰度较大的分子离子峰，从而可以采用分子离子作为提取特征离子进行选择离子扫描。以苯酚及其同系物的分子离子进行扫描，结果见图 5-20，结合全扫描数据，可以确定苯酚、甲基苯酚、C_2-苯酚（二甲基苯酚和乙基苯酚）、C_3-苯酚、C_4-苯酚等苯酚类化合物；同样以萘酚及其同系物的分子离子进行扫描，结果见图 5-21，可以确定有萘酚、甲基萘酚、C_2-萘酚、C_3-萘酚；以菲酚及其同系物的分子离子进行扫描，结果见图 5-22，通过解析，确定有菲酚、甲基菲酚、C_2-菲酚等。以类似的方法，通过同系物分子离子提取扫描和全扫描，确定了催化裂化柴油中的酚类化合物，定性结果见图 5-23 和表 5-12。

(2) 采用 GC×GC-TOFMS 分析酚类化合物

为了进一步获取柴油中酚类化合物更为详细的信息，史得军等[41] 采用 GC×GC-TOFMS 分析研究了柴油中的酚类化合物。

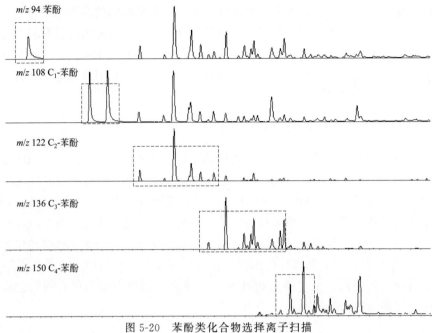

图 5-20 苯酚类化合物选择离子扫描

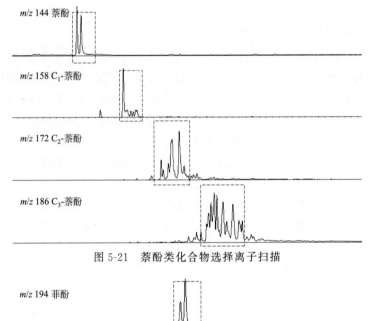

图 5-21 萘酚类化合物选择离子扫描

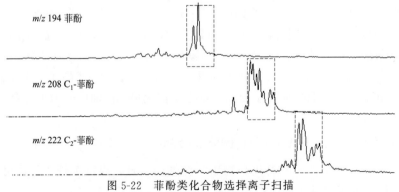

图 5-22 菲酚类化合物选择离子扫描

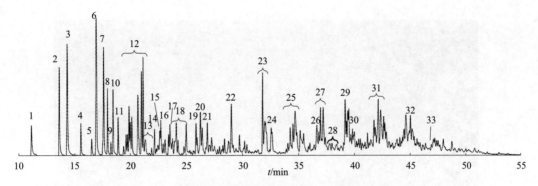

图 5-23　催化裂化柴油中酚类化合物 GC-MS 总离子流

表 5-12　催化裂化柴油中酚类化合物的定性

峰号	酚类化合物	峰号	酚类化合物	峰号	酚类化合物
1	苯酚	12	C_3-苯酚	23	C_1-萘酚
2	2-甲基苯酚	13	C_4-苯酚	24	C_1-萘酚
3	3(4)-甲基苯酚	14	C_3-苯酚	25	C_2-萘酚
4	2-乙基苯酚	15	C_3-苯酚	26	苯基苄酚
5	2,5-二甲基苯酚	16	C_4-苯酚	27	C_1-苯基苄酚
6	3-乙基苯酚	17	二氢茚酚	28	C_3-萘酚
7	2,6-二甲基苯酚	18	C_4-苯酚	29	C_2-苯基苄酚
8	3,5-二甲基苯酚	19	C_1-二氢茚酚	30	芴酚类
9	2-异丙基苯酚	20	C_1-二氢茚酚	31	C_3-苯基苄酚
10	4-乙基苯酚	21	C_1-二氢茚酚	32	菲酚类
11	C_3-苯酚	22	萘酚	33	C_1-菲酚类

　　1）柴油中酚类化合物的分离　采用碱液萃取的方法分离酚类化合物，与前面处理的方法相同。

　　2）酚类化合物的定性定量　采用 GC×GC-TOFMS 从焦化柴油的酸分离的萃取液中分离出 150 多个酚类化合物，并可以将酚类化合物与残留的芳烃类化合物有效分离，明显改善了分离效果，便于酚类化合物的准确定性和定量，萃取液中残留的芳烃约为4.8%，其余为酚类化合物。图 5-24 是从焦化柴油中分离出的酚类化合物的 GC×GC-TOFMS 图，经过质谱解析，确定 150 多个酚类化合物的结构或元素组成，焦化柴油中的酚类化合物主要有苯酚类，在酚类化合物中约占 89%（相对酚类化合物），其次是茚满酚类，在酚类化合物中约占 8.5%（相对酚类化合物），各酚类化合物的相对含量见表 5-13。苯酚类化合物主要是 C_7～C_{10} 的酚类，即甲基苯酚到 C_4-苯酚，以 C_2-苯酚和 C_3-苯酚最多，二者含量接近，约占苯酚类中的 74%，不同碳数苯酚类化合物分布见图5-25。

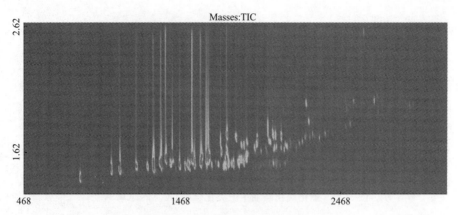

图 5-24　焦化柴油中酚类化合物 GC×GC-TOFMS

表 5-13　各酚类化合物的相对含量

酚类	相对质量分数/%	酚类	相对质量分数/%
苯酚	89.3	羟基芴	0.1
茚满酚	8.5	联苯酚	1.1
萘满酚	0.9		

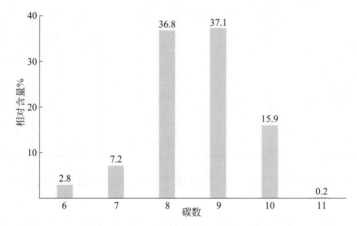

图 5-25　不同碳数苯酚类化合物分布

（3）酚类化合物的色谱分析条件

图 5-20、图 5-23 和图 5-24 的分析条件见表 5-14。

表 5-14　分析酚类化合物的 GC-MS-FID 和 GC×GC-TOFMS 操作条件

方法	分析条件
GC-MS-FID	仪器：Agilent 7890A-5975C 　GC 条件：色谱柱 HP-5MS（30m×0.25mm×0.25μm）；初始柱温 120℃，以 2℃/min 速率升温至 300℃（保持 10min）；载气为氦气，恒流 0.5mL/min；进样量 0.2μL，分流比 30：1；汽化室 300℃，检测器（FID）350℃ 　MS 条件：EI 源（70eV），离子源 230℃，四级杆 130℃，接口 300℃，溶剂延迟 4min。与 FID 并联

方法	分析条件
GC×GC-TOFMS	仪器：Agilent GC 7890A-Leco 公司 Pegasus Ⅳ TOF MS GC×GC 条件：第一维柱 DB-Petro(50m×0.2mm×0.5μm)，第二维柱 DB-17Ht(2m×0.1mm×0.1μm)；汽化室 280℃，分流比 30∶1，进样量 1μL；载气为氢气，恒流 1.5mL/min；第一维柱初始温度 80℃(保持 2min)，以 3℃/min 升温至 250℃(保持 5min)；第二维柱初始温度 90℃(保持 2min)，以 3℃/min 速率升温至 260℃；调制周期 6s TOFMS 条件：EI 源(70eV)；离子源 200℃；传输线 305℃；采集速度 50Hz；溶剂延迟 4min

5.1.4.3 不同柴油中酚类化合物分布

柴油的生产原料不同、工艺不同，柴油中酚类种类和分布也不同。FCC 柴油和焦化柴油是由蜡油和渣油等重质油裂解而来，由于重质油中大分子烷基芳基醚的含量相对比较多，裂解产生的低碳酚类化合物种类多、含量高。

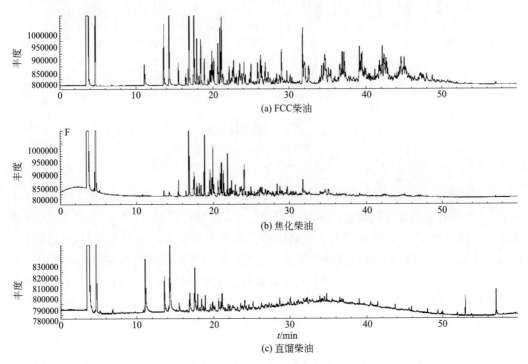

图 5-26　不同柴油中酚类化合物（碱萃取液）的 GC-MS

实验室采用 GC-MS-FID 对某炼厂的直馏柴油、焦化柴油、催化柴油（FCC 柴油）中的酚类化合物进行比对分析。酚类化合物的分离浓缩同前，用 10% 氢氧化钠水溶液萃取，经盐酸中和后，二氯甲烷反萃取。不同柴油萃取分离液的 GC-MS 见图 5-26，图 5-26 表明，FCC 柴油和焦化柴油中的酚类化合物含量和种类均多于直馏柴油的。经过定性定量分析可知，直馏柴油中酚类化合物主要是苯酚类，其中甲基苯酚、C_2-苯酚、C_3-苯酚和苯酚含量比较高；焦化柴油中酚类化合物主要是苯酚类和萘酚类，苯酚类中以 C_3-苯酚、C_4-苯酚、C_2-苯酚居多，还有一定量的 C_1-萘酚、C_2-萘酚；FCC 柴油中酚类化合物主要是苯酚类和萘酚类，还有一定量的茚满酚、联苯酚、芴酚和菲酚，但是

FCC柴油中苯酚类的含量均低于直馏柴油和焦化柴油中的。不同柴油中酚类化合物相对含量分布见图5-27。图5-26(c)中，最后流出的组分中有两个较大的峰，经质谱解析为残留的正构烷烃。不同柴油中酚类化合物的差异与加工原料中含氧化合物的种类、含量及生产工艺均有关系。

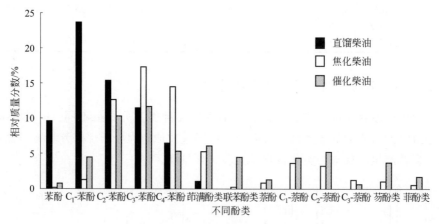

图5-27　不同柴油中酚类化合物相对含量分布

5.2　重质油

重质油主要有重馏分油、渣油、原油及其他重油等。重馏分油的馏程一般在350～600℃，主要有来自常减压装置的减压瓦斯油（VGO馏程一般在350～500℃，如润滑油馏分、减压蜡油）、焦化装置的焦化蜡油等。渣油及其他重油主要有来自常减压装置的常压渣油、减压渣油、催化裂化油浆、加氢裂化渣油等。重质油既是原油一次加工和二次加工的产品，又是原油二次加工的主要原料，重质油的组成、馏程、密度、硫氮含量等信息，对原油二次加工原料调配、加工工艺选择和产物分布预测至关重要，所以需要分析研究相关信息，特别是在当今精细化炼油、分子炼油的时代。

重质油的组成更为复杂，而且组分的沸点高，受气相色谱柱温、柱效和仪器温度的限制，气相色谱分析重质油的应用受到一定的限制，早期气相色谱技术主要用于重质油的馏程分析——模拟蒸馏分析。随着耐高温色谱柱和全二维气相色谱技术的推出应用，近几年气相色谱技术在重质油分析也有了新的突破；此外，裂解技术在重质油分析中的使用，也拓宽了气相色谱在石油炼制分析中的应用。

5.2.1　重质油馏程分析

(1) 色谱模拟蒸馏原理及特点

气相色谱模拟蒸馏就是基于烃类化合物在非极性色谱柱上按照沸点顺序分离的原理，采用气相色谱技术模拟恩氏蒸馏和实沸点蒸馏装置测定石油产品的馏程。气相色谱模拟蒸馏分析系统由一根非极性色谱柱、可程序升温的柱箱、恒温或可程序升温的汽化室、FID 检测器组成。待测油品汽化后进入非极性色谱柱，油品中的烃组分通过非极性色谱柱时，烃类化合物按照其沸点由低到高依次流出，并被 FID 检测，由于 FID 对烃类化合物的响应非常接近，而且为质量响应，从而可以得到按照沸点分布的质量分数。根据在同色谱条件下正构烷烃的保留时间与其标准大气压下的沸点的关系，将实际油品的保留时间转化为对应的标准大气压下的沸点关系，从而得到该油品的标准大气压的沸点分布曲线。

与常规气相色谱技术不同，气相色谱模拟蒸馏技术不以追求高分辨率和高柱效为目标。在气相色谱模拟蒸馏技术中，为了便于与实验室的实沸点蒸馏数据比较，只需适当控制色谱柱分辨率和总柱效，使色谱的分离效果与实沸点蒸馏分离接近，这样色谱获取的模拟蒸馏数据才能与实沸点蒸馏数据一致。所以，模拟蒸馏技术一般采用短的、薄液膜色谱柱，可以提高溶质脱附速度，同时采用快速程序升柱温的方法，加速待测样品的流出，实现快速粗分离。气相色谱模拟蒸馏技术可以实现油品沸点分布的快速分析，具有仪器设备投资少、分析成本低、分析时间短、样品用量少、分析重复性和再现性好等优点。

图 5-28(a) 是 $C_5 \sim C_{40}$ 正构烷烃的色谱，图 5-28(b) 是根据 $C_5 \sim C_{40}$ 正构烷烃的保留时间和其标准大气压的沸点绘制的保留时间-温度标准曲线。图 5-29(a) 是相同色谱条件下柴油的色谱，根据正构烷烃的保留时间-温度标准曲线，可以计算获得柴油的馏程数据，绘图得到图 5-29(b) 的馏程分布曲线。

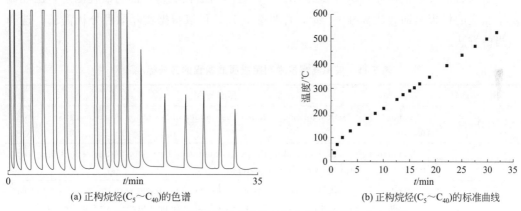

(a) 正构烷烃($C_5 \sim C_{40}$)的色谱   (b) 正构烷烃($C_5 \sim C_{40}$)的标准曲线

图 5-28   正构烷烃模拟蒸馏的标样色谱图及沸点分布曲线

图 5-28 和图 5-29 的色谱条件如下。

① 仪器：HP 5880A。

② 色谱柱：20×1/8 英寸不锈钢柱，10％UCW982 Chromosorb PAW（80~100 目）。

③ 条件：起始柱温 35℃，以 10℃/min 速率升温至 350℃（保持 10min）。载气为氮气，汽化室 350℃，检测器 350℃。

（2）重质油模拟蒸馏方法

气相色谱模拟蒸馏技术提出于 20 世纪 60 年代[42,43]，到 1973 年时模拟蒸馏方法就已经被制定为 ASTM 方法标准——ASTM D2887。ASTM D2887 可用于测定温度范围55~538℃馏分的沸点分布，烃类化合物的碳数范围为 $C_5 \sim C_{44}$。受色谱柱使用温度的

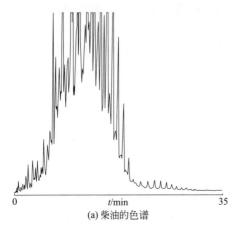

(a) 柴油的色谱

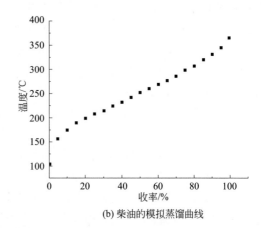

(b) 柴油的模拟蒸馏曲线

图 5-29　油品模拟蒸馏的分析色谱

限制, ASTM D2887 不适合测定沸点范围更高的其他重质油的馏程分析。随着热稳定性好的耐高温大口径毛细管柱的推出[44~47], 拓宽了气相色谱模拟蒸馏的使用范围, 从而可以用于温度更高的重质油的沸点分布测定[48~50], 目前的高温模拟蒸馏技术可以用于末沸点到 800℃ 的重质油的馏程的测定, 测定油品烃的碳数高达 C_{120}。高温模拟蒸馏技术的应用可以快速为重质油加工方案选择和原料油调合提供分析数据。

　　根据石油炼制生产和技术开发的需求, 针对不同馏程的重质油的馏程测定, 已经制定了相应的模拟蒸馏方法标准[51~56], 详见表 5-15, 可以根据实际馏程分析需求, 选择适当的方法。

表 5-15　模拟蒸馏技术测定重质油馏程的方法标准

现行标准号	标准名称
ASTM D2887—16a	Standard Test Method for Boiling Range Distribution of Petroleum Fractions by Gas Chromatography
ASTM D6352—15	Standard Test Method for Boiling Range Distribution of Petroleum Distillates in Boiling Range from 174℃ to 700℃ by Gas Chromatography
ASTM D7169—18	Standard Test Method for Boiling Point Distribution of Samples with Residues Such as Crude Oils and Atmospheric and Vacuum Residues by High Temperature Gas Chromatography
ASTM D7213—15	Standard Test Method for Boiling Range Distribution of Petroleum Distillates in the Boiling Range from 100℃ to 615℃ by Gas Chromatograph
ASTM D7500—15	Standard Test Method for Determination of Boiling Range Distribution of Distillates and Lubricating Base Oils—in Boiling Range from 100℃ to 735℃ by Gas Chromatography
ASTM D7798—15	Standard Test Method for Boiling Range Distribution of Petroleum Distillates with Final Boiling Points up to 538℃ by Ultra Fast Gas Chromatography(UF GC)

(3) 重质油馏程测定

　　高温模拟蒸馏技术为重质油加工提供了一种快速测定重质油馏程的手段。与传统的实沸点蒸馏相比, 高温模拟蒸馏可以在数十分钟内获取重质油的沸点分布信息; 可以为炼厂快速预测常减压、催化裂化、延迟焦化等装置重质油的分离效果提供分析评价数据；可以为催化裂化、延迟焦化和加氢裂化等装置评价原料、优化原料提供基础数据；可以为重质油加工技术开发，提供原料分析数据。

实验室采用高温模拟蒸馏技术，分析了某加氢裂化原料油（重馏分油）的馏程，色谱见图 5-30，馏程数据见表 5-16，馏程分布曲线见图 5-31，该加氢裂化原料油馏程在 120~600℃。

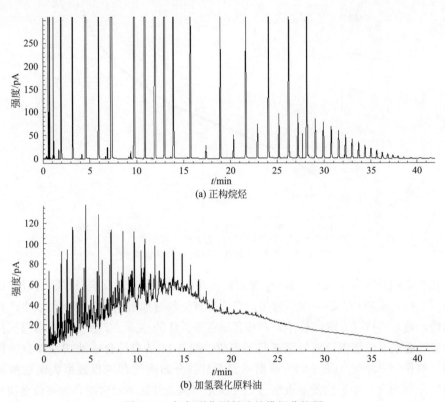

(a) 正构烷烃

(b) 加氢裂化原料油

图 5-30　加氢裂化原料油的模拟蒸馏图

表 5-16　加氢裂化原料油馏程数据

收率/%	沸点/℃	收率/%	沸点/℃
初馏点	105.2	55	332.7
5	159.2	60	347.8
10	186.1	65	364.8
15	208.7	70	386.3
20	227.2	75	411.8
25	244.9	80	437.2
30	261.1	85	466.0
35	276.2	90	502.4
40	290.9	95	552.0
45	304.6	99	607.1
50	318.4	末沸点	619.8

图 5-30 的色谱条件如下。

① 色谱柱：不锈钢高温模拟蒸馏专用柱（10m×0.53mm×0.5μm）。

② 色谱参数：初始柱温 35℃（保持 1min），以 10℃/min 速率升温至 400℃（保持 10min）；载气为氦气，15.2kPa；汽化室 350℃，检测器（FID）375℃。

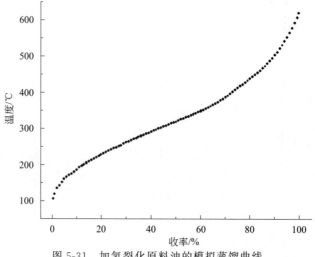

图 5-31　加氢裂化原料油的模拟蒸馏曲线

费托合成油是以合成气 CO 和 H_2 为原料，在催化剂和一定反应条件下合成的烃类液体产物，费托合成油是以正构烷烃为主。费托合成油经过加氢精制处理，可以生产高档基础油和蜡，近几年费托合成油技术开发和利用也是关注的热点。实验室采用高温模拟蒸馏技术对费托合成油的切割分离效果进行了评价，图 5-32 是费托合成油切割馏分的模拟蒸馏色谱，馏程分布曲线见图 5-33，数据见表 5-17。分布曲线和馏程数据表明切割馏分 A 和切割馏分 B 均含有少量的低沸点馏分，可能是切割条件尚不太理想，也可能是切割过程有大分子烃裂解所致（后者可能性较大）。图 5-32 的色谱条件同图 5-30。

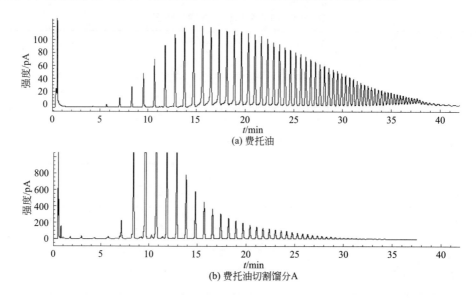

(a) 费托油

(b) 费托油切割馏分A

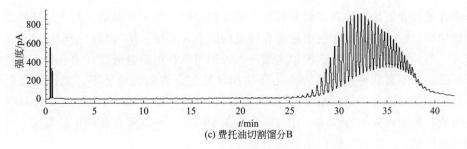

(c) 费托油切割馏分B

图 5-32 费托合成油切割馏分油模拟蒸馏

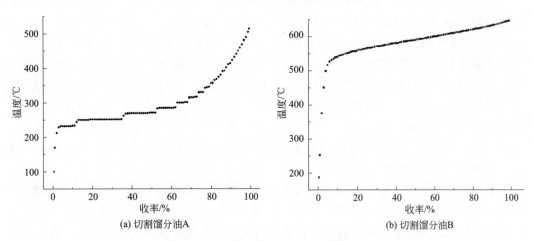

(a) 切割馏分油A

(b) 切割馏分油B

图 5-33 费托合成油切割馏分馏程曲线

表 5-17 费托合成油切割馏分油馏程数据

收率/%	沸点/℃		收率/%	沸点/℃	
	切割馏分油 A	切割馏分油 B		切割馏分油 A	切割馏分油 B
初馏点	99.4	187.2	55	284.1	594.1
5	231.2	515.6	60	284.9	599.3
10	232.2	539.4	65	300.0	604.1
15	249.9	550.1	70	314.8	609.0
20	250.5	557.6	75	329.7	614.3
25	250.9	564.7	80	355.5	619.2
30	251.2	569.9	85	379.8	625.2
35	251.8	574.8	90	413.2	631.3
40	269.0	579.7	95	457.8	638.1
45	269.6	584.5	99	503.4	644.7
50	270.2	589.1	末沸点	513.3	645.8

5.2.2 重质油硫氮元素分布分析

气相色谱模拟蒸馏不仅可以用于石油馏分烃类化合物的馏程分析，也可以用于石油馏分中含硫或含氮化合物的馏程分析——硫模拟蒸馏和氮模拟蒸馏。对于组成极为复杂的重质油而言，由于受气相色谱柱温和柱效的限制，采用一维气相色谱难以获得重质油的组成，但是，采用气相色谱模拟蒸馏技术，仍可以获得碳数分布、沸点分布等重要信息。所以，在不易获得重质油含硫化合物和含氮化合物组成情况下，能得到重质油中硫、氮的模拟蒸馏分布信息也至关重要，可以建立不同来源地、不同工艺、不同馏程重质油的硫、氮馏程分布指纹图，比只测定重质油的总硫和总氮含量的信息量大，可以为炼制重质油加工方案优化提供重要的数据。

测定重质油硫沸点分布的方法有 GC-SCD[57~59] 和 GC-AED[60,61] 技术，测定重质油氮沸点分布的方法有 GC-NCD[58,59,62] 和 GC-AED[58,59] 技术。采用 GC-SCD 分析硫沸点分布和采用 GC-NCD 分析氮沸点分布时，通常需要并联 FID。并联 FID 主要用来测定正构烷烃的保留时间，确定沸点校正曲线，计算同条件下硫沸点分布或氮沸点分布。采用 GC-AED 可以同时获取多元素的分析信息，即可以同时获得碳、氢、硫、氮元素的分布的信息，通过测定碳或氢，就可以得到正构烷烃的保留时间与沸点的关系曲线，再测定油品碳、硫、氮元素分析信息，通过计算可以得到油品中碳、硫和氮的沸点分布曲线。所以，采用 GC-AED 分析技术无需使用 FID 来测定正构烷烃的保留时间——获取保留时间-沸点校正曲线。

梁冰等[60] 研究了用 GC-AED 测定原油多元素模拟蒸馏的技术，由于原油馏程宽，采用分流进样方式时，会产生歧视效应。作者研究了不同分流衬管的歧视效应和重复性，并选择歧视效应小、重复性好的衬管进行了原油多元素沸点分布的测定，测定了原油中碳、氢、硫、氮、镍、钒、铁的分布，根据这些元素馏程分布信息，有助于研究石油的演化过程，判断原油的来源，确定原油的加工方案和调合方案。Chakravarthy 等[58,59] 研究了采用气相色谱与多检测器联用技术，同时测定重质油和原油烃类化合物、硫、氮沸点分布的分析技术，作者采用高温 GC 与 FID、SCD、NCD 联用技术，测定了原油中沸点低于 700℃ 部分的硫、氮分布信息，受色谱柱温的限制，尽管尚不能测定原油中全部硫、氮的沸点分布信息，但是，这也是目前能获取原油中更多硫氮信息的可行方法，这种技术的应用对原油评价、炼厂工艺优化、生产问题排查等非常重要[59]。

AC 公司也开发了快速测定石油馏分的烃、硫、氮模拟蒸馏仪（CNS SIMDIS），采用 GC-FID-SCD-NCD 联用技术，可以同时分析不同石油馏分和原油中烃类化合物、硫、氮模拟蒸馏。该分析技术采用反吹方法（系统色谱柱后放空）将碳原子数大于 C_{90} 的重组分切出分析系统，减少了重组分在分析系统内残留，有效地保护了分离系统，SCD 和 NCD 的检测限为 50×10^{-6}。图 5-34 是采用烃硫氮模拟蒸馏仪测定的原油硫、氮沸点分布（AC 公司提供），与烃类化合物的沸点分布图形相近。

实验室也采用 GC-FID-SCD（并联）和 GC-FID-NCD（并联）技术测定了石油馏分中的硫、氮分布，并应用于重馏分油的硫、氮测定。图 5-35 是同一 VGO 油中硫分布和氮分布的色谱，图 5-36 是对应 VGO 油中硫分布和氮分布的馏程，图 5-36 直观表明硫分布的初馏点要低于氮分布的初馏点。

现在也已有测定重馏分油硫元素馏程分布的相关标准 ASTM D7807[63]，可以用于 55~538℃ 馏分油的分析。实验室正在起草测定 55~538℃ 馏分油中硫沸点分布、氮沸点分布石化行业标准。

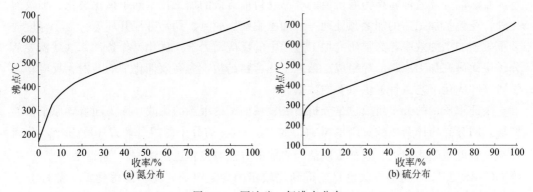

(a) 氮分布

(b) 硫分布

图 5-34　原油硫、氮沸点分布

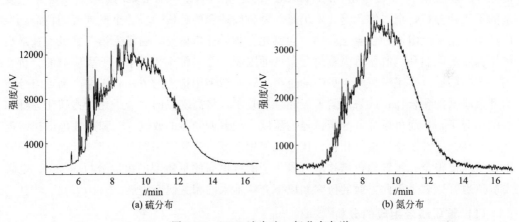

(a) 硫分布

(b) 氮分布

图 5-35　VGO 油中硫、氮分布色谱

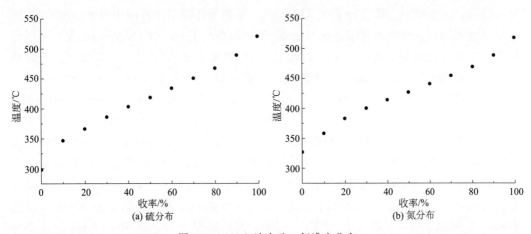

(a) 硫分布

(b) 氮分布

图 5-36　VGO 油中硫、氮沸点分布

5.2.3　重质油烃、硫、氮组成分析

为了提高原油的利用率，降低原油加工的总体成本，石油工业面临的挑战就是将更

重的石油馏分和渣油转换为有价值的产品。目前有效的加工技术除了催化裂化、加氢裂化外，还包括加工前的加氢预处理——加氢脱硫、脱氮、稠环芳烃开环等。为了深度提升重质油加工的效率，必须研究加工过程中的反应动力学，优化操作条件，这就需要从分子层面研究加工原料的烃组成、杂原子化合物结构，为高效催化剂的开发、反应动力学研究和优化工艺条件提供重要的数据。

表征重质油的分子组成也是分析研究领域面临的艰难的挑战，因为随着碳原子数的增加，同分异构体会成数量级的增加，如 $C_{20} \sim C_{60}$ 馏分中的组分超过 100 万个，分离和表征难度也随之增大。表征重质油烃组成的方法有液相色谱法[64]、质谱法[65,66]、一维 GC-MS 法[67]，这些方法也只能得到比较粗的烃族组成，尚不能得到重质油烃分子结构信息。高分辨的傅里叶变换回旋共振质谱（FT-ICRMS）被认为是表征重质油分子信息一种新技术[68,69]，但是，FT-ICRMS 的定量仍然是一项艰难的工作。对于组成复杂的重质油分析，全二维色谱技术仍是一种比较适合的分析手段，全二维气相色谱已经广泛用于柴油烃组成、含硫化合物、含氮化合物的分析研究，由于受第二维极性柱最高使用温度的限制和调制器解吸重组分温度的限制，全二维气相色谱用于重质油的分析受到一定的限制。为了分析沸点更高的重组分，一般采用衍生的方法将极性高沸点组分转为沸点略低的化合物；或采用裂解气相色谱技术，将高沸点的大分子化合物转化为低沸点的小分子，从而可以降低分析试样的温度。随着调制器的改进[70]和极性色谱柱耐温性的提高，提高了全二维气相色谱技术的使用温度，改善了调制器快速解吸重组分的效果，从而使得全二维气相色谱技术可以用于沸点更高的重质油的组成分析[70~73]。笔者实验室也开始着手于此方面的研究。以下介绍他人的相关研究进展。

（1）重质油烃组成的分析

Rathbun[70] 通过对分离系统的优化，将 GC×GC 技术用于减压瓦斯油（VGO，减压蜡油）的分析，主要进行了以下优化：a. 采用了热稳定性好的中极性 BPX50 柱作为第二维色谱柱，将色谱柱温度提高至 340℃，即提高了 GC×GC 的分析温度，可以分析沸点更高的重组分，又防止了柱温高于 345℃ 时重组分 C—S、C—N、C—C 断裂而引起的裂解和结焦。b. 二维色谱柱的配置为第一维非极性柱 Rtx-1（10m×0.1mm×0.4μm）、第二维中极性柱 BPX50（1m×0.1mm×0.1μm），两根柱置于同一柱箱中。由于采用短的、薄液膜的色谱柱，降低了重组分的流出温度，nC_{48} 也可以在柱温保持于 340℃ 时流出。此外，采用短色谱柱时，重组分即使在较高的柱温下的保留时间也非常短，降低了重组分的热裂解。c. 优化了调制器的冷喷流量，既防止了冷喷流量过大而引起的重组分不能脱附或延迟脱附现象，又防止了因冷喷不足而导致的轻组分不能冷聚焦而拖尾的问题，通过优化调制器的冷喷流量和自动控制，得到了 Gaussian 分布色谱峰。d. 采用了程序升温汽化（PTV）技术，起始温度 40℃，以 360℃/min 的速率升温至 340℃。降低了宽馏分试样高温气化分流的歧视效应，也降低了大分子组分的热分解。Rathbun 在优化 GC×GC 分析方法的基础上，将该 GC×GC 方法应用于 345~540℃ 的 VGO 的详细组成分析，采用 GC×GC-TOFMS 定性分析了 VGO 的组成，采用 GC×GC-FID 定量分析了烃组成含量。为了评价方法的回收率，将 GC×GC-FID 得到的定量分析数据转化为按照沸点分布的馏程数据，并与 ASTM D7213 和 ASTM

D2887 模拟蒸馏数据进行了比对，沸点分布的数据基本一致，再现性在 ASTM D2887 规定的范围内。用该方法可以分析 $C_5 \sim C_{48}$（36～565℃）重质油的烃组成分析。

Dutriez 等[71,72] 采用高温 GC×GC 技术分析研究了重质油的烃组成。Dutriez 等采用与 Rathbun[70] 相近的分离短柱，第一维分离柱为 $10m \times 0.32mm \times 0.1\mu m$ 的 DB1-HT 非极性柱，第二维分离柱为 $1m \times 0.1mm \times 0.1\mu m$ 的 BPX50 中极性柱。柱箱温度从 100℃ 以 2℃/min 升温至 370℃。由于采用了宽口径、更薄液膜的第一维色谱柱，缩短了组分在色谱柱的停留时间，降低重组分的流出温度；此外，将柱箱终止温度提升到 370℃，可以分析沸点更高的重组分。从而将分析重质油的温度拓宽至 700℃，碳数高达 nC_{60}。Dutriez 等用此 GC×GC 技术分析了来自不同国家、不同工艺的 12 种直馏 VGO、加氢裂化 VGO、脱沥青油（DAO）和 VGO-DAO 混合油，VGO 的馏程在 300～580℃，脱沥青油的馏程为 450～710℃。不同产品、工艺的 VGO 的 GC×GC 图有明显的差异，采用饱和烃和芳烃标准品确定烃族和不同芳环区域，GC×GC 分析数据表明，大多数 VGO 烃族组成的定量结果与 LC 法和 MS 法基本一致。根据 GC×GC 的定性定量数据，还可以得到饱和烃、单环芳烃、二环芳烃、三环芳烃、四环芳烃的族组成模拟蒸馏色谱图及沸点分布曲线，族组成沸点分布图可以直观反映不同 VGO 的饱和烃、单环芳烃、二环芳烃、三环芳烃、四环芳烃差异。与 LC 法和 MS 法相比，GC×GC 分析 VGO 时提供的信息更为详细。由于胶质流出在四环芳烃区域，被视为芳烃计算，导致芳烃含量计算偏高；由于 VGO 和 DAO 组成非常多，第二维中极性柱又比较短，不能将饱和烃与单环芳烃有效分离，特别是环烷烃与单环芳烃，从而导致饱和烃含量计算偏低。此外，因 DAO 中重组分不能全部流出 GC×GC 的分离系统，GC×GC 尚不能用于 DAO 的高沸点组分的分析。

（2）重质油中含氮化合物

重质油中的含氮化合物不仅影响其脱杂处理效果和加工效果，还影响其加工产品的质量。含氮化合物中的中性含氮化合物不容易被加氢转化，碱性含氮化合物又有碍于加氢处理反应，特别是加氢脱硫反应；此外，在加氢转化过程中，碱性含氮化合物会使催化剂的酸性活性点中毒，导致催化剂效率降低；而且由于碱性含氮化合物易结焦或形成胶质，附着于催化剂表面，导致催化剂活性降低。为了进一步认识加氢过程的这些中毒反应机理，以及开发有效地脱除重质油中的含氮化合物技术，需要从分子层面认识含氮化合物的结构、分布等重要信息。

关于轻质油、中间馏分油中含氮化合物组成分析的研究及报道都比较多。但是，关于重质油中含氮化合物的分析报道还比较少。尽管质谱法可以得到族组成的定量分析数据，但是，由于含有大量含氮化合物的胶质在样品前处理时被除去，所测定的含氮化合物数量有限。FT-ICT/MS 提供了一种新的定性分析重质油中含氮化合物的方法[74,75]，可以有效辨识高碳数的含氮化合物，但是，其定量仍然是一个问题。与这些方法相比，GC×GC 技术不失为一种可以考虑的可行方法，通过使用热稳定性好的中极性柱和缩短的色谱柱长，可以将 GC×GC 技术用于更高沸点的 VGO 的分析[71,72]。改善极性固定相的热稳定性仍然是拓宽重质油分析努力的方向，基于离子液的新型固定相的应用[76]，提高了对待测组分的选择性[77]；此外，离子液固定相因其蒸汽压，还具有良好的热稳定性[78]。因此，采用离子液柱作为分离柱的 GC×GC 技术已经用于测定中间馏分油烃组成[77,79] 和含硫、含氮化合物[80]，也已经应用到重质油中含氮化合物的分析研究[81]。

Dutriez 等[81] 采用不同色谱柱配置的 GC×GC 技术分析研究了重质油 VGO 中的含氮化合物。研究了不同固定相、不同几何尺寸的色谱柱及不同连接方式对含氮化合物分离效果的影响。使用的色谱柱及连接方式见表 5-18，其中使用了离子液色谱柱 IL-59，色谱柱之间的连接方式有正相连接和反相连接。采用含氮化合物的标准样品对不同方法的分离效果进行了评价，在方法 B 中使用了较长的第一维非极性柱，减少了含氮化合物在第二维柱上的峰展宽效应；因离子液柱对中性含氮化合物有较强的吸附作用，在方法 C 中尽管使用了短离子液柱，仍对中性含氮化合物有良好的保留效果，但是对碱性含氮化合物吸附性很低，方法 C 对碱性含氮化合物分离不好；方法 D 的色谱柱类型与方法 B 的相同，但是连接方法相反，由于多芳环含氮化合物在第一维保留时间太长，流出温度过高，以至于高沸点的组分在第二维上难以合理地分离；为了降低流出温度，在方法 E 中缩短了第一维中极性柱的柱长，但是，第二维的分离效果仍不理想。通过对不同方法测定标准样品分离度、峰对称性的综合评价，确定方法 B 比较满意。为了便于用方法 B 分析实际的 VGO 油中的含氮化合物，Dutriez 等采用离子交换色谱法，预先将 VGO 油中的含氮化合物进行了预分离，得到了碱性含氮化合物和中性含氮化合物，采用 GC×GC-TOFMS 以及碱性含氮化合物标准、中性含氮化合物标准确定了分离出的含氮化合物结构或类别，并确定了 GC×GC 图中不同类含氮化合物的区域，并采用 GC×GC-NCD 定量分析了所分离出碱性含氮化合物和中性含氮化合物。Dutriez 等尝试用 GC×GC 技术分析重质油中含氮化合物的结果，有助于认识重质油中含氮化合物，为重质油加工提供有价值的数据；同时也有助于今后进一步深入研究重质油中的含氮化合物。

表 5-18　分离含氮化合物的 GC×GC 色谱柱及操作条件

方式	第一维色谱柱	第二维色谱柱	柱箱温度
A	DB1-HT(10m×0.32mm×0.1μm)	BPX-50(0.5m×0.1mm×0.1μm)	90～360℃,2℃/min
B	DB5-HT(30m×0.32mm×0.1μm)	BPX-50(1.5m×0.1mm×0.1μm)	90～360℃,2℃/min
C	DB5-HT(30m×0.32mm×0.1μm)	IL-59(0.5m×0.1mm×0.08μm)	90～330℃,2℃/min
D	BPX-50(30m×0.25mm×0.1μm)	DB1-HT(1.5m×0.1mm×0.1μm)	90～360℃,2℃/min
E	BPX-50(10m×0.25mm×0.1μm)	DB1-HT(5.5m×0.1mm×0.1μm)	90～360℃,2℃/min

(3) 重质油中含硫化合物

硫是原油中的主要杂原子，尽管在轻质馏分中硫含量较低，但是在原油及重质油中硫含量较高。重质油中的含硫化合物不仅加速设备及管道的腐蚀，还能引进重质油脱杂、裂解等加工处理时催化剂中毒，所以，在重质油加工处理前需要通过萃取、吸附、加氢等技术脱除重质油中的含硫化合物。在重质油脱硫技术开发中，需要分析研究重质油中含硫化合物，特别是在当今提出分子炼油的技术时代，为了从分子层面研究脱硫技术，需要从分子水平来认识重质油中含硫化合物的结构。

分析石油产品中含硫化合物常用的方法有气相色谱与硫选择性检测联用技术（GC-SCD、GC-AED、GC-PFPD），这些技术已经广泛用于轻质油品含硫化合物的测定。对于组成较为复杂的中间馏分，目前主要采用全二维气相色谱与 SCD、AED、PFPD 等检测器联用技术测定含硫化合物。对于组成更为复杂的重质油，比较成熟的技术有质谱法[82]和傅里叶变换回旋共振质谱法（FT-ICR/MS）[83]，目前使用最多的是 FT-ICR/MS 技术[84,85]。随着热稳定性好的中极性和离子液柱的使用，使得 GC×GC 技术可以用于重质油的分析[72,81,86]。

Mahe 等[86] 采用类似分析重质油 VGO 中的含氮化合物的方法，分析研究了测定 VGO 油中含硫化合物的 GC×GC 技术。研究了不同固定相、不同几何尺寸的色谱柱及不同连接方式对含硫化合物分离效果的影响，研究了 8 种分离方法，4 种为正相连接，另外 4 种为反相连接，使用的色谱柱及连接方式见表 5-19。Mahe 等首先采用一维 GC-SCD 对模型含硫化合物进行分析，对所选用的色谱柱的选择性进行了评价，评价结果表明，IL59 和 Mega Wax-HT 两种色谱柱对芳香性高的含硫化合物的选择性要优于 BPX-50、DB1-HT 和 DB5-HT。而 BPX-50、DB1-HT 和 DB5-HT 三种色谱柱对高烷基化的含硫化合物的选择性要优于 IL59 和 Mega Wax-HT。因此，在正相连接中，BPX-50、DB1-HT、DB5-HT 应该作为第一维分离柱，IL59 或 Mega Wax-HT 作为第二维分离柱；在反相连接中，两类分离柱的连接恰好相反，IL59 或 Mega Wax-HT 作为第一维分离柱，从而可以更好地分离含硫化合物。为了评价 8 种方法的分析效果，作者采用满意度评价方法（desirability functions），即以 GC×GC 的总分离度、峰对称因子、峰容量和保留时间为依据，以模型混合含硫化合物为研究对象，进行了综合评价。评价结果为：在正相连接的 4 种方法中，方法 A 的分离效果最好；在 4 种反相连接的方法中，方法 F 分离效果最好。这与一维 GC-SCD 的试验结果有吻合之处，DB5-HT 分离高烷基化含硫化合物效果最好，IL59 适用于按照类型分离含硫化合物，BPX-50 对高芳香性和高烷基化的含硫化合物选择性更好。从分离角度看，对于以含芳香性含硫化合物为主的 VGO 油，反相连接的方法 F、方法 E、方法 G 的分离效果优于正相连接的方法。作者采用方法 A 和方法 F 对 VGO 油中的含硫化合物进行定性和定量分析，采用标准化合物和 GC×GC-TOFMS 方法定性，GC×GC-SCD 定量。为了便于分析，采用以 Pd-硅胶柱为分离柱的 HPLC 预分离出含硫化合物。分析结果表明，按照族分离含硫化合物时，方法 F 的效果优于方法 A，尤其是对环烷基并苯并噻吩类（如四氢萘并苯并噻吩）；按照碳数定量分析含硫化合物时，方法 A 的效果要优于方法 F，用方法 A 可以获得硫沸点分布信息。在方法 F 中，IL59 柱受离子液耐温性的影响，在高温下会出现低的柱流失，影响高沸点含量化合物如二萘并噻吩类方法的准确定量。所以，可以根据实际工作需要，采用不同连接 GC×GC 技术，获取所需的关于重质油中含硫化合物的信息。

表 5-19　分离含硫化合物的 GC×GC 色谱柱及操作条件

方式	第一维色谱柱	第二维色谱柱	柱箱温度
A	DB5-HT(30m×0.32mm×0.1μm)	BPX-50(1.2m×0.1mm×0.1μm)	100～370℃,2℃/min
B	DB5-HT(30m×0.32mm×0.1μm)	Mega Wax-HT(70cm×0.1mm×0.1μm)	100～300℃,2℃/min

续表

方式	第一维色谱柱	第二维色谱柱	柱箱温度
C	DB5-HT(30m×0.32mm×0.1μm)	IL-59(1m×0.1mm×0.1μm)	100～300℃,2℃/min
D	BPX-50(20m×0.25mm×0.1μm)	IL-59(1.5m×0.1mm×0.1μm)	100～300℃,2℃/min
E	IL-59(10m×0.25mm×0.2μm)	DB1-HT(80cm×0.1mm×0.1μm)	100～300℃,2℃/min
F	IL-59(10m×0.25mm×0.2μm)	DB5-HT(70cm×0.1mm×0.1μm)	100～300℃,2℃/min
G	IL-59(10m×0.25mm×0.2μm)	BPX-50(50cm×0.1mm×0.1μm)	100～300℃,2℃/min
H	BPX-50(20m×0.25mm×0.1μm)	DB5-HT(3m×0.1mm×0.1μm)	100～370℃,2℃/min

（4）小结

人们一直在探索重质油组成分析技术，近几年 FT-ICR/MS、高温 GC×GC 和其他技术的使用，已经在重质油组成分析方面取得了一定成绩，在分子水平上认识重质油的烃组成、含氮化合物组成、含硫化合物组成迈进了一大步，对于重质油的深度加工非常重要。随着分析研究的深入，还将有更丰富的信息被发掘。

参考文献

[1] GB 19147—2016 用车柴油.

[2] SH/T0606—2005 中间馏分烃类组成测定法（质谱法）.

[3] ASTM D2425—17 Standard Test Method for Hydrocarbon Types in Middle Distillates by Mass Spectrometry.

[4] SH/T 0806—2008 中间馏分芳烃含量的测定 示差折光检测器高效液相色谱法.

[5] ASTM D6591—18 Standard Test Method for Determination of Aromatic Hydrocarbon Types in Middle Distillates—High Performance Liquid Chromatography Method with Refractiue Index Detection.

[6] Liu Z, Phillips J B. Comprehensive two-dimensional gas chromatography using an on-column thermal modulator interface [J]. J. Chromatogr. Sci, 1991, 29 (6): 227-231.

[7] Jens Dalluge, Jan Beens, Udo A, et al. Comprehensive two-dimensional gas chromatography: a powerful and versatile analytical tool [J]. J. Chromatogr. A, 2003, 1000: 69-108.

[8] Vendeuvre C, Ruiz-Guerrero R, Bertoncini F, et al. Comprehensive Two-Dimensional Gas Chromatography by for Detailed Characterisation of Petroleum Products [J]. Oil & Gas, Science and Technology-Rev. IFP, 2007, 62 (1): 43-55.

[9] 路鑫, 武建芳, 吴建华, 等. 全二维气相色谱/飞行时间质谱用于柴油组成的研究 [J]. 色谱, 2004, 22 (1): 5-11.

[10] 牛鲁娜, 刘泽龙, 周建, 等. 不同来源催化裂化柴油馏分中烯烃的组成与分布特点 [J]. 石油学报（石油加工）, 2015, 31 (5): 1097-1102.

[11] UOP 965-10 Total Cycloparaffins and Total Aromatics in Synthetic Paraffinic Kerosene Fuels by Comprehensive Two-Dimensional GC with Flame Ionization Detection.

[12] Vendeuvre C, Ruiz-Guerrero R, Bertoncini F, Duval L, Thiebaut D, Hennion M-C. Characterisation of middle-distillates by comprehensive two-dimensional gas chromatography（GC×GC）: A powerful alternative for performing various standard analysis of middle-distillates [J]. J. Chromatogr. A, 2005, 1086 (1): 21-28.

[13] 马晨菲, 史得军, 何京. 基于全二维气相色谱法的航空煤油组成研究 [A]. 第10届全国石油化工色谱及其他分析技术学术报告会论文集 [C], 2016: 35-36.

[14] 马晨菲, 陈泱, 万春燕, 等. 测定催化柴油组成的全二维气相色谱法 [J]. 石油化工, 2014, 43 (增): 598-599.

[15] Wang F C. Comprehensive three-dimensional gas chromatography mass spectrometry separation of diesel [J]. J. Chromatogr. A，2017，1489：126-133.

[16] ASTM D5186—15 Standard Test Method for Determination of the Aromatic Content and Polynuclear Aromatic Content of Diesel Fuels and Aviation Turbine Fuels By Supercritical Fluid Chromatography.

[17] Beers J，Tijssen R. The characterization and quantitation of sulfur-containing compounds in（heavy）middle distillates by LC-GC-FID-SCD [J]. J. High Resol. Chromatogr.，1997，20（3）：131-137.

[18] 凌凤香，姚银堂，马波，等. 气相色谱-原子发射光谱联用技术测定柴油中硫化物 [J]. 燃料化学学报，2002，30（6）：535-539.

[19] 杨永坛，王征，杨海鹰，等. 气相色谱法测定催化柴油中硫化物类型分布及数据对比 [J]. 分析化学，2005 33（11）：1517-1521.

[20] 秦鹏，王芳，范国宁，等. 直馏柴油催化氧化脱硫前后硫化物的分析研究 [J]. 精细石油化工，2010，27（3）：61-65.

[21] 祝馨怡，刘泽龙，徐延勤，等. 气相色谱-场电离飞行时间质谱测定柴油馏分中含硫化合物的形态分布 [J]. 石油学报，2011，27（5）：797-800.

[22] Wang F C，Robbins W K，Disanzo F，et al. Speciation of sulfur-containing compounds in diesel by comprehensive two-dimensional gas chromatography [J]. J. Chromatogr. Sci.，2003，41（10）：519-523.

[23] Hua R，Li Y，Liu W，et al. Determination of sulfur-containing compounds in diesel oils by comprehensive two-dimensional gas chromatography with a sulfur chemiluminescence detector [J]，J. Chromatog. A，2003，1019：101-109.

[24] 杨永坛，王征. 全二维气相色谱分析直馏柴油中含硫化合物 [J]. 分析化学，2010，38（12）：1805-1808.

[25] Arystanbekova S A，Lapina M S，Volynskii A B. Determination of individual sulfur-containing compounds in liquid hydrocarbon raw materials and their processing products by gas chromatography [J]. J. Anal. Chem.，2017，72（5）：473-489.

[26] 杨永坛，王征，杨海鹰，等. 催化柴油中氮化物分布的气相色谱-原子发射光谱分析方法的研究 [J]. 色谱，2004，22（4）：500-503.

[27] 张月琴. 直馏柴油和焦化柴油中含氮化合物类型分布 [J]. 石油炼制与化工，2013，44（1）：41-45.

[28] 史得军，林骏，杨晓彦，等. 催化裂化柴油中含氮化合物的分离方法 [J]. 石油化工，2014，43：488-490.

[29] Klein G C，Rodgers R P，Marshall A G. Identification of hydrotreatment-resistant heteroatomic species in a crude oil distillation cut by electrospray ionization FT-ICR mass spectrometry [J]. Fuel，2006，85：2071-2080.

[30] Frederick Adam，Fabrice Bertoncini，Nicolas Brodusch，et al. New benchmark for basic and neutral nitrogen compounds speciation in middle distillates using comprehensive two-dimensional gas chromatography [J]. J. Chromatogr. A，2007，1148：55-64.

[31] 史得军，马晨菲，王春燕，等. 焦化柴油碱性含氮化合物的分子表征 [A]. 2015 年中国石油炼制科技大会论文集 [C]，2015：510-514.

[32] Maciel G P S，Machado M E，M E da Cunha. Quantification of nitrogen compounds in diesel fuel samples by comprehensive two-dimensional gas chromatography coupled with quadrupole mass spectrometry [J]. J. Sep. Sci.，2015，38（23）：4071-4077.

[33] 战风涛，吕志凤，王洛秋，等. 催化柴油中的酚类化合物及其对柴油安定性的影响 [J]. 燃料化学学报，2000，28（1）：59-62.

[34] Hazlett R N. Power A J. Phenolic compounds in Bass Strait distillate fuels：their effect on deposit formation [J]. Fuel，1989，68：1112-1117.

[35] 刘泽龙，汪燮卿. 酚类化合物对柴油安性的影响 [J]. 石油学报（石油加工），2001，17（5）：16-20.

[36] 沈健，张立，孙明珠，等. 酚类化合物对催化柴油氧化安定性的影响 [J]. 辽宁石油化工大学学报，2004，24（4）：4-5.

[37] 史权，廖启玲，梁咏梅. GC/MS 分析催化裂化柴油中的酚类化合物 [J]. 质谱学报，1999，20（2）：1-10.

[38] Kolbe N，Oliver van Rheinberg，Jan T. Andersson. Influence of Desulfurization Methods on the Phenol Content and Pattern in Gas Oil and Diesel Fuel ［J］. Energy Fuels，2009，23（6）：3024-3031.

[39] 陈菲，史得军，王春燕，等. 不同工艺条件柴油馏分中酚类化合物的组成与分布 ［A］. 第10届全国石油化工色谱及其他分析技术学术报告会论文集 ［C］，2016：59-60.

[40] Adam F，Bertoncini F，Coupard V，et al. Using comprehensive two-dimensional gas chromatography for the analysis of oxygenates in middle distillates I. Determination of the nature of biodiesels blend in diesel fuel ［J］. J. Chromatogr. A，2008，1186：236-244.

[41] 史得军，马晨菲，陈菲，等. 焦化柴油中酚类化合物组成研究 ［A］. 第10届全国石油化工色谱及其他分析技术学术报告会论文集 ［C］，2016：43.

[42] Eggertsen F T，Groennings S，Holst J J. Analytical Distillation by Gas Chromatography ［J］. Anal Chem.，1960，32：904-909.

[43] Worman J C，Green L E. Simulated Distillation of High Boiling Petroleum Fractions ［J］. Anal Chem.，1965，37：1620-1621.

[44] Trestianu S，Zilioli G，Sironi A，et al. Automatic simulated distillation of heavy petroleum fractions up to 800℃ TBP by capillary gas chromatography. Part I：Possibilities and limits of the method ［J］. J. Sep. Sci.，1985，8（11）：771-781.

[45] Lipsky S R，Dully M L. High temperature gas chromatography：The development of new aluminum clad flexible fused silica glass capillary columns coated with thermostable nonpolar phases ［J］. J High Resol. Chromatogr.，1986，9（12）：725-730.

[46] Mathews R G. Preparation of Fused-silica capillary columns containing the polyarylether sulfone PZ-179 ［J］. J. Chromatogr. Sci.，1989，27（1）：47-54.

[47] Zou N，Tsui Y，Sun J，et al. Stainless steel capillary columns for high temperature gas chromatography ［J］. J. Sep. Sci.，1993，16（3）：188-191.

[48] Curvers J，P. van den Engel. Gas chromatographic method for simulated distillation up to a boiling point of 750℃ using temperature-programmed injection and high temperature fused silica wide-bore columns ［J］. J. High Resol. Chromatog.，1989，12（1）：16-22.

[49] Reddy K M，Wei B，Song C. High-temperature simulated distillation GC analysis of petroleum resids and their products from catalytic upgrading over Co-Mo/A1203 catalyst ［J］. Catal. Today，1998，43：187-202.

[50] 陈凤娥，张瑞风. 大口径毛细管柱气相色谱高温模拟蒸馏法测定重质油馏程 ［J］. 仪器分析，2005，1：42-45.

[51] ASTM D2887—16a Standard Test Method for Boiling Range Distribution of Petroleum Fractions by Gas Chromatography.

[52] ASTM D6352—15 Standard Test Method for Boiling Range Distribution of Petroleum Distillates in Boiling Range from 174℃ to 700℃ by Gas Chromatography.

[53] ASTM D7169—18 Standard Test Method for Boiling Point Distribution of Samples with Residues Such as Crude Oils and Atmospheric and Vacuum Residues by High Temperature Gas Chromatography.

[54] ASTM D7213—15 Standard Test Method for Boiling Range Distribution of Petroleum Distillates in the Boiling Range from 100℃ to 615℃ by Gas Chromatography.

[55] ASTM D7500—15 Standard Test Method for Determination of Boiling Range Distribution of Distillates and Lubricating Base Oils—in Boiling Range from 100℃ to 735℃ by Gas Chromatography.

[56] ASTM D7798—15 Standard Test Method for Boiling Range Distribution of Petroleum Distillates with Final Boiling Points up to 538℃ by Ultra Fast Gas Chromatography（UF GC）.

[57] Shearer R L，Meyer L M. Simultaneous measurement of hydrocarbons and sulfur compounds using flame ionization and sulfur chemiluminescence detection for sulfur simulated distillation ［J］. J. High Resol. Chromatogr.，1999，22，（7）386-390.

[58] Chakravarthy R，Savalia A，Kulkarni S，et al. Simultaneous Determination of Hydrocarbon，Nitrogen，

Sulfur, and Their Boiling Range Distribution in Vacuum Gas Oil Using a High Temperature CNS-SimDis Analyzer [J]. Energy & Fuels, 2016, 30 (5): 4274-4282.

[59] Chakravarthy R, Naik G N, Savalia A, et al. Simultaneous Determination of Boiling Range Distribution of Hydrocarbon, Sulfur, and Nitrogen in Petroleum Crude Oil by Gas Chromatography with Flame Ionization and Chemiluminescence Detections [J]. Energy & Fuels, 2017 31 (3): 3101-3110.

[60] 梁冰, 吴建华, 欧庆瑜, 等. 石油馏分油中多元素的气相色谱-原子发射光谱联用模拟蒸馏研究 [J]. 分析化学, 2000, 28 (4): 397-402.

[61] 梁冰, 王永莉, 李辰. GC-AED 多元素模拟蒸馏在地质学中的应用研究 [J]. 沉积学报, 2004, 22 (增刊): 129-134.

[62] Young R J, Fujinari E M. Simulated distillation-chemiluminescent nitrogen detection: SimDis-CLND [J]. Developments in Food Science, 1998, 39: 425-430.

[63] ASTM D7807—12 Standard Test Method for Determination of Boiling Range Distribution of Hydrocarbon and Sulfur Components of Petroleum Distillates by Gas Chromatography and Chemiluminescence Detection.

[64] ASTM D2549—02 (2017) Standard Test Method for Separation of Representative Aromatics and Nonaromatics Fractions of High-Boiling Oils by Elution Chromatography.

[65] ASTM D2786—91 (2016) Standard Test Method for Hydrocarbon Types Analysis of Gas-Oil Saturates Fractions by High Ionizing Voltage Mass Spectrometry.

[66] ASTM D3239—91 (2016) Standard Test Method for Aromatic Types Analysis of Gas-Oil Aromatic Fractions by High Ionizing Voltage Mass Spectrometry.

[67] Brodskii E S, Shelepchikov A A, Kalinkevich G A, et al. Type Analysis of Petroleum Heavy Distillates and Residua by Gas Chromatography/Mass Spectrometry [J]. Petroleum Chemistry, 2014, 54 (1): 29-37.

[68] Stanford L A, Kim S, Rodgers R P, et al. Characterization of Compositional Changes in Vacuum Gas Oil Distillation Cuts by Electrospray Ionization Fourier Transform-Ion Cyclotron Resonance (FT-ICR) Mass Spectrometry [J]. Energy & Fuels, 2006, 20 (4): 1664-1673.

[69] McKenna A M, Purcell J M, Rodgers R P, et al. Heavy Petroleum Composition. 1. Exhaustive Compositional Analysis of Athabasca Bitumen HVGO Distillates by Fourier Transform Ion Cyclotron Resonance Mass Spectrometry: A Definitive Test of the Boduszynski Model [J]. Energy & Fuels, 2010, 24 (5): 2929-2938.

[70] Rathbun W. Programmed automation of modulator cold jet flow for comprehensive two-dimensional gas chromatographic analysis of vacuum gas oils [J]. J. Chromatogr. Sci., 2007, 45 (10), 636-642.

[71] Dutriez T, Courtiade M, Thiebaut D, et al. High-temperature two-dimensional gas chromatography of hydrocarbons up to nC_{60} for analysis of vacuum gas oils [J]. J. Chromatogr. A, 2009, 1216: 2905-2912.

[72] Dutriez T, Courtiade M, Thiebaut D, et al. Improved hydrocarbons analysis of heavy petroleum fractions by high temperature comprehensive two-dimensional gas chromatography [J]. Fuel, 2010, 89 (9): 2338-2345.

[73] Mahe L, Courtiade M, Dartiguelongue C, et al. Overcoming the high-temperature two-dimensional gas chromatography limits to elute heavy compounds [J]. J. Chromatogr. A, 2012, 1229: 298-301.

[74] Qian K, Rodgers R P, Hendrickson C L, et al. Reading Chemical Fine Print: Resolution and Identification of 3000 Nitrogen-containing Aromatic Compounds from a Single Electrospray Ionization Fourier Transform Ion Cyclotron Resonance Mass Spectrum of Heavy Petroleum Crude Oil [J]. Energy & Fuels, 2001, 15 (2): 492-498.

[75] Chen X, Liu Y, Wang J, et al. Characterization of nitrogen compounds in coker gas oil by electrospray ionization Fourier transform ion cyclotron resonance mass spectrometry and Fourier transform infrared spectroscopy [J]. Appl. Petrochem. Res., 2014, 4 (4): 417-422.

[76] Armstrong D W, Payagala T, Sidisky L M. The advent and potential impact of ionic liquid stationary phases in GC and GC × GC [J]. LC GC Europe, 2009, 22: 459-467.

[77] Hantao L W, Najafi A, Zhang C, et al. Tuning the selectivity of ionic liquid stationary phases for enhanced separation of nonpolar analytes in kerosene using multidimensional gas chromatography [J]. Anal. Chem.,

2014，86 (8)：3717-3721.

[78] Payagala T，Zhang Y，Wanigasekara E，et al. Trigonal Tricationic Ionic Liquids：A Generation of Gas Chromatographic Stationary Phases [J]. Anal. Chem.，2009，81 (1)：160-173.

[79] Zhang C，Park R A，Anderson J L. Crosslinked structurally-tuned polymeric ionic liquids as stationary phases for the analysis of hydrocarbons in kerosene and diesel fuels by comprehensive two-dimensional gas chromatography [J]. J. Chromatogr. A，2016，1440：160-171.

[80] Cappelli F F，Souza-Silva É A，dS. J. Macedo，et al. Characterization of sulfur and nitrogen compounds in Brazilian petroleum derivatives using ionic liquid capillary columns in comprehensive two-dimensional gas chromatography with time-of-flight mass spectrometric detection [J]. J. Chromatogr. A.，2016，1461：131-143.

[81] Dutriez T，Borras J，Courtiade M，et al. Challenge in the speciation of nitrogen-containing compounds in heavy petroleum fractions by high temperature comprehensive two-dimensional gas chromatography [J]. J. Chromatogr. A，2011，1218：3190-3199.

[82] Fafet A，Bonnard J，Prigent F. New developments in mass spectrometry for group-type analysis of petroleum cuts. Ssecond part：development and validation of a new inlet system for heavy cuts [J]. Oil Gas Sci. Technol.，1999，54 (4)：453-462.

[83] Al-Hajji A A，Muller H，Koseoglu O R. Characterization of Nitrogen and Sulfur Compounds in Hydrocracking Feedstocks by Fourier Transform Ion Cyclotron Mass Spectrometry [J]. Oil Gas Sci. Technol.，2008，63 (1)：115-128.

[84] Lobodin V V，Juyal P，McKenna A M，et al. Silver Cationization for Rapid Speciation of Sulfur-Containing Species in Crude Oils by Positive Electrospray Ionization Fourier Transform Ion Cyclotron Resonance Mass Spectrometry [J]. Energy & Fuels，2014，28 (1)：447-452.

[85] 刘颖荣，刘泽龙，王威，等. 不同工艺蜡油中含硫芳烃化合物的类型分布 [J]. 石油学报（石油加工），2015，31 (4)：1009-1016.

[86] Mahe L，Dutriez T，Courtiade M，et al. Global approach for the selection of high temperature comprehensive two-dimensional gas chromatography experimental conditions and quantitative analysis in regards to sulfur-containing compounds in heavy petroleum cuts [J]. J. Chromatogr. A，2011，1218：534-544.

第6章

石油化工有机小分子和中间产品的分析

　　大分子石油烃经过热裂解、催化裂化、加氢裂化等反应，可以裂解为小分子烃，这些小分子混合烃富含烯烃、芳烃，经过相应装置的分离精制，可以得到高纯度的单体烯烃、二烯烃、芳烃，如乙烯、丙烯、丁二烯、苯乙烯、苯、甲苯、乙苯。此外，有些小分子混合烃经过分子重排反应、叠合反应、歧化反应，同样可以获得使用价值更高的其他小分子烃，如重石脑油经过铂重整可以得到富含低分子芳烃化合物；混合物 C_4 在催化剂的作用下经过芳构化反应也可以获得富含低分子芳烃的混合烃，这些均是提取苯、甲苯、二甲苯的良好原料；甲苯与 C_9 芳烃通过歧化反应和链转移反应可以得到高附加值的 C_8 芳烃，是生产对二甲苯（PX）的原料。分离出的高纯度小分子单体烯烃，如乙烯、丙烯、丁二烯、1-丁烯、异戊二烯、苯乙烯等，是合成三大高分子材料的主要聚合单体；分离出的有些单体烃还可以经过进一步反应转化为其他高附加值的中间体或产品，如粗丙烯经过氨氧化反应得到丙烯腈，乙苯经过氧化脱氢制取苯乙烯，丁烷氧化制得丁二烯，抽余 C_4 经过醚化得到甲基叔丁基醚（MTBE），MTBE 经过催化裂解可以制取高纯度异丁烯等；分离出的苯、甲苯、乙苯、二甲苯等芳烃是良好的溶剂，也可以用于生产其他化工产品，如苯可以用于生产乙苯制苯乙烯，苯也可以用于生产苯酚、硝基苯、苯胺等。所以，这些小分子化合物构成了石油化工生产的基础有机原料，是现代化学工业的基石，生活中的许多用品来自这些原料合成的初始产品，冰箱板材、洗衣机外壳、汽车保险杠外壳、电视机外壳、塑料水杯、人造纤维等均来自合成树脂和纤维材料，汽车轮胎、胶鞋底、塑胶跑道等来自合成橡胶。

　　在用这些小分子烃生产高分子聚合物或其他材料时，这些小分子化合物中杂质和纯度可直接影响后续的生产和产品质量，有些杂质可能会导致后续反应催化剂的中毒、活性降低甚至失活，使生产无法进行，如乙烯/丙烯中的炔烃、含硫化合物、含氧化合物等。因此，在生产和使用这些低分子化合物时，需要分析其纯度和杂质等，特别是对后加工和产品质量有影响的组分。在分析技术中，适合这类小分子有机原料分析的主要技术是气相色谱法或气相色谱-质谱法。本章介绍气相色谱及联用技术在分析这些石油化工有机小分子中的应用，也包括聚合生产和单体烃分离过程中所用其他溶剂、抽提剂的分析。

6.1　主要中间产品和助剂

石油化工的主要中间产品和终产品有以下几种。

1）烯烃　主要是合成高分子材料的聚合单体。合成树脂用聚合单体主要有乙烯、丙烯、苯乙烯、丙烯腈、丁二烯等，此外还有1-丁烯、1-己烯、1-辛烯等；合成橡胶用主要聚合单体有丁二烯、异戊二烯、苯乙烯、丙烯腈等，在乙丙橡胶中用到乙烯、丙烯；合成纤维用主要聚合单体有丙烯腈、丙烯等。

2）芳烃　苯、甲苯、二甲苯、混合三甲苯、$C_6 \sim C_9$ 混合芳烃。

3）醚类　MTBE。

4）单体分离和聚合生产中使用的主要溶剂、抽提剂、助剂　己烷、异戊烷、氯丁烷、乙腈、环丁砜等。

5）混合烃　C_5、C_9。

本章将主要介绍上述产品、助剂、中间体的分析。

6.2　聚合单体乙烯和丙烯的分析

乙烯主要来自轻质石油烃热裂解装置，丙烯主要来自轻质石油烃热裂解装置和重质油催化裂化装置。乙烯、丙烯是聚乙烯、聚丙烯的主要聚合单体，也是合成乙丙树脂和乙丙橡胶的主要原料。丙烯还可以用于生产丙烯腈和环氧丙烷，丙烯腈又是生产 SAN、ABS、腈纶等的主要原料，环氧丙烷是生产聚氨酯的主要原料。

在乙烯、丙烯生产过程中，尽管经过加氢、精制等除杂处理，乙烯、丙烯中仍会残留微量的杂质，在乙烯、丙烯聚合反应时这些微量杂质可能会导致催化剂中毒、活性降低甚至失活，也可能影响聚合物的产品质量。轻质石油烃热裂解制得的乙烯、丙烯中杂质相对较少，而重质油催化裂化制取的丙烯中杂质相对较多，所以炼厂丙烯在聚合过程中导致催化剂中毒、活性降低的生产事件相对多于热裂解丙烯、乙烯聚合。本节介绍乙烯、丙烯中杂质对聚合的影响和分析，以及分析痕量极性杂质的注意事项。

6.2.1 乙烯和丙烯中的杂质及其对催化剂的影响

乙烯、丙烯中的杂质主要有以下几类。

1）烃类 有饱和烃及不饱和烃，其中不饱和烃中的炔烃、二烯烃对催化剂性能影响大。

2）含氧化合物 主要有 CO、CO_2、醇、水、醚等。

3）含硫化合物 如硫化氢、羰基硫、硫醇等。

4）含砷化合物 如砷化氢、有机砷。

5）含磷化合物 如磷化氢、有机磷等。

6）含氮化合物 如氮氧化物、胺类等。

乙烯、丙烯中的这些杂质大多数会引起催化剂活性中心中毒，致使催化剂活性降低或失活，现在已知可导致聚合催化剂中毒的物质有 20 多种。对于高效催化剂，其活性物质 $TiCl_4$ 仅占全部催化剂质量的 1%～3%，对乙烯、丙烯原料中的微量杂质更为敏感，极低含量的杂质即可导致催化剂中毒失活，所以有些高效聚合催化剂的耐毒性反而降低，其对聚合级乙烯、丙烯中杂质的含量要求更为苛刻。表 6-1 是聚合级丙烯的指标要求，不同装置、工艺对丙烯杂质要求差别较大，对有些杂质的含量要求已经由几 mg/kg（ppm 级）降低至几十 μg/kg（ppb 级），如对 CO、COS 含量的指标已经降至几十 μg/kg（ppb 级）。

表 6-1 聚合级丙烯的指标要求

成分	GB/T 7716—2002	企业名称			
		兰州石化[1]	延长炼厂[2,3]	镇海炼化 Q/SH 3065 001—2007	锦西石化[4] ABB LUMMUS
丙烯（体积比）/%	≥99.6	≥99.6	≥99.5	≥99.5	≥99.5
乙烯/(mL/m³)	≤50	—	—	≤100	—
乙炔/(mL/m³)	≤2	—	≤5	≤5	—
丙炔+丙二烯/(mL/m³)	≤5	—	≤5	≤20	≤6
丁烯+丁二烯/(mL/m³)	≤5	—	≤150	≤20	—
CO/(mL/m³)	≤2	≤0.2	≤0.02	≤5	≤0.02
CO_2/(mL/m³)	≤5	≤15	≤5	≤10	≤2
氧/(mL/m³)	≤5	≤3	≤2	≤10	≤2
氢/(mL/m³)	—	—	—	—	≤10
COS/(mL/m³)	—	≤0.1	≤0.03	—	≤0.05
总硫/(mg/kg)	≤1	≤1	≤1	≤5	≤1
水/(mg/kg)	≤10	≤4	≤2	≤10	≤1
甲醇/(mg/kg)	≤10	—	—	≤10	≤1
砷/(μg/kg)	—	≤30	≤30	—	≤20
磷/(μg/kg)	—	—	—	—	≤30

根据研究结果，按照致毒机理可以把致毒物分为 3 类：a. 既与烷基铝作用，又与催化剂活性中心作用，使得催化剂中毒，如 CO_2、O_2、H_2S、H_2O、低碳醇，对此增加助催化剂用量可减轻主催化剂中毒程度；b. 只与活性中心作用，使得催化剂永久中毒，如 CO；c. 只吸附在催化剂活性中心上，使得催化剂暂时中毒，当发生解吸时，催化剂活性又恢复到原来状态，如 C_2H_2。

这些杂质不仅会使催化剂失活，导致催化剂活性降低、单耗升高，还可能影响催化剂的定向能力，导致聚合物结构发生变化，如聚丙烯等规度降低、密度降低等。

在聚乙烯和聚丙烯生产中，特别是炼厂丙烯聚合中，发生催化剂中毒的生产问题较多，表 6-2 是有关的丙烯聚合生产催化剂中毒的文献报道。所以，在聚乙烯、聚丙烯生产和催化剂研究过程中，乙烯、丙烯中的杂质的分析技术研究和分析检测也同样备受关注。

表 6-2　丙烯聚合生产催化剂中毒事件

时间	企业名称	生产问题	原因
1998.12	巴陵石化	聚合反应无法进行	水严重超标[5]
1999.06	兰港公司	催化剂单耗增加	丙烯中水含量偏高[6]
2001.12	洛阳石化	生产负荷急剧降低	不饱和烯烃含量超标[7]
2002.08	洛阳石化	催化剂单耗异常升高	丙烷含量过高[7]
2002.10	九江公司	催化剂活性下降	水含量过高[8]
2003.03	洛阳石化	催化剂的活性达到最低点	羰基硫含量超标[7]
2003.11	洛阳石化	催化剂消耗升高	砷含量严重超标[7]
2005.01	克拉玛依合力	催化剂消耗急剧上升	砷含量过高[9]
2005	哈尔滨炼厂	催化剂单耗增加	含硫化合物及其他杂质[10]
2006.03	兰港公司	不迅速聚合	二甲基二硫醚的含量较高[1]
2007.01	兰港公司	催化剂单耗增加	二硫醚、三硫醚的含量较高[11]
2010.03	延安炼油厂	催化剂失活、停车	水、砷含量偏高[12]

6.2.2　乙烯和丙烯中的杂质的分析技术

乙烯和丙烯中可能存在的杂质种类比较多，单台色谱仪难以完成如此多的微量痕量组分的全分析，通常需要同时使用多台配制不同的气相色谱仪来完成，分析工作者也为此开展大量不同的分析研究，相关分析研究报道也比较多[13~18]。近几年分析技术研究的主要关注点是降低分析方法的检测限，对有些关键组分的检测限已经可以达到 10^{-9} 级。现在已经使用的分析技术有以下几种。

1）气相色谱-氢火焰检测器　用于炔烃、二烯烃等有害组分的分析，同时兼顾分析其他烷烃，检测限可以达到 0.5mg/kg（0.5ppm）。

2）气相色谱-硫选择性检测器　常用的检测器有硫化学发光检测器（SCD）和脉冲火焰光度检测器（PFPD），也有电化学硫检测器（ASD）和原子发射光谱检测器（AED）。此技术用于分析 COS、H_2S、硫醇、硫醚、噻吩等，检测限为 $30\sim500\mu g/kg$

（30～500ppb）。

3）气相色谱-氢火焰检测器（配镍转化器）（GC-Ni-FID） 用于分析CO、CO_2等，检测限一般为0.5～5mg/kg（0.5～5ppm）。目前有些聚合工艺要求原料中的CO含量低于$20\mu g/kg$，此技术检测限已经不能满足原料分析的需求。国家标准GB/T 3394—2009[19]适用于乙烯、丙烯中浓度大于$1mL/m^3$的一氧化碳、浓度大于$5mL/m^3$的二氧化碳的测定。也有研究者[14]采用这一技术将CO的检测限降低至$20\mu L/m^3$。

4）气相色谱-氦离子检测器（GC-DID/HID）和气相色谱-脉冲放电氦离子检测器（GC-PDHID） 用于分析CO、CO_2等，检测限可以低至$20\mu g/kg$（20ppb）[15,16]。

5）气相色谱-质谱（GC-MS） 用于H_2O、NH_3、PH_3、COS、H_2S、甲醇、乙醇、MTBE等的分析。对H_2O的检测限为2mg/kg，对NH_3的检测限约为10mg/kg（10ppm），对PH_3的检测限约为$30\mu g/kg$（30ppb），对含硫化合物的检测限约为$50\mu g/kg$（50ppb），对含氧化合物的检测限约为0.3mg/kg（0.3ppm）。

6）气相色谱-电感耦合等离子体-质谱（GC-ICP-MS） 用于含砷化合物、含磷化合物的分析，对含砷化合物检测限约为$0.3\mu g/kg$，对含磷化合物检测限约为$30\mu g/kg$。

7）气相色谱-高分辨质谱（GC-QTOF） 通过选择性扫描获得精确质量数的特征离子，与单质量数分辨的质谱相比，QTOF可以得到质量数更准确的离子，从而通过精确质量数，将低分辨质谱难以分辨的"同质量的"离子区分开，从而可以降低背景干扰，降低检测限。有关GC-QTOF在微量、痕量组分的分析研究比较多，但是，关于用GC-QTOF分析乙烯、丙烯中杂质的研究尚未出现。随着GC-QTOF技术在石油化工中的推广应用，会有相关研究结果出现。

各种技术适用的分析对象及检测限汇总见表6-3。

表6-3 不同分析技术适用的分析对象及检测限

分析技术	分析对象	检测限
GC-FID	炔烃、二烯烃等有害组分，兼顾其他烷烃	0.5mg/kg
GC-SCD、GC-PFPD GC-ASD、GC-AED	COS、H_2S、硫醇、硫醚、噻吩等	$30～500\mu g/kg$
GC-Ni-FID	CO、CO_2等	CO：$1mL/m^3$ CO_2：$5mL/m^3$，$20\mu L/m^{3[14]}$
GC-PDHID	CO、CO_2等	低至$20\mu g/kg$
GC-MS（SIM）	NH_3、PH_3 含硫化合物：COS、H_2S、硫醇等含硫化合物 含氧化合物：H_2O、甲醇、乙醇、MTBE等	H_2O：2×10^{-6} NH_3：10mg/kg PH_3：$30\mu g/kg$ 含硫化合物：$50\mu g/kg$ 含氧化合物：0.3mg/kg
GC-ICP-MS	含砷化合物、含磷化合物的分析	含砷化合物：$0.3\mu g/kg$ 含磷化合物：$30\mu g/kg$
GC-QTOF	各种杂质	含硫、氧、磷、砷化合物，$\mu g/kg$级

由于含硫化合物、含砷化合物、含磷化合物、含氧化合物在极性材料表面的吸附性非常强，在分析检测这些痕量化合物时，需要对与试样有接触的取样器、色谱分离系统等所有材料的内表面进行特殊的钝化处理，以便消除或降低吸附。

6.2.3　乙烯和丙烯中烃杂质的分析

通常采用 GC-FID 技术分析乙烯、丙烯中烃杂质，分离柱为适用于低碳烃分离的氧化铝 PLOT 柱。

图 6-1 是采用大口径氧化铝 PLOT 柱分析乙烯中烃类杂质的色谱，烃类杂质的分离良好。分析条件如下。

① 仪器：Varian CP3800。

② 色谱柱：Chrompack Al_2O_3/KCl PLOT 柱 （50m×0.53mm）。

③ 色谱参数：色谱柱起始温度 50℃ （保持 2min），以 5℃/min 速率升温至 195℃ （保持 10min）。柱头压 10psi，气体阀进样，分流比 40∶1。汽化室 150℃，检测器 200℃。

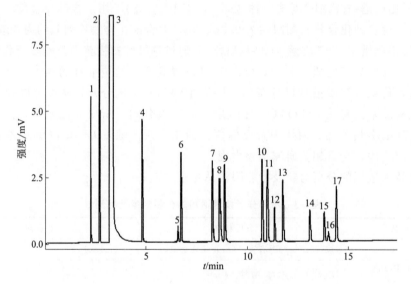

图 6-1　乙烯中的烃组成色谱图

1—甲烷；2—乙烷；3—乙烯；4—丙烷；5—环丙烷；6—丙烯；7—异丁烷；8—乙炔；

9—正丁烷；10—反丁烯；11—正丁烯；12—异丁烯；13—顺丁烯；

14—异戊烷；15—正戊烷；16—丙炔；17—1,3-丁二烯

分析乙烯中痕量乙炔时，还可以采用碳分子筛柱 （如 TDX 01，Carbosieve B）。组分通过分子筛色谱柱时，小分子的组分会先流出，大分子的组分后流出。所以，乙炔会在高含量的乙烯前流出，不受乙烯拖尾的影响，便于乙炔的准确定量。图 6-2 是采用 Agilent CarboBOND PLOT 柱分析乙烯中乙炔的色谱[20]，乙炔含量约为 6.5mg/kg，乙炔检测限为 250μg/kg。如果只检测痕量的乙炔，可以在分子筛柱后安装一个切换阀，通过阀切换将乙烯及其后的组分反吹出，缩短分析时间。图 6-2 的色谱条件如下。

① 色谱柱：Agilent CarboBOND PLOT 柱 （50m×0.53mm×5μm）。

② 色谱参数：色谱柱起始温度 35℃ （保持 7min），以 30℃/min 速率升温至 180℃。柱头压 60kPa，气体阀进样，分流比 5∶1。汽化室 30℃，检测器 250℃。

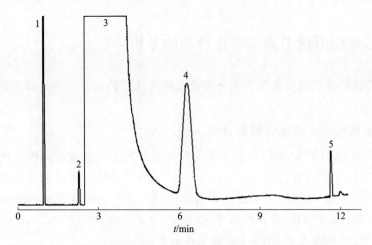

图 6-2　CarboBOND PLOT 柱分析乙烯中乙炔的色谱图

1—甲烷；2—乙炔；3—乙烯；4—乙烷；5—丙烷

图 6-3 是采用大口径氧化铝 PLOT 柱分析丙烯中烃组成的色谱，从丙烯中检测到丙二烯和丙炔等活性组分，其含量为 $0.0003\%\sim0.0004\%$，烃组成及其含量见表 6-4（峰面积归一定量），图 6-3 的色谱条件如下。

① 仪器：Varian CP3800。

② 色谱柱：Chrompack Al_2O_3/KCl PLOT 柱（50m×0.53mm）。

③ 色谱参数：色谱柱起始温度 100℃，保持 1min，以 5℃/min 速率升温至 195℃，保持 10min。柱头压 10psi，气体阀进样，分流比 40：1。汽化室 200℃，检测器（FID）200℃。

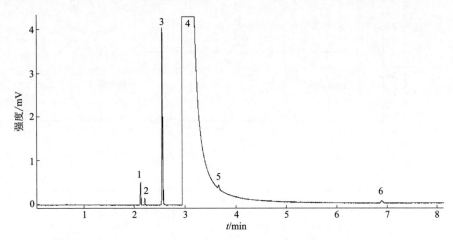

图 6-3　丙烯中烃组成的色谱

1—乙烷；2—乙烯；3—丙烷；4—丙烯；5—丙二烯；6—丙炔

表 6-4　丙烯中烃组成及其含量

峰号	组分	质量分数/%	峰号	组分	质量分数/%
1	乙烷	0.0058	4	丙烯	99.6972
2	乙烯	0.0011	5	丙二烯	0.0003
3	丙烷	0.2952	6	丙炔	0.0004

6.2.4　乙烯和丙烯中杂原子化合物的分析

丙烯、乙烯中微量痕量杂原子化合物是分析关注的热点，因为这些组分易引起聚合催化剂中毒。

(1) 乙烯丙烯中含硫化合物的分析

实验室采用 GC-PFPD 跟踪分析了某炼厂两套丙烯生产装置产丙烯，在丙烯中检测到低含量的 COS，COS 含量为 $0.2\sim0.5\,mg/m^3$，含量偏高，大于指标规定。为此，此炼厂对两套丙烯中的 COS 进行了进一步脱除处理，图 6-4 是处理装置调整过程中的色谱，随着脱除操作条件的优化，丙烯中 COS 的含量逐渐降低至 $0.08\,mg/m^3$ 以下，符合工艺要求，数据见表 6-5。图 6-4 色谱条件如下。

① 仪器：Varian CP3800。

② 检测器：脉冲火焰光度检测器（PFPD），S 模式。

③ 色谱柱：CP-SilicaPLOT，30m×0.53mm×6μm。

④ 色谱参数：起始柱温为 100℃，以 5℃/min 速率升温至 170℃（保留 30min）；阀进样，阀 70℃；进样压力 3.0psi；分流比 2：1；汽化室 210℃，检测器（PFPD）200℃；PFPD 气体参数，空气 1 19.0mL/min，H_2 14.0mL/min，空气 2 10.0mL/min。

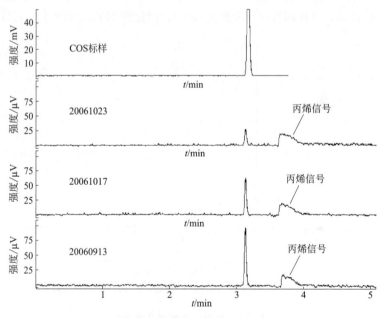

图 6-4　调整工艺过程丙烯中 COS 含量的变化

(2) 乙烯、丙烯中含磷化合物的分析

实验室同样采用 GC-PFPD 分析了不同来源丙烯中的含磷化合物。对比分析了热裂解丙烯和炼厂丙烯，在 001C 炼厂丙烯中检测到一个含量极低的含磷化合物，该含磷

表 6-5　不同装置丙烯脱除 COS 的分析数据

取样时间	COS 含量/(mg/m³)		取样时间	COS 含量/(mg/m³)	
	240kt/a	400kt/a		240kt/a	400kt/a
20060913	0.274	0.331	20061018	0.380	0.490
20060914	0.407	0.137	20061023	0.046	0.079
20060919	0.109	0.108	20061026	0.016	0.031
20060920	0.225	0.129	20061031	0.062	0.064
20061017	0.200	0.190			

化合物含量约为 30μg/kg，色谱见图 6-5。在 PFPD 检测器的磷模式下，PFPD 只对样品中的含磷化合物有响应，可以有效消除或降低烃类化合物基体对痕量含磷化合物的干扰，从而可以实现对低含量含磷化合物的检测。但是，当基质组分含量非常高，进样量又比较大时，高含量的组分有可能引起火焰猝灭，由于 PFPD 可以脉冲式点火，在猝灭时又可以瞬间重新点火，从而保持后续信号的正常检测，克服了 FPD 完全猝灭的问题。图 6-5 中峰 3 就是大量丙烯引起火焰猝灭的信号变化情况，如果待测含硫化合物与丙烯共流出，则难以检测此含磷化合物，需要重新选择色谱柱。图 6-5 的色谱条件如下。

① 仪器：Varian CP3800。

② 检测器：脉冲火焰光度检测器（PFPD），P 模式，3mm 燃烧管。

③ 色谱柱：CP-SilicaPLOT，30m×0.53mm×6μm。

④ 色谱参数：柱温 100℃；柱头压 3psi；气体阀进样，气体阀 50℃；分流比 10∶1；汽化室 80℃，检测器（PFPD）300℃，3mm 喷嘴；PFPD 气体参数，空气 1 17.0mL/min，H_2 14.0mL/min，空气 2 10.0mL/min。

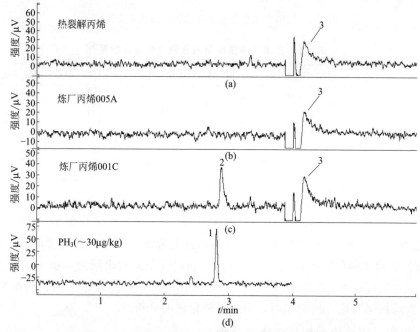

图 6-5　不同来源丙烯中含磷化合物的 GC-PFPD 图

1—PH_3；2—未知含磷化合物，；3—丙烯信号

Agilent 公司采用配有高效离子源（high efficiency source，HES）的 GC-MS 技术，通过选择性离子扫描，解决了乙烯丙烯中低含量 PH_3、AsH_3、H_2S、COS 等组分的同时分析，检测限可以达到几 $\mu g/kg$。图 6-6 是连续分析乙烯中约 $5\mu g/kg$ 的 PH_3、AsH_3、H_2S、COS 等组分的总离子流图的叠加，是在 4 天半时间内连续分析 300 次中每第 50 次的叠加，相对标准偏差小于 6%，最低检测限可以达到 $1\mu g/kg$ 以下，在如此低的浓度下仍可以得到良好的重复性，分析数据见表 6-6[21]。在此条件下分离丙烯中这些组分时，COS 与丙烯共流出，从而影响 COS 的定量。图 6-6 的分析条件如下。

① 色谱条件：色谱柱 CP8580（$120m \times 0.32mm \times 8\mu m$），柱温 35℃，载气 He，恒流 1.2mL/min。

② 质谱条件：离子源 120℃，四极杆 100℃，传输线 60℃，SIM 离子 33、34、60、75、76，用氢气自清洗离子源。溶剂延迟 8min。

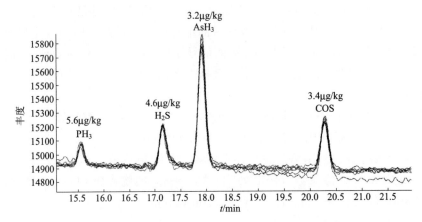

图 6-6　乙烯中痕量杂质的 GC-MS 总离子流图[21]

表 6-6　乙烯中痕量待测组分的分析统计数据

组分	相关系数（R^2）①	相对标准偏差② RSD%	最小检测限/（$\mu g/kg$）
PH_3	0.9996	5.14	0.715
H_2S	0.9995	3.96	0.456
AsH_3	0.9999	0.62	0.063
COS	0.9987	5.06	0.575

① 浓度范围 5～50mg/kg。

② 约 5mg/kg 的浓度，分析 50 次。

宋阳等[17] 研究了用 GC-ICP-MS 直接测定丙烯中痕量砷化氢的方法。采用 GS Gaspro 毛细管柱（$50m \times 0.32mm \times 0.25\mu m$）进行分离，研究了色谱条件、ICP-MS 条件对分析方法检测限的影响，优化后的方法分析砷化氢的检出限为 0.09nL/L，在 5nL/L 和 80nL/L 加标水平下的回收率分别为 102% 和 104%，测定结果的相对标准偏差小于 3%，方法简单快速，已用于丙烯中痕量砷化氢的分析。

（3）乙烯、丙烯中含氧化合物的分析

测定乙烯、丙烯中含氧化合物有相应的国家标准 GB/T 12701—2014[22]，该标准规定采用大口径 Lowox PLOT 柱和大口径聚乙二醇柱分析乙烯、丙烯中的含氧化合物。Lowox PLOT 柱是一种极性非常强的色谱柱，用于分析低碳烃中含氧化合物及其他极性化合物时，可以将含氧化合物与低碳烃完全分离，有效解决了低碳烃基体干扰微量、痕量含氧化合物及其他极性化合物分析的问题，Lowox PLOT 柱对低碳烃中极性组分超强的分离能力已经为色谱工作者所认可，并用于实际应用。用 Lowox PLOT 柱分析乙烯、丙烯中痕量含氧化合物时，同样可以得到满意的结果。图 6-7 是 Agilent 公司采用 Lowox PLOT 柱分析丙烯中甲醇的色谱，甲醇在 Lowox PLOT 柱上保留时间长，而丙烯和丙烯中的其他烃类杂质一并流出，便于甲醇的准确定量，详见 Agilent A01360[23]。

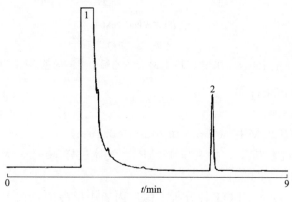

图 6-7 丙烯中甲醇的 GC-FID 色谱图
1—丙烯；2—甲醇

图 6-7 色谱条件如下。

① 色谱柱：Lowox PLOT 柱（10m×0.53mm）。

② 色谱参数：起始柱温 150℃（保持 2min），以 10℃/min 速率升温至 200℃。柱头压 10kPa，气体进样量 50μL。汽化室 200℃，检测器（FID）200℃。

图 6-8(a) 是按照 GB/T 12701—2014 采用大口径 PEG-20M 柱（15m×0.53mm×1.2μm）分析乙烯、丙烯中甲醇的色谱图。采用常规 20m 聚乙二醇 PEG-20M 毛细管柱分析了乙烯中的甲醇，对甲醇的分离效果优于 PEM-20M 大口径柱，分离效果见图 6-8(b)。采用常规 PEG-20M 毛细管柱检测了聚合级乙烯，在乙烯中检测到 14mg/kg（14ppm）的甲醇。

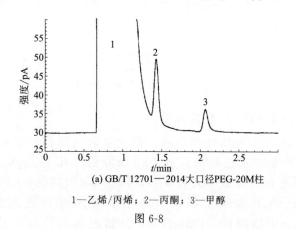

(a) GB/T 12701—2014大口径PEG-20M柱

1—乙烯/丙烯；2—丙酮；3—甲醇

图 6-8

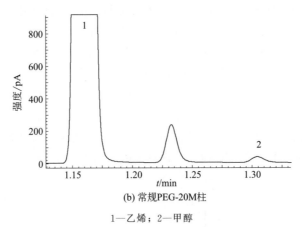

(b) 常规PEG-20M柱

1—乙烯；2—甲醇

图 6-8　采用 PEG-20M 分析乙烯中甲醇的色谱

图 6-8(b) 的色谱条件如下。

① 仪器：HP 6890。

② 色谱柱：PEG-20M 柱（25m×0.20mm×0.1μm）。

③ 色谱参数：柱温 50℃，柱头压 150kPa，气体进样 40μL，无分流进样。汽化室 150℃，检测器（FID）250℃。

图 6-9 是采用 Lowox PLOT 柱分析了炼厂丙烯中甲醇的色谱图，在炼厂丙烯中未检测到甲醇，图 6-9 的色谱条件如下。

① 仪器：Varian CP-3800。

② 色谱柱：Lowox PLOT 柱（10m×0.53mm）。

③ 色谱参数：柱头压 1.0psi，气体进样 40μL，分流比 5:1。柱温 160℃，汽化室 250℃，检测器（FID）250℃。

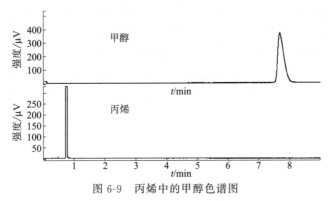

图 6-9　丙烯中的甲醇色谱图

(4) 乙烯、丙烯中 CO、CO_2 的分析

随着丙烯催化剂活性选择性的提高，催化剂对丙烯原料的质量要求也越来越高，对 CO 的浓度含量要求已经由几 mg/kg 级降低至几十 μg/kg 级，对 CO_2 的含量要求的严格程度也有所提高（见表 6-1），国标 GB/T 3394—2009 规定的 GC-Ni-FID 的检测下限已经不能满足需求。现在多采用脉冲放电氦离子化检测器（PDHID）或氦离子化检测器（DID/HID）分析乙烯和丙烯中的痕量 CO、CO_2。

田文卿等[15]采用 GC-DID 分析研究聚合级乙烯和丙烯中痕量 CO、CO_2、CH_4，采用了预柱分离和阀切换方式，将 C_2 以上的重组分切出检测系统，只分析目标化合物，该方法对 CO、CO_2 的检测限分别为 $31\mu L/m^3$、$12\mu L/m^3$，方法相对标准偏差均小于 2%。李思睿等[16]采用 GC-PDHID 分析研究了聚合级乙烯和丙烯样品中痕量 CO 和 H_2，同样采用了预柱分离加阀切换方式，将非目标组分切出检测系统，在分析技术研究中对色谱柱、柱温、进样方式等条件进行了优化，采用了外标法定量，对 CO 定量检测限为 $7.6\mu L/m^3$、定性检出限为 $3.8\mu L/m^3$，加标回收率的相对标准偏差为 0.36%~2.83%。

6.2.5 分析乙烯和丙烯中微量痕量杂原子化合物注意事项

(1) 钝化处理

由于含硫化合物、含砷化合物、含磷化合物、含氧化合物在极性材料表面的吸附性非常强，在分析检测这些痕量化合物时，需要对与试样有接触的取样器、管线、进样阀、切换阀、连接头、汽化室衬管等的内表面进行钝化处理，以便消除或降低吸附。

(2) 标准样品

低含量的标准样品保存时间短，需要即用即配。可以用高浓度的标准样品进行在线稀释；可以用纯物质渗透管在线稀释。在线稀释标准样品时，必须考察稀释比例是否呈线性；此外，如果有条件，最好使用两种浓度的标准样品进行比对分析，对标准样品的准确性进行验证。

(3) 分析过程残留的问题

在日常分析中，最好在不同的仪器上分析低浓度的样品与高浓度的样品，这样可以避免高浓度样品中残留待测组分对低浓度样品检测的影响。但是，由于受实验室经费和仪器数量的限制，往往会在同一台仪器上同时分析不同浓度的类似样品的检测，这就需要特别关注残留待测组分的问题。如经常会遇到在分析炼厂丙烯中含硫化合物的同时，还需要分析生产丙烯的原料炼厂液态烃中含硫化合物，在分析液态烃之后分析丙烯时，在丙烯中往往能检测到液态烃中残留的含硫化合物，见图 6-10。图 6-10 表明，在分析液态烃之前，在连续两次阀进样的丙烯中只检测到 COS，但是分析液态烃之后，连续三次阀进样分析同一丙烯，在丙烯中还检测到了 H_2S，而且 COS 浓度也明显增大，随着连续进样，丙烯中的 COS、H_2S 浓度逐渐降低，这就是液态烃中高浓度 COS、H_2S 残留所致。由于液态烃中含硫化合物浓度相对较高，在分析液态烃后，进样系统中总会残留极少量的待测组分，可能来自进样系统中的表面吸附，也可能来自进样系统连接部位死角中残留的液态烃，随着用丙烯冲洗置换进样系统，进样系统中的吸附性残留和死角残留被逐渐置换，残留浓度逐渐降低。所以，在交叉分析低浓度和高浓度样品时，需要特别关注高浓度目标物的残留问题，最好用氮气或待测样品多置换几次，同时用氮气进行空白试验，或分析待测样品至目标物峰面积重复。图 6-10 的测试条件与图 6-5 相同。

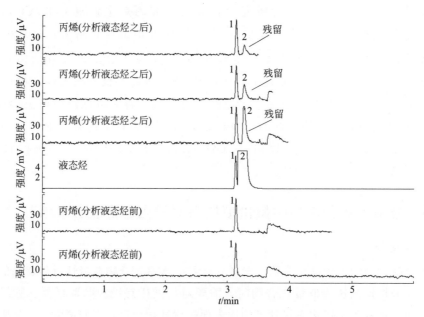

图 6-10　分析液态烃前后丙烯中含硫化合物变化（GC-PFPD）
1—COS；2—H$_2$S

6.3　乙烯和丙烯聚合用其他材料的分析

6.3.1　第二聚合单体 1-丁烯、1-己烯的分析

在生产高密度聚乙烯（HDPE）或线型低密度聚乙烯（LLDPD）过程中，需要通过加 α-烯烃与乙烯共聚，以便降低聚合物的密度，控制产品的熔体流动指数，达到改善力学性能和耐热性能的目的，常用的第二共聚单体有 1-丁烯、1-己烯、1-辛烯，20 世纪 70～80 年代国内乙烯共聚第二单体以 1-丁烯为主，随着国内 1-己烯的产量的提升，以 1-己烯为第二聚合物单体的聚乙烯逐渐得到大家关注，以 1-己烯为共聚单体生产的 LLDPE 和 HDPE，较 1-丁烯共聚产品具有更好的拉伸强度、流变性、耐开裂性和抗冲击性。此外，也有将 1-丁烯、1-己烯同时用于与丙烯共聚，生产增韧性 PP。

作为第二共聚单体，1-丁烯和 1-己烯中的杂质也会引起催化剂中毒，影响产品质量，所以分析 1-丁烯和 1-己烯中的杂质同样也非常重要。

(1) 1-丁烯的分析

氧化铝 PLOT 柱也适合于分析 1-丁烯中的烃杂质，分离效果比较好。现行的标准也是采用氧化铝 PLOT 柱[24,25]。

图 6-11 是采用 Al$_2$O$_3$/S PLOT 柱分离 1-丁烯中烃组成的色谱图，采用峰面积归一

法定量，数据见表6-7。在1-丁烯中检测到丁二烯、乙烯基乙炔等活性组分，这些组分可能会影响催化剂的活性。图6-11的色谱条件如下。

① 仪器：Varian CP3800。

② 色谱柱：中国科学院兰州化学物理研究所 Al_2O_3/S PLOT 柱（50m×0.53mm）。

③ 色谱参数：起始柱温50℃（保持10min），以8℃/min速率升温至150℃，再以5℃/min速率升温至200℃（保持10min）。柱头压10psi，进样量10μL，分流比2:1。汽化室200℃，检测器200℃。

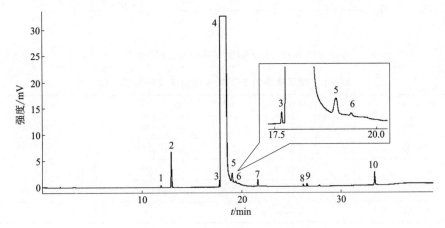

图 6-11　1-丁烯中烃组成的色谱图

1—异丁烷；2—正丁烷；3—反-2-丁烯；4—1-丁烯；5—异丁烯；6—顺-2-丁烯；
7—1,3-丁二烯；8—乙烯基乙炔；9—未知；10—未知

表 6-7　1-丁烯中烃组成

峰号	组分	质量分数/%	峰号	组分	质量分数/%
1	异丁烷	0.006	6	顺-2-丁烯	0.004
2	正丁烷	0.101	7	1,3-丁二烯	0.030
3	反-2-丁烯	0.008	8	乙烯基乙炔	0.006
4	1-丁烯	99.757	9	未知	0.009
5	异丁烯	0.034	10	未知	0.045

图6-12是采用PONA柱分离1-丁烯中甲醇的色谱，采用峰面积校正归一法定量，确定甲醇的含量，在另一台安装有 Al_2O_3/S PLOT 柱的色谱仪上，完成1-丁烯中烃组成的定量分析，将两者数据重新计算得到1-丁烯中烃组成及甲醇含量的分析结果，计算结果见表6-8，在循环1-丁烯中检测到一定量的甲醇，含量约0.03%。图6-12的色谱条件如下。

① 仪器：Varian CP3800。

② 色谱柱：中国科学院兰州化学物理研究所 AT PONA 柱（50m×0.20mm×0.5μm）。

③ 色谱参数：柱温20℃。柱头压150kPa，进样量30μL，分流20mL/min。汽化室150℃，检测器200℃。

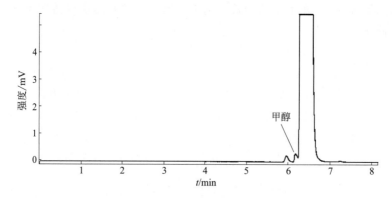

图 6-12   1-丁烯中甲醇的 GC-FID 图

表 6-8   循环使用的 1-丁烯中烃组成及甲醇的分析

组　分	质量分数/%	组　分	质量分数/%
1-丁烯	99.3485	顺-2-丁烯	0.0011
异丁烷	0.0089	1,3-丁二烯	0.0023
正丁烷	0.1370	重组分	0.4178
反-2-丁烯	0.0089	甲醇	0.0300
异丁烯	0.0455		

图 6-12 分离甲醇的效果不是非常好，甲醇峰与 1-丁烯峰有些重叠，采用极性色谱柱如聚乙二醇柱可以有效地将甲醇与 1-丁烯分离。行业标准 SH/T 1547—2004[26] 采用 50m 的 1，2，3-三(2-氰乙氧基) 丙烷毛细管柱分析 1-丁烯中的甲醇和甲基叔丁基醚。童玲等[27] 采用聚乙二醇毛细管柱分析了 1-丁烯中的甲基叔丁基醚和甲醇，均获得了良好的分离效果。

（2）1-己烯的分析

分析 C_5 及碳数超过 5 以上的含烯烃的混合烃时，均可以采用聚二甲基硅氧烷毛细管柱，用这类毛细管柱分析高纯度 1-己烯同样效果良好。

实验室采用聚二甲基硅氧烷毛细管气相色谱技术对某公司聚乙烯装置存放两年的 1-己烯进行了组成分析，色谱图见图 6-13。此 1-己烯中的主要杂质为己烯的同分异构

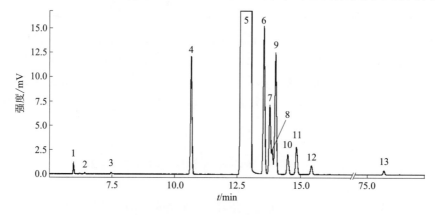

图 6-13   1-己烯中烃组成的 GC-FID 图

体，在1-己烯中还检测到含量约为0.004%的1-己烯的二聚体，二聚体是由于1-己烯存放时间过久自聚产生的。各组分的含量见表6-9。图6-13的色谱条件如下。

① 仪器：Varian CP3800。

② 色谱柱：Agilent PONA柱（50m×0.20mm×0.5μm）。

③ 色谱参数：起始柱温35℃（保持15min），以1.5℃/min速率升温至70℃，再以2℃/min速率升温至120℃，最后以5℃/min速率升温至250℃。柱头压150kPa，进样量0.5μL，分流比100:1。汽化室200℃，检测器250℃。

表6-9　1-己烯中烃类组分的含量

峰号	组分	质量分数/%	峰号	组分	质量分数/%
1	1-丁烯/异丁烯	0.006	8	未知	0.020
2	顺丁烯	0.001	9	反-2-己烯	0.135
3	异戊烷	0.001	10	己烯	0.023
4	3-甲基-1-戊烯	0.113	11	顺-2-己烯	0.033
5	1-己烯	99.420	12	己烯	0.011
6	3-甲基-2-戊烯	0.155	13	1-己烯二聚体	0.004
7	己烯	0.078			

采用此方法对全密度聚乙烯生产过程中循环使用的1-己烯进行了分析，分析数据见表6-10。生产装置入口1-己烯和出口1-己烯中所含杂质较多，1-己烯纯度约为90%，而新鲜1-己烯的纯度约为99%。生产装置入口和出口1-己烯中杂质含量较高是因为循环1-己烯中有较高含量的1-丁烯或异丁烯（在PONA柱上，1-丁烯和异丁烯重叠）。

表6-10　全密度聚乙烯生产循环用1-己烯组成

组分	质量分数/%		
	入口1-己烯	出口1-己烯	新鲜1-己烯
1-丁烯或异丁烯	6.778	9.691	0.002
C$_4$烯	0.009	0.012	—
顺丁烯	0.026	0.037	—
异戊烷	0.043	0.058	—
3-甲基-1-戊烯	0.023	0.022	0.025
1-己烯	92.412	89.470	99.317
3-甲基-2-戊烯	0.036	0.027	0.029
己烯	0.036	0.035	0.037
未知物1	0.006	0.006	0.006
反-2-己烯	0.481	0.476	0.467
己烯	0.012	0.013	0.006
顺-2-己烯	0.109	0.119	0.064
己烯	0.023	0.028	0.008
未知物2	0.002	0.002	0.002
未知物3	0.004	0.004	0.037

6.3.2 烯烃聚合所用异戊烷、己烷的分析

(1) 异戊烷

异戊烷是生产聚乙烯的重要助剂之一，异戊烷在反应器中用作冷凝诱导剂，可以提高循环气组分的露点，使循环气在相对高的温度下被冷凝之后进入反应器，然后再次汽化吸热，从而起到散热作用。异戊烷作为冷凝诱导剂进入聚合反应体系中，异戊烷中不饱和烃和其他极性杂质也会引起催化剂中毒，所以分析异戊烷同样重要。可采用聚二甲基硅氧烷毛细管柱作为分离柱分析异戊烷。

图 6-14 是聚乙烯生产用异戊烷的色谱分析，异戊烷的组成含量见表 6-11，在异戊烷中检测到低含量的 2-丁烯和戊烯等。色谱条件如下。

① 仪器：Varian CP3800。

② 色谱柱：Agilent PONA 柱（50m×0.20mm×0.5μm）。

③ 色谱参数：起始柱温 25℃（保持 15min），以 5℃/min 速率升温至 200℃。氮气作为载气。柱头压 150kPa。进样量 0.4μL。分流比 100∶1（保持 2min），降为 20∶1。汽化室 200℃，检测器 250℃。

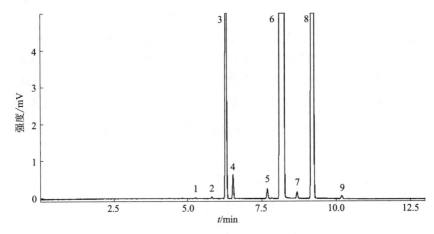

图 6-14　异戊烷的 GC-FID 图

表 6-11　异戊烷的组成含量

峰号	组分	质量分数/%	峰号	组分	质量分数/%
1	丙烷	0.0002	6	异戊烷	97.1698
2	异丁烷	0.0004	7	戊烯	0.0023
3	正丁烷	0.2417	8	正戊烷	2.5738
4	2,2-二甲基丙烷	0.0070	9	环戊烷	0.0013
5	2-丁烯	0.0035			

图 6-15 是聚乙烯生产循环使用的异戊烷的色谱图，异戊烷的组成见表 6-12，在异戊烷中检测到低含量的 2-丁烯、丁二烯、戊烯、3-甲基-1-丁烯等烯烃，这些都是活性组分。色谱条件如下。

① 仪器：Varian CP3800。

② 色谱柱：Agilent PONA 柱（50m×0.20mm×0.5μm）。

③ 色谱参数：起始柱温 35℃（保持 15min），以 1.5℃/min 速率升温至 70℃。柱头压 150kPa，进样量 0.5μL。分流比 100∶1（保持 2min），然后降为 20∶1。汽化室 200℃，检测器 250℃。

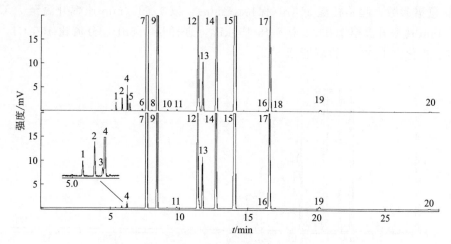

图 6-15　聚乙烯生产循环使用异戊烷的 GC-FID 图

表 6-12　聚乙烯生产循环使用异戊烷的组成

峰号	组分	质量分数/%		峰号	组分	质量分数/%	
		070111	070118			070111	070118
1	丙烷	0.0043	0.0008	11	2,2-二甲基丁烷	0.0011	0.0019
2	异丁烷	0.0066	0.0018	12	环戊烷	0.1719	0.2913
3	1,3-丁二烯	—	0.0005	13	2-甲基戊烷	0.0479	0.0872
4	正丁烷	0.0141	0.0062	14	3-甲基戊烷	0.2735	0.5012
5	2,2-二甲基丙烷	0.0043	—	15	正己烷	1.5089	2.7997
6	2-丁烯	0.0013		16	2,2-二甲基戊烷	0.0018	0.0038
7	异戊烷	95.3740	94.5487	17	甲基环戊烷	0.1865	0.3494
8	C_5 烯		0.0004	18	2,4-二甲基戊烷	0.0007	0.0012
9	正戊烷	2.3989	1.4003	19	环己烷	0.0025	0.0050
10	3-甲基-1-丁烯	0.0010	0.0006	20	甲基环己烷	0.0003	0.0004

（2）己烷溶剂

在淤浆法生产聚乙烯、聚丙烯中，己烷用作溶剂（稀释剂）。不论是催化剂制备还是催化剂淘析，都要用己烷作为介质，并在生产中循环使用。己烷中的活性杂质也会影响催化剂性能和聚合物产品质量，所以需要对使用中的己烷溶剂进行分析。一般采用非极性聚二甲基硅氧烷毛细管柱作为分离柱。

图 6-16 是聚乙烯生产循环使用己烷溶剂的色谱分析图，在循环使用的己烷中检测到低含量的氯丁烷、己烯等，氯丁烷是催化剂制备所用的一种助剂，被带入循

环己烷中。采用面积校正归一法计算各组分含量，以烃的相对质量校正因子为 1.00，测定氯丁烷的相对质量校正因子为 1.650，己烷的组成见表 6-13。色谱条件如下。

　① 仪器：HP6890。

　② 色谱柱：AT PONA 柱（50m×0.20mm×0.5μm）。

　③ 色谱参数：起始柱温 35℃（保持 10min），以 1.5℃/min 速率升温至 70℃，再以 3℃/min 速率升温至 100℃。柱头压 150kPa，进样量 0.5μL，分流比 100∶1，氢气为载气。汽化室 150℃，检测器 250℃。

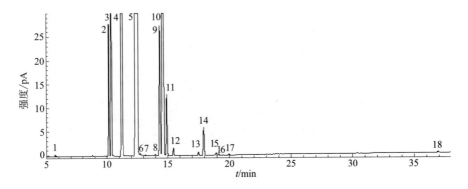

图 6-16　己烷溶剂的 GC-FID 图

表 6-13　己烷溶剂的组成

峰号	组分	质量分数/%	峰号	组分	质量分数/%
1	丁烷	0.003	10	2,4-二甲基戊烷	8.751
2	2,3-二甲基丁烷	0.355	11	2,2,3-三甲基丁烷	0.224
3	2-甲基戊烷	1.659	12	氯丁烷	0.049
4	3-甲基戊烷	12.268	13	3,3-二甲基戊烷	0.013
5	正己烷	76.014	14	环己烷	0.121
6	己烯	0.007	15	2-甲基己烷	0.010
7	己烯	0.002	16	2,2-二甲基戊烷	0.006
8	己烯	0.005	17	3-甲基己烷	0.005
9	甲基环戊烷	0.504	18	辛烷	0.004

　　在聚乙烯生产过程中，循环使用的己烷需要经过精馏处理再进入聚合系统中使用。为了实时掌握聚合生产和己烷精馏的效果，需要对不同工艺段的己烷进行分析。表 6-14 是己烷精制调整过程中不同取样点的分析数据，生产在用己烷（HDPE）、精馏塔进料罐己烷（F-620）、成品罐己烷（F-690）中的杂质数量及含量明显高于新鲜己烷，新鲜己烷基本不含烯烃，也没有催化剂体系中使用的残留氯丁烷。此外，精馏塔处理前后的己烷组成变化不大，精馏的效果不是太理想，需要进一步调整。

表 6-14　生产过程中不同取样点己烷的组成分析

组分	质量分数/%			
	HDPE	F620	F690	新鲜己烷
戊烯	0.01	0.052	—	—
正戊烷	—	—	—	0.212
2,2-二甲基丁烷	0.008	0.001	0.001	0.004
2,3-二甲基丁烷	0.155	0.058	0.059	0.212
2-甲基-1-戊烯	0.003	—	0.001	—
2-甲基戊烷	1.326	0.553	0.571	2.487
3-甲基戊烷	7.434	4.583	4.667	7.661
正己烷	76.835	77.778	77.823	74.782
环己烷	0.156	0.257	0.255	0.092
己烯	0.046	0.056	0.057	—
甲基环戊烷	13.213	15.159	15.168	14.457
甲基环戊烯	0.003	0.005	0.005	—
2,2-二甲基戊烷	0.279	0.776	0.764	0.045
2,3,3-三甲基丁烷	0.014	0.037	0.037	0.002
2,3-二甲基戊烷	0.012	0.020	0.019	0.002
2,4-二甲基戊烷	0.124	0.341	0.335	0.018
2-甲基己烷	0.039	0.052	0.050	0.003
3,3-二甲基戊烷	0.011	0.021	0.020	0.002
3-甲基己烷	0.023	0.027	0.026	0.004
3-乙基戊烷	0.002	0.002	0.002	—
二甲基环戊烷	0.003	0.004	0.004	0.001
甲基环己烷	0.016	0.007	0.007	0.013
正庚烷	0.033	0.025	0.023	0.003
3-甲基庚烷	0.007	0.012	0.006	—
二甲基环己烷	0.044	0.025	0.014	—
C_8 环烷烃	0.017	0.031	0.017	—
C_8 烯	0.002	0.002	0.001	—
正辛烷	0.176	0.096	0.05	—
氯丁烷	0.009	0.020	0.018	—

6.3.3　氯丁烷的分析

　　氯丁烷是制备 Ziegler-Natta 催化剂的主要原料之一。在 Ziegler-Natta 催化剂制备中,首先金属镁与氯丁烷反应生成有机镁化合物,然后使四氯化钛和正丙醇钛在悬浮液中同时与有机镁化合物发生还原反应,Ziegler-Natta 催化剂制备中所用溶剂为工业正己烷[28]。在 Ziegler-Natta 催化剂制备过程中,为了保证催化剂制备的质量,除了控制原料氯丁烷的质量外,还需要严格控制催化剂制备反应器内悬浮液中氯丁烷的浓度,一般通过测定反应器内己烷中氯丁烷来实现。表 6-15 是某线型低密度聚乙烯装置催化剂反应器内己烷中氯丁烷含量的控制指标。在 Ziegler-Natta 催化剂生产中，除了分析原料氯丁烷外，还需要对催化剂反应器内己烷中氯丁烷含量进行监控分析。

表 6-15　己烷中氯丁烷含量要求

反应阶段	质量分数/%	反应阶段	质量分数/%
反应 3.5h	0.6～1.0	恒温 2h	0.1～0.5
反应终端	1.0～1.5	洗涤前	0.01～0.5
恒温 1h	0.3～0.8	洗涤后	＜0.03

(1) 氯丁烷分析

实验室采用非极性毛细管柱对 Ziegler-Natta 催化剂生产用氯丁烷的组成进行了分析，色谱图见图 6-17，在氯丁烷中检测到 9 种微量杂质，采用 GC-MS 对氯丁烷中的杂质进行定性，定性结果表明，杂质以含氯化合物为主，并含有极微量的丁醛和丁烯、戊烯、己烯。采用峰面积校正归一法定量，定量结果见表 6-16。丁醛和烯烃等杂质可能对催化剂生产不利。图 6-17 的色谱条件如下。

① 仪器：Varian CP3800。

② 色谱柱：HP PONA 柱（50m×0.20mm×0.5μm）。

③ 色谱参数：起始柱温 35℃（保持 15min），以 1.5℃/min 速率升温至 70℃。载气为氦气，柱头压 150kPa，进样量 0.5μL，分流比 100∶1。汽化室 200℃，检测器 200℃。

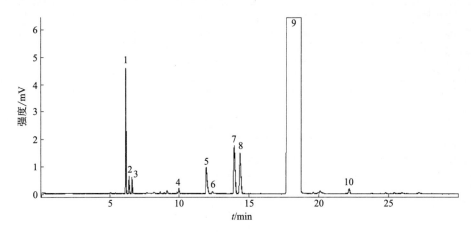

图 6-17　氯丁烷的 GC-FID 图

表 6-16　氯丁烷中杂质含量

峰号	组分	质量分数[①]/%	峰号	组分	质量分数[①]/%
1	丁烯	0.008	6	2-氯-2-丁烯	0.001
2	戊烯	0.001	7	2-氯丁烷	0.020
3	己烯	0.001	8	异丁基氯	0.019
4	2-甲基-2-氯丙烷	0.002	9	1-氯丁烷	99.937
5	正丁醛	0.008	10	1-氯-2-甲基丁烷	0.003

① 采用理论校正因子进行计算。

（2）催化剂制备过程中的氯丁烷分析

催化剂反应器内的悬浮液组成复杂，除了有机物、无机物外，还有活性非常高的其他组分，不能直接用气相色谱分析悬浮液，需要经过适当的处理，除去催化剂及其他颗粒杂质，将己烷与无机物分离，再分析己烷中的氯丁烷，通过分析己烷中氯丁烷的含量来监控反应器中氯丁烷的含量。通常采用硫酸灭活、沉降处理的方法分离反应器中悬浮液中的无机组分和其他活性组分。实验室采用毛细管柱对反应器内不同反应时段的悬浮液中的氯丁烷进行了分析，采用外标法进行了定量，色谱图见图 6-18，不同反应时段悬浮液中氯丁烷的分析数据见表 6-17，分析数据表明，所测反应时段的氯丁烷含量符合生产控制指标（见表 6-15）。图 6-18 的色谱方法如下。

① 样品处理：将硫酸加入催化剂悬浮溶液中，待化学反应结束后，再经过静置沉降使其分层；取出上层清透液体，再用蒸馏水洗涤清透液体，除去液体中残留硫酸，得到清亮的溶液。

② 仪器：Varian CP3800。

③ 色谱柱：HP PONA 柱（50m×0.20mm×0.5μm）。

④ 色谱参数：起始柱温 35℃，保持 15min，以 5℃/min 速率升温至 150℃，保持 10min；柱头压 150kPa，汽化室 200℃；FID 温度 250℃。

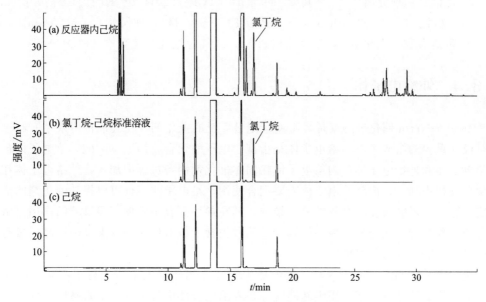

图 6-18　Ziegler-Natta 催化剂反应器悬浮液中的氯丁烷 GC-FID 图

表 6-17　悬浮液己烷中氯丁烷含量

反应时段	氯丁烷质量分数/%	
	测定值	指标要求
反应终端	0.843	1.0~1.5
恒温 2h	0.124	0.1~0.5
洗涤后	0.024	<0.03

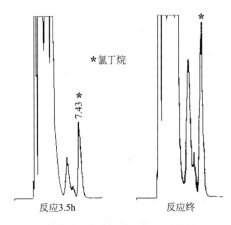

图 6-19 二维色谱法分析反应器
悬浮液中的氯丁烷

图 6-18(a) 表明，从反应器悬浮液分离出的己烷中含有非常多的杂质，除了己烷自身的杂质外，还有一定量的轻组分和重组分，采用毛细管柱分析此己烷中的氯丁烷时，分析时间较长，难以满足实时监控分析的需求。生产工艺要求全部分析时间不超过 30min，扣除试样酸解、沉降处理时间 5～10min，即分析周期为 12min 左右，此外在生产日常分析中还要监测循环使用的己烷中的氯丁烷，这就要求在更短的时间内完成分析。为了缩短分析周期，薛慧峰等[29] 研究了二维色谱法监控分析反应器悬浮液中的氯丁烷，采用预分离柱将氯丁烷之后的组分反吹出分析系统，从而可以有效缩短分析

时间，色谱分析时间缩短至 8min，分析周期为 12min，见图 6-19。方法已经用在生产现场控制分析多年。色谱条件如下。

① 仪器：HP 6890。

② 色谱柱：预分离柱 20 ％磷酸三甲苯酯（TCP）/6201(60～80 目)，柱尺寸 1m×3mm。分析柱 15％TCEP/Chromosorb PNAE(60～80 目)，柱尺寸 6.1m×3mm。

③ 色谱参数：汽化室 140℃，柱箱 80℃，载气为氮气，检测器（FID）140℃。

6.3.4 外给电子体

Ziegler-Natta 催化剂是聚烯烃工业应用最广泛的催化剂，在其催化体系中，给电子体是极其重要的组成之一。给电子体是指富含电子的化合物即 Lewis 碱，给电子体包括内给电子体和外给电子体，内给电子体在固体催化剂制备过程中加入，外给电子体在烯烃聚合过程中加入，内外给电子体需要配合使用。给电子体不仅可以提高催化剂的活性和定向能力，还能改变聚合物的分子结构。其在烯烃聚合中发挥了很重要的作用。由于给电子体参与烯烃聚合反应体系，其杂质的种类含量也对催化剂、聚烯烃产品质量有一定的影响，需要分析其组成。

实验室采用 GC、GC-MS 对某聚丙烯生产装置用外给电子体进行了剖析，确定该外给电子体为环己基甲基二甲氧基硅烷，在外给电子体中检测到三甲氧基甲基硅烷、甲醇、氯代环己烷、环己酮等杂质，还有多个尚没有定性的组分，色谱图见图 6-20，定量数据见表 6-18，在 080329 编号的外给电子体 [图 6-20(b)] 中检测到较高含量的甲醇。图 6-20 的色谱条件如下。

① 仪器：HP 6890。

② 色谱柱：中国科学院兰州化学物理研究所 AT PONA 柱（50m×0.20mm×0.5μm）。

③ 色谱参数：起始柱温 120℃（保持 5min），以 5℃/min 速率升温至 220℃（保持 20min）。载气为氮气，柱头压 200kPa，进样量 0.5μL，分流比 50：1。汽化室 250℃，

检测器250℃。

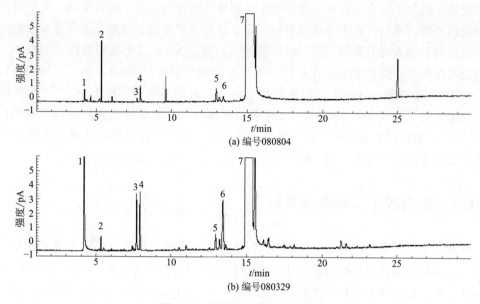

(a) 编号080804

(b) 编号080329

图6-20　外给电子体 GC-FID 图

表6-18　外给电子体组成含量

峰号	组分	质量分数[①]/%	
		080329	080804
1	甲醇	0.011	0.002
2	三甲氧基甲基硅烷	0.008	0.007
3	环己酮	0.006	0.001
4	氯代环己烷	0.016	0.003
5	含硅的未知物	0.003	0.003
6	环己基甲基二甲氧基硅烷(异构体)	0.004	0.002
7	环己基甲基二甲氧基硅烷	99.896	99.918
	总未知物	0.056	0.064

① 峰面积归一法定量，供参考。

　　聚乙烯、聚丙烯生产中用的原料种类比较多，这里只介绍了一些主要的辅助原料的分析。除了分析原料的纯度和杂质外，现在越来越关注原料中能引起催化剂中毒的组分，主要是含氧化合物、含硫化合物、水、烯烃、炔烃等，这也是以后分析的重点目标物。

6.4　丁二烯的分析

　　丁二烯主要来自石油烃蒸汽热裂解产物的 C_4 馏分，C_4 馏分经过乙腈或二甲基甲酰胺等抽提分离得到丁二烯；丁二烯也可以通过丁烷氧化脱氢反应制取。丁二烯是生产SBR、BR、SBS、ABS 等高分子材料的主要原料，丁二烯中可能含有微量炔烃、双烯和二聚体及抽提剂（萃取剂）等杂质，这些杂质不仅对聚合不利，而且会影响产品的质量。此外，因丁二烯容易自聚，为了防止其自聚还需要加入一定的阻聚剂，在使用前需脱阻聚剂处理。所以，在丁二烯分析中，除了分析自身烃类杂质外，还要分析抽提时残留的抽提剂及加入的阻聚剂。丁二烯抽提剂有乙腈、N,N-二甲基甲酰胺（DMF）、N-甲基吡咯烷酮等；阻聚剂主要有对叔丁基邻苯二酚（TBC），也有采用乙二羟胺（DAHA）和亚硝酸钠等。分析丁二烯纯度和乙烯基乙炔的标准有 GB/T 6017[30]，采用氧化铝毛细管柱气相色谱法；测定丁二烯中二聚体（4-乙烯基环己烯）的标准有 GB/T 6015[31]，采用极性毛细管柱气相色谱法，实验室正在修订该标准，并增加了抽提剂的检测；分析丁二烯中 TBC 的标准为 GB/T 6020[32]，采用高效液相色谱法。

6.4.1　聚合级丁二烯组成分析

薛慧峰等[33] 研究了采用 Al_2O_3/KCl PLOT 柱同时分析丁二烯中乙烯基乙炔、1-丁炔、二聚体及其他烃类杂质的方法。在实验中采用炔银沉淀方法，从混合 C_4 中分离出端基丁炔：即将含有炔烃的混合 C_4 气体通入 $AgNO_3$ 溶液中，得到白色炔银沉淀物，将炔银沉淀分离出来，再用稀盐酸解析沉淀物得到端基丁炔气体，用这种方法分离出1-丁炔和乙烯基乙炔，将自制的端基丁炔加入丁二烯中，通过分析加入前后的丁二烯（见图 6-21），确定图中峰 9、峰 10 为 1-丁炔和乙烯基乙炔并采用标准气进行了验证。由于丁二烯中重组分的质量分数相对较低，受 GC-MS 灵敏度的限制，用 GC-MS 难以直接在丁二烯中检测出重组分，为了便于确定重组分的结构，采用先将一定量的丁二烯于低温下缓慢汽化，得到重组分残液，再注入 GC-MS 分析，丁二烯中的重组分有 4-乙烯基环己烯和苯乙烯，苯乙烯可能来自丁苯装置回收的部分回用丁二烯。图 6-21 是丁二烯中加入自制端基丁炔前后的色谱图，图中峰 9（1-丁炔）、峰 10（乙烯基乙炔）的峰高增加明显。制备炔银的反应式如下：

$$R—C{\equiv}CH + AgNO_3 \longrightarrow R—C{\equiv}CAg\downarrow + HNO_3$$
$$R—C{\equiv}CAg + HCl \longrightarrow R—C{\equiv}CH\uparrow + AgCl\downarrow$$

图 6-21 的色谱条件如下。

① 仪器：Varian 6000。

② 色谱柱：Chrompack Al_2O_3/KCl PLOT 柱（50m×0.53mm）。

③ 色谱参数：起始柱温 90℃（保持 5min），以 3℃/min 速率升温至 195℃（保持 20min）。柱头压 10psi。汽化室 200℃，检测器（FID）200℃。

本方法可以同时测定丁二烯中轻体杂质和二聚体，效果良好，方法已经用于合成橡胶科研开发和生产。图 6-22 是分析聚合级丁二烯的 GC-FID 色谱，分析数据见表 6-19。图 6-22 的主要色谱条件如下。

① 仪器：Varian 6000。

② 色谱柱：Chrompack Al_2O_3/KCl PLOT 柱（50m×0.53mm）。

③ 色谱参数：起始柱温 100℃（保持 5min），以 3℃/min 速率升温至 195℃（保持 20min）。柱头压 10psi。汽化室 200℃，检测器（FID）200℃。

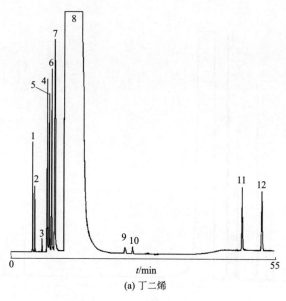

(a) 丁二烯

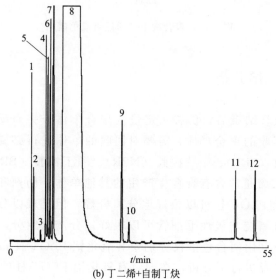

(b) 丁二烯+自制丁炔

图 6-21　丁二烯中炔烃定性

1—异丁烷；2—正丁烷；3—未知物；4—反-2-丁烯；5—正丁烯；6—异丁烯；7—顺-2-丁烯；
8—1,3-丁二烯；9—乙烯基乙炔；10—1-丁炔；11—4-乙烯基环己烯；12—苯乙烯

表 6-19　聚合级丁二烯烃类杂质分析结果

峰号	组分	质量分数/%	峰号	组分	质量分数/%
1	丙烷	0.004	8	异丁烯	0.009
2	丙烯	0.003	9	顺-2-丁烯	0.292
3	异丁烷	0.068	10	1,3-丁二烯	99.470
4	正丁烷	0.004	11	乙烯基乙炔	0.001
5	未知物	0.002	12	1-丁炔	0.001
6	反-2-丁烯	0.055	13	4-乙烯基环己烯	0.044
7	1-丁烯	0.008	14	苯乙烯	0.039

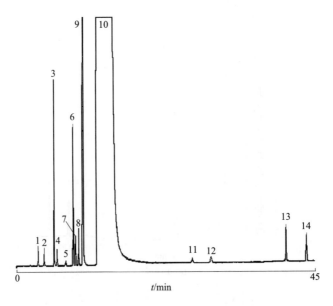

图 6-22　聚合级丁二烯烃组成色谱图

6.4.2　回收丁二烯分析

在高分子生产聚合结束后，仍有一定量的聚合单体未完全反应，需要回收再利用。为了有效利用回收的聚合单体，需要对回收的单体进行必要的分析。回收丁二烯主要来自丁苯橡胶（SBR）、丁腈橡胶（NBR）、顺丁橡胶（BR）和 ABS 树脂等生产装置。回收的丁二烯通常含有聚合生产用的其他单体、助剂和反应副产物，组成较为复杂。用氧化铝 PLOT 柱可以很好地分离轻烃，但是难以分离重组分及极性化合物；用聚二甲基硅氧烷非极性毛细管可以很好地分离重组分，但是难以分离低碳烯烃。为此，实验室利用两台色谱仪分别安装氧化铝 PLOT 柱和 PONA 柱，同时对不同装置回收的丁二烯进行了分析，在安装有氧化铝 PLOT 柱的色谱仪上只分析 C_1 ~C_4 的轻烃；在安装有 PONA 柱的色谱仪上分析全部组分，尽管不能将 C_1~C_4 的轻烃完全分离，可以将 C_1~C_4 的轻烃以总量计算，然后以氧化铝 PLOT 柱分析的 C_1 ~C_4 的相对值为依据，重新计算得到全部组分的结果。表 6-20 是某合成橡胶厂 SBR、NBR 和 ABS 装置回收丁二烯的分析数据，在 NBR 和 ABS 装置回收的丁二烯中均检测到残留的丙烯腈单体，其中 NBR 装置回收的丁二烯中丙烯腈含量较高，此外，在 NBR 装置回收的丁二烯中还检测到 4-氰基环己烯——丙烯腈与丁二烯的二聚反应产物，反应式如下：

图 6-23 是采用 PONA 柱分析回收丁二烯中高沸点组分的色谱图，色谱条件如下。

① 仪器：Varian CP3800。

② 色谱柱：Agilent PONA 柱（50m×0.20mm×0.5μm）。

③ 色谱参数：起始柱温 35℃（保持 10min），以 3℃/min 速率升温至 250℃（保持 10min）。柱头压 21.8psi，阀进样，阀温度 80℃，分流比 50∶1。汽化室 200℃，检测器 250℃。

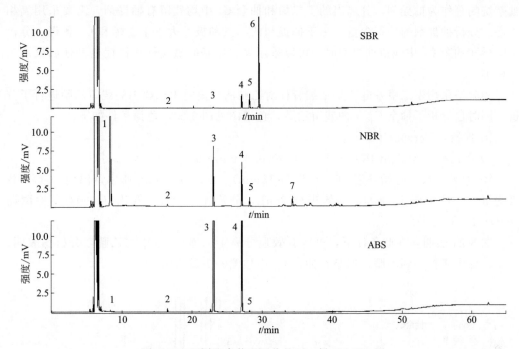

图 6-23　不同聚合装置回收的丁二烯 GC-FID 图

1—丙烯腈；2—苯；3—甲苯；4—4-乙烯基环己烯；5—乙苯；6—苯乙烯；7—4-氰基环己烯

表 6-20　不同生产装置回收丁二烯组成分析数据

组成	质量分数/%			组成	质量分数/%		
	ABS	NBR	SBR		ABS	NBR	SBR
丙烯	0.001	0.002	—	乙烯基乙炔	—	0.001	0.001
异丁烷	0.006	0.027	0.003	丙烯腈	0.005	3.232	—
正丁烷	0.041	0.213	0.021	苯	0.002	0.008	0.001
丙二烯	0.002	0.003	0.317	甲基环己烯	0.002	—	—
乙炔	0.009	0.017	0.003	甲苯	0.956	0.234	0.003
反丁烯	1.299	2.483	2.140	4-乙烯基-1-环己烯	0.252	0.171	0.045
正丁烯	0.357	1.239	1.081	乙苯	—	0.035	0.050
异丁烯	0.837	2.334	2.012	苯乙烯	—		0.480
顺丁烯	0.928	5.193	4.377	4-氰基-1-环己烯	—	0.061	—
1,3-丁二烯	95.279	84.549	89.416	其他重组分	0.024	0.165	0.028
丙炔	—	0.033	0.022				

随着 Deans swith 技术的应用，可以采用 Deans swith 切换，将极性柱（如 PEG-20M）与 Al_2O_3 柱合理连接，实现一次进样完成 C_4 烃与其他高沸点组分的同时检测。

6.4.3 丁二烯中抽提剂、阻聚剂分析

(1) 残留抽提剂分析

抽提法分离裂解 C_4 中丁二烯技术通常采用乙腈、N,N-二甲基甲酰胺和 1-甲基-2-吡咯烷酮等作为抽提剂，分离出的丁二烯和抽余 C_4 中均残留有抽提剂，需要采用气相色谱法分析抽提剂的残留含量。由于抽提剂的沸点和极性大于丁二烯和 C_4 各烃，分析丁二烯和抽余 C_4 中残留抽提剂时，可以采用聚二甲基硅氧烷柱或极性色谱柱如聚乙二醇柱等。

实验室采用聚二甲基硅氧烷毛细管柱对乙腈法分离的丁二烯中的残留乙腈进行了分析，同时也分析了抽余 C_4 中的残留乙腈，色谱图见图 6-24，色谱条件如下。

① 仪器：Varian CP3800。

② 色谱柱：Agilent PONA 柱（50m×0.20mm×0.5μm）。

③ 色谱参数：起始柱温 35℃（保持 15min），以 1.5℃/min 速率升温至 70℃。载气为氦气，柱头压 150kPa，气体进样 20μL，分流比 50∶1。汽化室 100℃，检测器（FID）150℃。

图 6-24 表明，在此条件下，可以有效地分离丁二烯和 C_4 中的乙腈，分析图表明，在丁二烯中未检测到乙腈，但是在抽余 C_4 中检测到少量乙腈。

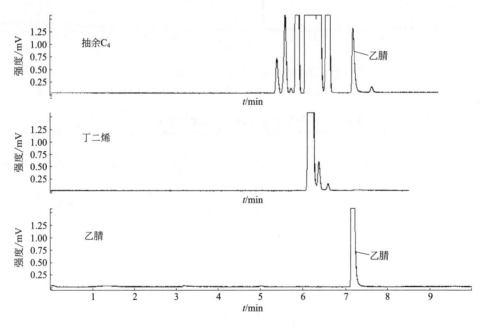

图 6-24 丁二烯中乙腈分析的 GC-FID 图

(2) 阻聚剂分析

丁二烯用阻聚剂主要有对叔丁基邻苯二酚（TBC）、乙二羟胺（DAHA）和亚硝酸钠等。测定丁二烯中 TBC 的方法标准为分光光度计法和高效液相色谱法[32]，也采用气

相色谱法分析丁二烯中阻聚剂[34]。

实验室采用聚二甲基硅氧烷毛细管柱对丁二烯中的 TBC 进行了分析，在含有阻聚剂的丁二烯中检测到了 0.0286％的 TBC，在另一个丁二烯中未检测到 TBC，在两个丁二烯中均检测到 4-乙烯基环己烯（二聚体），同时还检测到一个经 GC-MS 确定元素组成为 C_8H_{14} 的组分，可能是丁二烯与丁烯的二聚体。分析数据见表 6-21，色谱图见图 6-25。色谱条件如下。

① 仪器：Varian CP3800。

② 色谱柱：Agilent PONA 柱（50m×0.20mm×0.5μm）。

③ 色谱参数：起始柱温 35℃（保持 8min），以 5℃/min 速率升温至 200℃（保持 30min）。载气为氦气，柱头压 150kPa，分流比 2∶1。汽化室 200℃，检测器（FID）250℃。

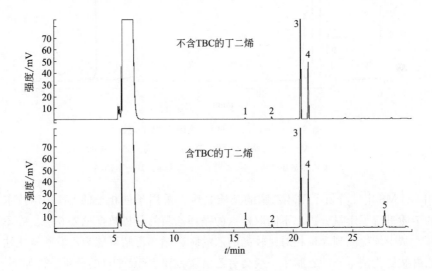

图 6-25　丁二烯中 TBC 的 GC-FID 图

表 6-21　丁二烯中二聚体和 TBC 的分析数据

峰号	组分	质量分数/%		峰号	组分	质量分数/%	
		a	b			a	b
1	甲苯	0.0016	0.0008	4	乙苯	0.0225	0.0239
2	C_8H_{12}	0.0472	0.0012	5	TBC	0.0282	—
3	4-乙烯基环己烯	0.0029	0.0495				

6.4.4　循环乙腈的分析

在丁二烯抽提生产中，抽提剂乙腈需循环使用。在乙腈循环使用过程中，混合 C_4 及回收丁二烯中与乙腈沸点相近、极性相近的组分会富集于乙腈中，并逐渐累积增多，有可能影响丁二烯产品质量及抽余 C_4 的进一步分离。所以，需要对循环使用的乙腈中的杂质进行必要的分析检测。采用 GC-MS 对循环使用的乙腈中的杂质进行了分析，在循环乙腈（茶色液体）中检测到的主要杂质有水、残留 C_4、叔丁醇、2-丁醇、乙酰胺、4-乙烯基环己烯（丁二烯二聚体）、乙基环己烯、乙苯、苯乙烯、二甲苯等。GC-MS 图见图 6-26，GC-MS 条件如下。

① 仪器：Finnigan Trace GC-MS。

② 色谱柱：HP PONA 柱（50m×0.20mm×0.5μm）。

③ 色谱条件：起始柱温 35℃（保持 10min），以 5℃/min 速率升温至 200℃（保持 10min）。柱头压 150kPa，分流 10mL/min。汽化室 200℃，接口 150℃。

④ 质谱条件：EI 源，源温度 200℃。全扫描。

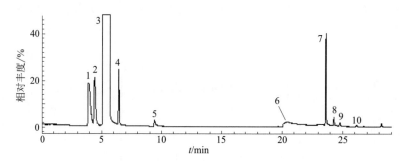

图 6-26　循环乙腈的 GC-MS 总离子流图

1—水；2—C_4；3—乙腈；4—叔丁醇；5—2-丁醇；6—乙酰胺；

7—4-乙烯基环己烯；8—乙苯；9—二甲苯；10—苯乙烯

在用 GC-MS 定性分析了循环乙腈的杂质之后，采用条件相近的 GC-FID 技术对循环乙腈中的杂质进行了定量分析，不同取样点的循环乙腈的分析数据见表 6-22。在不同取样点的循环乙腈中均检测到含量相对比较高的乙酰胺，循环乙腈可能为乙酰胺氨化法生产的乙腈，乙酰胺氨化法生产的乙腈中一般会有乙酰胺残留。GC-FID 的分析条件如下。

① 仪器：HP 6890。

② 色谱柱：Agilent PONA 柱（50m×0.20mm×0.5μm）。

③ 色谱参数：起始柱温 20℃（保持 10min），以 5℃/min 速率升温至 200℃（保持 10min）。柱头压 150kPa，分流比 5∶1。汽化室 200℃，检测器（FID）250℃。

表 6-22　不同取样点循环乙腈中的杂质分析数据

组分	质量分数/%			
	E-103 入口	E-103 出口	E-101 出口	E-201B
C_4	0.003	0.003	0.001	0.003
叔丁醇	0.34	0.42	0.36	0.35
2-丁醇	0.10	0.005	0.05	0.11
丁二烯二聚体	0.64	0.37	0.34	0.41
乙酰胺	1.28	0.98	0.59	1.50
乙苯	0.06	0.04	0.04	0.04
苯乙烯	0.02	0.01	0.02	0.02
二甲苯	0.004	0.002	0.003	0.003

6.5 异戊二烯和环戊二烯的分析

异戊二烯主要用于合成异戊橡胶（类似天然橡胶）、SIS聚合物（苯乙烯-异戊二烯-苯乙烯嵌段聚合物）、丁基橡胶。环戊二烯是合成茂金属化合物、橡胶和石油树脂的原料。异戊二烯和环戊二烯均含有共轭双键，活性高，容易发生自由基反应，自聚产生二聚体、三聚体、四聚体等，为了防止其自聚，还需要加入一定的阻聚剂如对叔丁基邻苯二酚（TBC）和乙二羟胺（DAHA），在使用前需要经过脱阻聚剂处理。由于环戊二烯在室温下就很容易自聚形成二聚体，所以通常以二聚体形式（双环戊二烯）存在，使用时再通过热解聚双环戊二烯得到高纯度的环戊二烯。

6.5.1 异戊二烯的分析

生产异戊二烯的方法有裂解 C_5 分离法、异戊烷脱氢法、异丁烯-甲醛两步法等。根据企业 C_5 馏分资源配置，选择不同的生产工艺方法，催化裂化装置所产 C_5 馏分富含 C_5 单烯烃和异戊烷，一般采用异戊烷/异戊烯催化脱氢法生产异戊二烯；石油烃热裂解 C_5 富含二烯烃，均采用抽提法从裂解 C_5 中分离异戊二烯。

裂解 C_5 中异戊二烯含量为 $15\%\sim25\%$，是分离制取异戊二烯的良好原料。裂解 C_5 先经过热聚，将环戊二烯聚合为二聚体，再通过蒸馏将其他 C_5 组分分离出，然后采用溶剂抽提的方法，将 C_5 中的异戊二烯分离出，得到异戊二烯。常用的抽提剂有乙腈、DMF 和 N-甲基吡咯烷酮等。由于异戊二烯容易发生自聚反应，在储存和运输中需要加入一定的阻聚剂如对叔丁基邻苯二酚（TBC）和乙二羟胺（DAHA），在使用异戊二烯时需要经过脱阻聚剂处理。所以，通常需要分析烃组成和阻聚剂。分析异戊二烯中微量炔烃和二烯烃含量的方法标准有 SH/T 1783[35]。

(1) 粗异戊二烯的分析

实验室根据某公司乙腈法裂解 C_5 分离装置改造需要，对分离装置不同取样点的粗异戊二烯进行了分析，不同取样点样品中异戊二烯和残留乙腈含量差异较大，其中 P9、P7、P5 三个取样点色谱见图 6-27，分析数据见表 6-23。色谱条件如下。

① 仪器：Agilent 7890N。
② 色谱柱：Agilent PONA 柱（50m×0.2mm×0.5μm）。
③ 气相色谱参数：汽化室 150℃；检测器 160℃；起始柱温 10℃（保持 12min），以 10℃/min 速率升温至 150℃，保持 10min，载气为氢气，柱头压力为 29psi，分流比 50∶1。

在此分析条件下，乙腈与 3-甲基-1-丁烯共流出，在乙腈峰中重叠了低含量的 3-甲基-1-丁烯峰，3-甲基-1-丁烯的流出时间略前于乙腈。

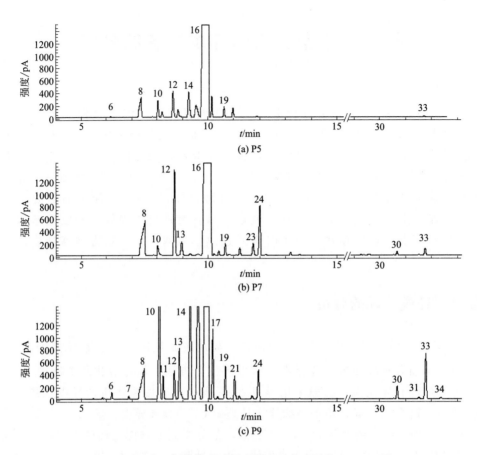

图 6-27　异戊二烯抽提中不同取样点异戊二烯的 GC-FID 图

表 6-23　异戊二烯抽提不同取样点的测试数据

峰号	t/min	组分	质量分数/%		
			P9	P7	P5
1	5.345	异丁烯＋正丁烯	0.01		
2	5.424	1,3-丁二烯	0.03		0.01
3	5.546	正丁烷	0.01		
4	5.783	反-2-丁烯	0.06		0.01
5	5.861	C_4	0.02		
6	6.151	顺-2-丁烯	0.24		0.03
7	6.819	1,2-丁二烯	0.11		0.01
8	7.440	乙腈	4.02	4.00	1.70
9	7.803	未知物	0.01	0.01	0.02
10	8.046	异戊烷	9.59	0.47	0.80
11	8.192	1,4-戊二烯	1.01	0.02	0.27

气相色谱及其联用技术在石油炼制和石油化工中的应用

峰号	t/min	组分	质量分数/%		
			P9	P7	P5
12	8.626	2-丁炔	1.42	4.17	1.47
13	8.821	1-戊烯	3.03	0.79	0.51
14	9.268	2-甲基-1-丁烯	9.65	0.09	1.93
15	9.581	正戊烷	11.58	0.10	1.29
16	9.958	异戊二烯	47.44	85.33	90.08
17	10.125	反-2-戊烯	3.09	0.04	0.79
18	10.313	1-戊炔	0.10	0.16	
19	10.618	顺-2-戊烯	1.74	0.52	0.50
20	10.791	未知物	0.02	0.04	
21	10.972	2-甲基-2-丁烯	1.19	0.02	0.45
22	11.148	反-1,3-戊二烯	0.15	0.33	0.01
23	11.642	1-戊烯-3-炔	0.16	0.60	
24	11.895	环戊二烯	1.64	2.52	0.05
25	12.159	顺-1,3-戊二烯	0.02	0.04	
26	13.491	环戊烯	0.02	0.13	0.02
27	29.214	未知物	0.01	0.05	
28	29.322	未知物	0.01	0.02	
29	30.477	未知物	0.02	0.02	
30	30.616	二氢双环戊二烯	0.65	0.15	0.01
31	31.458	未知物	0.06	0.02	
32	31.579	未知物	0.02	0.01	
33	31.725	双环戊二烯	2.80	0.34	0.05
34	32.295	未知物	0.08	0.01	

(2) 聚合级异戊二烯的分析

实验室采用聚二甲基硅氧烷毛细管色谱柱分析了聚合级异戊二烯中的有机类杂质，主要杂质有 1-甲基-4-(1-甲基乙烯基)-1-环己烯(异戊二烯的二聚体) 和阻聚剂对叔丁基邻苯二酚 (TBC)，色谱图见图 6-28，分析数据见表 6-24。

表 6-24 异戊二烯的分析结果

峰号	t/min	组分	质量分数/%
1	9.87	异戊二烯	99.87
2	33.60	异戊二烯二聚体	0.066
3	52.75	对叔丁基邻苯二酚[①]	0.023

① TBC 含量未经质量校正。

色谱条件如下。

① 仪器：HP 5880A。

② 色谱柱：中国科学院兰州化学物理研究所 AT PONA 柱（50m×0.20mm×0.5μm）。

③ 色谱参数：起始柱温 35℃（保持 5min），以 5℃/min 速率升温至 220℃（保持 30min）。载气为氮气，柱头压 15psi，进样量 0.5μL，分流 50mL/min。汽化室 200℃，检测器 220℃。

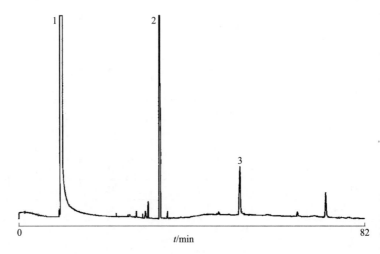

图 6-28　异戊二烯 GC-FID 色谱图

1—异戊二烯；2—异戊二烯二聚体；3—TBC

6.5.2　环戊二烯的分析

裂解 C_5 中环戊二烯（CPD）含量为 15%～25%。利用环戊二烯受热易二聚的特性，在 70～110℃条件下加热 C_5 馏分，将 C_5 馏分中的环戊二烯热聚为双环戊二烯（DCPD），再经过精馏塔蒸馏分离得到粗双环戊二烯，最后于 170～190℃条件下热解聚 DCPD 就可以得到纯度较高的环戊二烯。

（1）粗双环戊二烯分析

实验室采用非极性毛细管气相色谱分析了热聚分离出的粗双环戊二烯，色谱图见图 6-29，

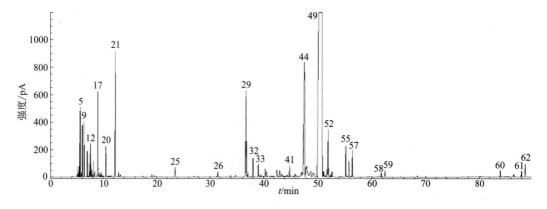

图 6-29　粗双环戊二烯的 GC-FID 图

粗双环戊二烯中的烃组成见表6-25。色谱分析条件如下。

① 仪器：HP 6890。

② 色谱柱：Agilent PONA 柱（50m×0.20mm×0.5μm）。

③ 色谱条件：起始柱温35℃（保持15min），以3℃/min速率升温至200℃（保持30min）。柱恒流1.0mL/min，分流比100:1。汽化室200℃，检测器（FID）200℃。

表 6-25 粗双环戊二烯的烃组成分析结果

峰号	t/min	组分	质量分数/%	峰号	t/min	组分	质量分数/%
1	4.976	异戊烷	0.1[①]	32	37.987	未知物	0.4
2	5.217	1-戊烯	0.1	33	38.993	未知物	0.3
3	5.343	2-甲基-1-丁烯	0.1	34	39.432	C_9H_{14}	0.1
4	5.436	正戊烷	0.2	35	40.255	C_9H_{14}	0.2
5	5.537	异戊二烯	0.5	36	40.541	C_9H_{14}	0.1
6	5.588	反-2-戊烯	0.1	37	42.442	C_9H_{14}	0.3
7	5.883	2-甲基-2-丁烯	0.1	38	42.991	二氢双环戊二烯	0.2
8	5.945	反-1,3-戊二烯	0.4	39	43.370	二氢双环戊二烯	0.1
9	6.256	环戊二烯	0.5	40	44.417	未知物	0.1
10	6.849	环戊烯	0.2	41	44.847	四氢茚	0.4
11	7.233	环戊烷	0.2	42	45.888	未知物	0.1
12	7.432	2-甲基戊烷	0.3	43	47.055	二氢双环戊二烯	0.2
13	7.511	2-甲基-1,4-戊二烯	0.1	44	47.555	二氢双环戊二烯	5.7
14	7.732	己二烯	0.1	45	47.826	二氢双环戊二烯	0.3
15	8.025	3-甲基戊烷	0.2	46	47.987	未知物	0.6
16	8.285	2-甲基-1-戊烯	0.1	47	48.685	未知物	0.4
17	8.865	正己烷	1.0	48	49.080	双环戊二烯	0.4
18	9.096	己烯	0.1	49	50.799	双环戊二烯	73.9
19	9.529	己二烯	0.1	50	51.111	未知物	0.2
20	10.436	甲基环戊烷	0.4	51	51.725	未知物	0.2
21	12.242	苯	2.6	52	51.956	二氢双环戊二烯	1.1
22	12.938	环己烷	0.1	53	52.032	未知物	0.1
23	13.228	甲基环戊二烯	0.1	54	52.674	未知物	0.2
24	19.038	2-降冰片烯	0.1	55	55.232	甲基双环戊二烯	0.6
25	23.460	甲苯	0.2	56	55.826	甲基双环戊二烯	0.3
26	31.460	乙烯基环己烯	0.1	57	56.463	甲基双环戊二烯	0.5
27	33.828	乙苯	0.0	58	61.754	萘	0.1
28	34.740	间二甲苯+对二甲苯	0.1	59	62.446	甲基双环戊二烯	0.1
29	36.699	乙烯基二环[2.2.1]庚烯	2.7	60	83.987	环戊二烯三聚体	0.1
30	36.786	乙烯基二环[2.2.1]庚烯	0.5	61	87.889	环戊二烯三聚体	0.1
31	37.047	壬三烯	0.1	62	88.601	环戊二烯三聚体	0.3

① 未计算含量低于0.05%的组分，含量大于0.05%、小于0.1%的近似为0.1%。

(2) 环戊二烯的分析

实验室以非极性毛细管色谱柱为分离柱，采用 GC-MS 分析了双环戊二烯解聚出的环戊二烯。总离子流见图 6-30。在解聚产物中检测到环戊二烯、双环戊二烯、甲基环戊二烯、苯、3 种甲基双环戊二烯的同分异构体，见表 6-26。分析条件如下。

① 仪器：Finnigan Trace GC-MS。

② 色谱柱：HP PONA 柱（50m×0.20mm×0.5μm）。

③ 色谱参数：起始柱温 50℃（保持 10min），以 5℃/min 速率升温至 150℃（保持 30min）。柱恒流 0.6mL/min，分流 60mL/min。汽化室 150℃，接口温度 150℃。

④ 质谱条件：EI 源，源温度 200℃。全扫描。

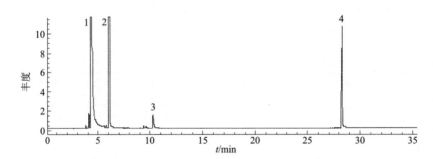

图 6-30　环戊二烯 GC-MS 总离子流图

1—溶剂；2—环戊二烯；3—甲基-环戊二烯；4—环戊二烯二聚体

表 6-26　解聚的环戊二烯组成

峰号	组分	质量分数/%
2	环戊二烯	90.4
3	甲基环戊二烯	0.6
4	环戊二烯二聚体	8.8

(3) 环戊二烯自聚研究

环戊二烯在室温下很容易自聚，特别是在温度相对高的夏季。薛慧峰等[36] 借用气相色谱技术研究了环戊二烯自聚与光照、温度的关系。在温度相同的条件下，环戊二烯在光照和避光的条件下自聚的速度非常接近，说明环戊二烯自聚受光的影响不大［见图 6-31(a)］；而环戊二烯的自聚速度受温度影响较大，在给定温度下环戊二烯的浓度降低与时间成线形关系，随着温度的增加聚合速度明显加快［见图 6-31(b)］，分析数据表明环戊二烯在 273.2K（0℃）以下自聚较慢。通过测定环戊二烯在 254.2～313.2K（-19～40℃）温度存放过程中的浓度随时间的变化，借助化学计量学统计计算，确定环戊二烯的自聚速率常数（k）与温度（T）为 Boltaman 函数关系式，曲线见图 6-32，定量公式见式(6-1)，根据式(6-1)计算得到 287.15K 时 CPD 自聚速率常数 k 为 0.0194，并与实测值进行比较，实验值为 0.0200，计算值与实验值非常接近。

$$k = \frac{0.23712}{1 + e^{(T-308.96)/9.0133}} - 0.23713 \qquad (6-1)$$

式中 k——自聚速率，%（质量分数）/min；

T——环境温度，K。

色谱条件如下。

① 仪器：HP 5880A。

② 色谱柱：聚二甲基硅氧烷柱（25m×0.2mm×0.25μm）。

③ 色谱参数：载气为氮气，起始柱温110℃，以3℃/min速率升温至180℃。汽化室200℃，检测器（FID）230℃。

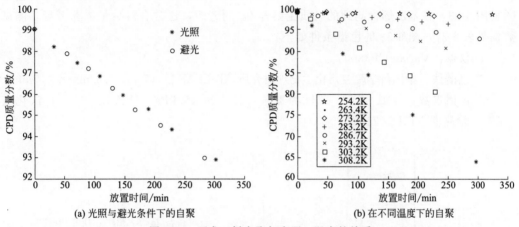

(a) 光照与避光条件下的自聚   (b) 在不同温度下的自聚

图 6-31   环戊二烯自聚与光照、温度的关系

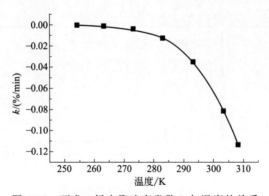

图 6-32   环戊二烯自聚速率常数 k 与温度的关系

6.6   苯乙烯和丙烯腈的分析

6.6.1   苯乙烯的分析

苯乙烯主要有3种生产途径：a. 乙苯脱氢制取苯乙烯；b. 乙苯和丙烷共氧化制取

苯乙烯；c. 从石油烃的热裂解产物 C_8 馏分中分离苯乙烯。苯乙烯主要用于合成丁苯橡胶、聚苯乙烯、苯乙烯-丁二烯嵌段共聚物（SBS）、苯乙烯-异戊二烯嵌段共聚物（SIS）和 ABS 树脂、SAN 树脂等，是重要的聚合单体之一。在苯乙烯生产和后续聚合使用中，需要对其质量进行控制分析；此外，由于苯乙烯比较容易自聚，需要加入一定量的阻聚剂，防止在储存和运输过程中自聚，因此，通常还需要分析苯乙烯中的阻聚剂。苯乙烯烃组成的分析有相应的方法标准 GB/T 12688.1[37]，该方法采用毛细管气相色谱法，检测苯乙烯中阻聚剂的方法标准 GB/T 12688.8[38] 采用了分光光度法。

(1) 苯乙烯中烃类杂质的分析

实验室参照 GB/T 12688.1，采用内标法分析了聚合级苯乙烯中的烃类杂质，色谱图见图 6-33，在苯乙烯检测到的杂质主要是 C_8 的芳烃，还含有极少量的非芳烃，测试数据见表 6-27，图 6-33 的色谱条件如下。

① 仪器：Varian CP3800。

② 色谱柱：中国科学院兰州化学物理研究所 AT-FFAP 柱（50m×0.32mm×0.33μm）。

③ 色谱参数：柱温 80℃；载气为氦气，柱头压 150kPa，分流比 50∶1；汽化室 200℃，检测器（FID）250℃。

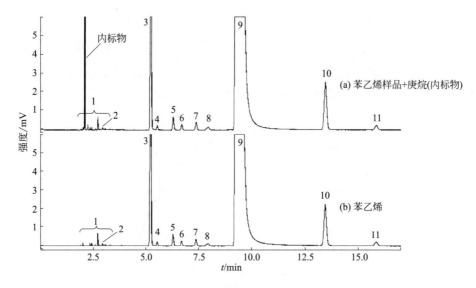

图 6-33　苯乙烯的 GC-FID 图

表 6-27　苯乙烯中的杂质分析数据

峰号	组分	质量分数/%	峰号	组分	质量分数/%
1	非芳烃	0.009	7	正丙苯	0.005
2	苯	0.001	8	间甲乙苯	0.003
3	乙苯	0.168	9	苯乙烯	99.730
4	间二甲苯	0.002	10	α-甲基苯乙烯	0.058
5	异丙苯	0.010	11	苯乙炔	0.006
6	邻二甲苯	0.003			

（2）苯乙烯中自聚物的分析

苯乙烯容易自聚，即使在常温下存放，也会缓慢自聚生成二聚体、三聚体等自聚物。实验室参照 GB/T 12688.1，对存放了一段时间的苯乙烯中的自聚物和其他杂质进行了分析，在此苯乙烯中检测到较高含量的二聚体（见图 6-34 中的峰 12）和少量的三聚体（见图 6-34 中的峰 13）。二聚体含量约为 4.9%，三聚体的含量约为 0.05%，数据见表 6-28，图 6-34 的条件如下。

① 仪器：Varian CP3800。

② 色谱柱：中国科学院兰州化学物理研究所 AT-FFAP 柱（50m×0.32mm×0.33μm）。

③ 色谱参数：柱温 100℃；载气为氢气，柱头压 12psi，分流比 50∶1。汽化室 200℃，检测器（FID）温度 220℃。

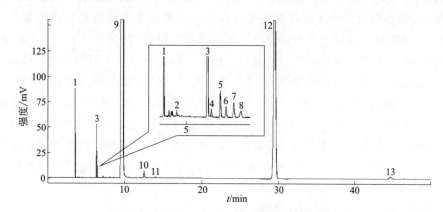

图 6-34　苯乙烯中二聚体及其他杂质的分析

表 6-28　苯乙烯中二聚体及其他杂质的分析数据

峰号	组分	质量分数/%	峰号	组分	质量分数/%
1	正庚烷	内标物	8	间/对甲乙苯	0.003
2	苯	0.001	9	苯乙烯	94.746
3	乙苯	0.181	10	甲基苯乙烯	0.051
4	间二甲苯	0.002	11	苯乙炔	0.006
5	异丙苯	0.009	12	苯乙烯二聚体	4.940
6	邻二甲苯	0.003	13	苯乙烯三聚体	0.051
7	正丙苯	0.006		非芳烃	<0.002

（3）苯乙烯中阻聚剂的分析

在苯乙烯使用前就需要脱除其中的阻聚剂。某课题组采用氧化铝吸附和蒸馏两种方法对苯乙烯中的阻聚剂进行了脱除，为了评价脱除阻聚剂的效果，采用毛细管气相色谱法进行了分析，数据见表 6-29。分析数据表明，脱除阻聚剂前的苯乙烯中阻聚剂对叔丁基邻苯二酚（TBC）的含量约为 38mg/kg，经过氧化铝吸附苯乙烯或蒸馏后，在脱除后的苯乙烯中均未检测到 TBC，说明脱除阻聚剂效果良好。分析条件如下。

① 仪器：HP 6890。

② 色谱柱：HP-5 柱（30m×0.32mm×0.25μm）。

③ 色谱参数：载气为氢气，柱头压 15psi，进样量 0.2μL，分流比 10∶1。柱温

180℃，汽化室 250℃，检测器（FID）250℃。

表 6-29　苯乙烯中阻聚剂的分析数据

样品编号	样品名称	TBC 含量/(mg/kg)	样品编号	样品名称	TBC 含量/(mg/kg)
1	原料苯乙烯	38	4	氧化铝吸附苯乙烯 3	未检出
2	氧化铝吸附苯乙烯 1	未检出	5	重蒸苯乙烯	未检出
3	氧化铝吸附苯乙烯 2	未检出			

6.6.2　丙烯腈的分析

丙烯腈是一种重要的化工基础原料，是合成聚丙烯纤维（腈纶）、丁腈橡胶、ABS 树脂、SAN 树脂等高分子聚合物的主要原料之一，也是生产聚丙烯酰胺的原料——丙烯酰胺的主要原料。目前生产丙烯腈的工艺多采用丙烯氨氧化法。

丙烯氨氧化生产的丙烯腈中一般含有乙腈、丙酮、丙腈、丁腈等杂质，可能还含有极低含量的噁唑，其中噁唑会影响后续产品的色泽。针对某公司丙烯腈聚合产品——腈纶发黄的质量问题，薛慧峰等[39]采用多种技术相结合，研究了测定丙烯腈中的噁唑和其他重有机杂质的分析方法。采用标样比对分析法，确定了丙烯腈中的乙腈、丙烯醛、丙腈、丙酮、丁腈等杂质；采用 GC-MS 联用技术对丙烯腈中的其他杂质进行了分析，总离子流见图 6-35，在丙烯腈中检测到噁唑、4 个丁烯腈同分异构体和戊烯腈。GC-MS 分析条件如下。

① 仪器：Finnigan Trace GC-MS。

② 色谱条件：聚二甲基硅氧烷色谱柱（50m×0.2mm×0.5μm），柱温 40℃，载气为氦气，柱头压 15psi，分流 30mL/min，汽化室 100℃，接口温度 80℃。

③ 质谱条件：EI 源，70eV 电离能，离子源 200℃，质量扫描范围 28～350，全扫描。

为了验证 GC-MS 定性噁唑的准确性，利用噁唑与硫酸反应生成硫酸噁唑盐，硫酸噁唑盐水解后又可得到噁唑的这一特性[40]，从丙烯腈中分离出噁唑。

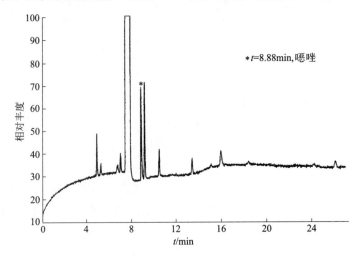

图 6-35　丙烯腈的 GC-MS 总离子流

具体处理方法：a. 在丙烯腈中加入硫酸，通过化学反应将丙烯腈中的噁唑转化为硫酸噁唑盐；b. 加热蒸馏反应后的丙烯腈液体，得到除去噁唑的丙烯腈；c. 用水处理蒸馏后残留的釜液，得到富含噁唑的有机产物。

采用 GC 对经硫酸处理前后的丙烯腈进行分析。分析结果表明，经处理后 GC-MS 定性的噁唑峰明显减小 [见图 6-36(a)、(b) 中的 * 峰]，其峰面积含量降低为原来的约 1/28。用 GC 分析水解产物，噁唑峰又明显增大 [见图 6-36(c) 中的 * 峰]。用 GC-MS 分析噁唑硫酸盐水解产物，同样得到噁唑的检索结果。

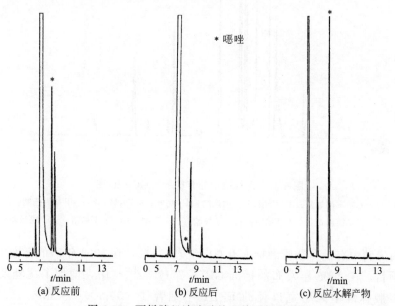

图 6-36　丙烯腈经浓硫酸处理前后的色谱图

通过多种技术联合分析，确定了丙烯腈中的噁唑和其他有机杂质，丙烯腈的 GC-FID 定性分析色谱见图 6-37，上述方法在该公司降低丙烯腈中噁唑含量的技术改造中得到应用，改造前后丙烯腈中噁唑含量见表 6-30，圆满解决了该公司丙烯腈聚合产品——腈纶发黄的质量问题，效果令人满意。

表 6-30　丙烯腈精制工艺改造前后丙烯腈中杂质的含量分析

组分	质量分数/%		组分	质量分数/%	
	改造前	改造后		改造前	改造后
乙腈＋丙烯醛	0.003	0.001	2-甲基丙烯腈	0.006	0.004
丙酮	0.005	0.002	2-丁烯腈	0.060	0.005
噁唑	0.059	0.006	2-丁烯腈	0.002	0.000
丙腈	0.034	0.003			

色谱条件如下。

① 仪器：HP 5880A。

② 色谱柱：HP-PONA 柱 (50m×0.2mm×0.5μm)。

③ 色谱参数：柱温 40℃，载气为氢气，柱头压 15psi，分流 30mL/min。汽化室 150℃，检测器 (FID) 150℃。

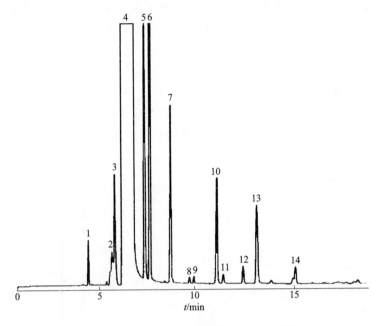

图 6-37　丙烯腈中的有机杂质 GC-FID 图

1—丙烯；2—乙腈＋丙烯醛；3—丙酮；4—丙烯腈；5—噁唑；6—丙腈；7—2-甲基丙烯腈；8—未知；
9—2-甲基丙腈；10—2-丁烯腈；11—丁烯腈；12—丁腈；13—2-丁烯腈；14—戊烯腈

检测丙烯腈中有机类杂质的标准有 GB/T 7717.12，在 1994 年版的标准中尚没有检测噁唑的项目，在 2008 年发布的标准 GB/T 7717.12[41] 中，增加了噁唑及其他组分的检测，新版标准中采用宽口径的 FFAP 毛细管柱（50m×0.32mm×0.5μm），对噁唑和其他杂质的分离效果良好。

6.7　甲基叔丁基醚的分析

甲基叔丁基醚（MTBE）由异丁烯与甲醇反应得到。在工业生产中，多采用混合 C_4 与甲醇在酸性催化剂作用下反应生产 MTBE 的工艺。对于乙烯厂，混合 C_4 主要来自石油烃热裂解制乙烯装置的裂解气，这种裂解 C_4 富含丁二烯，需要先将裂解 C_4 中的丁二烯抽提，然后将抽余 C_4 与甲醇醚化，生产 MTBE；对于炼油厂，混合 C_4 来自 FCC 装置、延迟焦化装置等产的炼厂气，炼厂混合 C_4 含丁二烯极少，可以直接将炼厂混合 C_4 与甲醇反应生产 MTBE。

MTBE 主要用途有两种：作为辛烷值改进剂用于车用汽油；热裂解生产高纯度异丁烯。

6.7.1　甲基叔丁基醚中含硫化合物的分析

MTBE 的研究法辛烷值为 118，是优良的汽油高辛烷值添加剂。MTBE 与汽油可以任意比例互溶而不发生分层现象，化学性质稳定。添加了 MTBE 的汽油还能改善汽车的行车性能，降低尾气中一氧化碳的含量，抑制臭氧的生成。在国内 MTBE 已经被广泛用于调合汽油，调合比例通常为 5%～15%。随着人们环保意识和环保要求不断提高，车用汽油的清洁化越来越受到关注，车用汽油质量标准也不断升级，其中对汽油硫含量的限制更为严格，车用汽油国Ⅴ、国Ⅵ标准[42] 规定汽油的硫含量不大于 10mg/kg。MTBE 作为汽油调合组分，其硫含量同样也受到生产企业的关注。由混合 C_4 经甲醇醚化生产的 MTBE，硫含量一般在 50～200mg/kg，MTBE 硫含量已经影响到车用汽油的硫含量[43]。在 MTBE 脱硫技术开发过程中，除了需要明确 MTBE 中的总硫含量外，还需要清楚 MTBE 中含硫化合物的分布或含硫化合物的结构，以便合理开发脱硫技术。

薛慧峰等[44] 采用多种分析技术相结合，对 MTBE 中的含硫化合物进行了定性定量分析研究。通过采用 GC-SCD 分析不同来源 MTBE 中的含硫化合物，选择了含硫化合物种类多、含量高的 MTBE 作为研究对象；采用旋转蒸馏的方法浓缩了富集 MTBE 中的高沸点含硫化合物；采用 GC-MS 分析富集后的 MTBE 中各组分，通过质谱信息解析，定性了主要含硫化合物；采用含硫化合物标样比对分析法，确定了 MTBE 中低沸点含硫化合物；并通过分析含硫化合物保留时间与结构关系，对 GC-MS 定性结果进行了验证。通过多种定性分析技术，确定 18 个含硫化合物结构，主要为多硫醚。采用外标法定量分析含硫化合物，浓度（以硫计）范围在 0.5～195mg/kg。在分析研究的基础上，实验室又起草了相应的行业标准[45]。

（1）MTBE 中含硫化合物浓缩

不同炼厂生产的 MTBE 中的含硫化合物种类和含量有一定差异，通过 GC-SCD 分析选择了含硫化合物种类多、含量高的 MTBE-3 作为研究对象（见图 6-38），进行含硫

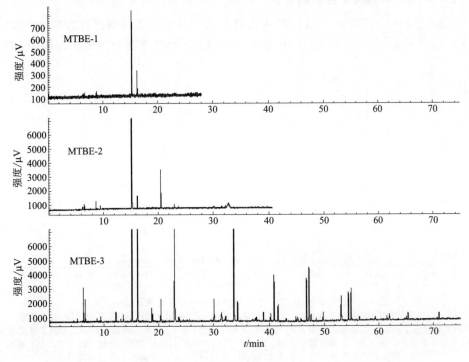

图 6-38　不同来源 MTBE 的 GC-SCD 图

化合物的分离、富集和定性。

尽管用 GC-SCD 在 MTBE-3 中检测到很多含硫化合物，但是大部分含硫化合物的含量仍然非常低，受 MTBE 中其他基质的干扰，影响 GC-MS 准确定性。根据 MTBE-3 中含硫化合物分布特点，采用蒸馏法浓缩高沸点含硫化合物。实验结果表明，MTBE-3 经过蒸馏后，MTBE-3 蒸馏釜液中的含硫化合物含量明显增加，而且含硫化合物种类也增加。MTBE-3 蒸馏前后的 GC-SCD 见图 6-39。

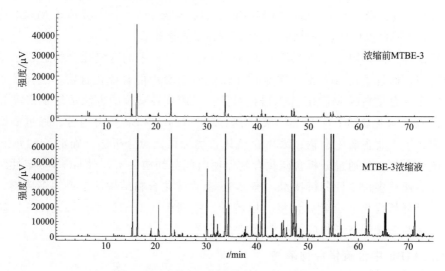

图 6-39　MTBE-3 蒸馏前后的 GC-SCD 对比

（2）MTBE 中含硫化合物的定性

采用 GC-MS 分析研究了 MTBE 中高沸点含硫化合物。蒸馏处理后的 MTBE-3 的 GC-MS 总离子流见图 6-40。图 6-40 表明，MTBE-3 经过蒸馏处理后，釜液中 MTBE

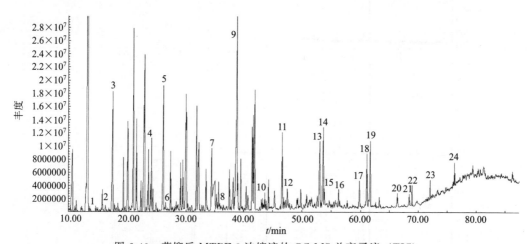

图 6-40　蒸馏后 MTBE-3 浓缩液的 GC-MS 总离子流（TIC）

1—二乙基硫醚；2—甲基叔丁基硫醚；3—二甲基二硫醚；4—未知含硫化合物；5—甲基乙基二硫醚；
6—甲基叔戊基硫醚；7—二乙基二硫醚；8—甲基叔丁基二硫醚；9—二甲基三硫醚；10—乙基叔丁基二硫醚；
11—未知含硫化合物；12—未知含硫化合物；13,14—3,5-二甲基-1,2,4-三硫环戊烷；15—二乙基三硫醚；
16—未知含硫化合物；17—二甲基四硫醚；18,19—4,6-二甲基-1,2,3-三硫环己烷；
20—未知含硫化合物；21,22—3,5-二乙基-1,2,4-三硫环戊烷；23,24—未知含硫化合物

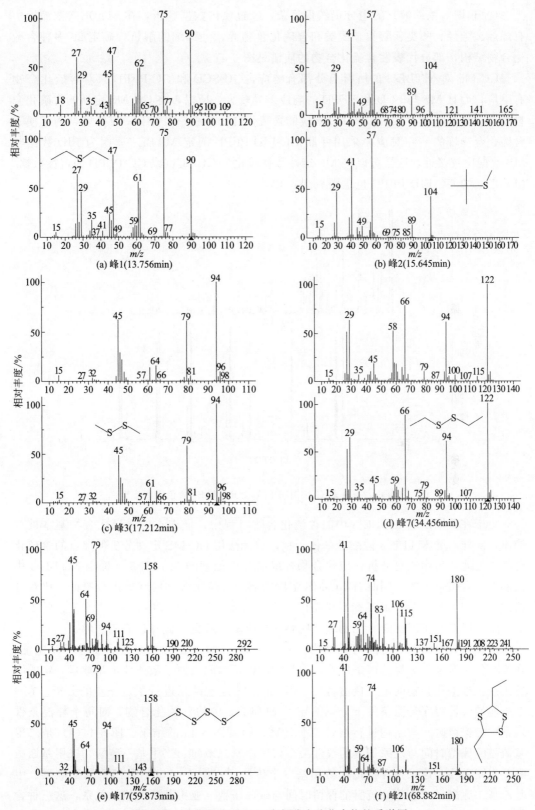

图 6-41　总离子流图 6-40 中部分含硫化合物的质谱图

（MTBE-3 浓缩液）的组分仍然很复杂，经过质谱数据解析，在 MTBE-3 浓缩液中有烯烃、芳烃、醇类、醚类、酮类和含硫化合物等，经详细的解析，确定 20 多种含硫化合物结构，部分代表性含硫化合物的质谱见图 6-41。

GC-MS 对 MTBE-3 的所有组分都有响应，GC-SCD 和 GC-PFPD 只对含硫化合物有响应，而且 MS 与 SCD 和 PFPD 的响应差异较大，所以，将 GC-MS 定性的含硫化合物峰直接与 GC-SCD 或 GC-PFPD 响应的含硫化合物峰一一对应有一定难度，为了便于含硫化合物峰的一一对应，采用并联 GC-FID-PFPD 测定 MTBE-3，因为 FID 数据与 MS 数据比较接近，这样可以将 MS 定性数据转化为 GC-SCD 或 GC-PFPD 的定性数据。MTBE-3 的 GC-FID-PFPD 色谱图见图 6-42。

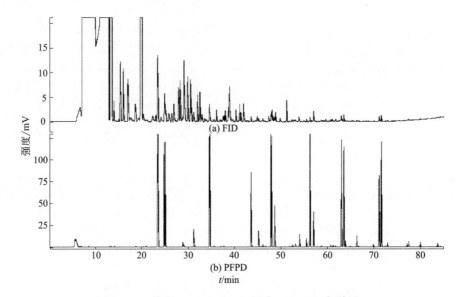

图 6-42　并联 GC-FID-PFPD 测定 MTBE-3 色谱图

由于在蒸馏浓缩 MTBE-3 中的含硫化合物过程中，低沸点的含硫化合物基本被蒸馏出，此外，受 MTBE-3 浓缩液基体干扰，也无法用 GC-MS 定性分析低沸点的含硫化合物。为此，采用比对分析含硫化合物标准品和未处理的 MTBE-3 来确定 MTBE-3 中低沸点的含硫化合物，同时对 GC-MS 定性的部分含硫化合物的结果进行验证，比对分析的色谱图见图 6-43。通过标准样品比对分析，确定 MTBE-3 中有 GC-MS 定性的二乙基硫醚、甲基叔丁基硫醚、二乙基二硫醚、二甲基三硫醚，此外还有乙硫醇。

根据化合物的保留时间与其结构关系，对 GC-SM 的定性结果进行了进一步验证。在线性程序升温和等温色谱条件下，同系物的保留时间与原子数或亚甲基数呈一定的线性关系。根据化合物的这一色谱特性，对 GC-MS 定性结果进行了进一步的分析。在 4 个不同的线性程序升温条件下分别测定了 MTBE-3 中的含硫化合物，对每个柱温条件同系物的保留时间与结构进行线性拟合计算，得到图 6-44 的结果。图 6-44（a）是二甲基硫醚的保留时间与硫原子数的线性关系，二甲基二硫醚、二甲基三硫醚、二甲基四硫醚互为同系物，这三种含硫化合物相差一个硫原子；图 6-44（b）是二甲基二硫醚、甲基乙基二硫醚、二乙基二硫醚的保留时间与碳原子数（亚甲基）的线性关系，这三种含硫化合物相差一个亚甲基。含硫化合物的保留时间与结构的线性关系分析数据表明，相

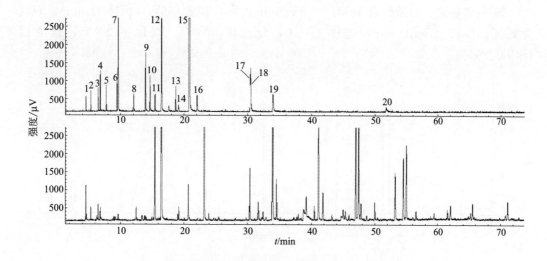

图 6-43　含硫化合物标准样与 MTBE-3 的 GC-SCD 图

1—羰基硫；2—甲硫醇；3—乙硫醇；4—甲硫醚；5—异丙硫醇；6—正丙硫醇；7—甲乙硫醚；
8— 1-甲基-1-丙硫醇；9—乙硫醚；10—正丁硫醇；11—甲基叔丁基硫醚；12—二甲基二硫醚；
13—2-甲基噻吩；14—3-甲基噻吩；15— 四氢噻吩；16—1-戊硫醇；17—二乙基二硫醚；
18—1-己硫醇；19—二甲基三硫醚；20—苯并噻吩

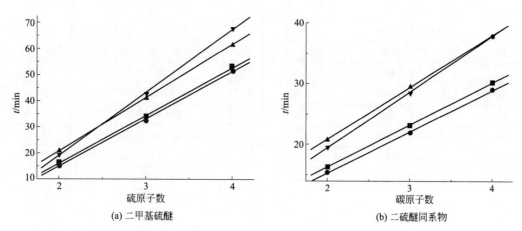

图 6-44　保留时间与结构关系

关系数均大于 0.9995，线性关系非常好，证明根据 GC-MS 信息定性的结果正确。用这种方法还分析了其他同系物，结果一致。

（3）含硫化合物确定与定量分析

根据 GC-MS 质谱解析、含硫化合物标准样品比对分析、保留时间与结构关系分析，确定了 MTBE-3 中的含硫化合物，并采用外标法定量，确定了 MTBE-3 中含硫化合物的含量，定性定量分析结果见表 6-31，对应的 GC-SCD 分布见图 6-45。图 6-45 的色谱条件如下。

① 仪器：Agilent 7890。

② 色谱柱：Agilent PONA 柱（50m×0.20mm×0.5μm）。

③ 色谱参数：起始柱温 35℃，以 2℃/min 速率升温至 185℃（保持 10min）。载气为氦气，恒流 0.6mL/min，进样 1.0μL，分流比 50：1。汽化室 200℃，检测器（SCD）250℃。

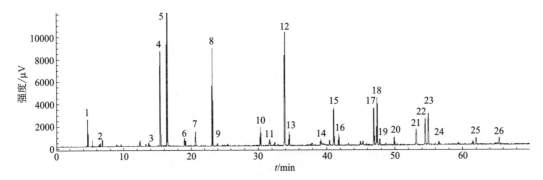

图 6-45 MTBE-3 中的含硫化物 GC-SCD

表 6-31 MTBE-3 中含硫化物的定性定量结果

峰号	含硫化合物	含量/(mg/kg)	峰号	含硫化合物	含量/(mg/kg)
1	羰基硫	4.57	14	乙基叔丁基二硫醚	1.20
2	乙硫醇	0.79	15	未知硫化物	20.65
3	二乙基硫醚	0.48	16	未知含硫化合物	6.78
4	甲基叔丁基硫醚	41.41	17	3,5-二甲基-1,2,4-三硫环戊烷	21.74
5	二甲基二硫醚	196.14	18	3,5-二甲基-1,2,4-三硫环戊烷	27.49
6	未知含硫化合物	2.06	19	二乙基三硫醚	3.39
7	未知含硫化合物	6.65	20	未知含硫化合物	4.40
8	甲基乙基二硫醚	51.56	21	二甲基四硫醚	10.03
9	甲基叔戊基硫醚	1.21	22	4,6-二甲基-1,2,3-三硫环己烷	14.08
10	二乙基二硫醚	10.61	23	4,6-二甲基-1,2,3-三硫环己烷	17.20
11	甲基叔丁基二硫醚	5.55	24	未知含硫化合物	1.51
12	二甲基三硫醚	70.56	25	3,5-二乙基-1,2,4-三硫环戊烷	1.98
13	未知含硫化合物	8.36	26	3,5-二乙基-1,2,4-三硫环戊烷	3.25

6.7.2 烃类和含氧化合物杂质的分析

分析 MTBE 中烃类和其他氧化物杂质有相应的行业标准 SH/T 1550[46]。该标准规定了单毛细管柱色谱法和二维气相色谱法，在单毛细管柱色谱法中，推荐了 50m 的聚二甲基硅氧烷毛细管柱和 60m 的 6％氰丙苯基 94％聚二甲基硅氧烷毛细管柱色谱柱。值得关注的是该标准还采用中心切割二维色谱技术，用于分离 MTBE 中烃类和其他氧化物杂质，辅助分析柱为 10m 的宽口径聚乙二醇柱，主分析柱为 50m 的常规口径的聚二甲基硅氧烷柱，通过中心切割技术，将在主分析柱上难分离的物质对——甲醇和丁烯、叔丁醇和 2-戊烯、甲基仲丁基醚和仲丁醇分离切到辅助分析柱上，利用难分离物质对的极性差异，使其在极性柱上得到良好的分离。该方法适用于测定 MTBE 的纯度和 $C_4 \sim C_{12}$ 烃、甲醇、异丙醇、叔丁醇和仲丁醇、甲基仲丁基醚和甲基叔戊基醚、丙酮以及甲乙酮。

实验室采用聚二甲基硅氧烷毛细管柱分析了某公司 MTBE 中的杂质，用 GC-MS 对其杂质进行了定性分析，结果见图 6-46。GC-MS 条件见下。

① 仪器：Finnigan Trace GC-MS。

② 色谱条件：HP-PONA（50m×0.2mm×0.5μm）。起始柱温 40℃，以 1.5℃/min 速率升温至 165℃。载气为氦气，柱头压 150kPa，分流 30mL/min，汽化室 200℃，接口温度 200℃。

③ 质谱条件：EI 源，70eV 电离能，离子源 200℃，质量扫描范围 15～200。

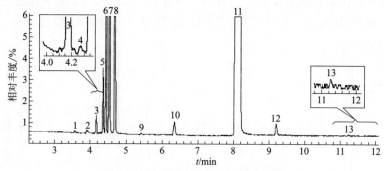

图 6-46　甲基叔丁基醚的 GC-MS 图

1—空气；2—水；3—异丁烷；4—甲醇；5—异丁烯+1-丁烯；6—正丁烷；7—反-2-丁烯；8—顺-2-丁烯；9—异戊烷；10—叔丁醇；11—甲基叔丁基醚；12—甲基仲丁基醚；13—乙基叔丁基醚

6.8 芳 烃

石油芳烃主要来自重石脑油铂重整产品——重整汽油和石油烃热裂解的副产物——裂解汽油，目前也有采用混合 C_4 芳构化工艺来生产芳烃。重整汽油和裂解汽油富含芳烃，重整汽油可以直接用作芳烃抽提装置的原料，裂解汽油需经过两段加氢除烯除杂后才能用作芳烃抽提装置的原料。富含芳烃的重整汽油和加氢后的裂解汽油，经过环丁砜抽提分离得到混合芳烃，再经过进一步分离混合芳烃得到苯、甲苯、乙苯、二甲苯、三甲苯等产品。

在芳烃抽提和芳烃分离生产过程中，需要对混芳烃及其分离的产品进行分析，分析技术均采用气相色谱法，常用的色谱柱有聚二甲基硅氧烷柱、聚乙二醇柱（PEG-20M）和聚乙二醇改性的 FFAP 柱。使用聚二甲基硅氧烷柱可以将芳烃彼此分离，也可以将非芳烃彼此分离，但是，由于待测组分中芳烃含量较高，芳烃峰展宽，会与个别非芳烃峰重叠。使用 PEG-20M 和聚乙二醇改性的 FFAP 柱可以将芳烃彼此分离，也可以将芳烃与非芳烃完全分离，但是不能有效地将非芳烃彼此分离。可以根据科研需要和生产需求，采用不同的色谱柱分析芳烃。

6.8.1 混合芳烃的分析

混合芳烃是分离生产三苯的原料,在生产三苯过程中,需要对原料进行必要的分析。实验室采用 GC 对从裂解汽油中分离出的混合芳烃进行了分析,混合芳烃中非芳烃的含量小于 0.3%,说明环丁砜抽提分离效果良好,色谱图见图 6-47,分析数据见表 6-32,分析条件如下。

① 色谱仪:HP 6890。

② 色谱柱:中国科学院兰州化学物理研究所 AT-PONA 柱 (50m × 0.20mm × 0.5μm)。

③ 色谱参数:柱起始温度 35℃ (保持 15min),以 2℃/min 速率升温至 200℃ (保持 30min)。载气为氦气,柱头压 200kPa,进样量 0.5μL,分流比 30∶1。汽化室 200℃,检测器 250℃。

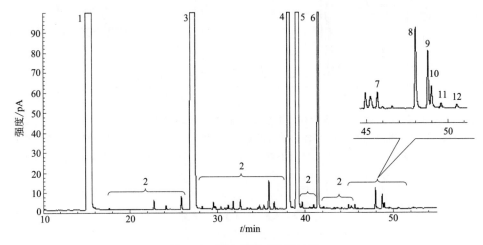

图 6-47　混合芳烃 GC-FID 图

表 6-32　来自裂解汽油混合芳烃的组成

峰号	组分	质量分数/%	峰号	组分	质量分数/%
1	苯	56.989	7	异丙基苯	0.008
2	非芳烃	0.277	8	正丙基苯	0.041
3	甲苯	27.599	9	1-乙基-3-甲基苯	0.027
4	乙苯	7.233	10	1-乙基-4-甲基苯	0.012
5	间二甲苯+对二甲苯	6.211	11	三甲基苯	0.006
6	邻二甲苯	1.595	12	1-乙基-2-甲基苯	0.002

6.8.2 三苯的分析

(1) 苯的分析

石油苯产品 GB/T 3405[47] 规定测定苯纯度及杂质的方法是 ASTM D4492[48],

D4492 规定采用聚乙二醇（PEG）毛细管色谱柱（50m×0.32mm×0.25μm）、柱温70℃，可以将苯、甲苯、乙苯、二甲苯和非芳烃彼此有效地分离。如果需要了解苯中非芳烃的组成，可以采用非极性毛细管柱分离。

实验室采用非极性聚二甲基硅氧烷毛细管柱气相色谱法分析了来自裂解汽油原料的工业苯，在分离芳烃的同时，也可以分离非芳烃，色谱图见图 6-48，在苯中检测到甲苯和其他非芳烃的组成，非芳烃主要是环己烷及取代的环己烷，组成数据见表 6-33。从图 6-48 看出，采用聚二甲基硅氧烷毛细管柱分析高纯度工业苯时，苯与个别非芳烃的峰有部分重叠，可能还会有非芳烃被苯的峰完全掩盖，从而影响苯含量的准确定量。图 6-48 的色谱条件与图 6-47 的色谱条件相同。

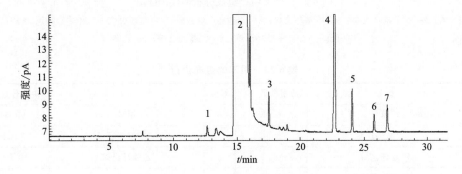

图 6-48　苯的烃组成分析 GC-FID 图
1—甲基环戊烷；2—苯；3—环己烷；4—甲基环己烷；5—乙基环戊烷；6—二甲基环己烷；7—甲苯

表 6-33　苯的组成含量

组　　分	质量分数/%
苯	99.894
甲苯	0.005
非芳烃	0.101

（2）甲苯的分析

石油甲苯产品标准[49] 中规定，检验甲苯中烃杂质的检验方法为 GB/T 3144[50] 或 ASTM D6526[51]。GB/T 3144 规定采用聚乙二醇（PEG）填充柱，填充柱对甲苯中杂质分离的效果比较差；ASTM D6526 规定采用 1,2,3-三（2-氰乙氧基）丙烷（TCEP）或聚乙二醇（PEG）毛细管柱，分离效果良好，并采用校正面积归一法定量。

实验室采用与图 6-47 相同的方法，对从混合芳烃中分离出的甲苯进行了分析，色谱图见图 6-49，测试数据见表 6-34，残留杂质主要是非芳烃。图 6-49 表明，在采用聚二甲基硅氧烷毛细管柱分析高纯度工业甲苯时，可以将甲苯与非芳烃很好地分离，有利于认识甲苯分离过程中残留杂质组成。由于在非极性色谱柱上，烃组成按照沸点流出，通过对非芳烃组成的分析，可以进一步优化分离工艺，为生产高纯度甲苯或苯提供重要数据，这在某公司芳烃抽提装置开车调试过程中发挥了主要作用。图 6-49 的色谱条件与图 6-47 的色谱条件相同。

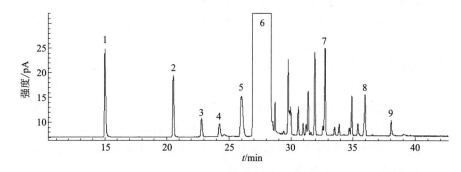

图 6-49 甲苯的烃组成分析 GC-FID 图

1—苯；2—二甲基环戊烷；3—甲基环己烷；4—乙基环戊烷；5—三甲基环戊烷＋二环 [2,2,1] 庚烷；

6—甲苯；7—二甲基环己烷；8—乙基环己烷；9—乙苯

表 6-34　甲苯的组成含量

峰号	组分	质量分数/%	峰号	组分	质量分数/%
1	苯	0.05	6	甲苯	99.58
2	二甲基环戊烷	0.04	7	二甲基环己烷	0.04
3	甲基环己烷	0.01	8	乙基环己烷	0.02
4	乙基环戊烷	0.01	9	乙苯	0.01
5	三甲基环戊烷/二环[2,2,1]庚烷	0.05		其他非芳烃	0.19

(3) 混合二甲苯的分析

石油混合二甲苯产品标准[52] 没有规定组成含量指标，与烃组成有关的指标仅有密度、馏程等。实验室采用与图 6-47 相同的方法，对来自裂解汽油中的混合二甲苯进行了分析，色谱图见图 6-50，并针对某公司混合二甲苯馏程的初沸点偏低问题，对生产过程中裂解汽油加氢产品、混合芳烃、混合二甲苯进行了跟踪分析，分析数据表明，混合二甲苯初沸点偏高与混合二甲苯中的轻组分甲苯和非芳烃的含量偏高有关，通过调整切割工艺，混合二甲苯轻组分含量明显降低，达到合格值。部分混合二甲苯的分析数据见表 6-35。

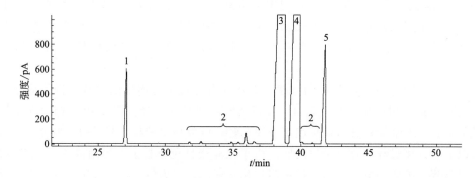

图 6-50　混合二甲苯的 GC-FID 图

表 6-35　混合二甲苯的组成含量

峰号	组　　分	质量分数/%			
		20070727	20070912	20070913	20070919
1	甲苯	0.65	3.15	2.71	0.23
2	非芳烃	1.08	1.29	1.01	0.26
3	乙苯	48.10	48.32	42.65	40.61
4	间二甲苯＋对二甲苯	43.22	41.58	49.54	47.21
5	邻二甲苯	6.95	5.66	4.09	11.69

6.8.3　乙苯脱氢产物的分析

乙苯脱氢制苯乙烯的主要产物有苯乙烯、甲苯、苯及其他非芳烃组分，产物中还残留有未反应的乙苯。实验室配合乙苯脱氢催化剂研究，采用非极性毛细管柱气相色谱，分析了不同催化条件下乙苯脱氢产物中的组分，结果表明不同条件下的脱氢产物中苯乙烯含量差别非常大，色谱图见图 6-51，数据见表 6-36。色谱条件如下。

① 仪器：Varian CP-3800。

② 色谱柱：Agilent PONA 柱（50m×0.20mm×0.5μm）。

③ 色谱参数：柱温 100℃。载气为氦气，进样 0.5μL，分流比 100∶1。汽化室 200℃，检测器（FID）250℃。

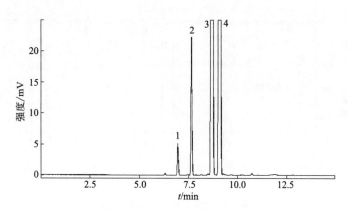

图 6-51　乙苯脱氢产物色谱图

1—苯；2—甲苯；3—乙苯；4—苯乙烯

表 6-36　乙苯脱氢产物组成含量

组　　分	质量分数/%		组　　分	质量分数/%	
	产物 1	产物 2		产物 1	产物 2
苯	0.116	0.277	苯乙烯	36.875	59.896
甲苯	0.517	1.133	其他非芳烃	0.017	0.038
乙苯	62.475	38.656			

6.8.4 芳烃抽提中环丁砜的分析

裂解汽油或重整汽油生产芳烃多采用环丁砜抽提工艺，这就需要对生产过程中的环丁砜进行分析检测，如芳烃中残留环丁砜、循环使用环丁砜。实验室采用毛细管 GC 分析了芳烃中残留环丁砜和循环使用环丁砜，分析环丁砜时，需适当提高色谱柱的操作温度，以便缩短分析时间。图 6-52 是某裂解汽油芳烃抽提装置不同采样点样品的色谱图，B-V105 采样点为 $C_6 \sim C_7$ 芳烃，残留环丁砜非常低；B-T104采样点为回收环丁砜，环丁砜中尚有一定量的 $C_6 \sim C_7$ 芳烃，分析数据见表 6-37。图 6-52 的色谱条件如下。

① 仪器：Agilent 6890。

② 色谱柱：中国科学院兰州化学物理研究所 AT PONA 柱 （50m×0.20mm×0.5μm）。

③ 色谱参数：起始柱温 150℃，以 5℃/min 速率升温至 200℃ （2min）。柱头压 200kPa，进样量 0.4μL，分流比 50∶1。汽化室 250℃，检测器 （FID） 250℃。

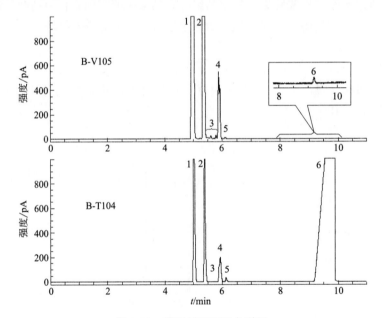

图 6-52　循环用环丁砜色谱图

表 6-37　芳烃抽提中不同采样点环丁砜分析

峰号	组分	质量分数[①]/%		峰号	组分	质量分数[①]/%	
		B-T104	B-V105			B-T104	B-V105
1	苯	14.14	68.12	4	乙苯＋间、对二甲苯	1.93	0.91
2	甲苯	7.42	30.88	5	邻二甲苯	0.24	0.02
3	非芳烃	0.05	0.06	6	环丁砜	76.27	0.0003

① 校正归一法定量，环丁砜 $f=0.84$，芳烃和非芳烃 $f=1.00$。

由于环丁砜中含有硫元素，在芳烃抽提生产中，也可以采用 GC-SCD 分析芳烃或抽余中残留的微量环丁砜，但是 GC-SCD 不适合高含量环丁砜的分析。实验室采用 GC-SCD 对重整汽油芳烃抽提后的抽余油中的环丁砜进行了分析，色谱图见图 6-53，经过外标法定量，该抽余油中环丁砜含量（以硫计）为 71.7mg/kg，图 6-53 表明，采用 GC-SCD 分析抽余油中的残留环丁砜，不受抽余油中复杂烃的干扰，分析更方便，而且检测的灵敏度非常高。分析条件如下。

① 仪器：Agilent 7890，配 SCD。

② 色谱柱：PONA 柱（50m×0.25mm×0.5μm）。

③ 色谱参数：起始柱温 120℃，以 2℃/min 速率升温至 180℃（10min）。恒流 0.6μL/min，进样量 1.0μL，分流比 50:1。汽化室 200℃，检测器 250℃。自动进样。

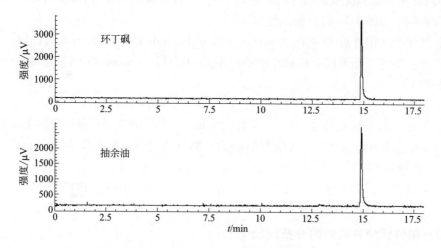

图 6-53　芳烃抽余油中残留环丁砜分析

6.9　裂解 C$_5$ 的分析

裂解 C$_5$ 是从石油烃热裂解产物中分离出来的 C$_5$ 馏分，裂解 C$_5$ 富含异戊二烯、环戊二烯、间戊二烯等，三者约占裂解 C$_5$ 的 40%～55%，这些双烯烃具有特殊的分子结构，化学性质活泼，可用于合成许多高附加值产品，是生产化工产品的宝贵资源；此外，裂解 C$_5$ 中还含有 15%～25% 的 C$_5$ 单烯烃。裂解 C$_5$ 主要用于分离获取二烯烃、单烯烃，用于合成 C$_5$ 石油树脂，生产高辛烷值的甲基叔戊基醚（TAME）等。在裂解 C$_5$ 生产、裂解 C$_5$ 分离技术开发和 C$_5$ 石油树脂生产中，都需要分析裂解 C$_5$ 组成；此外，在裂解 C$_5$ 脱硫技术研究和 C$_5$ 石油树脂生产中，也需要分析裂解 C$_5$ 中的含硫化合物，特别是活性含硫化合物。

6.9.1　裂解 C$_5$ 烃组成的分析

薛慧峰等[53] 采用气相色谱-红外（GC-IR）和气相色谱-质谱（GC-MS）技术相结

合，分析研究了裂解 C_5 中的组分结构，并比较了两种技术在分析富含烯烃混合烃的优劣势。

（1）GC-MS 图与 GC-IR 图的比较

图 6-54（a）是 C_5 馏分在标准电离能 70eV 下的 GC-MS 的总离子流，图 6-55 是同一 C_5 馏分的 GC-IR 重建色谱（GSC），GC-MS 的 TIC 图和 GC-IR 的 GSC 图差异明显。首先，最强峰不同，在 TIC 中最强峰是峰 11（异戊二烯），在 GSC 中最强峰是峰 10（正戊烷），在 GSC 图中其他链烷烃、环烷烃的峰的相对强度明显增加。其次，GC-MS 的分离度要优于 GC-IR，实验室采用的是光管式接口 GC-IR，受光管体积扩散效应的影响，导致分离效果和灵敏度均降低，所以 GSC 图的分离效果比 TIC 图和 GC-FID 色谱图差。图 6-54 和图 6-55 的分析条件如下。

① 仪器：气相色谱-质谱仪 TraceGC-MS（Finnigan 公司），配分流进样口。气相色谱-傅里叶变换红外光谱仪 Agilent6890N（Agilent 公司）-Nexus670（Nicolet 公司），配分流进样口。

② 色谱柱：聚二甲基硅氧烷色谱柱（50m×0.2mm×0.5μm）。

③ 色谱参数：起始柱温 10℃（保持 12min），以 1.5℃/min 速率升温至 35℃，再以 5℃/min 速率升温至 150℃（保持 20min）；载气为氦气，柱头压力为 15psi，分流比 100：1；汽化室 200℃。

④ 质谱参数：质谱电离源为 EI 源，电离能为 70eV、10eV，接口 100℃。

⑤ 傅里叶变换红外光谱参数：接口为光管式，检测器为 MCT 检测器。

（2）烯烃同分异构体的分析比较

裂解 C_5 的主要成分为二烯烃、单烯烃的同分异构体，由于同分异构体的质谱图非常相似，很难区分彼此。图 6-54（a）中峰 7、11、15、17 的质谱见图 6-56（a），这 4 个峰的离子质量及其丰度几乎完全相同，基峰 $m/z=67$，分子离子峰 $m/z=68$，经检索均为戊二烯，仅凭借图 6-56（a）的质谱信息无法确定戊二烯分子中两个双键的位置和顺反结构。但是，峰 7、11、15、17 的红外光谱却差别明显 [见图 6-56（b）]，峰 7、11、15、17 的红外光谱在 990cm^{-1}、910cm^{-1} 两个频率区域均有吸收峰，即 CHR＝CH$_2$ 的 C—H 非平面变角振动峰，说明峰 7、11、15、17 均含有 CHR＝CH$_2$ 官能团；峰 11、15、17 分别含有 1602cm^{-1}、1612cm^{-1}、1606cm^{-1} 谱峰，此频率为共轭双键的伸缩振动吸收频率，说明峰 11、15、17 具有共轭双烯结构，峰 7 为非共轭戊二烯——1,4-戊二烯。峰 11 含有 893cm^{-1} 谱峰，此频率是 CR$_2$＝CH$_2$ 结构中 C—H 非平面变角振动频率，说明峰 11 为异戊二烯。峰 15、17 中均含有 3030cm^{-1} 吸收谱峰，即 R^{1}CH＝CHR^2 或 R^{1}R^{2}C＝CHR^3 结构中 C—H 反对称伸缩振动的吸收峰，说明峰 15、17 均含有 RCH＝CHR 官能团；峰 15 中的 1662cm^{-1} 是反式 RCH＝CHR 结构中 C＝C 伸缩振动吸收峰，965cm^{-1} 是反式 RCH＝CHR 结构中 C—H 非平面变角振动吸收峰；峰 17 中的 1650cm^{-1} 是顺 RCH＝CHR 结构中 C＝C 伸缩振动吸收峰，690cm^{-1} 是顺式 RCH＝CHR 结构中 C—H 非平面变角振动吸收峰，所以，峰 15 是反-1,3-戊二烯，峰 17 是顺-1,3-戊二烯。

分析表明，在分析低碳数混合烯烃中单体烯烃的结构时，GC-IR 比 GC-MS 更有优

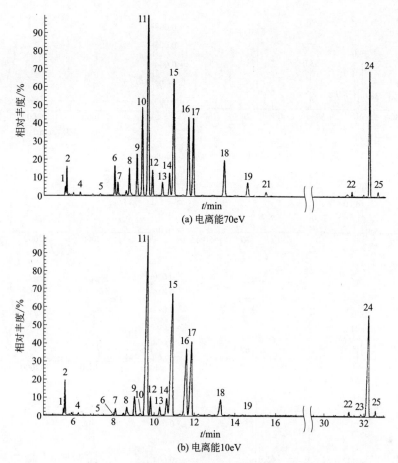

(a) 电离能70eV

(b) 电离能10eV

图 6-54　裂解 C_5 的 GC-MS 总离子流（TIC）

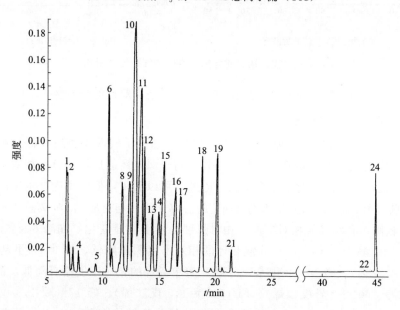

图 6-55　裂解 C_5 的 GC-IR 重建色谱图（GSC）

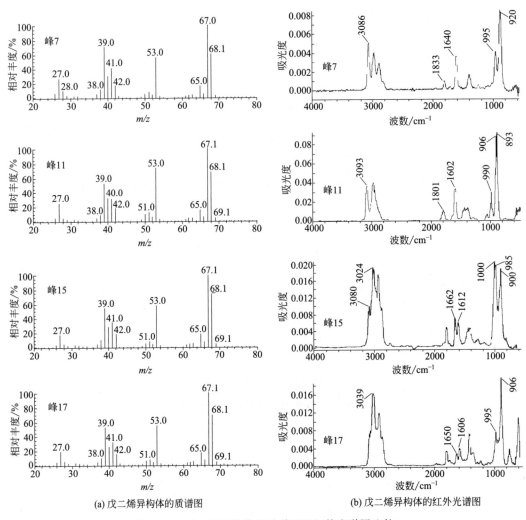

(a) 戊二烯异构体的质谱图　　　　　(b) 戊二烯异构体的红外光谱图

图 6-56　戊二烯异构体的质谱图和红外光谱图比较

势，因为同分异构体的红外光谱差异比较大，特别是含双键的异构体。

(3) 质谱低电离能技术应用

在标准电离能 70eV 下，分子可以完全电离，总离子流图中各组分的相对丰度只与该组分的量成正比。本实验研究表明，当降低离子源电离能后，组分的相对丰度会发生变化，难电离的组分的相对丰度会降低，因此，可以利用降低电离能技术来区分烃类型的相关信息。图 6-54(b) 是 C_5 馏分 10eV 的总离子流，与对应的 70eV 总离子流图 [图 6-54(a)] 相比，有些峰的相对丰度（相对强度）发生明显变化，如峰 6（异戊烷）、峰 10（正戊烷）、峰 19（环戊烷）等饱和烃的相对丰度明显降低，峰 9（2-甲基-1-丁烯）、峰 12（反-2-戊烯）、峰 14（2-甲基-2-丁烯）等单烯烃的相对丰度略有降低，而峰 7（1,4-戊二烯烃）、峰 11（异戊二烯）、峰 15（反-1,3-戊二烯）、峰 17（顺-1,3-戊二烯）等二烯烃的相对丰度变化不大，丰度变化与组分的化学结构有关。由于分子中的 π-电子比 σ-电子更容易电离，在低电离能下电离时，具有 π-电子结构的烯烃依然可以产生较多的分子离子及子离子，分子中 π-电子越多越容易电离，烯烃在 10eV 下仍可得到较多的离子。因饱和烃中 σ-电子相对难电离，获得电离的离子少，相对丰度低。因此，可利用降低离子源电离能技术，区分烯烃与饱和烃。

此外，通过降低电离电压还有助于确定 C_5 馏分中常量组分的分子量。图 6-57 表明，当轰击电子能量降为 10eV 时，双烯和单烯烃只有分子离子峰［见图 6-57（a）、（c）］，链烷烃、环烷烃的分子离子峰的相对丰度也明显增加［见图 6-57（b）、（d）］，便于分子量的确定。但是，当轰击电子能量降低后，组分的电离效率也随之降低，不适合低含量组分的分析。

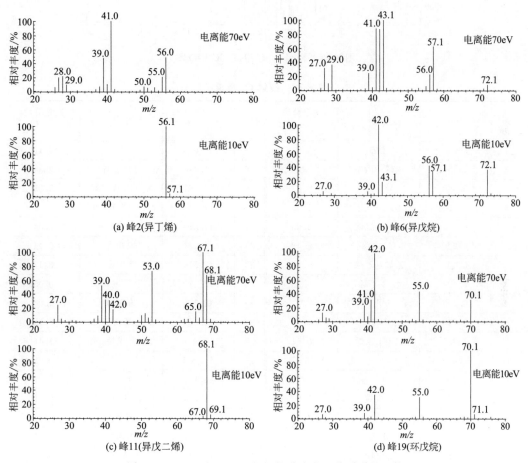

图 6-57　70eV 和 10eV 下 C_5 馏分中的组分质谱的比较

（4）裂解 C_5 烃组成测定

在用 GC-IR 与 GC-MS 联用技术定性分析裂解 C_5 烃组成的基础上，采用 GC-FID 定量分析了裂解 C_5 烃组成，色谱图见图 6-58，定性分析数据见表 6-38。色谱条件如下。

① 仪器：Agilent 6890N。

② 色谱柱：聚二甲基硅氧烷色谱柱（50m×0.2mm×0.5μm）。

气相色谱参数：起始柱温 20℃（保持 10min），以 10℃/min 速率升温至 160℃（保持 12min）；载气为氦气，柱头压 21.8psi，分流比 100∶1；汽化室 150℃；检测器 200℃。

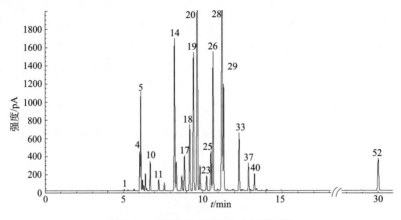

图 6-58　裂解 C_5 烃组成 GC-FID 图

表 6-38　裂解 C_5 烃组成

峰号	t/min	组分	质量分数/%	峰号	t/min	组分	质量分数/%
1	5.070	乙烯	0.06	27	10.980	C_5	0.12
2	5.290	丙烯+丙烷	0.05	28	11.270	环戊二烯	20.04
3	5.699	异丁烷	0.07	29	11.361	顺-1,3-戊二烯	5.33
4	6.052	异丁烯+正丁烯	1.69	30	11.592	2,2-二甲基丁烷	0.11
5	6.119	1,3-丁二烯	4.03	31	11.829	未知物	0.04
6	6.226	正丁烷	0.43	32	11.934	未知物	0.14
7	6.303	乙烯基乙炔	0.23	33	12.315	环戊烯	3.13
8	6.421	反-2-丁烯	0.70	34	12.473	4-甲基-1-戊烯	0.05
9	6.499	2,2-二甲基丙烷	0.11	35	12.556	未知物	0.06
10	6.730	顺-2-丁烯	1.29	36	12.624	2-乙基-1-丁烯	0.05
11	7.281	1,2-丁二烯	0.54	37	12.907	环戊烷	1.45
12	7.625	3-甲基-1-丁烯	0.37	38	13.036	2,3-二甲基-丁烷	0.08
13	7.738	C_5	0.01	39	13.106	己烯	0.02
14	8.266	异戊烷	7.92	40	13.284	2-甲基-戊烷	0.83
15	8.378	1,4-戊二烯	1.54	41	13.412	未知物	0.15
16	8.720	丁炔	0.85	42	13.706	未知物	0.03
17	8.886	1-戊烯	2.07	43	14.044	3-甲基-戊烷	0.08
18	9.210	2-甲基-1-丁烯	3.92	44	14.315	3-甲基-1-丁戊烯	0.01
19	9.452	正戊烷	8.44	45	14.965	正己烷	0.03
20	9.699	异戊二烯	18.35	46	15.413	反-2-己烯	0.01
21	9.862	反-2-戊烯	1.44	47	15.574	2-甲基-2-戊烯	0.01
22	9.988	C_5	0.08	48	16.298	甲基环戊烷	0.01
23	10.285	顺-2-戊烯	0.93	49	17.437	苯	0.02
24	10.440	C_5	0.01	50	25.614	二聚体	0.01
25	10.555	2-甲基-2-丁烯	2.32	51	28.931	二聚体	0.03
26	10.699	反-1,3-戊二烯	8.07	52	30.018	双环戊二烯	2.65

GC-IR 与 GC-MS 相比，在分析含同分异构体较多的 C_5 馏分时，GC-IR 定性的准确性要优于 GC-MS。但是，由于受 IR 光管扩散效应的影响，GC-IR 的分离度和灵敏度均有所降低。在标准电离能下，TIC 图中组分的强度与 GC-FID 的色谱基本一致，GSC 图中组分的强度与 GC-FID 的色谱图差别较大。采用降低质谱电离能技术，有助于确定各烃组分的分子量和属性。

6.9.2 裂解 C_5 中含硫化合物分析

采用 GC-SCD 分析了裂解 C_5 中的含硫化合物，采用 GC-MS 和标准品对裂解 C_5 中含硫化合物进行定性，定性分析内容见 8.1.4 部分相关内容，裂解 C_5 中的含硫化合物主要是二硫化碳（CS_2），此外，含有甲硫醇、乙硫醇等。图 6-59 是某乙烯装置产裂解 C_5 中含硫化合物分布，定量结果见表 6-39，色谱条件如下。

① 仪器：Agilent 7890。

② 色谱柱：PONA 柱（50m×0.25mm×0.5μm）。

③ 色谱参数：起始柱温 35℃（保持 10min），以 2℃/min 速率升温至 70℃（10min）。载气为氢气，恒流 0.6μL/min，进样量 1.0μL，分流比 1∶50。汽化室 200℃，检测器（SCD）250℃。手动进样，外标法定量。

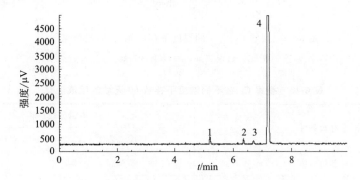

图 6-59 裂解 C_5 中含硫化合物 GC-SCD 图

表 6-39 裂解 C_5 中的含硫化合物

峰号	含硫化合物	含量/(mg/L)
1	甲硫醇	2.7
2	乙硫醇	1.8
3	二甲基硫醚	1.3
4	CS_2	463.0

6.9.3 分析裂解 C_5 烃组成注意事项

裂解 C_5 富含二烯，很容易发生自聚，特别是环戊二烯[36]。比对分析了裂解 C_5 在不同温度下存放 60 天后其环戊二烯、双环戊二烯的变化情况，色谱图见图 6-60。分析数据表明（见表 6-40），当裂解 C_5 保存于 $-10℃$ 以下时，其中的环戊二烯自聚相对较慢；当裂解 C_5 在室温下保存时，其中的环戊二烯很容易自聚，环戊二烯峰高明显低于 $-10℃$ 以下的裂解 C_5，而双环戊二烯峰高明显增加。

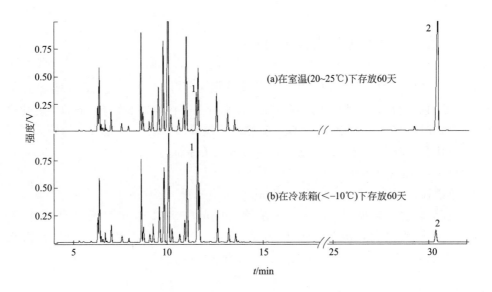

图 6-60　裂解 C_5 在不同温度下存放 60 天后的色谱图

1—环戊二烯；2—双环戊二烯

表 6-40　裂解 C_5 在不同温度下存放 60 天后的组成变化

存放条件	质量分数/%	
	环戊二烯	双环戊二烯
新鲜裂解	21.94	0.24
在冷冻箱($<-10℃$)存放 60 天	20.87	1.76
在室温($20\sim25℃$)存放 60 天	3.33	20.79

裂解 C_5 初馏点和终馏点都很低，很容易汽化；裂解 C_5 中二烯烃活性高、很容易自聚。针对裂解 C_5 这些特性，在分析裂解 C_5 时要注意以下事项。

① 取样器：可以使用液化石油气采样钢瓶。临时取样并不需要长时间保存时，可以使用耐压玻璃瓶，也可以用试剂瓶临时取样。因裂解 C_5 沸点低、挥发性大，玻璃瓶应具有良好的密闭性（带塑料密封内盖）。不能用磨口玻璃瓶取裂解 C_5。

② 样品保存：为了减缓裂解 C_5 中二烯烃自聚和减少轻组分易挥，最好将样品保存于 0℃ 以下（见 6.5.2 部分）。

③ 进样方式：不能使用自动进样器直接进样裂解 C_5，应采用手动进样。而且在进样前，需将样品和进样针冷冻，以防在用进样针取样和进样过程中样品汽化损失。

6.10 裂解 C$_9$ 及加氢产物的分析

6.10.1 裂解 C$_9$ 的分析

裂解 C$_9$ 来自石油烃热裂解制乙烯的副产物裂解汽油。裂解 C$_9$ 可用来合成石油树脂、生产环氧树脂，经加氢可得到高沸点的汽油、C$_9$ 芳烃溶剂和提取 C$_9$、C$_{10}$ 的芳烃。所以裂解 C$_9$ 是一种很好的深加工原料。

裂解 C$_9$ 具有溴值高、芳烃含量高、不饱和烃含量高等特点，加氢难度较大。用于聚合反应时也得选择适当的反应条件，才能得到预期的目标化合物。为了更好地研究深加工技术，充分利用裂解 C$_9$，需要准确测定裂解 C$_9$ 的组分的结构。薛慧峰等[54] 采用气相色谱-质谱（GC-MS）和气相色谱-红外（GC-IR）联用的技术，对裂解 C$_9$ 中的各组分进行详细的分析研究，测定出裂解 C$_9$ 中 52 种化合物的结构，为其深加工利用提供重要依据。

(1) 裂解 C$_9$ 组分分子量信息的确定

烃类化合物的 C—C 键的键能比较接近，在 70eV 的电离能下，C—C 键很容易断裂

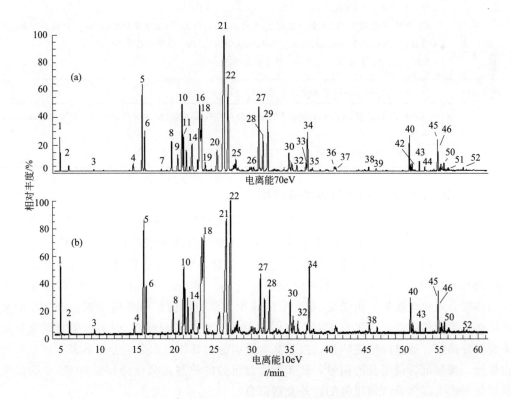

图 6-61　裂解 C$_9$ 在不同电离能下的总离子流

电离，形成多种离子，从而可得到许多碎片离子信息，但是有些化合物不易得到分子离子，这无疑增加了推导分子结构的难度。裂解 C_9 富含芳烃和烯烃，芳烃和烯烃又相对容易电离，如果利用降低 EI 源电离能技术，更容易获取分子量信息，使得分子结构的推导相对容易。为了便于确定裂解 C_9 中各组分的分子量，实验选择 30eV、20eV、15eV、10eV、8eV 的电离能，其中 10eV 电离能比较理想，当电离能降至 8eV 时，低含量的组分难以检测到。图 6-61 是裂解 C_9 在 70eV、10eV 电离能下的总离子流，最强峰发生了变化，大部分主要峰的相对强度变化不是太大，不同于裂解 C_5 的分析，因为裂解 C_9 中的组分主要是芳烃，其次是烯烃。图 6-62 是部分组分在 70eV、10eV 电离能下的质谱，当降低电离能时，尽管总离子流图中各组分的离子强度均降低，但是各组分的分子离子峰的相对强度增加，特别是芳烃，其次是烯烃。但是随着芳烃、烯烃上烷基取代基增加，相对强度增加程度降低，如峰 27 和峰 42 在 70eV 下电离时分子离子峰的相对强度非常小，不易辨识，但是在 10eV 下电离时分子离子峰的相对强度明显增大，很容易辨识。表明降低离子源的电离能，可以有效增加组分电离时分子离子峰的相对强度，这有助于根据碎片峰及其强度确定裂解 C_9 中重组分的分子量和推导结构。图 6-61 的分析条件见表 6-41。

表 6-41　裂解 C_9 分析条件

图号	分析条件
图 6-61(a) 图 6-62 图 6-63	气相色谱-质谱仪：TraceGC-MS(Finnigan 公司)，配分流进样器 色谱柱：HP PONA 柱(50m×0.2mm0.5μm) GC 参数：汽化室 260℃；起始柱温 80℃(保持 10min)，以 2℃/min 速率升温至 150℃，再以 5℃/min 速率升温至 200℃(保持 30min)；恒流 1.0mL/min，分流比 100∶1；接口温度 200℃ MS 参数：EI 源，电离能为 70eV，质量数范围 20～250
图 6-61(b)	GC 分流比 50∶1，MS 电离能为 10eV，其余同图 6-61(a)
图 6-64	气相色谱-红外仪：Agilent6890N（Agilent 公司)-Nexus670（Nicolet 公司)，配分流进样器和 MCT 检测器。 GC 参数与图 6-61(a)相同

（2）MS 和 IR 信息结合确定组分结构

裂解 C_9 的 GC-MS 的总离子流图（TIC）和 GC-IR 重建色谱图（GSC）分别见图 6-63、图 6-64。裂解 C_9 的 TIC 图与 GSC 图的峰形、分离效果均有一定差别。70eV 电离能下，TCI 图中峰的强度主要取决于组分的含量，并与组分自身的电离能有关；而 GSC 图中峰的强度与组分含量不一定呈正比关系。图 6-63、图 6-64 表明 TIC 与 GSC 的总体峰分布比较接近。由于受 IR 光管的体积大而引起的扩散效应影响，GC-IR 的分离度和灵敏度均降低。为了克服 GC-IR 这些缺陷，在分析裂解 C_9 时通过适当调整柱温来改善分离度；通过降低进样量，改善高含量组分与其邻近组分的分离效果；通过增加进样量，提高低含量组分的信号，便于低含量组分的检测，从而得到裂解 C_9 中的高含量组分和绝大部分低含量组分的红外光谱信息。

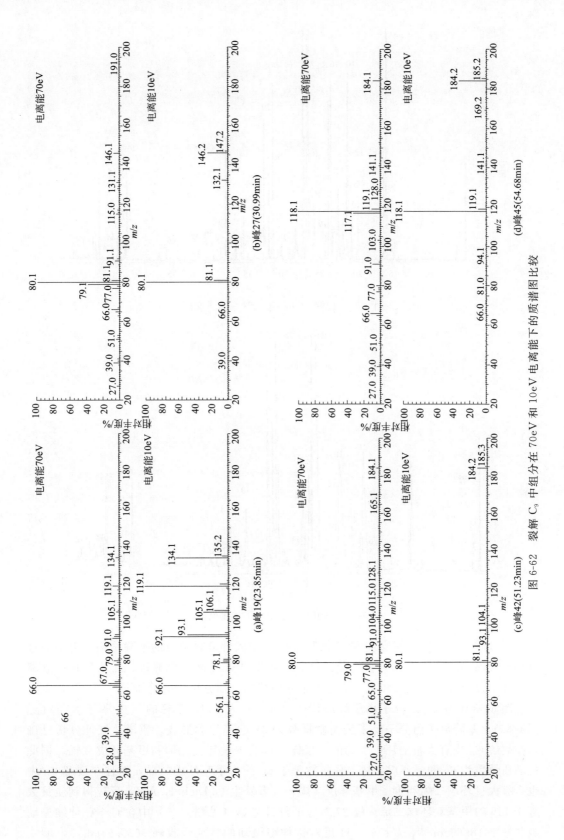

图 6-62 裂解 C₉ 中组分在 70eV 和 10eV 电离能下的质谱图比较

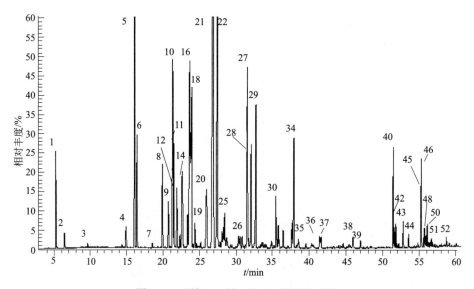

图 6-63　裂解 C_9 的 GC-MS 总离子流图

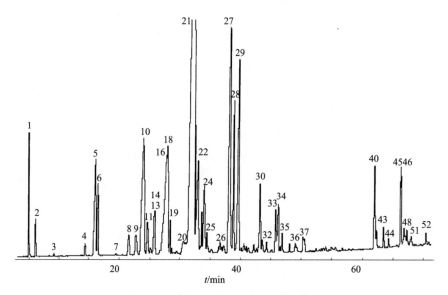

图 6-64　裂解 C_9 的 GC-IR 重建色谱图

　　通过质谱、红外谱库检索可以得到裂解 C_9 中大部分轻组分的准确结构。但是通过直接检索仍不能确认大部分重组分的结构，需要通过质谱电离解析、红外吸收信息解析，并结合相关石油化工知识，确定重组分的结构。部分组分解析如下。

　　图 6-63 中峰 27 的分子离子峰质荷比（m/z）为 146，基峰的 m/z 等于 80，（见图 6-65），基峰离子由分子离子丢失质量数为 66 的碎片后形成。质谱、红外分析已确定在裂解 C_9 中有大量的环戊二烯的二聚体，以及少量环戊二烯和甲基环戊二烯，据此推断质量数为 66 的是环戊二烯，质量数等于 80 的为甲基环戊二烯，而且在裂解 C_9 中也含有大量环戊二烯和少量甲基环戊二烯，二者发生 O. Diels-K. Alder 反应得到质量数等于 146 的甲基双环戊二烯。峰 27 对应的红外光谱（见图 6-65）中含 C═C 伸缩振动吸收峰 1618.60cm^{-1}，双键 C—H 反对称伸缩振动的特征吸收峰 3055.57cm^{-1}，顺式

RHC=CHR 结构上 C—H 非平面变角振动吸收峰 687.29cm^{-1} 和 R$_2$C=CHR 结构上 C—H 非平面变角振动吸收峰 800.06cm^{-1}，以及甲基的对称变角振动吸收峰 1379.50cm^{-1}，红外谱库检索为甲基环戊二烯二聚体，根据质谱测定的分子量可以确定此峰为甲基双环戊二烯，800.06cm^{-1} 峰表明甲基连接在双键上。峰 27（30.99min）、峰 28（31.54min）、峰 29（32.16min）为同分异构体。甲基双环戊二烯通过以下电离得到图 6-65 质谱的主要离子峰。

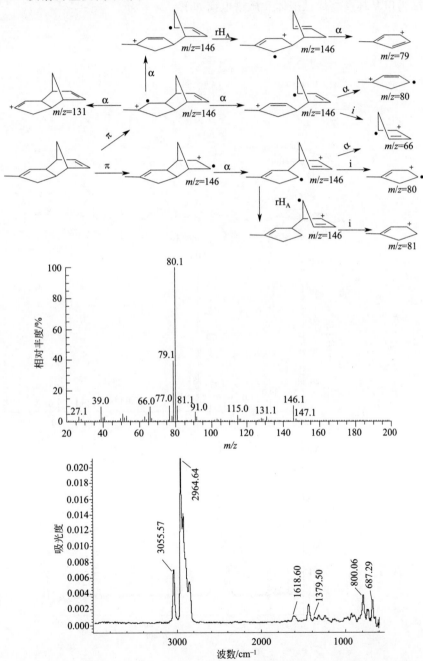

图 6-65　峰 27（30.99min）的质谱图和红外光谱图

图 6-66 为峰 33 的质谱和红外光谱图，分子离子峰质量数为 160。根据质谱信息直接检索，有三类化合物与图 6-66 的质谱图相近（见图 6-67），峰 33 的红外信息分析表明在 1600cm⁻¹ 和 1650cm⁻¹ 附近均无共轭 C═C 的吸收峰，可以排除有共轭结构 [图 6-67 (c)]；红外光谱中 1379.35cm⁻¹ 为甲基上 C—H 变角振动吸收峰，表明此待测组分含甲基，可以排除图 6-67(b) 的结构；红外谱图检索第一匹配为 4-甲基庚烷，但是其质谱图和分子量均与待测组分不符，第二匹配为甲基环戊二烯二聚体。结合质谱信息，可以确定峰 33 为甲基环戊二烯二聚体。质谱电离如下：

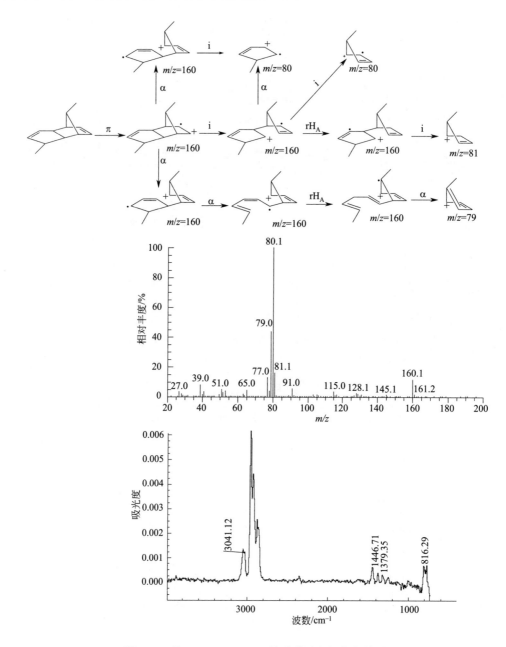

图 6-66　峰 33（37.19min）的质谱图和红外光谱图

图 6-68 是峰 36 的质谱和红外光谱图。峰 36 的分子离子峰 $m/z=158$，基峰 $m/z=92$。此组分的红外光谱有较明显的烯烃 C—H 反对称伸缩振动吸收峰 3064.07cm^{-1} 和较弱的 C=C 伸缩振动吸收峰 1654.37cm^{-1}，无苯环和甲基的特征吸收峰，此未知物可能为由环戊二烯与乙烯基环戊二烯发生 [2,4] 合环反应生成，其经如下电离得到主要离子 92、91：

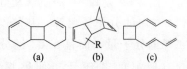

图 6-67　峰 33 的质谱检索结果

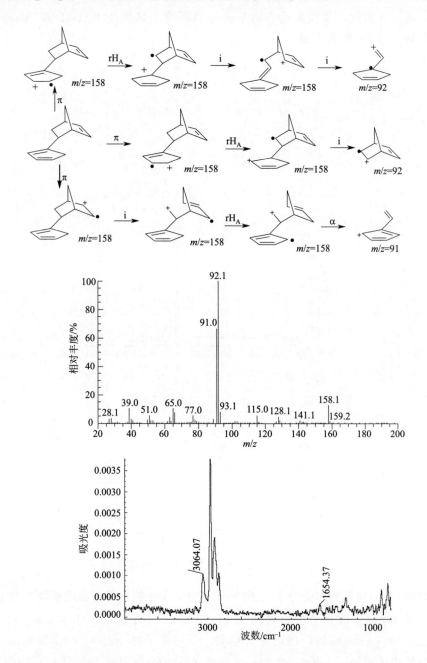

图 6-68　峰 36 的质谱图和红外光谱图

图 6-69 是峰 46 的质谱和红外光谱图，分子离子峰的质量数为 182，基峰 $m/z=116$ 与茚的分子量相等，基峰与分子离子峰的质量数差值为 66，差值恰好等于环戊二烯的分子量，而且在 C_9 馏分中也检测到有较高含量的茚。峰 46 对应的红外光谱含有明显的苯环骨架伸缩振动峰 1608.53cm^{-1}、苯环＝C—H 伸缩振动吸收峰 3071.31cm^{-1} 和邻位二取代苯环＝C—H 非平面变角振动伸缩吸收峰 725.81cm^{-1}，以及烯烃 C—H 反对称伸缩振动吸收峰 3031.01cm^{-1} 和 C＝C 伸缩振动吸收峰 1630.04cm^{-1}。因此，推断此化合物是由茚和环戊二烯发生 O. Diels-K. Alder 反应生成的二聚物，峰 46 的电离如下：

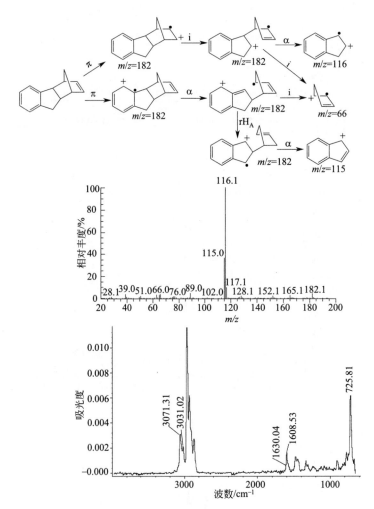

图 6-69　峰 46 的质谱图和红外光谱图

在裂解 C_9 中检测到多个分子离子峰 m/z 等于 184 的组分，即质量数为 184 的同分异构体。其中在 C_9 馏分中保留时间为 51.23min、51.40min、51.65min、52.24min、52.99min、53.76min 峰的质谱图非常相似，分子离子峰 $m/z=184$，基峰 $m/z=80$，这些峰的结构可能相近，其中 52.24min 的峰（图 6-63 中的峰 43）见图 6-70(a)；而在 C_9 馏分中保留时间为 54.24min、54.71min、55.01min、55.15min、55.55min、

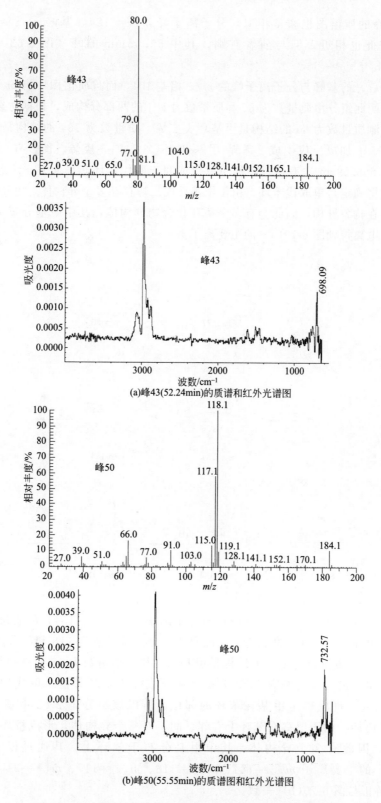

(a)峰43(52.24min)的质谱和红外光谱图

(b)峰50(55.55min)的质谱图和红外光谱图

图 6-70　分子量为 184 的同分异构体的质谱图和红外光谱图

55.72min峰的质谱图也非常相似，分子离子峰 $m/z=184$，基峰 $m/z=118$，这些峰的结构彼此也相近，但与前者有别，其中 55.55min 的峰（图 6-63 中的峰 55）见图 6-70(b)。

图 6-70(a) 的基峰与分子离子峰的 m/z 相差 104，而且质谱图中有 m/z 为 104 的子离子，说明此组分由质量数为 80 和质量数为 104 的两部分构成，根据对裂解 C_9 组分的分析，推测质量数为 80 的结构是甲基环戊二烯，质量数为 104 的结构是苯乙烯，二者发生 [2+4] 加成反应生成 2-苯基-甲基-双环[2.2.1]-5-庚烯。图 6-70(a) 的 FTIR 信息表明在 698.09cm^{-1} 有比较强的单取代或间二取代苯环非平面 C—H 振动吸收峰，结合质谱数据确定是单取代苯环。由于甲基环戊二烯存在多个异构体，由其生成的桥环化合物又存在构象异构，因此会有多个桥环化合物异构体，其中甲基分布于五元环上，其通过以下电离得到图 6-70(a) 的主要离子。

图 6-70(b) 的基峰（$m/z=118$）与分子离子峰（$m/z=184$）的质量数相差 66，而且质谱图中有 $m/z=66$ 的子离子，说明此组分由质量数为 118 和质量数为 66 的两部分构成，推测质量数为 118 的结构是甲基苯乙烯，质量数为 66 的结构是环戊二烯。根据 FTIR 可以进一步分析，732.57cm^{-1} 强吸收峰为苯环邻位二取代的 C—H 非平面振动所引起，可以确定甲基在苯环的邻位，所以该组分是 2-(2-甲基-苯基)-双环[2.2.1]-5-庚烯。由于甲基在苯环上有邻、间、对三个异构体，形成桥环结构还存在构象异构，因此有多个异构体，其中甲基分布于苯环上，其通过以下电离得到图 6-70(b) 的主要离子 $m/z=184$、$m/z=118$、$m/z=117$、$m/z=91$、$m/z=66$，电离机理解析与图 6-70(b) 一致。

m/z=91   m/z=66

m/z=184   m/z=184   m/z=118

m/z=184   m/z=184   m/z=184   m/z=184   m/z=117

通过对质谱、红外谱图的解析，与纯样分析比对，确定裂解 C_9 中主要组分的结构，结果见表 6-42。

表 6-42 裂解 C_9 中主要组分的定性结果

峰号	t/min	组分	分子式	定性方法
1	4.70	环戊二烯	C_5H_6	MS、IR、S
2	5.87	甲基环戊二烯	C_6H_8	MS、IR
3	8.18	乙烯基环戊二烯	C_7H_8	MS
4	14.38	间二甲苯+对二甲苯	C_8H_{10}	MS、IR、S
5	15.60	苯乙烯	C_8H_8	MS、IR、S
6	15.92	邻二甲苯	C_8H_{10}	MS、IR、S
7	18.07	异丙苯	C_9H_{12}	MS、S
8	19.44	烯丙基苯	C_9H_{10}	MS、IR
9	20.22	正丙基苯	C_9H_{12}	MS、IR、S
10	20.82	间甲基乙基苯	C_9H_{12}	MS、IR
11	20.43	对甲基乙基苯	C_9H_{12}	MS、IR
12	20.91	1,3,5-三甲苯	C_9H_{12}	MS、IR、S
13	21.78	α-甲基苯乙烯	C_9H_{10}	MS、IR
14	21.94	邻甲基乙基苯	C_9H_{12}	MS、IR
15	22.84	β-甲基苯乙烯	C_9H_{10}	MS、IR
16	23.15	间甲基苯乙烯	C_9H_{10}	MS、IR
17	23.25	甲基苯乙烯	C_9H_{10}	MS、IR
18	23.43	1,2,4-三甲苯	C_9H_{12}	MS、IR
		甲基苯乙烯	C_9H_{10}	MS、IR
19	23.85	5-异丙烯基-二环[2.2]-2-庚烯	$C_{10}H_{14}$	MS、IR
20	25.46	邻甲基苯乙烯	C_9H_{10}	MS、IR
		1,2,3-三甲苯	C_9H_{12}	MS、IR
		双环戊二烯	$C_{10}H_{12}$	MS
21	26.40	双环戊二烯	$C_{10}H_{12}$	MS、IR
		茚满	C_9H_{10}	MS、IR

峰号	t /min	组分	分子式	定性方法
22	26.93	茚	C_9H_8	MS、IR
23	27.58	甲基双环戊二烯	$C_{11}H_{14}$	MS、IR
24	27.77	甲基丙基苯	$C_{10}H_{14}$	MS、IR
25	27.91	甲基双环戊二烯	$C_{11}H_{14}$	MS
26	30.30	二甲基苯乙烯	$C_{10}H_{12}$	MS
27	30.99	甲基双环戊二烯	$C_{11}H_{14}$	MS、IR
28	31.54	甲基双环戊二烯	$C_{11}H_{14}$	MS、IR
29	32.18	甲基双环戊二烯	$C_{11}H_{14}$	MS、IR
30	34.98	甲基茚	$C_{10}H_{10}$	MS、IR
		甲基环戊二烯二聚体	$C_{12}H_{16}$	MS、IR
31	35.34	甲基茚	$C_{10}H_{10}$	MS
32	35.99	甲基茚	$C_{10}H_{10}$	MS
33	37.19	甲基环戊二烯二聚体	$C_{12}H_{16}$	MS、IR
34	37.42	萘	$C_{10}H_8$	MS、IR
35	38.25	含双键的未知物		IR
36	40.93	2-环戊二烯基-双环[2.2.1]-5-庚烯	$C_{12}H_{14}$	MS、IR
37	41.15	2-环戊二烯基-双环[2.2.1]-5-庚烯	$C_{12}H_{14}$	MS、IR
38	45.46	2-甲基萘	$C_{11}H_{10}$	MS
39	46.46	1-甲基萘	$C_{11}H_{10}$	MS
40	50.90	2-苯基-双环[2.2.1]-5-庚烯	$C_{13}H_{14}$	MS、IR
41	51.03	2-苯基-双环[2.2.1]-5-庚烯	$C_{13}H_{14}$	MS
42	51.23	甲基-2-苯基-双环[2.2.1]-5-庚烯	$C_{14}H_{16}$	MS、IR
43	52.24	甲基-2-苯基-双环[2.2.1]-5-庚烯	$C_{14}H_{16}$	MS、IR
44	52.99	甲基-2-苯基-双环[2.2.1]-5-庚烯	$C_{14}H_{16}$	MS
45	54.71	2-(甲基-苯基)-双环[2.2.1]-5-庚烯	$C_{14}H_{16}$	MS、IR
46	54.71	茚-环戊二烯的二聚体	$C_{14}H_{14}$	MS、IR
47	55.01	2-(甲基-苯基)-双环[2.2.1]-5-庚烯	$C_{14}H_{16}$	MS
48	55.15	2-(甲基-苯基)-双环[2.2.1]-5-庚烯	$C_{14}H_{16}$	MS、IR
49	55.35	甲基-2-(甲基-苯基)-双环[2.2.1]-5-庚烯	$C_{15}H_{18}$	MS、IR
50	55.55	2-(甲基-苯基)-双环[2.2.1]-5-庚烯	$C_{15}H_{16}$	MS、IR
51	56.14	含苯环的未知物	$C_{15}H_{18}$	MS、IR
52	58.16	环戊二烯三聚体	$C_{15}H_{18}$	MS

6.10.2 裂解 C_9 加氢产物的分析

裂解 C_9 加氢产物（以下简称 C_9 加氢产物）为裂解 C_9 全加氢产物，裂解 C_9 经过加氢后，其烯烃均被转化为相应的饱和烃。薛慧峰等[55]采用与分析裂解 C$_9$ 相同的方法研究了 C$_9$ 加氢产物的组成。

不同电离能下 C$_9$ 加氢产物的 GC-MS 总离子流见图 6-71，加氢后烯烃转化为相应饱和烃，降低电离能后，总离子流图中许多峰明显降低，这些对应饱和烃，其中图 6-71(a)中相对丰度最大和第二的是环戊烷和三环[5.2.1.0.(2.6)]癸烷，三环[5.2.1.0.(2.6)]癸烷是裂解 C$_9$ 中的双环戊二烯和二氢双环戊二烯加氢产物，环戊烷是环戊烯、环戊二烯、双环戊二烯裂解产物加氢的产品，所以含量较高。降低电离能后，饱和烃电离效果差，所以强度减小明显。C$_9$ 加氢产物中相对丰度变化不大的是芳烃，经过质谱图检索，也确定这些峰是芳烃。

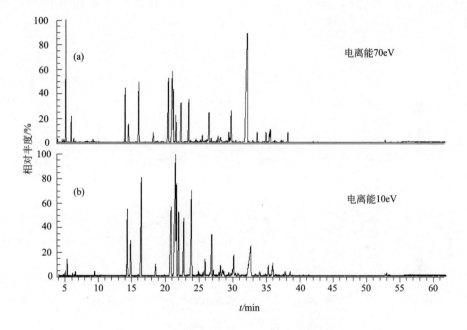

图 6-71　在不同电离能下 C$_9$ 加氢产物的总离子流

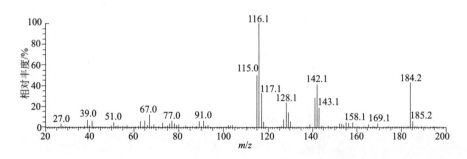

图 6-72　裂解 C$_9$ 加氢产物峰 56.46min 的质谱图

在 C$_9$ 加氢产物的总离子流图中也有一个分子离子峰等于 184 的组分（峰 56.46min），质谱见图 6-72，其基峰为 $m/z=116$，基峰与分子离子峰（$m/z=184$）的质量数相差 68，其质谱图完全不同于图 6-70。根据对裂解 C$_9$ 的分析推测质量数为 116

的结构是茚，图 6-69 是茚与环戊二烯的二聚体（Ⅰ）的加氢产物。化合物Ⅰ分子量为182，含有一个烯键，加氢后得到分子量为 184 的化合物Ⅱ。

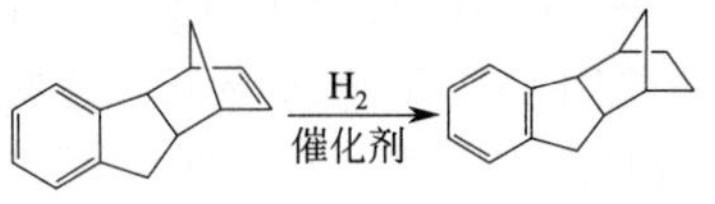

由于 C_9 加氢产物中化合物Ⅱ的含量较低，GC-FTIR 重建色谱图中其吸收强度很低，红外光谱图信号太弱，从 GC-IR 红外光谱图中所获信息较少。根据化合物Ⅱ结构，经过如下电离得到 $m/z=184$、$m/z=116$、$m/z=169$、$m/z=143$、$m/z=142$、$m/z=128$、$m/z=117$、$m/z=115$ 等主要离子，此解析与图 6-72 相符：

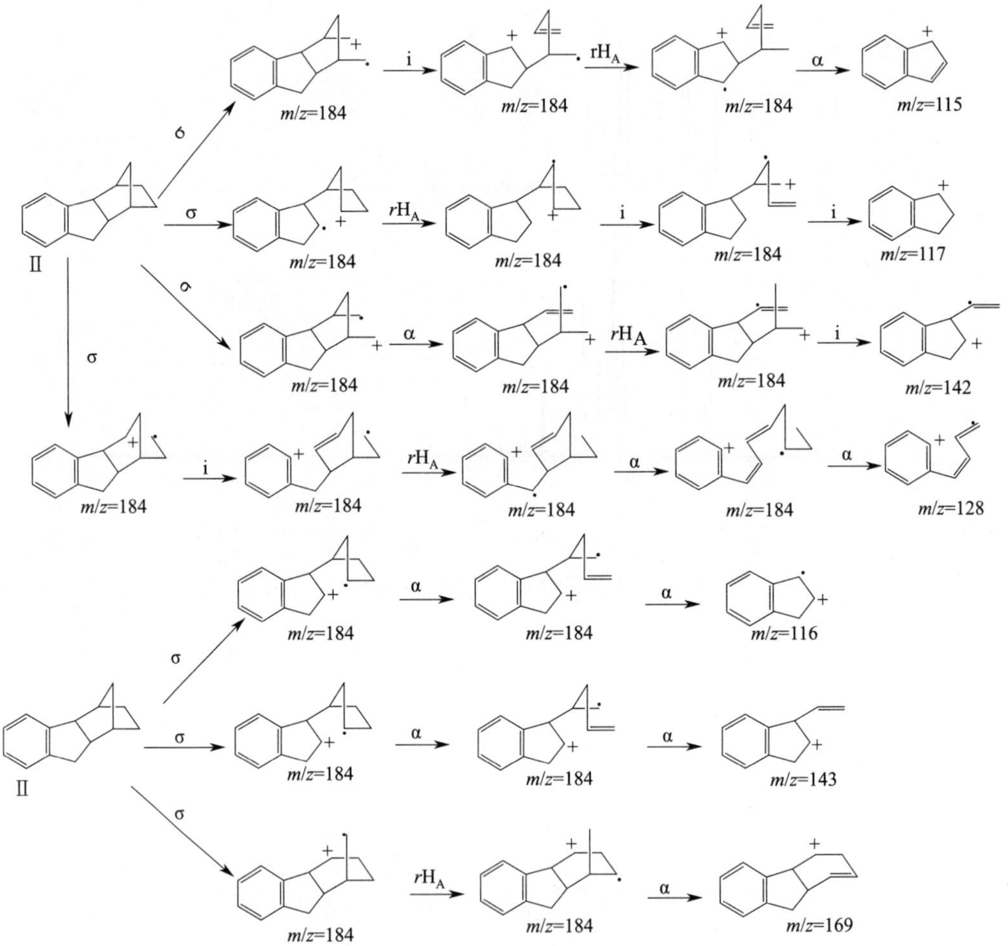

通过质谱图和红外图解析，得到 C_9 加氢产物中的主要组分结构，并通过裂解 C_9 加氢前后比对分析（见图 6-73），对烃属性定性进行验证，结果一致。

通过对裂解 C_9 及其加氢产物的质谱、红外谱图的解析，确定裂解 C_9 及其加氢产物中有以下结构的化合物或异构体，但是尚不能确定异构体中甲基的位置。

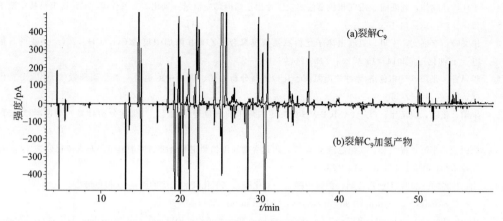

图 6-73   裂解 C₉ 及其加氢产物的 GC-FID 图

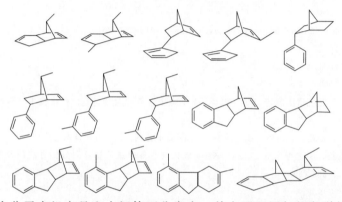

　　石油化工小分子有机产品和中间体还非常多，其中可以用气相色谱技术分析的也不胜枚举，这里主要介绍了笔者实验室开展过的相关分析研究和测试工作，供读者参考。

参考文献

[1]　裴鑫杰.炼厂液态烃精制丙烯中杂质含量影响聚合反应的研究 [D]. 兰州：兰州大学，2007.

[2]　孙晓伟，吉宏，张芳民.影响聚丙烯生产的原因分析及对策 [J]. 当代化工，2010，39（5）：549-552.

[3]　逯云峰，孙国文，蒋荣.聚丙烯原料杂质对聚合的影响及净化技术的发展 [J]. 四川化工，2005，8（6）：24-30.

[4]　王树立.炼厂丙烯用于气相聚合时的净化技术 [J]. 气体净化，2009，9（2）：11-13.

[5]　朱建军.影响聚丙烯产品质量的原因分析及对策 [J]. 化工质量，2001，2：38-40.

[6]　刘锦峰，宋自民.聚丙烯装置主催化剂耗量超标原因分析及改进 [J]. 石化技术与应用，2002，20（2）：110-111.

[7]　杨顺迎.丙烯质量对催化剂活性的影响 [J]. 河南化工，2005，22（5）：30-31.

[8]　郭于静.聚丙烯催化剂中毒的原因分析 [J]. 江西石油化工，2004，16（4）：17-20.

[9]　王久文，谢营意，芦泽荣，等.RAs998 新型脱砷剂在丙烯精制过程中的工业应用 [J]. 工业催化，2007，15（增刊）：304-306.

[10]　张振秀.精制丙烯中硫含量偏高的原因及对策 [J]. 工业催化，2009，17（增刊）：297-300.

[11]　王芳，秦鹏，耿占杰，等.丙烯中微量硫化物的定性分析 [J]. 兰州理工大学学报，2012，38（1）：55-58.

[12]　孙晓伟，吉宏，张芳民.影响聚丙烯生产的原因分析及对策 [J]. 当代化工，2010，39（5）：549-552.

[13]　周国芳.气相色谱法聚合级丙烯中烃类杂质的测定 [J]. 广东化工，2012，40（14）：113-115.

[14] 丁虹，孙瑞伟，刘殿丽．用气相色谱法测定工业用乙烯丙烯中痕量一氧化碳二氧化碳 [J]．辽宁科技学院学报，2010，12：14-16.

[15] 田文卿，李继文，王川．氦放电离子化检测器测定聚合级乙烯和丙烯中痕量 CO，CH_4，CO_2 杂质的含量 [J]．石油化工，2014，43 (12)：1439-1444.

[16] 李思睿，张颖．气相色谱-脉冲放电氦离子化检测器分析乙烯、丙烯中的痕量一氧化碳和氢气 [J]．分析仪器，2014，4：52-55.

[17] 宋阳，张颖，魏新宇，等．GC-ICP-MS 法测定丙烯中的痕量砷化氢 [J]．化学分析计量，2014，23 (3)：39-42.

[18] 张振爱，李霞，祝兰英．气相色谱-电化学含硫化合物检测器测定聚合级丙烯中痕量形态含硫化合物 [J]．石化技术与应用，2016，34 (1)：76-77.

[19] GB/T 3394—2009 工业用乙烯、丙烯中微量一氧化碳、二氧化碳和乙炔的测定 气相色谱法．

[20] $C_1 \sim C_3$ Analysis of hydrocarbons in ethyleneAgilent note：A01430，2010.

[21] Smith Henry A，Quimby B. Analysis of Arsine and Phosphine in Ethylene and Propylene Using the Agilent Arsine Phosphine GC/MS Analyzer with a High Effi ciency Source. Agilent note：5991-6967EN，2016.

[22] GB/T 12701—2014.

[23] Analysis of trace methanol in propylene. Agilent note：A01360，2010.

[24] SH/T 1548—2004.

[25] SH/T 1492—2004.

[26] SH/T 1547—2004.

[27] 童玲，郭星．气相色谱法测定乙烯、丙烯、1-丁烯中含氧化合物 [J]．石化技术与应用，2010，28 (4)：335-337.

[28] 李绍杰，王喆，邵礼宾．用国产氯丁烷生产 LLDPE 催化剂 [J]．石化技术与应用，2005，1：48-49.

[29] 薛慧峰，夏桂英，胡之德，等．Ziegler-Natta 催化剂制备中氯丁烷监测分析方法的改进 [J]．石油化工，2004，33 (3)：263-265.

[30] GB/T 6017—2008.

[31] GB/T 6015—1999.

[32] GB/T 6020—2008.

[33] 薛慧峰，刘满仓．丁二烯中丁炔及二聚体的分析 [J]．合成橡胶工业，2004，27 (3)：146-148.

[34] 许琳，张齐，李海强．气相色谱质谱联用法测定丁二烯中对叔丁基邻苯二酚含量 [J]．合成橡胶工业，2009，32 (3)：193-195.

[35] SH/T 1783—2016.

[36] 薛慧峰，孔文荣，吴毅，等．借助气相色谱法研究环戊二烯的自聚规律 [J]．石油化工，2005，(z1)：621-622.

[37] GB/T 12688.1—2011 工业用苯乙烯试验方法 第1部分：纯度和烃类杂质的测定气相色谱法．

[38] GB/T 12688.8—2011 工业用苯乙烯试验方法 第8部分：阻聚剂（对-叔丁基邻苯二酚）含量的测定 分光光度法．

[39] 薛慧峰，叶荣，胡之德，等．工业丙烯腈中噁唑及其他有机杂质的气相色谱分析 [J]．分析化学，2004，32 (8)：1031-1034.

[40] Smiley. Oxazole removed from acrylonitrile as oxazole sulfate. U. S. Patent，4208329，1980.

[41] GB/T 7717.12—2008.

[42] GB 17930—2016.

[43] 李网章．MTBE 降硫与国 V 汽油生产 [J]．炼油技术与工程，2013，43 (2)：19-23.

[44] 薛慧峰，王芳，秦鹏，等.甲基叔丁基醚中有机硫化物的分析研究 [A]．第 21 届全国色谱学术报告会及仪器展览会会议论文集 [C]，2017：831-832.

[45] SH/T 1811—2017.

[46] SH/T 1550—2012.

[47]　GB/T 3405—2011.

[48]　ASTM D4492—10 Standard Test Method for Analysis of Benzene by Gas Chromatography.

[49]　GB/T 3406—2010.

[50]　GB/T 3144—1982 (04).

[51]　ASTM D 6526—2010 Standard Test Method for Analysis of Toluene by Capillary Column Gas Chromatography.

[52]　GB/T 3407—2010.

[53]　薛慧峰，耿占杰，秦鹏，等. 用气相色谱-红外和气相色谱-质谱技术分析热裂解汽油 C_5 馏分组分结构 [J]. 石化技术与应用，2011, 29 (4): 362-367.

[54]　薛慧峰，赵家林，胡之德，等. 用气相色谱-质谱和气相色谱-红外联用技术分析热裂解汽油 C_9 馏分中的组成 [J]. 分析化学，2004, 34 (9): 1145-1150.

[55]　薛慧峰，赵家林，秦鹏，等. 热裂解汽油 C_9 馏分加氢产物分析 [A]. 西北地区第三届色谱学术报告会暨甘肃省第八届色谱年会论文集 [C], 2004: 191-194.

第7章
高分子聚合物的分析

　　合成高分子聚合物可分为合成橡胶、合成树脂、合成纤维三大类，这三类合成高分子材料也是石油化工的主要产品。高分子聚合物因其独特的结构和易改性、易加工特点，具有其他材料不可比拟、不可取代的优异性能，从而广泛应用于许多领域，并已成为人们生活中衣食住行用不可缺少的材料。

　　在高分子聚合物研究、生产、改性、加工和使用过程中，涉及的分析项目非常多，如结构、组成、残留挥发物质、添加剂、分子量分布、拉伸强度、门尼黏度、热力学性能等。随着人们对材料中有害物质对人体健康影响和对环境危害认识的提高，近几年对高分子聚合物中残留有害组分和有害添加剂的研究更为关注，如 N-亚硝基胺（亚硝胺）、多环芳烃、增塑剂等。

　　在高分子聚合物的各种分析中，可借助气相色谱及其联用技术分析的主要项目有聚合物中残留单体、残留溶剂、添加剂以及聚合物结构和组成等。由于受气相色谱自身技术限制，气相色谱难以直接用于高分子材料中挥发物、添加剂和高分子基体的分析，需要通过适当的样品前处理（分离、裂解），方可分析这类组分。样品前处理技术特别是在线前处理联用技术的发展，不仅拓宽了气相色谱分析高分子材料的范围，而且可以直接用于高分子材料中残留单体和溶剂、添加剂、聚合物组成的分析，从而使气相色谱在高分子材料中的分析应用越来越广泛。

　　本章介绍高分子分析样品前处理技术、气相色谱技术及在线联用技术在聚合物残留单体、溶剂、添加剂及聚合物组成分析中的应用。

7.1　高分子聚合物分析需求及分析技术

以石油炼制和石油化工生产的聚合单体为原料生产的 3 大高分子聚合物如下。

1）合成橡胶　主要有丁苯橡胶（SBR）、顺丁橡胶（BR）、丁腈橡胶（NBR）、丁基橡胶（IIR）、乙丙橡胶（PEM）、苯乙烯-丁二烯嵌段共聚热塑弹性体（SBS）、异戊橡胶（IR）、氯丁橡胶（CR）等。

2）合成树脂　主要有聚乙烯（PE）、聚丙烯（PP）、聚苯乙烯（PS）、丙烯腈-丁二烯-苯乙烯树脂（ABS）、丙烯腈-苯乙烯树脂（SAN）、聚氯乙烯（PVC）。

3）合成纤维　主要有聚丙烯腈纤维（腈纶）、聚丙烯纤维（丙纶）、聚酰胺纤维（尼龙）、聚对苯二甲酸乙二酯（PET，涤纶）。

7.1.1　高分子聚合物分析需求

（1）聚合物中挥发性组分的来源与分析需求

在聚合物生产过程中，除了加入聚合单体、催化剂外，可能还需要加入低沸点溶剂和其他助剂。在聚合结束后、材料成形之前需要经过脱气处理，脱除残留单体、溶剂和其他低沸点组分。但是，在聚合物成形之前，特别是合成树脂粉料造粒之前，其表面疏松、粗糙、空隙较多、比表面积大，容易吸附夹带残留单体、溶剂、单体的二聚体和三聚体，在成形如造粒时，这些挥发性组分被包裹于聚合物中，难以释放出来。残留挥发物不仅会影响高分子材料气味，还影响其使用；此外，有些聚合单体如丙烯腈、苯乙烯等还有一定的毒害性，这些单体在聚合物中残留过多，会导致聚合物及其后加工制品存在一定的毒害性。因此，需要分析聚合物中残留单体和溶剂的含量，特别是有害组分的残留含量。

（2）聚合物中半挥发性/非挥发性组分来源与分析

在高分子聚合物生产、改性和后加工时，需要加入一定量添加剂，以便延长高分子材料的使用寿命，或改善其加工性能和使用性能，常加入的有机添加剂有抗氧剂、防老剂、增塑剂、爽滑剂、阻燃剂、填充油等，添加剂的加入量不仅影响材料性能，还影响材料成本，需要控制其量。随着人们对添加剂毒害性的认识，对高分子聚合物及其制品中添加剂毒害性也逐渐开始关注，目前在 Ross、Reach 等法规中已经对有害添加剂或其加入量进行了限定，现在已经明确限定的毒害物质有多环芳烃、多溴联苯、多溴联苯醚、多氯萘、邻苯二甲酸酯、壬基酚等；此外，在合成高分子聚合物过程和后加工过程中，有些反应助剂有可能产生有害的副产物如橡胶及其制品中的亚硝胺。这些有害组分的分析检测已经成为高分子材料生产、使用和贸易中特别关注的热点。

（3）高分子聚合物基体分析

不同的高分子聚合物因其聚合单体不同，其组成结构有明显的差异，通过分析聚合物中单体组成，就可以确定高分子聚合物的骨架组成，用于高分子聚合物的鉴定。聚合物基体分析在新型高分子材料剖析和高分子材料商贸交易中常用。

7.1.2　分析聚合物的基本途径及技术

　　受气相色谱仪汽化室温度、色谱柱使用温度的限制，用单一的气相色谱技术难以直接分析高分子材料中挥发物、添加剂和高分子基体，需要采用适当的技术，对高分子进行前处理，常用的途径有：a. 用适当的分离技术将高分子聚合物中的小分子分离出来，必要时还需要对分离出的小分子部分进行进一步富集和纯化处理，然后再导入气相色谱、气相色谱-质谱、气相色谱-红外中进行定性、定量分析；b. 采用裂解技术将高分子裂解为小分子，再导入气相色谱或气相色谱-质谱进行分析高分子基体。

　　分析途径示意见图 7-1。

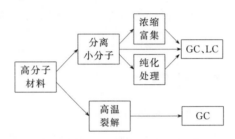

图 7-1　高分子聚合物分析途径

　　采用气相色谱分析高分子聚合物时，常用的前处理技术有以下几种。

　　(1) 分离技术

　　传统的分离技术有溶剂萃取、索氏萃取、柱色谱等，现代分离技术有超声波辅助萃取（UAE/SAE）、快速/加速溶剂萃取（ASE）、微波辅助萃取（MAE）、顶空（HS）、固相微萃取（SPME）、热脱附（TD）、超临界流体萃取（SFE）、凝胶色谱分离（GPC），主要用于聚合物中小分子的提取分离。

　　(2) 纯化技术

　　传统的纯化技术有柱色谱、溶剂萃取、结晶等，现代纯化技术有制备液相色谱（LC）、凝胶色谱分离（GPC）、固相萃取（SPE）等，这些纯化技术可以用于目标化合物进一步纯化处理，有效减少高分子聚合物中其他杂质对后续气相色谱分析的干扰，提高定性定量分析的准确性，降低检测限。

　　(3) 热裂解技术

　　常用的有管式炉（微反应器）裂解技术、热丝裂解技术、居里点裂解技术和激光裂解技术，其均可以用于聚合物的热裂解，在一定的温度下将聚合物的大分子裂解为小分子，转为气相色谱可分析的低分子化合物。

　　(4) 热解析-热裂解技术

　　将顶空技术、热脱附技术、热裂解技术有效地合为一体，通过合理的快速梯度升温技术，先后将聚合物中的挥发性组分、半挥发性组分热解析出来，分别检测挥发性和半挥发性物质，最后通过高温热裂解将大分子聚合物裂解为小分子，测定聚合物组成结构。采用这种热解析-热裂解技术，可以实现从低分子挥发物到高分子聚合物的同时测定。

7.2　聚合物中挥发性组分的分析

　　分析聚合物中的挥发性组分多采用顶空、热脱附、固相微萃取等前处理技术来提取挥发性组分，再将挥发物导入气相色谱仪中分析。这些前处理技术均已实现与气相色谱、气相色谱-质谱、气相色谱-红外在线联用，有效地提高了分析速度和工作效率。

　　由于高分子聚合物中的有些挥发物残留含量非常低，直接检测有一定难度，为了提高这些前处理技术对目标化合物的提取量，进一步降低联用分析技术的检测限，可在提取物被导入气相色谱前增加一个捕集阱，可以将提取的挥发性组分富集于捕集阱中，使待测物进一步浓缩，最后通过快速加热捕集阱将挥发性组分解析出来，导入气相色谱仪中，这样可以有效地富集挥发性组分。捕集阱分低温冷捕集阱和吸附捕集阱：a. 低温冷捕集阱。采用液氮、干冰或硅晶片电制冷来降低捕集阱的温度，通过低温制冷将通过捕集阱的挥发物冷凝，从而达到富集浓缩的目的，再通过瞬间加热捕集阱，将冷凝于捕集阱中的挥发物快速汽化释放出来。b. 吸附捕集阱。以特殊吸附材料作为吸附剂，当挥发物在相对低的温度或常温下流过吸附阱时，被吸附于捕集阱吸附剂中，达到富集的目的，再通过瞬间加热，使被吸附的挥发物快速解析出来，进入气相色谱中。

　　在使用热脱附/热解析提取聚合物中挥发性组分时，挥发性组分会慢慢脱附出来，即使同一种组分也不可能瞬间从聚合物中同时脱附而出，从而使这些组分在进入气相色谱时存在一定的延迟效应，当起始柱温（柱箱温度）较低时，沸点相对高的挥发性组分可以在色谱柱柱头冷凝聚焦，但是，沸点较低的挥发性组分难以在色谱柱前段凝析聚焦，从而导致这些低沸点组分的色谱峰展宽，影响分离效果和定量。为了减少热脱附/热解析过程产生的峰展宽效应，可以在进样口（汽化室）前或在色谱柱头前加一个冷聚焦附件（冷阱），将热解析的挥发性组分聚焦，再通过闪蒸将聚焦的组分迅速汽化释放，从而有效地解决轻组分在解析过程中的峰展宽问题。

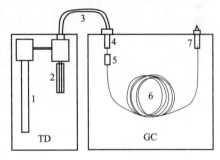

图 7-2　带捕集阱的热脱附-气相
色谱联用示意

1—热脱附管；2—捕集阱；3—传输线；
4—进样口；5—聚焦附件；
6—色谱柱；7—检测器

　　图 7-2 是带捕集阱热脱附与气相色谱联用的示意。

7.2.1　聚合物残留单体的分析

　　聚合物材料在加工及其制品使用过程中，其挥发性残留单体不仅会污染工作环境，也会危害使用者的健康，特别是聚合物中的有害残留单体如丙烯腈、苯乙烯等。所以，聚合物中有害性单体的残留量一直备受人们关注，相关分析研究也比较多，也已经制定了相应分析方法标准[1~8]。

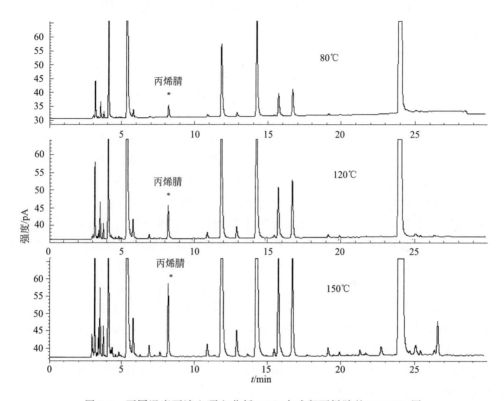

图 7-3　不同温度下液上顶空分析 NBR 中残留丙烯腈的 GC-FID 图

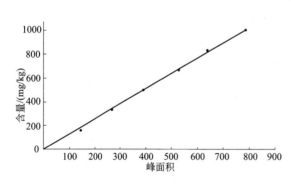

图 7-4　外标法定量分析 NBR 中残留
丙烯腈含量的工作曲线

在分析固体试样中的挥发物时，可以采用固体样品直接顶空进样，方法操作方便，但是这种进样的定量的准确性和重复性不是太好。于是采用液上顶空进样的方式分析了丁腈橡胶（NBR）的残留丙烯腈，即将 NBR 溶解于合适的溶剂中，制备成均匀的溶液体系，再进行顶空进样分析，可以有效地改善定量的准确性和重复性。图 7-3 是采用液上顶空分析 NBR 的色谱，图 7-3 表明随着顶空温度的提高，

丙烯腈的色谱峰强度明显增加。图 7-4 是外标法定量分析 NBR 中残留丙烯腈含量的工作曲线，丙烯腈含量在 3.3~1000mg/kg 之间时，含量与其峰强度呈线性关系，相关系数 R^2 等于 0.9994。方法的定量回收率见表 7-1，回收率在 95％以上；重复性数据见表 7-2。方法的最低检出限约为 1.8mg/kg。图 7-3 的分析条件如下。

① 色谱条件：FFAP 柱（50m×0.32mm×0.33μm）。起始柱温 60℃（保持

5min），以 5℃/min 的速率升温至 150℃（保持 20min）；分流比 10：1，恒压 12psi，汽化室 200℃；FID 温度 250℃。

② 顶空条件：炉温 90℃，恒温振荡 150min，进样针 100℃，传输线 120℃，压力 20psi，加压 2min，进样 0.04min，拔针 0.2min。

③ 样品预制备：称取丁腈橡胶 0.5g，放入顶空瓶中，加入 5mL 四氢萘后密封。

表 7-1　液上顶空方法的回收率数据

序号	加入量/(mg/kg)	实测值/(mg/kg)	回收率/%
1	10.2	9.7	94.8
2	83.4	82.2	98.6
3	250.0	239.1	95.6

表 7-2　液上顶空方法的重复性数据

测试次数	丙烯腈含量/(mg/kg)		
	水平 1	水平 2	水平 3
1	9.8	82.2	238.1
2	9.6	81.8	238.5
3	10.0	83.0	238.4
4	9.7	82.0	240.0
5	9.6	82.2	240.3
6	9.3	82.0	239.2
平均值	9.7	82.2	239.1
标准偏差	0.2	0.4	0.8

图 7-5 是采用 CDS 顶空技术与 GC-MS 联用定性分析的聚苯乙烯水杯中残留单体的色谱，顶空温度为 40℃，在聚苯乙烯水杯的顶空气体中检测到苯乙烯和苯乙烯二聚体。聚苯乙烯在 40℃的温度下不可能发生热裂解，所以检测到的苯乙烯来自聚苯乙烯的残留单体或水杯制作过程中聚苯乙烯热分解产生的苯乙烯。图 7-5 由 CDS 提供。

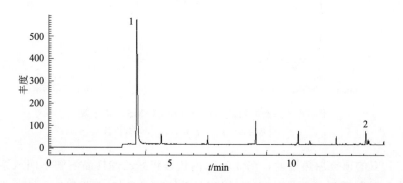

图 7-5　聚苯乙烯中残留苯乙烯单体的分析
1—苯乙烯；2—苯乙烯二聚体

7.2.2 聚合物残留溶剂的分析

在有些聚合物生产过程中，往往需要使用一定的低沸点溶剂，这些溶剂也同样会残留于聚合物中，影响产品及其制品的气味。分析这类挥发性溶剂残留多采用顶空技术、溶剂萃取、热脱附与 GC 或 GC-MS 联用。

(1) 顶空进样和 GC-MS 技术联用分析残留溶剂

采用顶空进样提取方式，结合 GC-MS 和 GC-FID 技术，分析研究了高密度聚乙烯5000S 和高密度聚乙烯瓶盖料中残留溶剂[9]。

1) 样品准备　准确称取 3g 样品，置于 20mL 卡口顶空瓶中，然后用移液管准确移取 5mL 四氢萘加入该顶空瓶，密封后放入顶空进样器中。

2) 顶空条件　顶空加热温度 140℃，静态恒温 30min，顶空进样针温度 150℃，进样量 0.3mL。

3) 色谱条件　色谱柱 HP PONA（50m×0.2mm×0.5μm）；色谱柱起始温度 35℃（保持 10min），以 5℃/min 的速率升温至 200℃（保持 20min）；柱头压力 200kPa，汽化室 200℃，接口 200℃，分流 10mL/min。

4) 质谱条件　离子源温度 200℃，电离能量 70eV，发射电流 150mA。

高密度聚乙烯（HDPE）顶空进样 GC-MS 见图 7-6(a)，通过对顶空挥发物的质谱图解析，确定挥发物主要是正己烷、甲基环戊烷和 3-甲基戊烷，并含有少量的其他 C_6 饱和烃，通过比对分析高密度聚乙烯生成过程中使用的己烷溶剂 [见图 7-6(b)]，其组成完全一致。

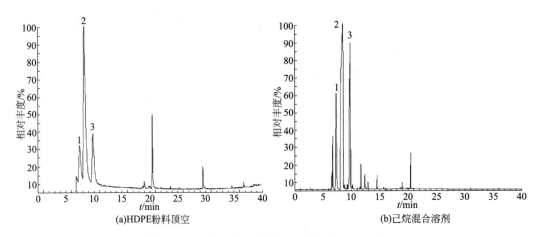

图 7-6　高密度聚乙烯顶空进样 GC-MS 总离子流
1—3-甲基戊烷；2—正己烷；3—甲基环戊烷

采用 140℃的顶空加热温度，在 30min 内快速将聚乙烯样品溶解于四氢萘中，形成均匀的胶状，这种情况下原本的气-液-固三相系统就成为气-液两相的系统，不但有助于顶空系统快速达到平衡状态，可以大大提高分析的重复性和可靠性。表 7-3 为瓶盖料的粉料顶空进样分析得到的主要组分的分析结果，相对标准偏差小于 3%，重复性良好。

方法的检出限约为 1.0mg/kg。

表 7-3　顶空进样分析 HDPE 粉料中挥发物的重复性

项目	残留溶剂各组分含量/(mg/kg)		
	3-甲基戊烷	正己烷	甲基环戊烷
1	12.89	27.75	20.81
2	12.83	27.63	20.72
3	12.40	27.46	20.37
4	13.17	28.33	21.25
5	12.23	27.34	19.72
6	13.03	28.06	20.05
平均值	12.76	27.76	20.49
标准偏差	0.33	0.34	0.51

(2) 溶剂萃取和 GC-FID 技术联用分析残留溶剂

还采用溶剂萃取与 GC-MS 和 GC-FID 联用的技术，分析研究了高密度聚乙烯 5000S 和高密度聚乙烯瓶盖料中残留溶剂[10]。

1) 色谱条件　色谱柱 HP PONA (50m×0.2mm×0.5μm)；色谱柱起始温度 60℃ (保持 5min)，以 5℃/min 速率升温至 200℃ (保持 30min)；柱头压力 200kPa，汽化室 200℃，分流比 10∶1。

2) 萃取条件　准确称取 10.0g 聚乙烯粉末样品，置于 50mL 具塞锥形瓶中，移取 20.0mL 含内标物苯的 N,N-二甲基甲酰胺 (DMF)，盖上密封塞子，在室温环境下静态萃取 3h 后过滤，取清液进行 GC 检测。

实验选择了甲醇、甲基环己烷、甲苯、DMF、四氢萘 (THN) 5 种萃取剂萃取 HDPE 的残留溶剂，实验结果表明甲苯、DMF、THN 萃取效果比较好，不同萃取剂萃取的色谱见图 7-7，DMF 和 THN 的萃取效果略好于甲苯，考虑到 DMF 沸点低，便于 GC 分析，所以选择 DMF 作为萃取剂，以苯为内标物。采用 DMF 的萃取率大于 87% 以上，加入内标物苯的萃取液的色谱见图 7-8。方法检出限为 0.6～2.0mg/kg，方法的重复性见表 7-4。重复性低于顶空法[9]，可能与萃取率相对低和过滤损失有关。

表 7-4　DMF 萃取法的重复性

序号	含量/(mg/kg)		
	3-甲基戊烷	正己烷	甲基环戊烷
1	2.89	165.26	60.14
2	2.61	147.41	54.81
3	2.73	158.66	58.18
4	3.19	176.55	63.51
5	2.41	140.94	53.26
6	2.59	146.57	54.37
平均值	2.74	155.9	57.38
标准偏差	0.27	13.45	3.96

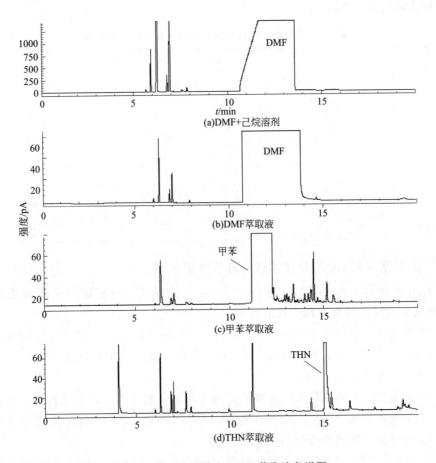

(a)DMF+己烷溶剂

(b)DMF萃取液

(c)甲苯萃取液

(d)THN萃取液

图 7-7　DMF、甲苯和 THN 萃取液色谱图

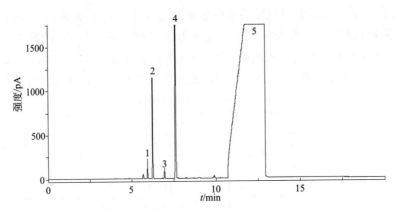

图 7-8　加内标物的萃取液的 GC-FID 图

1—3-甲基戊烷；2—正己烷；3—甲基环戊烷；4—苯（内标）；5—DMF

(3) 热脱附与 GC 联用分析挥发物

由于受顶空进样温度和样品装载量的限制，不能将顶空样品瓶的温度加热至太高，装样量也不能过多。但是，采用热脱附技术既可以提高加热温度，脱附出沸点更高的组

分，又可以增大样品装载量，增加待测组分提取量，检测更低含量的组分。所以，采用热脱技术，可以分析易挥发的低沸点残留单体、溶剂，同时还可以分析沸点相对高的组分如添加剂等。

采用热脱附与 GC-FID 联用，尝试分析了丁腈橡胶中的挥发物。图 7-9(a) 是丁腈橡胶在 150℃ 热脱附的色谱图，脱附出的挥发物非常多，有上百个组分，目前正在定性研究这些组分。图 7-9(b) 是丁腈橡胶在 150℃ 顶空进样的色谱图，与脱附技术相比，顶空技术提取样品中挥发物的量明显减少，说明用热脱附是一种非常有效的分析挥发物的前处理技术。

图 7-9(a) 的实验条件：样品量 0.5g，脱附温度 150℃，脱附 3min；色谱柱 HP PONA（50m×0.2mm×0.5μm）。

图 7-9(b) 的实验条件：样品量 0.5g，溶于 5mL 四氢萘，顶空温度 150℃，平衡时间 60min；色谱柱 FFAP（30m×0.2mm×0.25μm）。

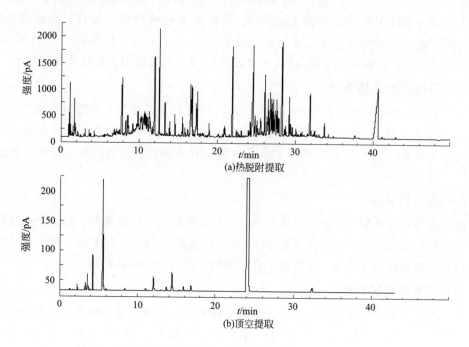

图 7-9　丁腈橡胶的热脱附、顶空提取挥发物的 GC-FID 图比较

7.3　聚合物中半挥发物/难挥发物的分析

聚合物中半挥发物/难挥发物主要有聚合物中添加剂和反应过程中生成的一些沸点相对较高的物质，这些组分与高分子聚物混合在一起，不能直接用气相色谱技术分析，需要采用适当的分离技术，将这些物质从高分子聚合物中分离出来再进行分析。本节重点介绍有害添加剂的分析。

7.3.1 聚合物中添加剂分析

7.3.1.1 常见的添加剂

高分子聚合物用添加剂种类繁多、用途各异，主要有抗氧剂/防老剂、增塑剂、爽滑剂、阻燃剂、光稳定剂、成核剂、润滑剂、填充油等。

(1) 酚类抗氧剂

有空间阻碍的酚类化合物的抗热氧化效果显著，常用的有 2,6-二叔丁基对甲酚（抗氧剂 264，BHT）、四[β-(3,5-二叔丁基-4-羟基苯基)丙酸]季戊四醇酯（抗氧剂 1010）、1,3,5-三(3,5-二叔丁基-4-羟基苄基)-1,3,5-三嗪-2,4,6-(1H,3H,5H)三酮（抗氧剂 3114）、3-(3,5-二叔丁基-4-羟基苯)丙酸十八碳醇酯（抗氧剂 1076）、1,3,5-三甲基-2,4,6-三(3,5-二叔丁基-4-羟基苄基)苯（抗氧剂 330）、1,1,3-三(2-甲基-4-羟基-5-叔丁基苯基)丁烷（抗氧剂 CA）等，主要用于合成树脂、塑料、合成纤维等。2,6-二叔丁基-4-甲基苯酚（防老剂 264 或抗氧剂 264）、苯乙烯化苯酚（防老剂 SP）、2,2′-亚甲基双-(4-甲基-6-叔丁基苯酚)（防老剂 2246）则主要用于橡胶及其制品中。

(2) 亚磷酸酯类抗氧剂

三壬基苯基亚磷酸酯（抗氧剂 TNP）、季戊四醇二亚磷酸双十八酯（抗氧剂 618）、三(2,4-叔丁基苯基)亚磷酸酯（抗氧剂 168）、双(2,4-二叔丁基苯基)季戊四醇二亚磷酸酯（抗氧剂 RC 626）等，主要用于合成树脂、合成橡胶、合成纤维、塑料、橡胶制品等。

(3) 复合抗氧剂

以酚类为主抗氧剂、亚磷酸酯类为辅助抗氧剂组成的复合抗氧剂，可以产生协同效应，提高抗氧效能，主要是由抗氧剂 1010 和辅助抗氧剂 168 复配而成。其优点是兼具长效热稳定性和加工稳定性，主要用于合成树脂、塑料、合成纤维等。

(4) 芳香胺类抗氧剂

重要的芳香胺类抗氧剂有二苯胺、对苯二胺和二氢喹啉等化合物及其衍生物或聚合物，抗氧效果显著。常见的有 N-苯基-2-萘胺（防老剂 D）、N-苯基-N′-环己基对苯二胺（防老剂 4010 或防老剂 CPPD）、N-异丙基-N′-苯基-对苯二胺（防老剂 4010NA 或防老剂 IPPD）、N,N′-二苯基-对苯二胺（防老剂 H）等，用于天然橡胶、合成橡胶等制品中。由于胺类抗氧剂在加工过程中可能发生反应生成亚硝胺，或在制品中可能缓慢发生反应生成亚硝胺，其使用逐渐减少。

(5) 紫外线吸收剂

紫外线吸收剂的品种有水杨酸酯类、苯甲酸酯类、二苯甲酮类、苯并三唑类化合物。

(6) 爽滑剂/开口剂

常用的有油酸酰胺、芥酸酰胺、硬脂酰胺、山嵛酰胺、N,N′-亚乙基双硬脂酰胺等，主要用于合成树脂。

7.3.1.2　分析技术

分离这些待测组分的最常用前处理技术有索氏萃取、溶剂萃取、超声波-溶剂萃取，这些前处理技术所用的仪器和器皿非常价廉、容易搭建、使用方便，常用于提取高分子聚合物中半挥发/难挥发物。随着实验室经费和硬件条件的改善，目前微波辅助加热-溶剂萃取、快速溶剂萃取、超临界萃取、凝胶渗透色谱、热脱附技术也被广泛应用于聚合物中半挥发物/难挥发物添加剂的分离。

用气相色谱可以分析沸点不高的添加剂，不易分析极性大、沸点高、难汽化的添加剂，通常采用液相色谱分析这些高沸点的添加剂。但是，可以采用酯化、醚化等衍生处理，将高沸点的添加剂转化为沸点相对较低的化合物，再用气相色谱分析。

7.3.1.3　溶剂萃取-色谱联用分析添加剂

目前检测聚丙烯和聚乙烯中抗氧剂和爽滑剂的标准有 GB/T 25277[11]、ASTM D6042[12]、ASTM D6953[13]，其中 GB/T 25277[11] 修改采用 ASTM D6042—2004。GB/T 25277 规定采用二氯甲烷-环己烷（75：25）萃取、分离聚丙烯中的抗氧剂和爽滑剂，然后用液相色谱分析萃取液中的抗氧剂和爽滑剂，检测器为紫外检测器。该标准适用于均聚聚丙烯中芥酸酰胺、维生素 E、抗氧剂 168、抗氧剂 3114、抗氧剂 1010 和抗氧剂 1076 含量的测定，色谱图见图 7-10。ASTM D6953 规定采用异丙醇或环己烷萃取酚类抗氧剂和芥酸酰胺，同样采用液相色谱-紫外检测器技术检测，ASTM D6953 适用于聚乙烯。

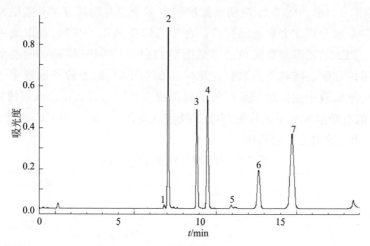

图 7-10　6 种添加剂的液相色谱分离图（除抗氧剂 168 的氧化物外）

1—芥酸酰胺；2—抗氧剂 3114；3—抗氧剂 1010；4—维生素 E；
5—抗氧剂 168 的氧化物；6—抗氧剂 1076；7—抗氧剂 168

GB/T 25277[11]、ASTM D6042[12]、ASTM D6953[13] 均采用了紫外检测器，众所周知紫外检测器对含苯环或共轭双键的化合物有良好的响应，但是对不含苯环或共轭双键的组分响应不是太好。图 7-10 表明紫外检测器对含芳环的酚类抗氧剂及维生素 E 响应非常好，但是，对没有共轭双键结构和芳环结构的芥酸酰胺响应较差，见图 7-10

中的色谱峰 1。所以，用此方法分析酰胺类爽滑剂时效果不够理想。

聚烯烃中常用的酰胺类爽滑剂有芥酸酰胺和油酸酰胺，芥酸酰胺 [(Z)-13-二十二烯酸酰胺，$C_{22}H_{43}NO$] 和油酸酰胺 [(Z)-9-十八烯酸酰胺，$C_{18}H_{35}NO$] 的分子结构见下：

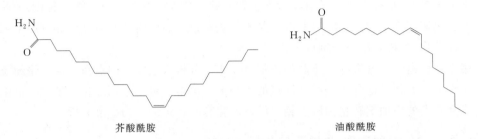

芥酸酰胺   油酸酰胺

尝试采用气相色谱分析聚烯烃中常用芥酸酰胺和油酸酰胺，用溶剂萃取方法分离聚乙烯中爽滑剂，然后用 GC-FID 检测，得到了良好的分析结果，主要方法如下。

1）样品处理　将样品在液氮冷冻下粉碎，取 20g 粉碎后的试样，用 50mL 乙醇热回流萃取试样 2h，倾倒出乙醇萃取液，并用乙醇洗涤试样，合并萃取液。将乙醇萃取液于旋转蒸发仪上浓缩，然后定容至 10mL，进行 GC 测定。

2）色谱条件　色谱柱 OV-1（15m×0.2mm×0.5μm），色谱柱起始温度 170℃，以 5℃/min 速率升温至 280℃，保持 20min。进样量 1.0μL，分流比 30：1。汽化室温度 300℃，检测器（FID）温度 300℃。

配制标准溶液的油酸酰胺和芥酸酰胺均取自聚乙烯生产用爽滑剂，爽滑剂标准溶液的色谱图见图 7-11(a)，图 7-11 表明油酸酰胺有多个混合物组分，芥酸酰胺纯度相对较高。采用乙醇萃取分离 3 个聚乙烯样品，在聚乙烯样品 1（PE1）萃取液中检测到高含量的爽滑剂，PE1 的乙醇萃取液色谱图见图 7-11(b)，在 PE 样品 2 的乙醇萃取液中检测到较低含量的油酸酰胺和芥酸酰胺，在样品 3（PE3）的乙醇萃取液中未检测到爽滑剂，样品 3 的萃取液中主要组分是低分子聚合物 [见图 7-11(c)]。采用傅里叶变换红外光谱在 PE1 的乙醇萃取液中也检测到油酸酰胺（见图 7-12）。用 GC 测试 PE 样品的结果见表 7-5，相关研究还在进行中。

表 7-5　聚乙烯试样中爽滑剂含量

样品名称	油酸酰胺/(mg/kg)	芥酸酰胺/(mg/kg)
聚乙烯样品 1	732	185
聚乙烯样品 2	41	27
聚乙烯样品 3	未检测到	未检测到

3）热脱附-色谱联用分析添加剂　热脱附技术现在也越来越多被用于高分子聚合物中挥发物、半挥发物、难挥发物的分析，与其他前处理技术相比，热脱附技术可以与 GC、GC-MS 实现在线联系，使用方便，而且脱附管装样量大，可以用于低含量目标物的分析。图 7-13 和图 7-14 是 CDS 提供的采用热脱附技术分析高分子聚合物中添加剂的实例。图 7-13 是聚乙烯袋在 300℃时热脱附出的化合物，经过 GC-MS 定性分析，在此聚乙烯袋中检测到抗氧剂 2,6-二叔丁基对甲酚（BHT）和爽滑剂油酸酰胺，此外还检

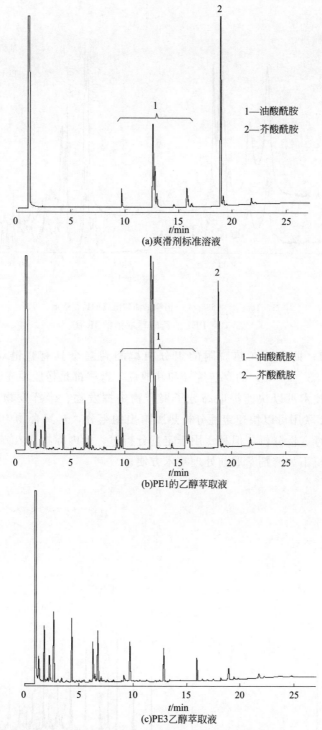

1—油酸酰胺
2—芥酸酰胺

(a)爽滑剂标准溶液

1—油酸酰胺
2—芥酸酰胺

(b)PE1的乙醇萃取液

(c)PE3乙醇萃取液

图 7-11　聚乙烯样品的乙醇萃取液的 GC-FID 图

测到聚合单体乙烯的多个低分子聚合物和其他组分。图 7-14 是轮胎橡胶在 250℃时热脱附出的化合物，经过 GC-MS 定性分析，热脱附出的组分有防老剂 6-PPD［N-(1,3-二甲基丁基)-N'-苯基对苯二胺］，其分子量为 268.4，在质谱图中有 6-PPD 特征离子 m/z＝

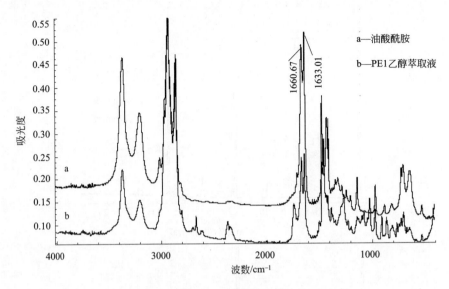

$1661cm^{-1}$、$1633cm^{-1}$ 谱峰是油酸酰胺的特征吸收

图 7-12　PE1 的乙醇萃取液的 IR 图

268 和 $m/z=211$；此外，在热脱附的组分中检测到多个具有直链烷烃的特征离子（$m/z=57$、71、85、99 等）的直链烷烃和其他烃，这些都是橡胶填充油的组分。

采用热脱附技术可以快速提取高分子聚合物中挥发物、半挥发物、难挥发物，与 GC-MS 或 GC-IR 联用可以快速定性分析热脱附出的组分，对聚合物中挥发物、半挥发物、难挥发物进行定性分析，但是，用于定量分析时，受内标物加入方法、外标物制备的限制，定量分析不如溶剂萃取前处理技术方便。

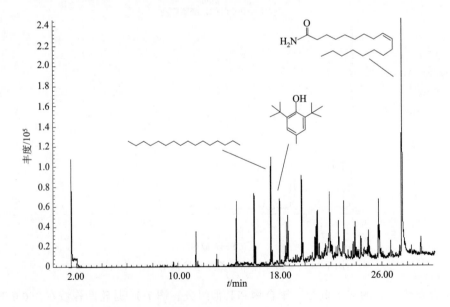

图 7-13　聚乙烯包装袋热脱附 GC/MS 总离子流

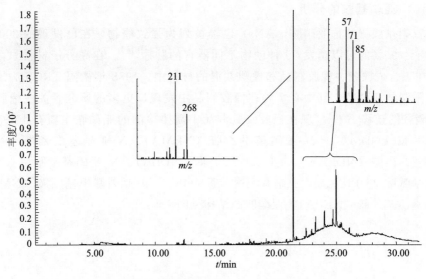

图 7-14　橡胶热脱附 GC/MS 总离子流

7.3.2　聚合物中致毒性化合物分析

随着人们对致癌物质、致畸变物质和生殖毒性物质认识的不断提高，越来越多的物质致毒性为人们所认知。欧盟 Reach 法规中高度关注的物质（SVHC）清单，截至 2018 年 6 月 27 日已公布 19 批，共包含 191 项 SVHC 物质；欧盟 RoHS 指令也做出规定，自 2006 年 7 月 1 日起，投放到欧盟市场上的新电子电器设备不得含有多溴联苯（PBBs）、多溴联苯醚（PBDEs）以及铅（Pb）、镉（Cd）、汞（Hg）、六价铬（Cr^{6+}）等。已有不少有害物质在高分子聚合物及其制品中被检测到，尽管有些受限有害物质不是在聚合物生产过程中带入的，但是，聚合物后加工企业也要求聚合物生产企业提供相关分析证明，所以，对这些受限有害物质的分析也成为高分子聚合物生产、后加工企业和质检部门关注的焦点。

高分子聚合物及其制品中的有机有害物质主要来源于 3 种途径：a. 聚合物生产过程中加入的反应助剂残留或聚合物反应产生的副产物；b. 为改善聚合物性能或后加工性能，在聚合物成形时加入的添加剂；c. 在高分子聚合物生产制品的过程中加入的助剂或助剂反应的副产物。有些助剂自身有潜在的毒性，有些助剂在聚合过程或后加工过程中有可能会转化为其他有害组分，这些有害物质都有可能残留在聚合物及其制品中，从而对使用者和环境造成危害。

在高分子聚合物中，已经列入 Reach、RoHS、WEEE 法规受限的有机类有害物质主要有 N-亚硝基胺、多环芳烃、壬基酚、邻苯二甲酸酯类增塑剂、卤代阻燃剂、双酚 A 和全氟辛酸等几类，可能还会有更多的有害物质被列入其中。聚合物及其制品中的这些有害成分已经影响到国内外商业贸易，中国也开始高度关注这些有害物质，相关分析方法研究和开发不含这些有害物质的产品成为国内这些年关注的热点，以下将针对这些分析方法进行简要介绍。

（1） N-亚硝基胺的分析

N-亚硝基胺（简称亚硝胺，ANs）已经被列为强致癌物，在已发现的 300 多种硝基胺中有约 90％的可以诱发 39 种动物不同器官的肿瘤[14]。在高分子材料中，亚硝胺主要存在于合成橡胶、橡胶制品和橡塑共混的材料中。1988 年德国 TRGS 法规规定了 12 种被限制的亚硝胺，其中有 7 种在橡胶制品中发现，更多的研究者关注橡胶及其制品中亚硝胺的迁移[15,16]。现在橡胶及其制品中需要检测的亚硝胺主要有 10 种：N-亚硝基二甲胺（NDMA）、N-亚硝基甲乙胺（NEMA）、N-亚硝基二乙胺（NDEA）、N-亚硝基二丙胺（NDPA）、N-亚硝基二丁胺（NDBA）、N-亚硝基吡咯烷（NPYR）、N-亚硝基哌啶（NPIP）、N-亚硝基吗啉（NMOR）、N-亚硝基甲基苯胺（NMPA）和 N-亚硝基乙基苯胺（NEPA），亚硝胺的结构见图 7-15。

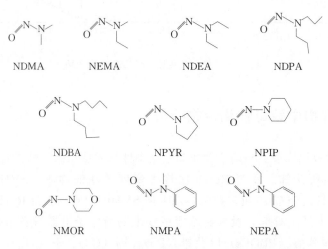

NDMA   NEMA   NDEA   NDPA

NDBA   NPYR   NPIP

NMOR   NMPA   NEPA

图 7-15　橡胶及其制品中需检测的 10 种亚硝胺的结构

橡胶及其制品中的亚硝胺主要来源于 2 个途径：a. 橡胶聚合生产中加入的含氮助剂，在聚合过程中会产生含量极低的亚硝胺，如丁苯橡胶生产中加入的福美钠（二甲基二硫代氨基甲酸钠）产二甲基亚硝胺；b. 橡胶后加工过程中加入的含氮的促进剂。

测定亚硝胺的分析技术主要采用溶剂萃取或热脱附前处理技术与气相色谱-热能分析仪法（GC-TEA）[17~20]、气相色谱-质谱法[15]、液相色谱-热能分析仪法[21]，由于 GC-TEA 法受样品基质干扰小、检测限低，成为检测亚硝胺最常用的技术，该技术已经被多个行业检测亚硝胺标准采用[18~20]。

有关橡胶制品中亚硝胺的分析研究报道比较多，一般采用溶剂萃取或热脱附分离提取亚硝胺。Incavo 等[22] 采用热脱附研究了硫化橡胶中分析方法，热脱附技术的使用降低了低沸点亚硝胺在提取过程中的损失。Incavo 等采用热脱附技术与 GC-TEA 联用分析硫化橡胶中 NDMA、NDEA、NDPA、NDBA、NPIP、NPYR、NMOR 7 种亚硝胺的分析，热脱附温度 150℃，热脱附时间 30min，方法的回收率在 94％～117％，N-亚硝基二甲胺（NDMA）的回收率明显提高（两个样品：94％，106％）；此外，提取时间短，热脱附时间仅为 30min，而传统的甲醇索氏萃取亚硝胺需要 20h。但是，在研究乳聚丁苯橡胶中亚硝胺的分析时发现，NMPA 和 NEPA 在较高的温度下会发生热分解。

　　采用 GC-MS 研究了不同汽化室温度和柱温条件下亚硝胺的分解情况，汽化室温度 80～260℃、色谱柱最终温度 120～220℃ 和柱箱升温速率 1～5℃/min，实验结果表明，汽化室温度过高会导致 NEPA 瞬间分解，在 150℃ 以下 NEPA 略有分解，大于 150℃ 后分解增加明显；色谱柱终止温度和亚硝胺在色谱柱内的停留时间对 NMPA 和 NEPA 热分解影响最大。而 Joseph 等的研究中未涉及 NEMA、NMPA 和 NEPA。图 7-16 是同一亚硝胺标准溶液在 3 个典型色谱条件下的 GC-MS 总离子流，图 7-16(a) 中 NMPA 和 NEPA 在流过色谱柱时均有缓慢分解，其中 NEPA 基本全部缓慢分解，分解产物 N-乙基苯胺（EPA）和 N-甲基苯胺（MPA）以馒头峰流出（峰 3）。当柱温低于 120℃ 时，NMPA 和 NEPA 在此柱内流动过程中无分解。当汽化温度降到 80℃ 时，仍有 NE-PA 的分解物 EPA 峰 1，NEPA 除了在汽化室汽化时可能瞬间分解外，NEPA 标样在储存过程也可能有分解。根据实验结果，选择柱温低于 120℃，如果使用短色谱柱，柱温可提高至 130～140℃，汽化室温度低于 150℃。

　　图 7-16 分析条件如下。

（a）中汽化室 140℃；柱温起始温度 80℃（5min），以 2℃/min 速率升温至 160℃（20min）。

（b）中汽化室 100℃；柱温起始温度 80℃（5min），以 1℃/min 速率升温至 150℃（20min）。

（c）中汽化室 150℃；柱温起始温度 100℃（5min），以 2℃/min 速率升温至 135℃（20min）。

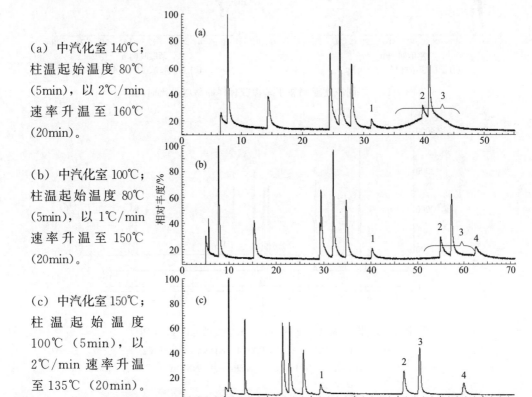

图 7-16　亚硝胺标准溶液在不同条件下的 GC-MS 总离子流
1—EPA；2—NMPA；3—EPA+MPA；4—NEPA

　　由于 NMPA 和 NEPA 易受热分解，用热脱附提取橡胶中的 10 种受限亚硝胺的方法存在一定的缺陷，故研究了常温下溶剂萃取分离丁苯橡胶中 10 种亚硝胺的方法。不同于硫化橡胶，未硫化丁苯橡胶容易被多数溶剂溶解，通过研究选择甲醇-二氯甲烷（体积比 4：1）混合溶剂在室温下萃取丁苯橡胶中的亚硝胺，效果良好，大多数亚硝胺在 5～8h 可以达到萃取平衡时间，随着丁苯橡胶中亚硝胺浓度降低，萃取平衡时间缩短，自制的含不同浓度亚硝胺丁苯橡胶标样的萃取平衡时间见图 7-17。室温下连续萃取 2 次，每次萃取 5h，9 种亚硝胺的萃取效果见图 7-18，单次萃取率达 90％以上。当萃取时间延迟至 24h 时，第一次萃取率可以达到 95％以上。

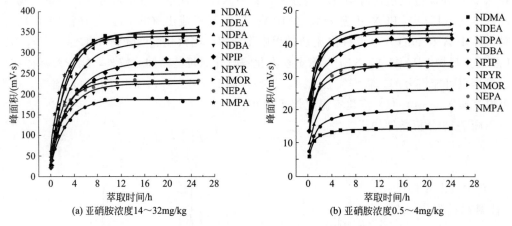

(a) 亚硝胺浓度14～32mg/kg　　(b) 亚硝胺浓度0.5～4mg/kg

图 7-17　不同浓度亚硝胺丁苯橡胶标样的萃取平衡时间

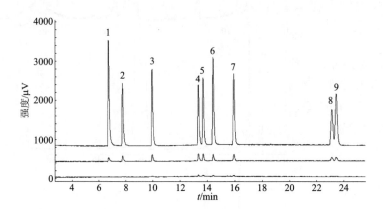

图 7-18　连续萃取含亚硝胺的丁苯橡胶的 GC-TEA 图
1—NDMA；2—NDEA；3—NDPA；4—NDBA；5—NPIP；
6—NPYR；7—NMOR；8—NEPA；9—NMPA

用甲醇-二氯甲烷萃取橡胶中的亚硝胺时，橡胶中的低分子聚合物、添加剂和充油丁苯橡胶中的填充油一并被萃取，这些组分不仅污染 GC-TEA 的分析系统，还有可能干扰下一步亚硝胺的分析。所以需要分离除去这些非目标物。通过研究表明，采用甲醇-NaCl-水溶液体系，可以将低分子聚合物、添加剂和填充油从萃取液中凝聚析出，过滤除去析出物，方法简单有效。方法的检测限见表 7-6，方法概要如下。

① 试样萃取条件：样品量 5g，2mm×2mm×2mm 的小块；50mL 甲醇-二氯甲烷

（体积比 4∶1）萃取剂；室温萃取，20～25℃；萃取时间 16～24h。

② 萃取液中非目标物的分离：采用旋转蒸发仪在（40±2）℃将萃取液浓缩至 20mL；向浓缩液中加入 30mL 2%NaCl 水溶液，静置 5min，用中速滤纸过滤除去析出物；用二氯甲烷对滤液连续萃取 3 次，每次二氯甲烷用量 20mL，合并二氯甲烷萃取液；在（40±2）℃水浴、常压下，浓缩定容至 1.0mL。

③ 色谱条件：色谱柱 FFAP（30m×0.25mm×0.5μm）；初始温度 40℃，以 10℃/min 的速率升温至 110℃，再以 5℃/min 的速率升温至 140℃，保留 12min；进样量 1μL，无分流进样；汽化室温度 110℃；热能检测器 TEA 610，裂解炉温度 500℃；接口温度 150℃。标准溶液的色谱图见图 7-19。

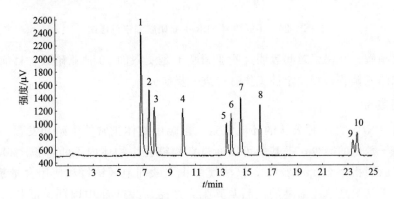

图 7-19　亚硝胺标准溶液的 GC-TEA 色谱分离图

1—NDMA；2—NEMA；3—NDEA；4—NDPA；5—NDBA；
6—NPIP；7—NPYR；8—NMOR；9—NEPA；10—NMPA

表 7-6　测定各亚硝胺的检测限

亚硝胺	检测限/(μg/kg)						
	I	II	III	IV	V	VI	平均值
NDMA	6.1	6.3	6.3	6.9	7.3	8.0	6.8
NEMA	5.5	5.6	5.5	6.1	6.3	6.8	5.9
NDEA	7.4	7.6	7.6	8.1	8.5	9.2	8.1
NDPA	9.5	9.5	9.6	10.9	10.9	12.5	10.5
NDBA	10.1	9.9	10.4	12.0	12.4	13.2	11.3
NPIP	8.2	8.1	7.7	9.4	9.6	10.3	8.9
NPYR	8.3	8.3	8.1	9.6	9.7	10.6	9.1
NMOR	9.0	9.2	8.8	10.7	11.0	11.5	10.0
NEPA	30.9	28.9	28.9	32.0	31.4	33.8	31.0
NMPA	21.1	19.4	17.9	24.0	25.2	23.9	21.9

本方法已经转化为国家标准 GB/T 30919[20]，该标准已经用于丁苯橡胶的产品质量检验。在某丁苯橡胶样品中检测到极低含量的 N-亚硝基二甲胺，含量大约为 2μg/kg，该含量低于本方法的定量检测限，无法准确定量，色谱见图 7-20，在样品中还检

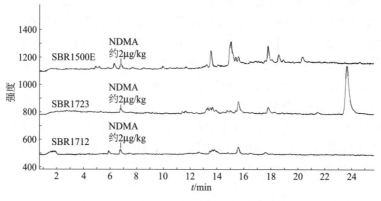

图 7-20　不同牌号 SBR 中亚硝胺测定色谱图

测到其他亚硝胺，其保留时间表明这些亚硝胺不是受限的 10 种亚硝胺，目前尚不能定性这些未知的亚硝胺，相关定性工作有待进一步研究。

(2) 壬基酚

壬基酚（NP）是一种公认的环境激素，影响生物体正常的生殖和发育，可以导致人类男性精子数量的减少，壬基酚可以通过食物链在生物体内不断蓄积。2003 年 7 月欧盟通过了欧盟指令 2003/53/EC，该法规禁止在欧洲地区销售和使用含量超过 0.1% 的壬基酚或壬基酚聚氧乙烯醚的产品及其配方产品。2011 年中国环保部和海关总署发布的《中国严格限制进出口的有毒化学品目录》中已将壬基酚（NP）列为禁止进出口物质。

壬基酚主要用于生产防老剂/抗氧剂三-（壬基苯基）亚磷酸酯（TNP）、非离子表面活性剂、润滑油添加剂。其中 TNP 是合成橡胶中常使用的防老剂/抗氧剂，也用于合成树脂。TNP 由混合壬基酚与三氯化磷在 130℃ 下进行酯化反应而制得，在生产 TNP 过程中必然会有一定含量的壬基酚残留，此外，TNP 在储存和使用过程中容易吸收水分发生水解生成壬基酚。合成橡胶和橡塑材料中的壬基酚来自防老剂/抗氧剂 TNP 自身残留的壬基酚和 TNP 水解产生的壬基酚。有关分析水体、纺织品、包装材料、塑料玩具中壬基酚的研究报告比较多[23~25]，多采用溶剂萃取、固相萃取前处理技术与气相色谱-质谱、液相色谱-质谱联用进行分析。有关合成橡胶及其制品中壬基酚的分析研究鲜见，但是对橡胶制品及其原料合成橡胶中壬基酚的检验要求却不断提升。

针对市场和生产企业的需要，开展了丁腈橡胶中壬基酚的分析研究。在分离丁腈橡胶中壬基酚时，采用了传统的溶剂萃取技术，提取丁腈橡胶中的壬基酚，效果良好；在用气相色谱-质谱定性、定量分析时，比较了全扫描和选择性离子扫描（SIM）模式，SIM 模式选择特征离子为 $m/z=121$、135、149。混合壬基酚标准样品的 GC-MS 图（图 7-21）表明，采用 SIM 模式扫描时，干扰明显降低，方法的灵敏度明显得到提高，降低了方法的检测限。方法的主要分析条件如下。

① 样品前处理：取 2.0g 剪碎的试样，用 20mL 乙醇溶剂在 60℃ 下超声波萃取 60min，萃取两次，合并萃取液，旋转浓缩并定容至 10mL，移取 1mL 过石墨化炭黑固相柱纯化，二氯甲烷洗脱，洗脱液氮吹至快干，准确加入 1mL 乙醇溶解，加入 $100\mu L$

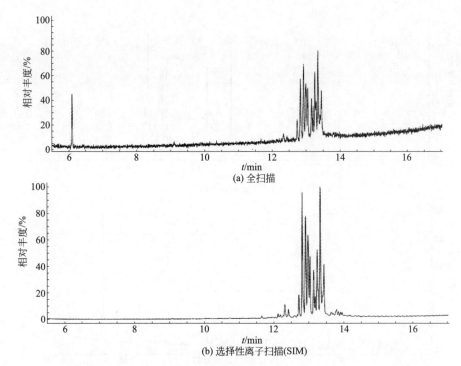

(a) 全扫描

(b) 选择性离子扫描(SIM)

图 7-21　混合壬基酚标准溶液全扫描和选择性离子扫描 GC-MS 图

内标溶液，混合均匀后待测。

② 色谱条件：色谱柱 HP-5 MS（30m×0.25mm×0.25μm）；柱箱初始温度 80℃（保持 1min），然后以 10℃/min 速率升温至 280℃（保留 30min）；载气为氦气，流速为 1.0mL/min；汽化室 280℃；分流比 20∶1。

③ 质谱条件：离子源 230℃；传输线 250℃；四极杆 150℃；选择离子（SIM）扫描模式，选择离子为 $m/z=121$、$m/z=135$、$m/z=149$；电离能量 70eV；溶剂延迟 3min。

采用上述方法分析了丁腈橡胶 N41 和 N2907，在丁腈橡胶 N41 中检测到的壬基酚与混合物壬基酚标准样品的组成基本一致 [见图 7-22(a)]，在丁腈橡胶 N2907 中未检测到壬基酚 [见图 7-22(b)]，相关分析研究仍在进行。

(3) 多环芳烃 PAH

为了改善合成橡胶的弹性、柔韧性、易加工性，在合成橡胶生产过程中会填充一定量（15%～40%）橡胶填充油，这类合成橡胶被称为充油橡胶。根据填充油的组成，填充油分为高芳烃油、芳烃油、环烷基油和石蜡基油四类。高芳烃油和芳烃油主要用于丁苯橡胶、天然橡胶、顺丁橡胶等，用这类充油橡胶制作的轮胎具有良好的抗湿滑性；环烷基油也主要用于丁苯橡胶、天然橡胶、顺丁橡胶等，用这类充油橡胶制作的轮胎，其滚动阻力低；石蜡基油主要用于乙丙橡胶、丁基橡胶、顺丁橡胶等，这类充油橡胶主要被用于制作低毒、色浅制品。

高芳烃油和芳烃油中含有一定量多环芳烃（PAHs）。多环芳具有"三致"作用（致癌、致畸、致突变），在生物体内难降解、易累积。欧洲议会和欧盟理事会根据 Reach，在 2005/69/EC《关于限制多环芳烃（PAHs）的指令》中针对填充油和轮胎中

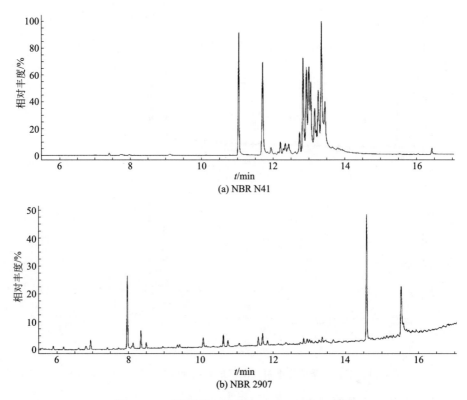

(a) NBR N41

(b) NBR 2907

图 7-22　丁腈橡胶乙醇萃取 GC-MS（SIM）图

芳烃含量进行了限定，规定填充油中的 PAHs 含量应小于 3%，填充油中 8 种受限 PAHs 的含量应小于 10mg/kg，而且苯并[a]芘的含量应小于 1mg/kg；轮胎中总的 PAHs 质量含量应小于 0.1%，轮胎中的 bay-protons 值[26] 小于 0.35%。2005/69/EC 指令已经于 2010 年 1 月 1 日实施。8 种受限的 PAHs 有苯并[a]芘（BaP）、苯并[e]芘 （BeP）、苯并[a]蒽（BaA）、䓛（CHR）、苯并[b]荧蒽（BbFA）、苯并[j]荧蒽 （BjFA）、苯并[k]荧蒽（BkFA）、二苯并[a,h]蒽。

　　随着 2005/69/EC 指令的实施，我国也开始关注填充油、充油橡胶和轮胎中多环芳烃及 8 种受限多环芳烃的含量，相关分析技术研究也正在进行之中，相关填充油和橡胶制品中多环芳烃分析研究报道还比较多[27~29]，相关国家标准[30] 也已经发布实施，但是，鲜见充油橡胶生胶中多环芳烃分析研究报道。样品中多环芳烃分离的难度：生胶＞橡胶制品＞填充油。

　　根据文献报道，测定填充油中的总多环芳烃含量常用的方法为 IP 346[31]，主要步骤为：称取一定量的样品溶解在环己烷中，用一定量的环己烷平衡过的二甲亚砜萃取两次，合并萃取液；在萃取液中加入 4% 的氯化钠水溶液，然后用环己烷反萃取二甲亚砜中的多环芳烃，收集环己烷反萃取液，用旋转蒸发仪蒸发掉反萃取液中的环己烷溶剂，最后称重计算得到多环芳烃的总含量，分离流程如图 7-23 所示。在分离出总 PAHs 之后，可以采用气相色谱或气相色谱-质谱联用，也可以采用液相色谱或液相色谱-质谱联用，对分离出的 PAHs 中的 8 种受限多环芳烃进行进一步分析，确定单个 PAH 的含量。新修订的 Reach 法规中已经采用 EN 16143[32] 代替 IP 346，EN 16143 规定采用两根固相萃取柱分离填充油中的多环芳烃，第一根固相萃取柱为硅胶柱，第二根固相萃取柱为 Sehpadex-LH20 柱，最后用 GC-MS 对分离出的多环芳烃进行定性定量。

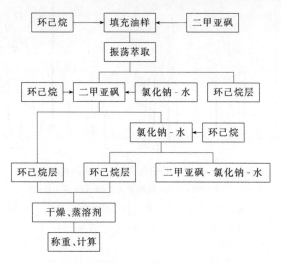

图 7-23 从填充油中分离 PAHs 的示意

分析充油橡胶和轮胎中的多环芳烃时，可采用溶剂萃取或其他辅助的溶剂萃取的方法，将充油橡胶或轮胎中的填充油萃取出来，并按照方法 IP346、EN16143 或其他方法将萃取液中的 PAHs 与非芳烃分离，得到 PAHs。最后采用气相色谱或气相色谱-质谱联用技术对分离出的 PAHs 定性定量，也可以采用液相色谱或液相色谱-质谱联用技术分析。

图 7-24 是 Agilent 公司采用 GC-MS 测定橡胶中多环芳烃的总离子[33]，分析条件如下。

① 含芳烃样品制备：在橡胶中浸入芳烃混合标准。

② 芳烃萃取：称取 500mg 切碎的样品，加入含有内标物的甲苯 20mL，在 60℃ 的水浴中超声波萃取 1h。

③ 色谱柱：Agilent J&W DB-EUPAH（20m×0.18mm×0.14μm）。

④ 色谱参数：初始柱温 120℃（保持 1min），以 10℃/min 速率升温至 200℃（保留 0.5min），以 11℃/min 速率升温至 270℃，以 2℃/min 速率升温至 300℃；载气为氦气，流速 52cm/min；汽化室 290℃；分流 50mL/min。

⑤ 质谱条件：离子源 250℃；传输线温度 290℃；四极杆温度 150℃；EI 源，电离能量 70eV；溶剂延迟时间 2.8min。

(4)增塑剂

增塑剂是塑料中加入的一种助剂，可以改善塑料的加工性，增加可塑性、柔韧性、拉伸性或膨胀性，加入增塑剂可以降低塑料的熔融黏度、玻璃化温度和弹性体的弹性模量等。目前使用的增塑剂分苯二甲酸酯（包括邻苯二甲酸酯、间苯二甲酸酯和对苯二甲酸酯）和脂肪族二元酸酯类（包括己二酸酯、壬二酸酯、癸二酸酯、己二酸二辛酯、癸二酸二辛酯），最常用的是邻苯二甲酸酯（PAEs）。PAEs 中常见的有邻苯二甲酸二（2-乙基）己酯

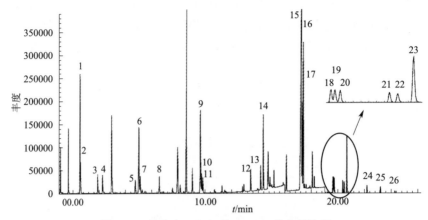

图 7-24　橡胶中 PAHs 的 GC-MS 总离子流图

1—萘-d8；2—萘；3—2-甲基萘；4—1-甲基萘；5—苊烯；6—苊-d10；7—苊；8—芴；

9—菲-d10；10—菲；11—蒽；12—荧蒽；13—芘；14—对三联苯-d14；15—苯[a]蒽；16—䓛-d12；

17—䓛；18—苯[b]荧蒽；19—苯[k]荧蒽；20—苯[j]荧蒽；21—苯[e]芘；22—苯[a]芘；

23—芘-d12；24—茚(1,2,3-cd)芘；25—二苯并[a,h]蒽；26—苯[g,h,i]苝

（DEHP）、邻苯二甲酸二丁酯（DBP）、邻苯二甲酸二异丁酯（DIBP）、邻苯二甲酸丁基苄基酯（BBP）、邻苯二甲酸二异壬酯（DINP）、邻苯二甲酸二苯酯（DIP）、邻苯二甲酸二甲酯（DMP）、邻苯二甲酸二乙酯（DEP）、邻苯二甲酸二戊酯（DPP）、邻苯二甲酸二己酯（DHXP）、邻苯二甲酸二壬酯（DNP）、邻苯二甲酸二环己酯（DCHP）、邻苯二甲酸二正辛酯（DNOP）、邻苯二甲酸二(2-甲氧基)乙酯（DMEP）、邻苯二甲酸二(2-乙氧基)乙酯（DEEP）、邻苯二甲酸二(2-丁氧基)乙酯（DBEP）和邻苯二甲酸二(4-甲基-2-戊基)酯（BMPP）。

　　研究表明邻苯二甲酸酯类增塑剂是一类环境雌激素，会造成生物体内分泌失调，阻害生物体生殖机能。2011 年 2 月，欧盟已经将 DEHP、DBP、BBP 三种增塑剂作为具有生殖毒性物质（第 IB 类）纳入 Reach 法规名单。2015 年 6 月 4 日，欧盟委员会发布 RoHS 2.0 修订指令（EU) 2015/863，将 DEHP、DBP、BBP 和 DIBP 列入受限物质清单中。我国食品包装材料标准 GB 9685[34] 也规定了 9 种受限的邻苯二甲酸酯类增塑剂。

　　随着人们对邻苯二甲酸酯类增塑剂毒性的认识和欧盟对部分邻苯二甲酸酯的限定，我国对邻苯二甲酸酯类增塑剂毒性和分析技术的研究也越来越关注[35~37]，特别是台湾增塑剂（塑化剂）事件的爆发，进一步提高了对邻苯二甲酸酯类增塑剂分析检测的关注度，相关分析研究报道也比较多，多采用液-固萃取方法分离固体材料中的邻苯二甲酸酯，再经过柱色谱或固相萃取纯化，去除干扰物质。常用的检测技术有气相色谱法、气相色谱-质谱联用法、高效液相色谱法、高效液相色谱-质谱联用法。

　　分离塑料及其制品中邻苯二甲酸酯类（PAEs）增塑剂的常用方法如下。

　　① 萃取技术：液-固萃取，可以使用超声波、微波、加热等辅助技术。

　　② 萃取剂：可以选择二氯甲烷、正己烷、乙酸乙酯、乙醇等，这些溶剂对 PAEs 具有良好的溶解性。在选择溶剂时，还要特别注意溶剂对塑料的渗透性、溶胀性和溶解性，选择的溶剂不能将塑料溶解或部分溶解。

　　③ 纯化：一般采用硅胶柱进行纯化，先用正己烷淋洗去除部分干扰物，再用正己

烷/乙酸乙酯或正己烷/乙醇混合溶剂洗脱目标化合物。

④ 定容：一般采用旋蒸后氮吹定容。

采用 GC-MS 定性萃取液中邻苯二甲酸酯时，选择 SIM 扫描模式（选择离子扫描），可以降低萃取液中基质的干扰，使用 SIM 定性可选的离子见表 7-7。16 种邻苯二甲酸酯标准样品的典型 GC-MS 选择离子见图 7-25。

表 7-7 邻苯二甲酸酯质谱定性特征离子

邻苯二甲酸酯	缩写	定性离子 m/z	定量离子
邻苯二甲酸二(2-乙基)己酯	DEHP	279、167、149、113、55	149
邻苯二甲酸二丁酯	DBP	223、150、149、41	149
邻苯二甲酸丁基苄基酯	BBP	223、206、149、91	149
邻苯二甲酸二异丁酯	DIBP	223、149、57、41	149
邻苯二甲酸二甲酯	DMP	163、164、79、77	163
邻苯二甲酸二乙酯	DEP	177、176、150、149	149
邻苯二甲酸二戊酯	DPP	237、150、149、43	149
邻苯二甲酸二己酯	DHXP	150、149、104、76、43	149、104
邻苯二甲酸二正辛酯	DNOP	279、150、149、43	149
邻苯二甲酸二壬酯	DNP	167、150、149、71、57	149、57
邻苯二甲酸二异壬酯	DINP	207、149、73	149
邻苯二甲酸二环己酯	DCHP	167、149、83、57	149
邻苯二甲酸二苯酯	DIP	226、225、153、77	225
邻苯二甲酸二(2-甲氧基)乙酯	DMEP	193、149、59、58	59
邻苯二甲酸二(2-乙氧基)乙酯	DEEP	149、73、72、45	45、72
邻苯二甲酸二(2-丁氧基)乙酯	DBEP	223、149、57、56	149
邻苯二甲酸二(4-甲基-2-戊基)酯	BMPP	251、167、149、85	149

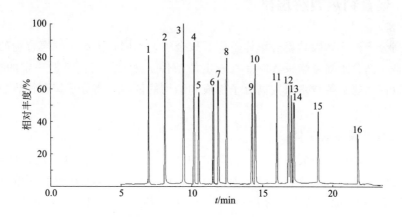

图 7-25 塑料中邻苯二甲酸酯增塑剂 GC-MS 图

1—DMP；2—DEP；3—DIBP；4—DBP；5—DMEP；6—BMPP；7—DEEP；8—DPP；
9—DHXP；10—BBP；11—DBEP；12—DCHP；13—DEHP；14—DIP；15—DNOP；16—DNP

GB/T 21928[38] 推荐实验条件如下。

① 样品处理：将试样粉碎，混合均匀，称取 0.2g 试样，加入 20mL 正己烷，超声提取 30min，滤纸过滤，用正己烷重复上述提取三次，每次 10mL，合并提取液用正己烷定容至 50.0mL 即可。

② 色谱条件：色谱柱 HP-5MS（30m×0.25mm×0.25μm）；初始柱温 60℃（保持

1min)，以 20℃/min 速率升温至 220℃，再以 5℃/min 速率升温至 280℃（保持 4min）；载气为氦气，恒流 1.0mL/min；汽化室 280℃；无分流进样。

③ 质谱条件：EI 源，电离能量 70eV；离子源 230℃；传输线 280℃；SIM 扫描模式；溶剂延迟 5min。

7.4 聚合物组成分析和鉴别

高分子聚合物由小分子单体聚合而成，其组成结构不同，加工性能和用途截然不同。在新型高分子聚合物的研究和生产、聚合物剖析、聚合物后加工及聚合物贸易中，对聚合物组成以及结构的分析研究和鉴别已经成为一项必不可少内容。现在常用的分析技术有裂解气相色谱、裂解气相色谱-质谱、红外光谱和核磁共振等技术，其中裂解气相色谱和裂解气相色谱-质谱技术是最常用的，裂解气相色谱和裂解气相色谱-质谱技术不仅可以用于聚合物组成分析和鉴别[39~42]，还可以直观地用于聚合物及其制品热降解机理和使用过程中老化机理的研究[43,44]。裂解气相色谱技术鉴别聚合物已有相关标准[45,46]，实验室曾制定了行业标准 SH/T 1764.1[45]，并参加国家标准 GB/T 29613.1[46] 的修订。本节介绍裂解气相色谱、裂解气相色谱-质谱技术在聚合物分析中的应用。

7.4.1 聚合物热裂解规律

尽管高分子聚合物因其聚合单体不同、聚合工艺不同，生产出的聚合物的结构千差万别，但是，高分子聚合物及其制品在一定的条件下热裂解时，遵循一定的裂解规律，这也是可以借助热裂解技术研究高分子组成和结构的依据。高分子聚合物热裂解的基本反应有以下几类。

(1) 主链断裂生成单体

从高分子末端开始断裂主要生成相应的单体，相当于聚合的逆反应，即解聚反应，属自由基反应。高分子聚合物链结构中含有季碳原子的，大都发生这种裂解反应，裂解产生的单体含量较高，如顺丁橡胶（BR，聚丁二烯）、丁苯橡胶（SBR）、丁腈橡胶（NBR）、聚异戊二烯橡胶（IR）、聚苯乙烯（PS）、ABS 树脂、聚甲基丙烯酸甲酯（PMMA）等的裂解，可以根据解聚断裂产生的单体来鉴定不同的聚合物。

(2) 主链随机断裂

裂解时主链随机断裂，产生各种不同分子量的裂解碎片。这类裂解反应中，裂解产物碎片较多，但是裂解的单体产率往往很低。大多数聚烯烃都发生这类裂解反应，如聚乙烯、聚丙烯、乙丙塑料、乙丙橡胶、聚丙烯腈、聚丙烯酸甲酯等。尽管聚烯烃主链的断裂是无规的，不产生聚合单体，但是其裂解碎片仍有一定规律，其裂解产物按照碳数一组一组增加碎片，每组碎片含有同碳数的二烯、单烯和链烷烃组成。

（3）主链不断裂，侧基发生消除反应

高分子的大分子主链不发生热裂解，而是大分子的侧基断裂，引发消除反应而生成小分子化合物，主链形成多烯结构，这类反应几乎没有单体产生。如聚氯乙烯（PVC）热裂解时脱去 HCl 而生成共轭双键，再经环化反应断裂生成苯等化合物。

由于高分子聚合物的热裂解具有一定的规律，裂解可以产生特征碎片，所以，通过热裂解技术分析，可以鉴别不同的高分子材料基质，也可以研究高分子材料的热降解性能和耐老化性能，也有助于开发新型高分子材料等。石油化工主要高分子聚合物热裂解类型及产生的特征产物见表 7-8。

表 7-8　石油化工主要高分子聚合物热裂解类型及特征产物

聚合物名称	主要特征产物	裂解方式
顺丁橡胶	丁二烯及其二聚体(4-乙烯基环己烯)	解聚反应
聚异戊二烯橡胶	异戊二烯及其二聚体	解聚反应
天然橡胶(非石油化工产品)	异戊二烯及其二聚体	非合成产物
氯丁橡胶	氯丁二烯及其二聚体	解聚反应
丁苯橡胶	丁二烯、4-乙烯基环己烯、苯乙烯	解聚反应
丁腈橡胶	丁二烯、4-乙烯基环己烯、丙烯腈	解聚反应
丁基橡胶	异丁烯	解聚反应
乙丙橡胶	各种产物	无规断裂
聚苯乙烯	苯乙烯及其二聚、三聚体	解聚反应
ABS 树脂	丙烯腈、丁二烯、苯乙烯	解聚反应
SAN 树脂	丙烯腈、苯乙烯	解聚反应
聚乙烯	不同碳数的二烯、单烯、烷烃	无规断裂
聚丙烯	不同碳数的烃	无规断裂
乙丙树脂	各种产物	无规断裂

7.4.2　聚合物热裂解产物影响因素

聚合物热裂解产物除了与聚合物自身的组成结构有关外，与裂解的条件也密切相关，裂解的条件主要有裂解器类型、裂解温度、进样量、裂解气氛（如氦气、氢气、氧气），其中影响比较大的是裂解温度和裂解气氛。

7.4.2.1　裂解温度的影响

裂解温度不同，裂解产物的分布差别较大，温度过低，裂解产物很少，甚至得不到特征产物；温度过高，裂解产物过多，可能会干扰特征产物的识别，影响鉴别。采用管式炉裂解器与 GC-FID 联用，分析了不同合成橡胶在不同温度下的裂解情况，主要分析条件见表 7-9。

表 7-9　橡胶裂解色谱分析的主要条件

项目	描述
气相色谱	HP 5880A
裂解器	管式裂解炉,SGE 公司 Pyrojector II
色谱柱	中国科学院兰州化学物理研究所色谱中心的 OV-1(50m×0.2mm×0.33μm)
柱温 A	起始温度 60℃(保持 5min)，以 10℃/min 速率升温至 200℃，再以 5℃/min 速率升温至 250℃(保持 40min)

项目	描　　述
柱温 B	起始温度 40℃（保持 10min），其余同柱温 A
柱温 C	起始温度 40℃（保持 10min），以 10℃/min 速率升温至 150℃，再以 5℃/min 速率升温至 250℃（保持 40min）
样品处理	选择可溶解橡胶样品的良溶剂，将溶剂滴于样品表面，使其表面溶解，用裂解进样针的螺旋针头蘸取一点样品，待溶剂完全挥发干净即可进样裂解；针对硫化橡胶，将硫化橡胶研磨成细粉，或用锉刀锉下细粉，用水将细粉黏附于螺旋针头上即可

（1）丁苯橡胶（SBR）

SBR 1502 的裂解产物见图 7-26。图 7-26 表明，SBR 在温度 500℃、600℃、700℃

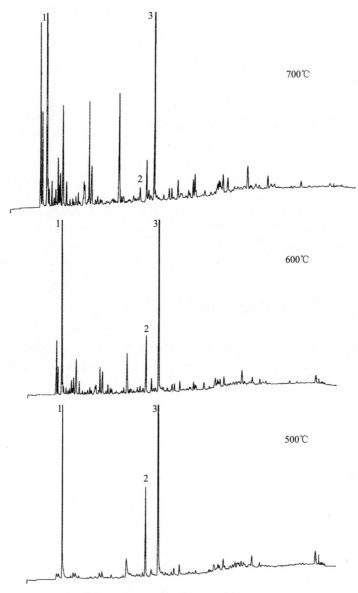

图 7-26　丁苯橡胶在不同裂解温度下的裂解 GC-FID 图（柱温 A）

1—丁二烯；2—丁二烯二聚体；3—苯乙烯

裂解时均能得到丁二烯、丁二烯二聚体（4-乙烯基-1-环己烯）、苯乙烯三个特征峰。但是，裂解温度到 700℃ 时，裂解深度大，丁二烯二聚体也基本裂解，有更多的低分子组分产生，其含量反而高于丁二烯二聚体。裂解产物分析数据（见表 7-10）也说明随着裂解温度提高，丁二烯二聚体、苯乙烯相对含量减少，其中丁二烯二聚体含量减少明显。在 500℃ 裂解时，峰强度最大的裂解产物是苯乙烯；600℃ 裂解时，峰强度最大的裂解产物变为丁二烯；700℃ 裂解时，峰强度最大的裂解产物还是丁二烯，但是丁二烯二聚体进一步裂解，减少明显，导致丁二烯相对含量增加，苯乙烯相对含量减少。

表 7-10　丁苯橡胶在不同裂解温度下的裂解产物分析数据

裂解温度	500℃	600℃	700℃
裂解特征组分	峰面积相对比	峰面积相对比	峰面积相对比
丁二烯	100.0	100.0	100.0
丁二烯二聚体	43.3	24.1	1.6
苯乙烯	118.2	90.2	85.8

(2) 乙丙橡胶（EPM、EPDM）

图 7-27 为 EPDM 1440 在温度 700℃、600℃、500℃ 裂解的色谱图，随着裂解温度降低，裂解效果变化非常明显。在 500℃ 裂解时，EPDM 的裂解产物非常少，小分子的裂解产物流出呈馒头峰，说明裂解缓慢；而在 700℃ 裂解时，C_2、C_3 的小分子含量明显增加。表 7-11 数据也表明在 700℃ 时，EPDM 基本被深度裂解为 C_2、C_3 的小分子。在相同裂解温度下，不同牌号乙丙橡胶 EPDM 1440 和 EPDM 4045 的裂解产物差别不大，但含量有一定差异，这可能与其组成、结构、进样量、进样针深度有关，但是，特征峰含量分布趋势基本一致，不影响定性。

表 7-11　不同乙丙橡胶在不同裂解温度下的特征峰强度比较

乙丙橡胶牌号	EPDM 4045	EPDM 1440	
裂解温度	600℃	600℃	700℃
裂解特征组分	峰面积相对比	峰面积相对比	峰面积相对比
C_2	67.7	72.4	117.5
C_3（丙烯）	100.0	100.0	100.0
C_4（1-丁烯）	45.6	97.1	37.8
C_5（1-戊烯）	27.2	27.1	15.5
C_6（1-己烯）	33.6	41.9	26.5
C_7（1-庚烯）	42.4	41.8	13.5
C_8（2-甲基-1-庚烯）	23.6	20.8	5.7

(3) 丁腈橡胶（NBR）

图 7-28 为丁腈橡胶 N41 在温度 500℃、600℃ 裂解的色谱图，主要特征产物有丁二烯、丙烯腈、丁二烯二聚体（4-乙烯基-1-环己烯）。与 600℃ 裂解的色谱图相比，N41 于 500℃ 裂解时其他小分子产物的含量明显降低，而丁二烯、丙烯腈、丁二烯二聚体特征

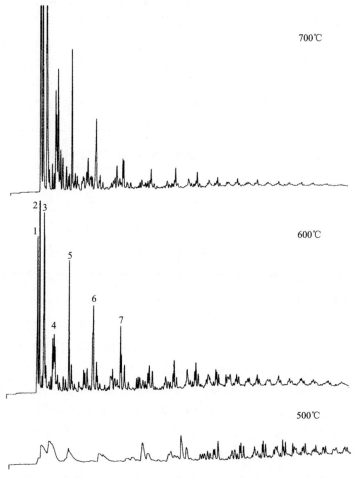

图 7-27　乙丙橡胶 EPDM 在不同裂解温度下的裂解 GC-FID 图 （柱温 A）

$1—C_2$；$2—C_3$；$3—C_4$；$4—C_5$；$5—C_6$；$6—C_7$；$7—C_8$

峰更为突出。表 7-12 的裂解分析数据表明，在同一裂解温度下，N41 的主要裂解产物的相对比值非常接近，说明同温度裂解的重复性良好。

表 7-12　丁腈橡胶在不同裂解温度下的裂解分析数据

裂解温度	500℃	600℃	600℃
柱温条件	柱温 A	柱温 A	柱温 B
裂解特征组分	峰面积相对比	峰面积相对比	峰面积相对比
丁二烯	100.0	100.0	100.0
丙烯腈	27.9	36.0	36.6
丁二烯二聚体	23.3	13.7	14.0

（4）氢化丁腈橡胶（HNBR）

图 7-29 为瑞翁氢化丁腈橡胶（HNBR）在温度 500℃、600℃ 裂解的色谱图，主要特征产物有峰 1、峰 2、丁二烯、丙烯腈、峰 5、峰 6 等。与 600℃ 裂解的色谱图相比，HNBR 于 500℃ 裂解时的特征裂解产物种类少、含量低，无法满足定性分析的要求。

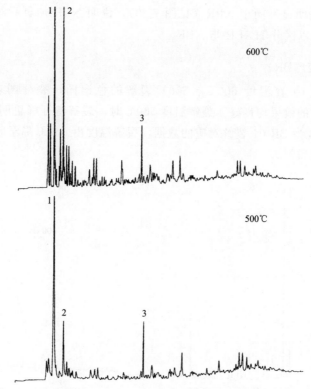

图 7-28　丁腈橡胶在不同裂解温度下的裂解 GC-FID 图（柱温 A）

1—丁二烯；2—丙烯腈；3—丁二烯二聚体

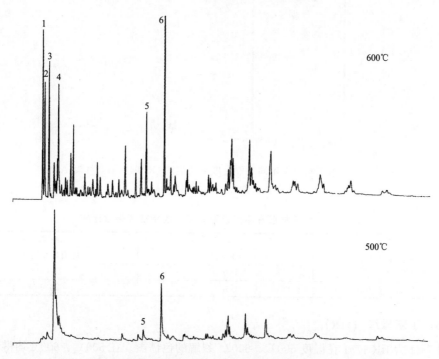

图 7-29　氢化丁腈橡胶在不同裂解温度下的裂解 GC-FID 图（柱温 A）

1，2—低碳烃；3—丁二烯和 1-丁烯；4—丙烯腈；5—庚烯腈；6—6-庚烯腈

HNBR 的裂解产物明显不同于 NBR（见图 7-29），说明 NBR 加氢后结构有明显变化。通过裂解色谱图可以区分 HNBR 与 NBR。

（5）顺丁橡胶（BR）

图 7-30 为 BR 01 在温度 600℃、500℃ 裂解的色谱图，裂解图表明顺丁橡胶在 500℃、600℃ 裂解的效果均良好。裂解温度 500℃ 时，裂解特征峰更明显，其他小分子产物更少。表 7-13 为 BR 01 裂解对应的数据，裂解温度由 600℃ 降至 500℃，裂解产物中二聚体含量明显增加。

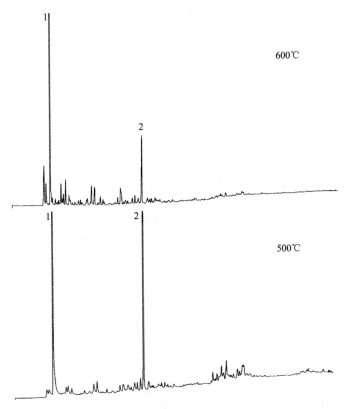

图 7-30　顺丁橡胶在不同裂解温度下的裂解 GC-FID 图（柱温 A）

1—丁二烯；2—丁二烯二聚体

表 7-13　顺丁橡胶在不同裂解温度下的特征峰强度比较

裂解温度	500℃	600℃
裂解特征组分	峰面积相对比	峰面积相对比
丁二烯	100.0	100.0
丁二烯二聚体	59.8	28.4

（6）丁基橡胶（IIR）

图 7-31 为 IIR 1751 在温度 500℃、600℃ 裂解的色谱图。在 500℃、600℃ 均得到特征峰，主要特征峰 1 为异丁烯，表 7-14 的数据也说明裂解产物中异丁烯占含量较多，其他裂解产物的含量非常低，不同温度裂解的重复性实验数据也基本一致。

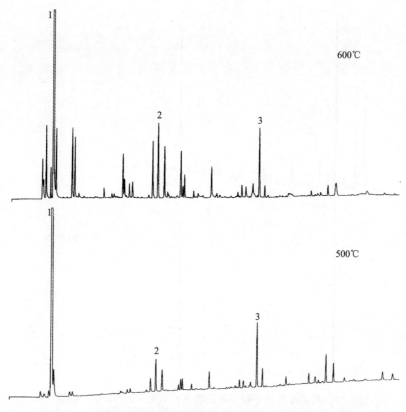

图 7-31 丁基橡胶在不同裂解温度下的裂解 GC-FID 图（柱温 B）

1—异丁烯；2—异丁烯二聚体；3—异丁烯三聚体

表 7-14 丁基橡胶在不同裂解温度下的特征峰强度比较

裂解温度	500℃	500℃	600℃	600℃
裂解特征组分	峰面积相对比	峰面积相对比	峰面积相对比	峰面积相对比
异丁烯	100.0	100.0	100.0	100.0
异丁烯二聚体	4.5	4.1	4.9	4.4
异丁烯三聚体	10.9	7.5	4.9	4.4

(7) 氯丁橡胶（CR）

图 7-32 为 CR 332 在温度 600℃、500℃裂解的色谱图，裂解图表明氯丁橡胶在500℃、600℃裂解的效果均良好。裂解温度 500℃时，裂解特征峰更明显，其他小分子产物更少，效果与顺丁橡胶相似。表 7-15 为 CR 332 裂解产物特征峰强度的数据，数据表明 CR 332 在 600℃裂解时，主产物为氯丁二烯，而在 500℃裂解时，主产物为氯丁二烯二聚体。氯丁橡胶的裂解情况与顺丁橡胶相近。

表 7-15 氯丁橡胶在不同裂解温度下的特征峰强度比较

裂解温度	500℃	600℃
裂解特征组分	峰面积相对比	峰面积相对比
氯丁二烯	100.0	100.0
氯丁二烯二聚体	123.8	65.1

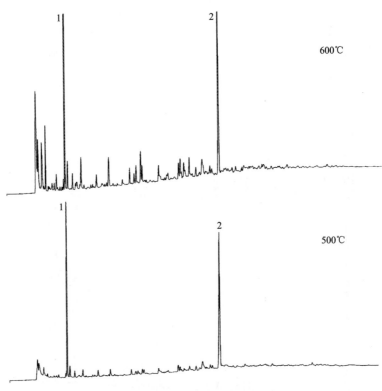

图 7-32　氯丁橡胶在不同裂解温度下的裂解 GC-FID 图（柱温 A）

1—氯丁二烯；2—氯丁二烯二聚体

(8) 不同聚合物的裂解温度

还分析了在不同裂解温度下其他橡胶的裂解效果，根据实验结果，确定用于鉴别不同种橡胶时的合适裂解温度，见表 7-16，总的来讲，600℃ 对大多数橡胶的裂解效果都良好，能得到可识别的特征产物，即裂解气相色谱"指纹图"，可用于聚合物或高分子材料的鉴别。

表 7-16　合成橡胶的裂解温度

橡胶品种	700℃	600℃	500℃
丁苯橡胶	好	良好	良好
顺丁橡胶	—①	良好	良好
天然橡胶	—	良好	良好
异戊橡胶	—	良好	良好
丁基橡胶	—	良好	良好
氯丁橡胶		良好	良好
丁腈橡胶		良好	较好
饱和丁基橡胶	—	良好	差
乙丙橡胶	好	良好	很差

① "—" 代表未进行实验。

7.4.2.2　进样量的影响

用裂解色谱分析高分子材料时，进样量相对比较难控制，特别是使用针进样。为此，考察了进样量对橡胶裂解产物的影响。裂解色谱条件见表 7-17。

表 7-17　丁苯橡胶不同进样量的裂解数据

裂解温度	600℃							
裂解组分	峰面积	相对比	峰面积	相对比	峰面积	相对比	峰面积	相对比
丁二烯	3197	100.0	2530	100.0	1135	100.0	692	100.0
二聚体	844	26.4	696	27.5	273	24.1	158	22.9
苯乙烯	2804	87.7	2213	87.5	1024	90.2	574	83.0
裂解温度	500℃							
裂解组分	峰面积	相对比	峰面积	相对比	峰面积	相对比	峰面积	相对比
丁二烯	1008	100.0	954	100.0	756	100.0	168	100.0
二聚体	437	43.3	436	45.7	364	48.1	71	42.1
苯乙烯	1191	118.2	1190	124.7	1003	132.7	221	131.6

图 7-33 是丁苯橡胶 1502 在不同进样量下的裂解色谱，表明不同进样量的裂解产物

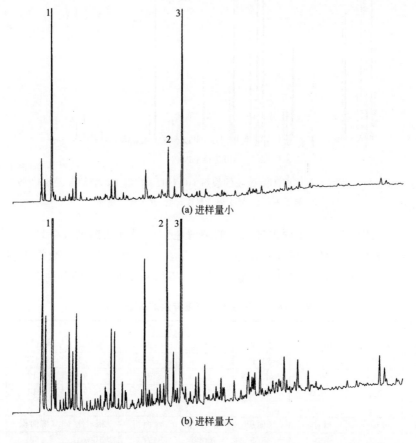

(a) 进样量小

(b) 进样量大

图 7-33　进样量不同时丁苯橡胶的裂解 GC-FID 图（柱温 C，裂解温度 600℃）

1—丁二烯；2—丁二烯二聚体；3—苯乙烯

的峰强度变化较大，但是，峰面积的相对比基本保持一致（见表 7-17）。表 7-17 中的峰面积数据表明，尽管进样量相差 4～6 倍，但在相同的裂解温度下，裂解产物的相对含量变化不大，不影响丁苯橡胶的定性分析。

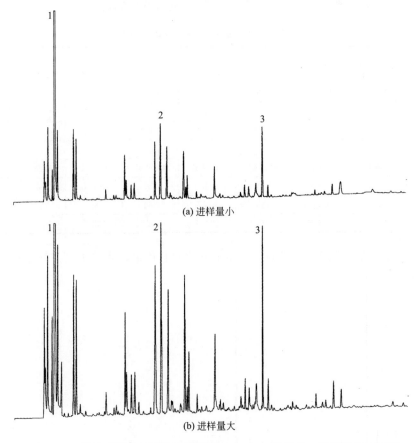

(a) 进样量小

(b) 进样量大

图 7-34　进样量不同时丁基橡胶的裂解 GC-FID（柱温 B，裂解温度 600℃）

1—异丁烯；2—异丁烯二聚体；3—异丁烯三聚体

图 7-34 是 IIR 1751 在不同进样量下的裂解色谱，裂解数据见表 7-18。尽管图 7-34 不同进样量的裂解产物的峰强度变化较大，但是表 7-18 中的峰面积数据表明，在相同的裂解温度下，裂解产物的相对含量变化不大，不影响丁基橡胶的鉴别。

表 7-18　丁基橡胶不同进样量的裂解数据

裂解温度	600℃							
裂解组分	峰面积	相对比	峰面积	相对比	峰面积	相对比	峰面积	相对比
异丁烯	7221	100.0	5521	100.0	11609	100.0	4877	100.0
二聚体	320	4.4	251	4.5	567	4.9	217	4.4
三聚体	359	5.0	306	5.5	571	4.9	214	4.4
裂解温度	500℃							
裂解组分	峰面积	相对比	峰面积	相对比	峰面积	相对比	峰面积	相对比
异丁烯	6527	100.0	3821	100.0	4973	100.0	2681	100.0
二聚体	267	4.1	158	4.1	226	4.5	110	4.1
三聚体	516	7.9	311	8.1	543	10.9	200	7.5

通过对其他橡胶的裂解实验，结果也相同，表明在相同的裂解温度下，裂解产物分布变化不大。

7.4.2.3 裂解气氛的影响

裂解环境气氛不同，产物也不同，在氦气、氮气气氛下，只发生分子链断裂，产生相应的碎片；在氢气气氛中，裂解碎片中的烯烃会发生加成反应，转化为饱和烃；在氧气气氛中，裂解产物可能发生氧化，有一些氧化产物产生。

聚乙烯（PE）在不同空气和氦气气氛中热裂解得到的主要产物基本相同，但是，在空气气氛中热裂解时，会有氧化产物生成。图 7-35 为 CDS 提供的 PE 热裂解 GC-MS，不同气氛裂解产物表明，PE 在氧气环境下裂解时，会氧化为直链的端基醇和直链醛，用这种裂解方式可以探索高分子聚合物的氧化行为。

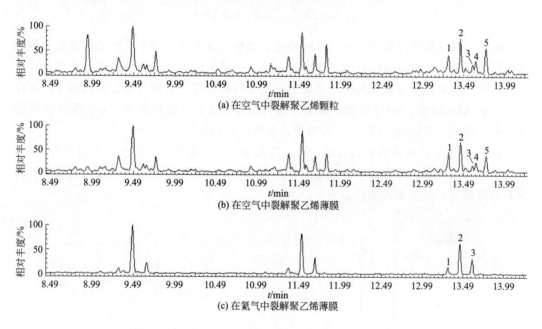

图 7-35　聚乙烯在不同气体环境中的裂解产物 GC-MS 图
1—1,11-正十二碳二烯；2—1-正十二碳烯；3—正十二烷；4—1-正癸醇；5—正癸醛

7.4.3　不同聚合物热裂解产物

（1）合成橡胶

大部分橡胶热裂解属于降解反应，裂解后得到的主要裂解产物为原聚合单体，其裂解产物特征峰明显，通常称之为"裂解指纹图"，可以用于聚合物剖析和鉴别，常见的橡胶裂解产物气相色谱图见图 7-26～图 7-32。天然橡胶的裂解产物见图 7-36，特征裂解产物为异戊二烯及其二聚体。

（2）合成树脂

聚烯烃树脂热裂解多属于随机反应，裂解后得到的主要裂解产物为不同碳数的烯

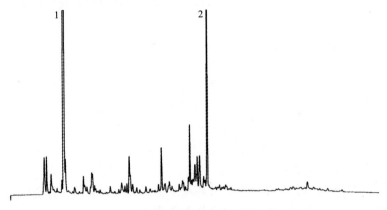

图 7-36　天然橡胶裂解产物的 GC-FID 图

1—异戊二烯；2—异戊二烯的二聚体

烃、烷烃，有些聚烯烃裂解仍有一定的特点，如聚乙烯裂解的主要产物是同碳数一组一组的产物，每组产物由同碳数的三个直链二烯、直链单烯、直链烷烃组成。此外，有丁二烯、苯乙烯单体参与聚合的树脂热裂解多属于降解反应，裂解时可以得到相应的聚合单体，如 ABS 树脂、SAN 树脂、聚苯乙烯树脂等，这类树脂裂解物 GC 图特征峰明显，具有特征"裂解指纹图"，可以用于聚合物剖析和鉴别。

图 7-37 是聚乙烯热裂解的色谱，碳主链断裂为按照碳数逐一增加的直链小分子烃，主要碳数组的峰由同碳数的直链端基二烯、直链端基单烯和直链烷烃组成，其裂解产物分布特征明显，便于聚乙烯的鉴定。

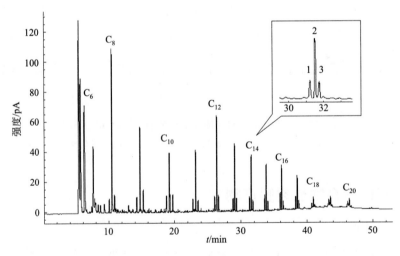

图 7-37　聚乙烯热裂解色谱 GC-FID 图

1—1,13-十四碳二烯；2—1-十四碳烯；3—正十四烷烃

图 7-38 是等规聚丙烯、间规聚丙烯、无规聚丙烯的热裂解色谱图，其主体裂解产物基本相同，但是，三种聚丙烯的裂解产物中均有一组由三个表征立构的组分组成 C_{15} 烯（见特征峰 3），三个组分含量分布的差异明显，见图 7-38 中的放大部分。如果是等

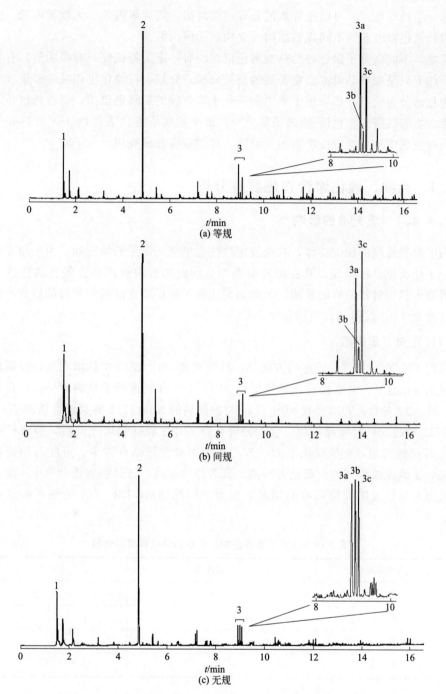

图 7-38 不同等规度聚丙烯热裂解色谱图

1—丙烯；2—2,4-二甲基-1-庚烯；3a—2,4,6,8-四甲基-1-十一烯（等规立构）；
3b—2,4,6,8-四甲基-1-十一烯（无规立构）；3c—2,4,6,8-四甲基-1-十一烯（间规立构）

规聚丙烯，表征等规立构的特征峰 3a 相对含量最高；如果是间规聚丙烯，表征间规立构的特征峰 6c 相对含量最高；如果是无规聚丙烯，表征无规立构的特征峰 3b 含量增加明显，而且三个组分（3a、3b、3c）的相对含量基本接近。所以，借助裂解气相色谱获得的这一组特征峰，就可以很好地区分等规聚丙烯、间规聚丙烯、无规聚丙烯。而用红外光谱技术也很难鉴别不同规整结构（立构）的聚丙烯。

总之，不同高分子聚合物的热裂解色谱图均有一定的特征峰，有些明显，有些不太明显。此节只是根据笔者实验室开展的相关分析，介绍了石油化工相关主要聚合物的裂解产物色谱分布信息。如果想了解更多高分子聚合物的裂解色谱图，请看柘植新等编写的《聚合物的裂解气相色谱-质谱图集》[47]，该书汇集了有代表性的163种高分子聚合物的裂解色谱图和主要特征产物的质谱图，可供分析和研究用。

7.4.4 充油、硫化聚合物热裂解分析

7.4.4.1 填充油的影响

为了改善橡胶的加工性能，在橡胶中往往会填充一定量的填充油，由于填充油也是由低分子烃类化合物组成，其在橡胶裂解中也同时随着裂解产物流经色谱柱进入检测器，可能干扰裂解特征峰的检测，为此研究比较了抽提填充油前后橡胶的裂解产物。分析条件见表7-9，柱温A，裂解温度600℃。

(1) 充油丁苯橡胶

采用SH/T 1718[48]规定的方法A，抽提充油SBR 1712中的填充油，经测定抽出物含量为33.21%。对抽提前和抽提后的SBR 1712分别进行了热裂解分析，色谱见图7-39。图7-39表明，充油橡胶SBR 1712与抽提后的SBR 1712的裂解色谱图基本一致。SBR 1712抽提前后特征峰的相对含量分析见表7-19，经抽提填充油后，裂解产物4-乙烯基-1-环己烯的相对含量变化不大，苯乙烯的相对含量略有减少，可能与填充油的类型有关，丁苯橡胶填充油一般是芳烃油，其芳烃含量高，芳烃裂解也会产生一定量的苯乙烯，但是从色谱图和特征峰的相对含量看，填充油对SBR 1712的热裂解定性没有影响。

表 7-19　充油丁苯橡胶抽提前后的特征峰相对含量

含油情况	抽提前	抽提后
裂解产物	相对比	相对比
丁二烯	100.0	100.0
4-乙烯基-1-环己烯	19.8	21.8
苯乙烯	89.1	72.9

(2) 充油乙丙橡胶

采用SH/T 1718—2002规定的方法A，抽提分离三元乙丙橡胶3062E中的填充油，经测定抽出物含量为12.12%。抽提前和抽提后的三元乙丙3062E热裂解色谱见图7-40，充油3062E与抽提后的3062E的裂解色谱图基本一致。抽提填充油前后各特征峰相对含量的变化见表7-20，抽提后裂解产物中特征峰的相对含量有一定变化，但是不影响定性。因此，充油对三元乙丙橡胶的热裂解定性也没有影响。

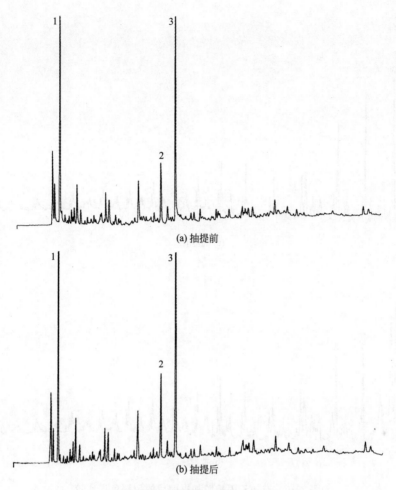

图 7-39 充油丁苯橡胶抽提前后的裂解色谱比较

1—丁二烯；2—丁二烯二聚体；3—苯乙烯

表 7-20 充油乙丙橡胶抽提前后的特征峰相对含量分析

含油情况	抽提前	抽提后
裂解产物	相对比	相对比
峰 1	60.3	77.2
峰 2	100.0	100.0
峰 3	87.9	84.3
峰 4	36.2	43.7
峰 5	37.2	43.7

通过对充油橡胶的裂解产物分析，结果表明填充油不影响橡胶的定性鉴别。原因在于填充油不是主体，在裂解产物中不是主要成分；此外，填充油由多芳烃和饱和烃组成，而橡胶的裂解产物主要是含烯的聚合单体，不存在干扰。

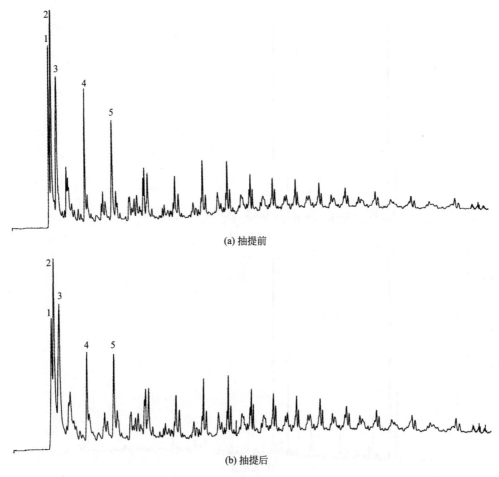

(a) 抽提前

(b) 抽提后

图 7-40　充油乙丙橡胶抽提前后的裂解色谱比较

1—C$_2$；2—C$_3$；3—C$_4$；4—C$_6$；5—C$_7$

7.4.4.2　硫化对橡胶定性的影响

橡胶在加工过程中，通常需要硫化处理使橡胶分子进一步交联固化定形，硫化后橡胶失去其可塑性，但是具有良好的力学性能、耐热性、抗溶剂性，以便制造出相应的橡胶制品。为了考察橡胶硫化前后裂解产物的变化，研究了硫化对聚合物裂解定性的影响。分析条件见表 7-9，柱温 A，裂解温度 600℃。

(1) 硫化丁苯橡胶

对硫化 35min 的 SBR 1712 和硫化 35min 的 SBR 1500E 进行了裂解分析，见图 7-41。通过比较硫化前后的丁苯橡胶裂解色谱图可看出，硫化前后丁苯橡胶的色谱图基本不变，说明硫化对丁苯橡胶的裂解定性没有影响。未硫化的 SBR 1502、硫化 35min 的 SBR 1712、硫化 35min 的 SBR 1500E 裂解特征产物的分析数据见表 7-21，硫化后丁苯橡胶裂解产物中的主要特征组分的（苯乙烯、4-乙烯基-1-环己烯）的相对含量有一定变化，但是不影响定性。

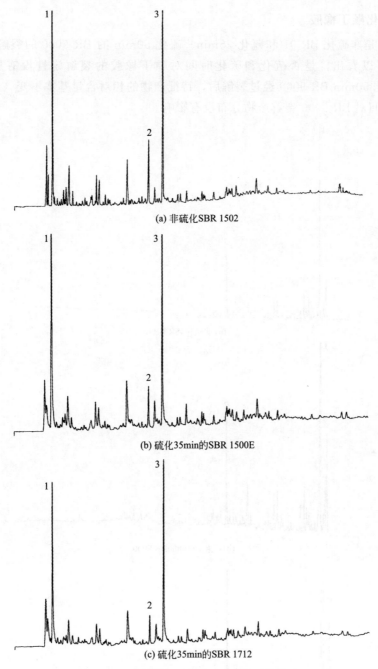

(a) 非硫化SBR 1502

(b) 硫化35min的SBR 1500E

(c) 硫化35min的SBR 1712

图 7-41 硫化和非硫化的丁苯橡胶色谱比较

1—丁二烯；2—4-乙烯基-1-环己烯；3—苯乙烯

表 7-21 硫化丁苯橡胶和非硫化丁苯橡胶裂解产物分析数据

橡胶牌号	SBR 1502	SBR 1712	SBR 1500E
硫化时间/min	0	35	35
裂解产物	相对比	相对比	相对比
丁二烯	100.0	100.0	100.0
4-乙烯基-1-环己烯	24.1	12.8	13.5
苯乙烯	90.2	91.6	102.4

（2）硫化顺丁橡胶

图 7-42 是非硫化 BR 01 和硫化 25min、硫化 50min 的 BR 9000 的裂解色谱比较。从图 7-42 可以看出，是否硫化和硫化时间对顺丁橡胶的裂解定性没有影响。硫化 25min、硫化 50min BR 9000 经过裂解后，特征产物的相对含量基本不变（见表 7-22），表明硫化时间对 BR 9000 裂解产物分布没有影响。

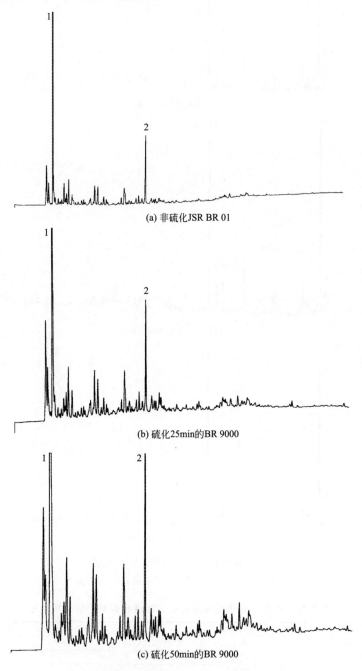

(a) 非硫化JSR BR 01

(b) 硫化25min的BR 9000

(c) 硫化50min的BR 9000

图 7-42　硫化和非硫化的顺丁橡胶的裂解色谱图比较
1—丁二烯；2—丁二烯二聚体

表 7-22   硫化顺丁橡胶和非硫化顺丁橡胶裂解产物中主要特征峰分析数据

橡胶牌号	BR 01	BR 9000	
硫化时间/min	0	25	50
裂解产物	相对比	相对比	相对比
丁二烯	100.0	100.0	100.0
丁二烯二聚体	28.4	20.5	19.4

硫化是橡胶分子的进一步交联，交联度提高，形成网状结构，分子链结构有一定变化，但是，分子的主体组成变化不大，所以不影响其裂解产物的分布。

7.4.5   共混聚合物热裂解分析

在橡胶加工使用中，每种橡胶除了单独使用外，为了利用各种橡胶的特性，多种橡胶会用于制品生产，改善橡胶制品的性能，如在轮胎生产中经常会用到丁苯橡胶、顺丁橡胶和天然橡胶等。为了了解裂解色谱在混炼橡胶定性方面的应用，测试了常用橡胶共混前后的裂解产物分布，对剖析橡胶制品有很好的帮助。分析条件见表 7-9，柱温 A，裂解温度 600℃。

(1) 丁苯橡胶-丁基橡胶混炼胶

丁苯橡胶（SBR）和丁基橡胶（IIR）的混合物与丁苯橡胶、丁基橡胶的裂解色谱比较见图 7-43(a)、(b)、(c)。从图 7-43 可以看出，SBR 与 IIR 的混炼胶的裂解产物中均有 SBR 和 IIR 的特征峰，混炼胶中峰（1＋2）明显增加，而混炼胶裂解产物中丁二烯二聚体（4-乙烯基-1-环己烯，峰 4）和苯乙烯（峰 5）的含量明显低于 SBR 裂解产物的。由于 SBR 裂解主产物是丁二烯，IIR 裂解产物主要是异丁烯，而丁二烯和异丁烯在柱温 A 下难以分离，故峰强度增加明显。图 7-43 表明 SBR 与 IIR 混炼前后特征峰不同，而且含量相差较大，所以很容易区分。

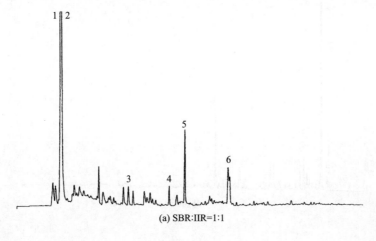

(a) SBR:IIR=1:1

图 7-43

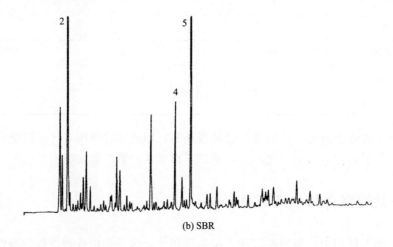

(b) SBR

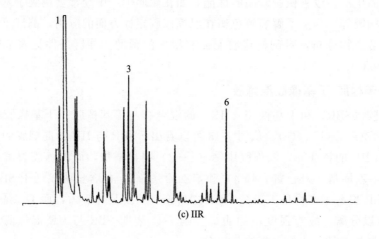

(c) IIR

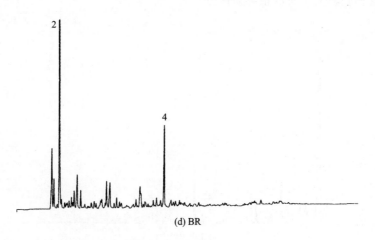

(d) BR

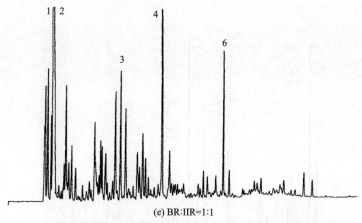

(e) BR:IIR=1:1

图 7-43　SBR 与 IIR 混合前后和 BR 与 IIR 混合前后的裂解色谱图

1—异丁烯；2—丁二烯；3—异丁烯二聚体；4—丁二烯二聚体；5—苯乙烯；6—异丁烯三聚体

（2）顺丁橡胶-丁基橡胶混炼胶

顺丁橡胶（BR）-丁基橡胶（IIR）混合物与顺丁橡胶、丁基橡胶的裂解产物分布见图 7-43(c)、(d)、(e)。图 7-43 表明，BR-IIR 混合物的裂解色谱图明显与 BR、IIR 的裂解图不同。BR 与 IIR 混炼胶的裂解产物比 IIR 裂解产物中多出一个明显的峰 4，即4-乙烯基-1-环己烯（丁二烯二聚体）；与 BR 相比，共混胶裂解产物又有多个 IIR 的特征峰出现（如峰 3、6）。因此，根据特征峰可以区分顺丁橡胶、丁基橡胶、顺丁橡胶-丁基橡胶混合物。

（3）丁苯橡胶-天然橡胶混炼胶

天然橡胶裂解的主要产物与丁苯橡胶裂解的完全不同，所以 SBR-NR 混合物的裂解产物中应该包含 NR 和 SBR 的特征产品，NR-SBR 裂解产物的色谱图见图 7-44(a)。裂解产物中同时有高含量的丁二烯、异戊二烯、苯乙烯、异戊二烯二聚体等特征峰时，表明是 NR-SBR 混合物。

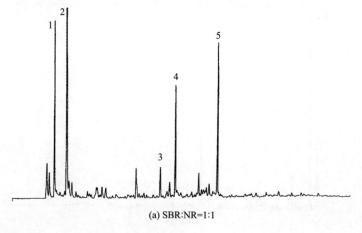

(a) SBR:NR=1:1

图 7-44

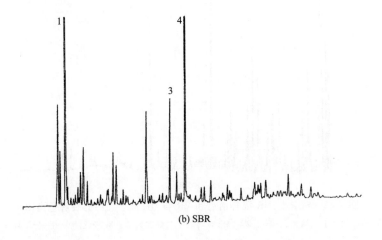

(b) SBR

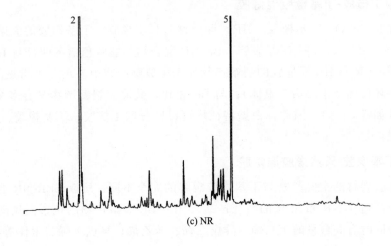

(c) NR

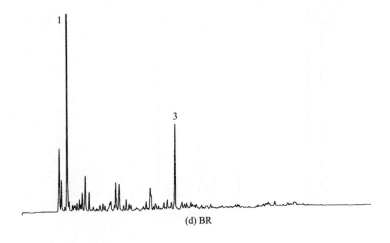

(d) BR

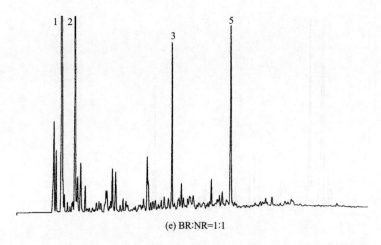

(e) BR:NR=1:1

图 7-44　SBR 与 NR 混炼前后和 BR 与 NR 混炼前后的裂解色谱图

1—丁二烯；2—异戊二烯；3—丁二烯二聚体；4—苯乙烯；5—异戊二烯二聚体

（4）顺丁橡胶-天然橡胶混炼胶

顺丁橡胶和天然橡胶的裂解产物完全不同，裂解色谱图中的特征峰差异明显，二者混炼胶的裂解产物也有特点，从图 7-44 中可以看出，BR-NR 混炼胶的裂解色谱图中有 BR 裂解的特征峰丁二烯（峰 1）、丁二烯二聚体（峰 3）和 NR 裂解的特征峰异戊二烯（峰 2）、异戊二烯二聚体（峰 5）。因此，根据橡胶样品的裂解特征峰很容易区分 NR-BR 混合物、NR、BR。

（5）丁基橡胶-天然橡胶混炼胶

图 7-45 是丁基橡胶（IIR）与天然橡胶（NR）混炼前后的裂解色谱图，图 7-45 表明 IIR 和 NR 裂解特征峰差异明显，混炼胶的特征峰也明显，容易区分 IIR-NR 化合物与 NR、IIR。不同比例 IIR、NR 混炼胶裂解产物分析数据见表 7-23。

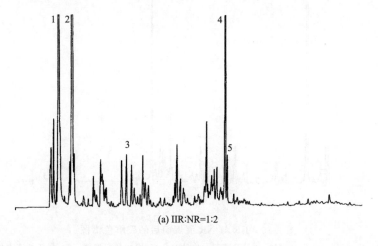

(a) IIR:NR=1:2

图 7-45

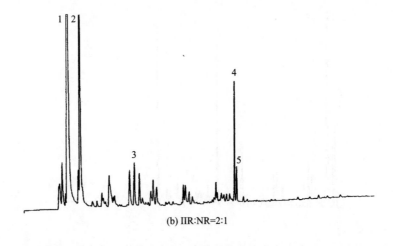

(b) IIR:NR=2:1

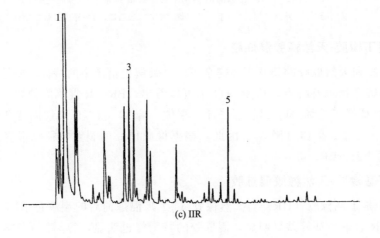

(c) IIR

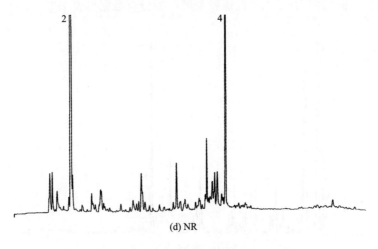

(d) NR

图 7-45　IIR 与 NR 混炼前后的裂解色谱图

1—异丁烯；2—异戊二烯；3—异丁烯二聚体；4—异戊二烯二聚体；5—异丁烯三聚体

表 7-23　不同比例 IIR 与 NR 混炼胶裂解特征峰强度

混合比例(IIR∶NR)	2∶1	1∶1	1∶2
裂解产物	相对比	相对比	相对比
异丁烯	100.0	100.0	100.0
异戊二烯	28.0	56.1	95.1
异戊二烯二聚体	9.1	19.9	35.5

(6) 顺丁橡胶-丁苯橡胶的混合物

BR 和 SBR 裂解色谱分析表明，在 SBR 裂解产物的特征峰中有 BR 的裂解特征峰，即丁二烯（峰 1）和丁二烯二聚体（4-乙烯基-1-环己烯，峰 2）。SBR 与 BR 混合后裂解产物组成与 SBR 的相同（见图 7-46），只是 SBR-BR 混合物裂解产物中苯乙烯含量降低。表 7-24 表明，随着 SBR-BR 混合物中 BR 含量增加，裂解产物中丁二烯和 4-乙烯基-1-环己烯相对含量基本不变，苯乙烯的相对含量降低。由于 SBR 因牌号不同，苯乙烯和丁二烯含量差别较大，所以不易区分 SBR 与 SBR-BR 混合物。

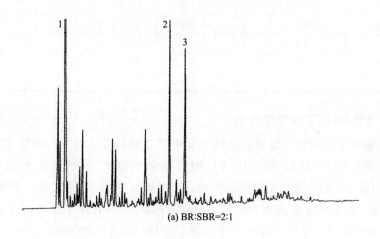

(a) BR:SBR=2:1

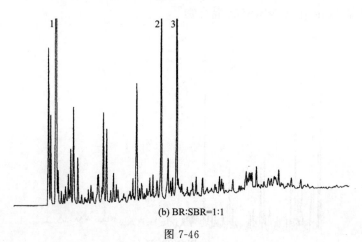

(b) BR:SBR=1:1

图 7-46

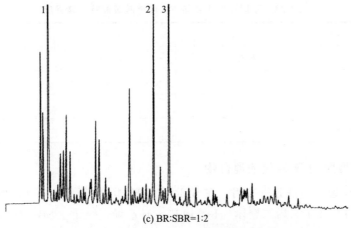

(c) BR:SBR=1:2

图 7-46　不同比例 BR 与 SBR 混炼胶的裂解色谱图

1—丁二烯；2—丁二烯二聚体；3—苯乙烯

表 7-24　不同比例 BR 与 SBR 混炼胶裂解特征峰强度

混合比例	SBR	BR：SBR		
		1：2	1：1	2：1
裂解产物	相对比	相对比	相对比	相对比
丁二烯	100.0	100.0	100.0	100.0
丁二烯二聚体	26.4	23.3	23.9	23.5
苯乙烯	87.7	45.3	35.4	20.8

(7) 丁腈橡胶-顺丁橡胶混合物

NBR 含有聚丁二烯相，裂解后必然会有聚丁二烯的特征峰丁二烯和丁二烯二聚体（4-乙烯基-1-环己烯），所以 NBR 与 BR 混合物的裂解产物与 NBR 基本一致（见图 7-47），在 NBR-BR 混合物的裂解色谱图中，丁二烯（峰 1）和丁二烯二聚体（峰 3）的相对含量随着 BR 加入量的提高而增加。由于不同牌号 NBR 中丁二烯相含量各有不同，所以根据裂解产物中丁二烯（峰 1）、丁二烯二聚体（峰 3）和丙烯腈（峰 2）的相对含量不容易判断是 NBR 还是 NBR-BR 混合物。

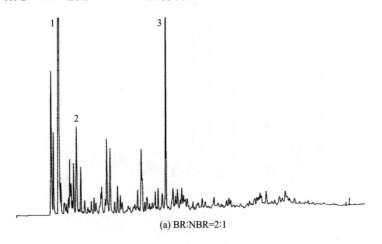

(a) BR:NBR=2:1

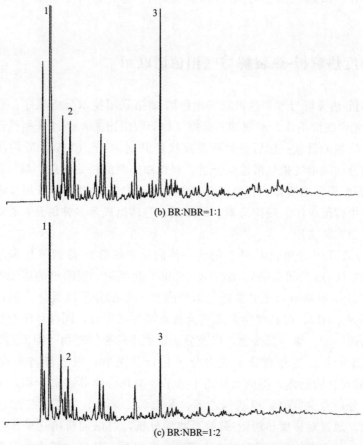

图 7-47 顺丁橡胶与丁腈橡胶混合前后的裂解色谱图
1—丁二烯；2—丙烯腈；3—丁二烯二聚体

用裂解气相色谱分析高分子聚合物混合物时，如果一种聚合物的主要特征产物中包含另一种聚合物的特征产物时，很难准确判断聚合物混合物是否含有另一种聚合物。所以，用裂解气相色谱鉴别混合物聚合物时要特别注意这一点。

7.5 挥发物、添加剂、聚合物组成的同时分析

随着样品前处理技术的发展，以及与其他分离技术、检测技术巧妙在线联用，人们可以实现同时分析测定高分子聚合物中挥发物、添加剂和聚合物基体，常用的技术有：a. 梯度热解析-裂解与气相色谱联用，即热脱附和热裂解为一体的梯度裂解技术，先梯度热解析脱附聚合物中的挥发性和半挥发组分，最后热裂解高分子基体得到聚合物信息[49]；b. 采用凝胶渗透色谱（GPC）与气相色谱（GC）、裂解气相色谱（Pyr-GC）联用，用 GPC 分离大分子与小分子，同时测聚合物分子量，用 GC 分析解析出的添加剂，用 Pyr-GC 分析聚合物基体[50,51]；c. 也可以采用凝胶渗透色谱（GPC）与液相色谱

（LC）联用，用于添加剂和分子量分布测定，但是不能用于高分子聚合物基体的分析[52]。

7.5.1 梯度热解析-热裂解与气相色谱联用

梯度热解析-热裂解与气相色谱或气相色谱-质谱联用技术分析顺序：在解析温度小于200℃时，先将残留单体、溶剂和其他挥发物等脱附出来，经过气相色谱分离定性定量，得到挥发物相关信息；然后将解析温度快速升到350～400℃，脱附添加剂等半挥发和难挥发组分，并由气相色谱检测分析，获得添加剂的相关信息；最后将温度提升到500℃以上，裂解聚合物基体，获得聚合基体组成信息。采用这种联用技术，就可以同时获取聚合物中残留单体、残留溶剂、添加剂、基体组成等多种信息，在高分子聚合物及其制品剖析中非常实用。

图7-48为采用CDS热脱附-热裂解为一体的梯度热解析-热裂解技术分析未知包装材料的GC-MS（CDS公司提供）。第一步于200℃热脱附，脱附出的挥发物主要有抗氧剂2,6-二叔丁基-4-甲基酚、光引发剂二苯甲酮和一些低分子烃类化合物；第二步将热脱附温度提高到400℃，得到维生素E等高沸点添加剂组分，同时伴随有少量的热裂解产物，如苯乙烯、苯乙烯的低聚物，以及分子量更小的裂解产物（即苯乙烯前端流出的峰），说明此温度下已经有高分子或大分子化合物裂解；第三步将温度快速提升到750℃时，裂解聚合物基体，得到大量的小分子烃类化合物等裂解产物，主要有聚合单体苯乙烯，此外还有少量的α-甲基苯乙烯、苯乙烯二聚体、苯乙烯三聚体和其他小分子烃类化合物。通过对梯度热脱附-裂解产物的分析，可以剖析出这个未知物的基体组成是聚苯乙烯，并含有抗氧剂264、光引发剂二苯甲酮、抗氧剂维生素E等，使用较为方便，简化了操作过程。

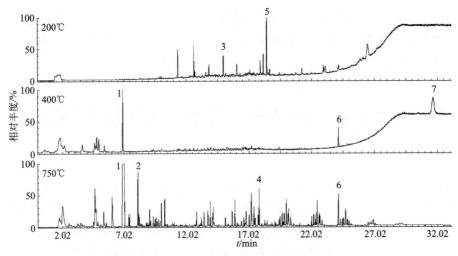

图7-48 聚苯乙烯材料梯度热解析与热裂解的GC-MS图

1—苯乙烯；2—α-甲基苯乙烯；3—2,6-二叔丁基-4-甲基酚；
4—苯乙烯二聚体；5—二苯甲酮；6—苯乙烯三聚体；7—维生素E

图 7-49 为采用 Frontier 热脱附-热裂解为一体的梯度热解析与热裂解联用技术比对分析丁腈橡胶（NBR）的色谱图（Frontier 公司提供）。图 7-49 表明，采用两步分析方法，第一步在 100～300℃热脱附，可以获得 NBR 中小分子挥发物和添加剂信息；第二步热裂解，可以得到 NBR 的裂解信息。采用单点热裂解技术，尽管可以得到添加剂和 NBR 基体裂解的信息，由于裂解的小分子与 NBR 中残留的单体和其他小分子同时进入色谱柱，并被分离检测，无法区分残留单体、溶剂与裂解生产的聚合单体以及与溶剂相同的裂解产物，如果还想了解聚合物中残留单体和其他小分子挥发物的残留信息，还要再借助顶空技术和热脱附技术进行二次分析。

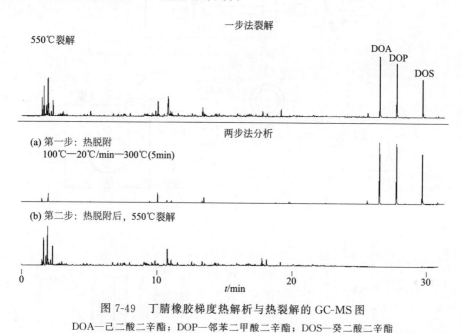

图 7-49　丁腈橡胶梯度热解析与热裂解的 GC-MS 图

DOA—己二酸二辛酯；DOP—邻苯二甲酸二辛酯；DOS—癸二酸二辛酯

所以，采用热脱附-热裂解为一体的梯度热裂解技术，就可以同时开展聚合物中挥发物、添加剂、聚合物基体的分析研究，既提高分析效率，又降低分析成本。

7.5.2　凝胶渗透色谱与气相色谱、裂解气相色谱联用

凝胶渗透色谱（GPC）可以将被分离组分按照分子尺寸分离，大分子的组分先流出，小分子的组分后流出，利用这一分离原理，可以将 GPC 与 GC 联用，采用 GPC 将聚合物按照分子量分离，当高分子流出后，通过阀切换将小分子添加剂等小分子化合物切入 GC 分离系统，分析添加剂组分；如果将高分子部分切入 Pyr-GC 系统，还可以通过裂解分析聚合物基体组成。

Kobayashi 等[50] 利用这一联用技术分析了多种聚合物中的添加剂及其分子量，分离流程示意见图 7-50。待测试样进入 GPC 系统后，待测组分经过 GPC 柱分离，按照分子量大小先后进入示差折光检测器（RID），经过检测得到分子量分布等信息，同时可以检测到聚合物中添加剂流出时间；当被分离组分流出 RID 检测器后，通过阀 1 先将高分子组分切出分离系统，再将低分子组分切入吸附阱中，使目标化合物被吸附于吸附

剂中；然后用洗脱剂再将目标化合物洗脱出，通过阀 2 切入 GC，利用程序升温进样
（PTV）技术，在低温和高分流比的条件下，将大量的洗脱剂分流出 GC 系统，再在降
低分流比同时提升 PTV 温度，使添加剂等高沸点的组分汽化，并进入 GC 色谱柱被进
一步分离，最后进入检测器被检测。GPC-GC 联用的色谱见图 7-51，GPC 的切割点在
图 7-51(b) 中的 11～12min，将切割部分导入 GC 中分析，在所切割的部分中检测到 7
种增塑剂，其中正二十二烷为内标物。

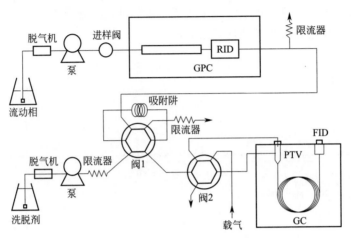

图 7-50　GPC-GC 联用技术示意

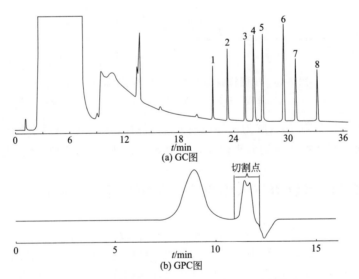

图 7-51　聚氯乙烯的 GPC-GC 联用分析色谱图

1—邻苯二甲酸二甲酯；2—邻苯二甲酸二乙酯；3—邻苯二甲酸二丙酯；4—邻苯二甲酸二异丁酯；
5—邻苯二甲酸二丁酯；6—正二十二烷；7—邻苯二甲酸丁基苄基酯；8—邻苯二甲酸二（2-乙基）己酯

Kaal 等[51] 将 GPC 与 Pyr-GC-MS 组装在一起，实现了 GPC 与 Pyr-GC-MS 在线
联用，用于复杂聚合物中添加剂和聚合物基本组成的分析。在这套联用系统中，同样使
用了可以加热至 550℃的 PTV 进样口，还使用了 LC-GC 的接口，用于 GPC 与 GC 的连
接。在用 GPC 测定聚合物分子量分布时，从聚合物分子量分布前端和后端分别切出一

点高分子组分，切入 GC 的 PTV 进样口，在相对低的 PTV 温度下，将溶剂迅速汽化分离，然后快速将 PTV 升温至 550℃，裂解聚合物，通过 GC-MS 定性聚合物基体组成；之后将 PTV 温度降下来，分析从 GPC 后流出的低分子添加剂。Kaal 用此技术成功地分析了聚碳酸酯的基质组成和所含的抗氧剂。

总之，将气相色谱分析技术与样品前处理技术巧妙地结合在一起，不仅可以简化样品前处理过程，还可以有效地扩大气相色谱的使用范围，用于高分子聚合物中小分子挥发物、半挥发/难挥发性添加剂和聚合物基体组成的分析研究，还可以用于高分子结构的分析研究。随着一些更新的前处理技术推出，气相色谱在高分子聚合物分析中的应用将会更为广泛。

参考文献

[1] ISO 3899—2005 Rubber—Nitrile latex—Determination of residual acrylonitrile content.

[2] GB/T 8661—2008.

[3] ISO 4581：1994 Plastics—Styrene/acrylonitrile copolymers—Determination of residual acrylonitrile monomer content—Gas chromatography method.

[4] GB/T 16867—1997 聚苯乙烯和丙烯腈-丁二烯-苯乙烯树脂中残留苯乙烯单体的测定　气相色谱法.

[5] GB/T 5009.152—2003 食品包装用苯乙烯-丙烯腈共聚物和橡胶改性的丙烯腈-丁二烯-苯乙烯树脂及其成型品中残留丙烯腈单体的测定.

[6] GB/T 20389—2006.

[7] ASTM D4322—96（2001）e1 Standard Test Method for Residual Acrylonitrile Monomer Styrene-Acrylonitrile Copolymers and Nitrile Rubber by Headspace Gas Chromatography.

[8] ASTM D5508—94a（2009）e1 Standard Test Method for Determination of Residual Acrylonitrile Monomer in Styrene-Acrylonitrile Copolymer Resins and Nitrile-Butadiene Rubber by Headspace-Capillary Gas Chromatography（HS-CGC）.

[9] 秦鹏，薛慧峰，耿占杰，等. 顶空气相色谱法测定 HDPE 瓶盖专用料中的残留溶剂 [J]. 塑料科技，2010，(8)：76-78.

[10] 秦鹏，薛慧峰，耿占杰，等. 高密度聚乙烯瓶盖专用料中残留溶剂含量的测定 [J]. 塑料工业，2011，39 (S2)：55-58.

[11] GB/T 25277—2010.

[12] ASTM D6042—09（2016）Standard Test Method for Determination of Phenolic Antioxidants and Erucamide Slip Additives in Polypropylene Homopolymer Formulations Using Liquid Chromatography（LC）.

[13] ASTM D6953—11 Standard Test Method for Determination of Antioxidants and Erucamide Slip Additives in Polyethylene Using Liquid Chromatography（LC）.

[14] Bogovski P，Bogovski S. Animal species in which N-nitroso compounds induce cancer [J]. Int. J. Cancer，1981，27（4）：471-474.

[15] Bouma K，Nab F M，Schothorst R C. Migration of N-nitrosamines，N-nitrosatable substances and 2-mercaptobenzhiazol from baby bottle test and soothers [J]. Food Addit. Contam.，2003，20（9）：853-858.

[16] Altkofer W，Braune S，Ellendt K，et al. Migration of nitrosamines from rubber products-are balloons and condoms harmful to the human health? [J]. Mol. Nutr. Food Res.，2005，49，235-238.

[17] Takeuchi M，Mizuishi K，Yamanobe H，et al. Determination of volatile N-nitrosamines in rubber nipples by gas chromatography using thermal energy analyzer. Anal. Sci.，1986，2：577-580.

[18] EN 12868-2017. Child use and care articles-Methods for determining the release of N-Nitrosamines and N-Nitrosatable substances from elastomer or rubber teats and soothers.

[19] ASTM F1313—90（2011）Standard specification for volatile N-Nitrosamines levels in rubber nipple on pacifi-
      ers.

[20] GB/T 30919—2014.

[21] Sen N P，Seaman S W，Kushwaha S C. Determination of non-volatile N-nitrosamines in baby bottle rubber
      nipples and pacifiers by high-performance liquid chromatography-thermal energy analysis. J. Chromatogr. A，
      1989，463（2）：419-428.

[22] Incavo J A，Schafer M A. Simplified method for the determination of N-nitrosamines in rubber vulcanizates.
      Anal. Chim. Acta, 2006, 557：256-261.

[23] Schoenfuss H L，Bartell S E，Bistodeau T B，et al. Impairment of the reproductive potential of male fathead
      minnows by environmentally relevant exposures to 4-nonylphenol［J］. Aquat. Toxicol.，2008，86：91-98．

[24] 王世玉，刘菲，刘玉龙，等．气相色谱-质谱法检测地下水中 12 种对壬基酚同分异构体［J］．分析化学，
      2013，41（11）：1699-1703.

[25] 马强，白桦，王超，等．高效液相色谱法对纺织品和食品包装材料中的壬基酚、辛基酚和双酚 A 的同时测
      定［J］．分析测试学报，2009，28（10）：1160-1164.

[26] ISO 21461—2012 Rubber-Determination of the aromaticity of oil in vulcanized rubber compounds.

[27] 袁丽风，邹蓓蕾，崔家玲，等．气相色僧-质谱联用测定橡胶制品中的多环芳烃［J］．橡胶工业，2009，56
      （4）：242-245.

[28] 程仲芊，凌凤香，太史剑遥．环保型橡胶填充油多环芳烃分析方法研究［J］．当代化工，2012，46（6）：
      551-554.

[29] 郑琳，陈海婷，陈建国，等．气相色谱-质谱法测定热塑性弹性体中的多环芳烃［J］．色谱，2011，29
      （12）：1173-1178.

[30] GB/T 29614—2013 硫化橡胶中多环芳烃含量的测定．

[31] IP 346—1996 Determination of polycyclic aromatics in unused lubricating base oils and asphaltene free petrole-
      um fractions—Dimethyl sulphoxide extraction refractive index method.

[32] EN 16143—2013. Petroleum products-Determination of content of Benzo（a）pyrene（BaP）and selected poly-
      cyclic aromatic hydrocarbons（PAH）in extender oils-Procedure using double LC cleaning and GC/MS analy-
      sis.

[33] Yun Zou，Chongtian Yu. Analysis of Low-level Polycyclic Aromatic Hydrocarbons（PAHs）in Rubber and
      Plastic Articles Using Agilent J&W DB-EUPAH GC column. Application Note 5990-6155EN.

[34] GB 9685—2008 食品容器、包装材料用添加剂使用卫生标准．

[35] 张静，陈会明．邻苯二甲酸酯类增塑剂的危害及监管现状［J］．现代化工，2011，12：1-6.

[36] 梁婧，庄婉娥，林芳，等．复杂基质样品中邻苯二甲酸酯测定的样品前处理［J］．色谱，2014，32（11）：
      1242-1250.

[37] 肖志雯，周子荣，曹云，等．气相色谱-质谱法测定一次性塑料杯中邻苯二甲酸酯类的迁移量［J］．上海预
      防医学，2016，28（7）：435-441.

[38] GB/T 21928—2008 食品塑料包装材料中邻苯二甲酸酯的测定．

[39] Lund L M，Sandercock P M L，Basara G J，et al. Investigation of various polymeric materials for set-point
      temperature calibration in pyrolysis-gas chromatography-mass spectrometry（Py-GC-MS）［J］. J. Anal. Appl.
      Pyrolysis，2008，82（1）：129-133.

[40] Kusch P，Obst V，Schroeder-Obst D，et al. Application of pyrolysis-gas chromatography/mass spectrometry
      for the identification of polymeric materials in failure analysis in the automotive industry［J］. Engineering
      Failure Analysis，2013，35：114-124.

[41] Kusch P，Knupp G E，Fink W，et al. Application of pyrolysis-gas chromatography-mass spectrometry for the
      identification of polymeric materials［J］. LC-GC North America，2014，32（3）：210-217.

[42] 丁军凯，宋鸣，黄丽．裂解氢化气相色谱/质谱法对聚乙烯类塑料裂解氢化产物微细结构的鉴别［J］．色
      谱，2006，24（5）：451-255.

[43] 吴靖嘉，李兆琳，薛敦渊，等．裂解气相色谱-质谱法对聚乙烯醋酸乙烯酯裂解机理的探讨［J］．色谱，1986，4（4）：249-250.

[44] 王强．含增塑剂 DBP 的聚氯乙烯树脂热裂解行为研究［J］．新疆大学学报（自然科学版），2009，26（4）：275-472.

[45] SH/T 1764.1—2008.

[46] GB/T 29613.1—2013.

[47] 柘植新，大谷肇，渡边忠一．聚合物的裂解气相色谱-质谱图集．金熹高，史嶷，译．北京：化学工业出版社，2016.

[48] SH/T 1718—2002 充油橡胶中油含量的测定（现行版本为 SH/T 1718—2015）.

[49] 杨修堃．多阶裂解色谱的应用［J］．化学世界，1989，8：358-360.

[50] Kobayashi N，Arimoto H，Nishikawa Y. Simultaneous determination of polymer average molar m ass and molar mass distribution，and concentration of additives by GPC-GC［J］. J. Microcolumn Sep.，2000，12（9）：501-507.

[51] Kaal E R，Alkema G，Kurano M，et al. On-line size exclusion chromatography-pyrolysis-gas chromatography-mass spectrometry for copolymer characterization and additive analysis［J］. J. Chromatogr. A，2007，1143（1-2）：182-189.

[52] Schlummer M，Brand F，Mäurer A，et al. Analysis of flame retardant additives in polymer fractions of waste of electric and electronic equipment（WEEE）by means of HPLC-UV/MS and GPC HPLC-UVMS［J］. J. Chromatogr. A，2005，1064（1-2）：39-51.

第8章

石油炼制和石油化工生产应急分析

在石油炼制和石油化工生产过程中，由于受生产原料质量、水电气的波动，以及其他不确定因素的影响，不可避免会引发一些生产异常和产品质量的问题，从而影响生产正常运行，甚至导致装置被迫停产，如果不能及时解决问题，将给企业造成巨大的经济损失。在解决这些问题时，除了检查生产工艺条件外，还需要借助必要的分析技术，对生产使用的原料、催化剂以及生产的中间体、产品等进行快速、准确的分析，为查找原因和解决问题提供科学的依据。

在近三十年的石油炼制和石油化工生产分析实践中，遇到的生产应急分析问题也不少，涉及的装置、产品也是多种多样，主要可归为催化剂中毒活性降低问题、产品质量问题、生产装置或管线堵塞问题等几类。其中有一些生产问题，可以借助气相色谱技术或气相色谱及其联用技术加以分析、解决，有许多问题需要借助多种分析技术来完成，本章只介绍可借助气相色谱及其联用技术解决的生产应急分析问题。

生产应急分析要求组织者反应快速、思路敏捷、方法合理、分析准确，这就需要分析人员具备较高的分析技术能力，并具有一定的石油炼制和石油化工基础知识，才可有效地完成相应的应急分析任务。本章将通过生产应急分析实例，介绍气相色谱及其联用技术在解决石油炼化生产突发问题中的应用。

8.1 催化剂中毒原因分析

石油炼化生产中使用的催化剂种类繁多，在多年生产应急分析中，涉及的催化剂中毒事件多发生于聚丙烯、聚乙烯和裂解汽油加氢生产，其中炼厂丙烯聚合生产聚丙烯最多。引发催化剂中毒失活原因非常复杂，除了与催化剂自身结构改变、活性组分流失、工艺条件改变等有关外，多与原料、溶剂等的变化有关，主要是由原料、溶剂中致毒性物质含量过高所致。

8.1.1　实例一　炼厂丙烯聚合催化剂中毒原因分析

(1) 生产问题

2007 年初某公司因炼厂丙烯精制前处理装置异常，导致聚丙烯生产出现异常——聚丙烯催化剂中毒，催化剂耗量增加。

(2) 分析思路

丙烯聚合催化剂中毒多与丙烯中的杂质有关，这些杂质主要有含硫化合物、含磷化合物、含砷化合物、CO、CO_2、其他含氧化合物、炔烃等，详见 6.2.1 部分相关内容。针对生产问题，可以根据实验室仪器硬件装备，开展排除性实验，逐一排查。如果实验室硬件条件允许，可以同时开展多项分析测试。实验室当时有 GC-FID、GC-PFPD、GC-MS 等仪器，根据硬件配置，首先从原料烃组成、含硫化合物分析入手，最后在异常丙烯中检测到多个高沸点含硫化合物[1]。

(3) 分析过程

1) 烃组成、含硫化合物　首先采用 GC-FID、GC-PFPD 等技术对烃组成和含硫化合物进行了分析。经过分析，在丙烯的烃组成中未检测到高含量炔烃和二烯烃等活性组分。但是，在丙烯中检测到多个含量较高的含硫化合物，含硫化合物分布见图 8-1。正常炼厂丙烯 [图 8-1(a)] 含硫化合物主要有羰基硫（COS），且含量非常低，但是该异常丙烯 [图 8-1(b)] 中含硫化合物并非是 COS，根据色谱保留时间，可以判断是一些沸点相对较高的含硫化合物，而且含量异常高。

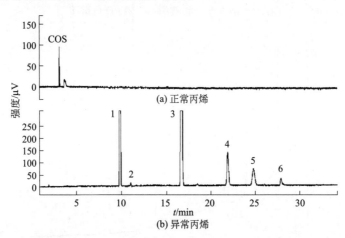

图 8-1　异常丙烯与正常丙烯含硫化合物的 GC-PFPD 图

2) 含硫化合物的富集　为了便于 GC-MS 对含硫化合物的定性，对异常丙烯中的含硫化合物进行了富集。富集装置见图 8-2，用丙酮-苯混合物溶剂作为吸收溶剂，富集

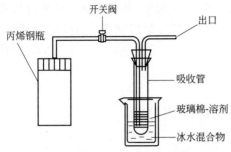

图 8-2 丙烯中含硫化合物富集装置示意

含硫化合物。富集效果见图 8-3，富集液中有两个含硫化合物的含量明显增加。

3）含硫化合物的定性 采用 GC-MS 对富集液中的含硫化合物进行分析，总离子流见图 8-4。通过检索，确定 24.74min 峰为二异丙基二硫醚，质谱图见图 8-5。32.69min 峰的质谱图见图 8-6，检索结果可能是二正丙基三硫醚或二异丙基三硫醚。为了进一步确认结构，采用标准样品进行了比对分析，比对分析 GC-PFPD 色谱图见图 8-7。通过标准品比对分析，确认 32.69min 峰是二异丙基三硫醚，对应图 8-1 中的峰 3。由于当时取的异常丙烯量有限（仅有 1 钢瓶，2L），给其他含硫化合物的进一步分离富集带来一定困难，从而未能确定低含量含硫化合物的结构。

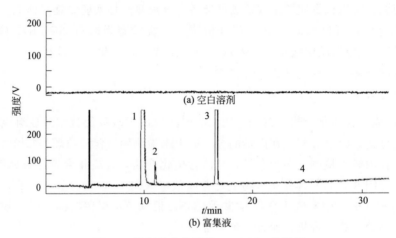

图 8-3 溶剂及富集液的 GC-PFPD 色谱图

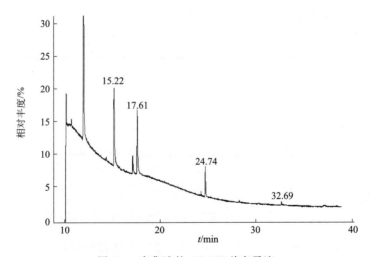

图 8-4 富集液的 GC-MS 总离子流

气相色谱及其联用技术在石油炼制和石油化工中的应用

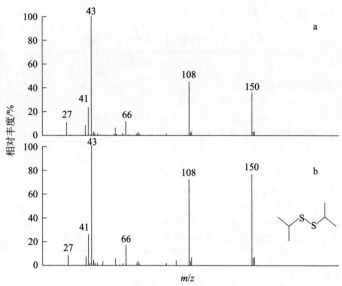

图 8-5　GC-MS 总离子流图中峰 24.74min 的质谱图

a—样品中；b—标准图

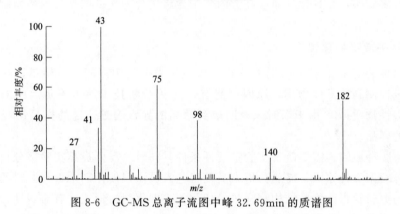

图 8-6　GC-MS 总离子流图中峰 32.69min 的质谱图

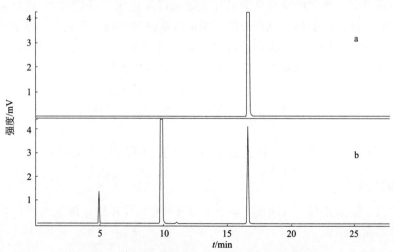

图 8-7　富集液和含硫化合物标样 GC-PFPD 图

a—异丙基三硫醚；b—富集液

GC-PFPD、GC-MS 的分析条件见表 8-1。

表 8-1 GC-PFPD 和 GC-MS 分析条件

图号	分析条件
图 8-1 图 8-3	气相色谱：Varian CP-3800 色谱柱：中国科学院兰州化学物理研究所 AT OV-01(30m×0.53mm×2.65μm) GC 参数：汽化室 200℃；起始柱温 100℃，以 5℃/min 速率升温至 150℃，再以 3℃/min 速率升温至 200℃，最后以 5℃/min 速率升温至 250℃(20min)；氢气作为载气；柱头压 3.0psi；气体进样阀 70℃，检测器(PFPD)200℃
图 8-4	气相色谱-质谱仪：TraceGC-MS(Finnigan 公司) 色谱柱：HP PONA 柱(50m×0.2mm×0.5μm) GC 参数：汽化室 200℃；起始柱温 80℃(保持 5min)，以 5℃/min 速率升温至 200℃(保持 30min)。氢气作为载气，柱头压 200kPa；接口 200℃ MS 参数：EI 源，电离能 70eV，质量数范围 11～281，离子源 200℃

（4）分析结论

通过分析，可以确定此次聚丙烯催化剂中毒与丙烯中含硫化合物有关，在丙烯中有致毒性高的多硫醚，而且含量非常高。丙烯中含硫化合物含量偏高与丙烯精制工艺异常波动有关。

（5）关于取样的建议

该聚丙烯装置于 2006 年 3 月和 6 月也曾发生类似的中毒问题，但是，在送来的炼厂丙烯中未检测到致毒性物质，原因可能有：a. 因分析技术能力不足，尚未查到实际存在的致毒性物质；b. 由于当时未及时取到原始的异常丙烯，送的样品已经不能真实反映当时的样品。

针对第 1 种原因，需要改善实验室硬件条件，同时还需要提高实验室分析人员的技术能力。针对第 2 种原因，需要分析人员及工艺人员认识催化剂中毒与原料的关系：催化剂中毒与原料致毒性物质结构和含量密切相关，催化剂中毒往往有滞后性，当催化剂表现出中毒现象时，致毒性原料可能已经全部通过反应床（反应器），或原料中致毒性组分的浓度已经降低，如果此时再取样，所取样品已经不具有代表性，尽管所取样品中可能还有残留的致毒性组分，但是致毒性组分含量可能已经降低，也不利于分析检测。所以，当发生类似中毒生产问题，应在第一时间及时取出原料，这样所取样品的组成与当时引发催化剂中毒的原料会更接近，分析这样的样品才有价值；此外，应尽可能多取一些样品保留，以便在后续分析研究中用于进一步分离、富集等处理。

8.1.2 实例二 高密度聚乙烯催化剂活性降低原因分析

（1）生产问题

某公司高密度聚乙烯（HDPE）装置从 2010 年 9 月开始，两条生产线催化剂消耗量增加、产品密度偏低。

（2）分析思路

该公司在送样之前已经对聚合原料进行了筛查，主要原料乙烯来源未变、工艺稳定，乙烯组成也没有发生变化。在所用原料中，只有己烷来源有变，有回用己烷、该公司自生产己烷、外购己烷，在生产中该企业也未对己烷进行质量监控分析。所以本次分析将重点集中在了生产用己烷溶剂上。笔者实验室对生产在用己烷溶剂进行了重点分析研究，主要分析了己烷中烯烃含量、含硫化合物。因为含硫化合物有可能导致催化剂中毒，烯烃可能参与反应，影响产品密度。

(3) 己烷溶剂的分析

采用 GC-SCD 分析了在线用己烷、精制己烷、新鲜己烷（该公司自产），在生产用己烷中检测到一种含硫化合物，含量约为 70mg/kg，含量相对比较高，根据该含硫化合物的色谱保留时间（见图 8-8），可以推断该含硫化合物沸点比较高。而在精制己烷、新鲜己烷中均未检测到任何含硫化合物，在用己烷中的含硫化合物可能是己烷循环使用中积累形成，也可能是其他原料带入。生产企业根据分析反馈信息，及时对使用中的己烷进行必要的处理，除去高沸点组分，在随后的送样己烷中再未检测到含硫化合物。图8-8 的分析条件如下。

① 仪器：Agilent 7890。

② 色谱柱：Agilent PONA 柱（50m×0.25mm×0.5μm）。

③ 色谱参数：起始柱温 35℃，以 2℃/min 速率升温至 185℃。恒流 0.6μL/min，进样量 1.0μL，分流比 50：1。汽化室 200℃，检测器（SCD）200℃。

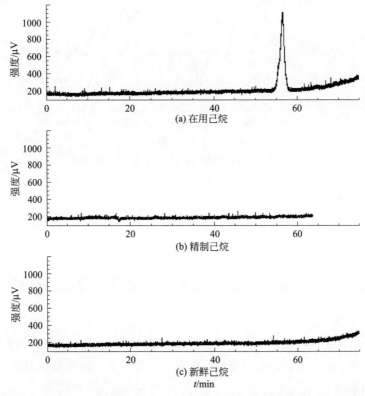

图 8-8 循环己烷的 GC-SCD 分析（未知含硫化合物）

采用 GC-FID 分析了在用己烷、精制己烷、新鲜己烷中的烃组成，在在用己烷、精制己烷中检测到低含量的 C_6 烯、C_8 烯，而在新鲜己烷中未检测到烯烃，分析数据见表 8-2。通过精制可以除去己烷中的高沸点含硫化合物，但是不能除去沸点相近的 C_6 烯，需要通过置换己烷来降低循环己烷中烯烃的含量。为了监控置换的效果，对更换过程己烷中的烯烃含量进行了监控分析，随着系统中己烷溶剂的置换，烯烃含量逐渐降低，生产恢复正常。循环己烷中烯烃分析数据统计见图 8-9。

表 8-2 不同来源己烷中烯烃含量

己烷来源	质量分数/%	
	C_6 烯	C_8 烯
在用己烷(9.18)	0.40	0.23
精制己烷(9.18)	0.46	0.44
新鲜己烷(9.19)	未检测到	未检测到

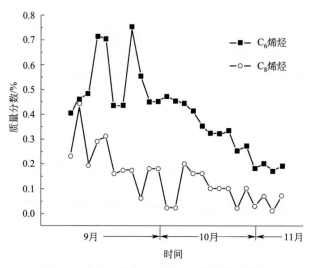

图 8-9 在用己烷中 C_6 烯、C_8 烯的统计数据

（4）分析结果

通过对比分析确定了聚合催化剂活性降低和产品密度偏低与在用己烷中的含硫化合物、C_6 烯、C_8 烯有关。

8.1.3 实例三 全密度聚乙烯装置生产负荷下降原因分析

（1）生产问题

某石化公司全密度聚乙烯装置正常生产能力为 36～38t/h，2008 年 11 月 17 日装置生产负荷下降至 24t/h 左右。说明催化剂中毒，活性降低，需要分析原因。

（2）分析要求

需分析全密度聚乙烯装置用主要原料乙烯、1-丁烯等，重点是含氧化合物、含硫化合物、烯烃等。

(3)主要原料的分析

实验室采用 GC-FID、GC-MS 对乙烯、1-丁烯中的烃组成、含氧化合物进行了分析测定。乙烯烃组成见表 8-3,乙炔含量低于 1mg/kg(0.0001%),未检测到其他致毒性烃,原料乙烯正常。

表 8-3   乙烯烃组成

组成	质量分数/%	组成	质量分数/%
甲烷	0.0006	乙烯	99.97
乙烷	0.0273	乙炔	<0.0001

1-丁烯的分析表明,1-丁烯不含炔烃和二烯烃。当用 GC-MS 分析 1-丁烯时,还检测到甲醇和水,而且甲醇的含量还比较高,生产企业根据分析结果对 1-丁烯精制装置进行了调整,采用 GC-FID 跟踪分析了精馏装置入口和出口的 1-丁烯。调整初期,在精制装置入口和出口的 1-丁烯中均检测到甲醇,出口 1-丁烯中甲醇含量低于入口。随着调整优化,在 12 月 4 日后的出口 1-丁烯中再未检测到甲醇。部分测试数据见表 8-4,色谱图见图 8-10。

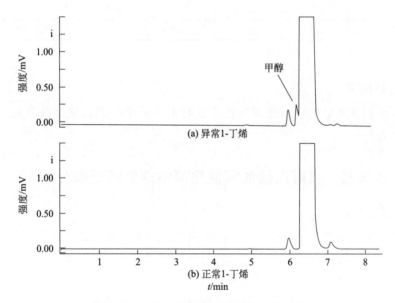

图 8-10   异常 1-丁烯中甲醇的分析 GC-FID

表 8-4   精制系统 1-丁烯组成分析结果

组分	质量分数/%					
	2008.11.28		2008.12.01		2008.12.04	
	入口	出口	入口	出口	入口	出口
1-丁烯	99.84	99.84	99.56	99.59	99.35	99.54
乙烯基乙炔	0.0020	0.0023				
1,3-丁二烯	0.0007	0.0008	0.0019	0.0018	0.0023	0.0017

组分	质量分数/%					
	2008.11.28		2008.12.01		2008.12.04	
	入口	出口	入口	出口	入口	出口
异丁烯	0.0323	0.0330	0.1088	0.0424	0.0455	0.0412
反-2-丁烯	0.0034	0.0049	0.0101	0.0125	0.0089	0.0122
顺-2-丁烯	<0.0001	0.0044	0.0029	0.0187	0.0011	0.0040
异丁烷	0.0052	0.0063	0.0449	0.0453	0.0089	0.0091
正丁烷	0.1103	0.1029	0.1486	0.1501	0.1370	0.1412
异戊烷	0.0023	0.0004	0.0031	0.0200		
正戊烷	0.0003	0.0003	0.0005	0.0009		
甲烷	0.0007	0.0010	0.0011	0.0004		
乙烯		<0.0001	0.0005	0.0003		
丙烯			0.0002	0.0001		
乙烷			0.0002			
重组分	0.0031	0.0034			0.4176	0.2504
水	有[①]	有[①]	有[①]	有[①]		
甲醇	有[①]	有[①]	0.1181	0.1154	0.0324	

① 采用 GC-MS 分析，只进行质谱定性，未定量。

(4) 分析结果

通过分析初步确定聚合催化剂活性降低与 1-丁烯中甲醇含量过高有关，也可能与 1-丁烯中含水有关。

8.1.4 实例四 裂解汽油加氢催化剂中毒失活原因分析

(1) 生产问题

某公司裂解汽油加氢生产于 2010 年 10 月出现异常，催化剂活性降低，鉴于此种情况，于 10 月 25 日完成催化剂再生、活化后重新投油开车。开车初期，一段、二段加氢产品均合格，说明再生后催化剂活性恢复良好。但是，11 月上旬一段反应床层温升开始下降，产品不合格，加氢反应后移至二段反应器，致使二段反应床层温升增加，二段催化剂结焦严重。2011 年 1 月，更换反应器入口段催化剂，但是使用不到一个月催化剂再次中毒失活。为此，急需查找催化剂中毒失活原因。

(2) 分析思路

从加氢原料和催化剂分析入手，查找可能的原因。对比分析新旧催化剂的结构、组成，研究催化剂是否发生变化；分析原料中的组成，主要是可能引起催化剂中毒的含硫化合物、含砷化合物、含磷化合物和水等。

笔者实验室分析研究了催化剂中毒前后的晶相、钯含量以及原料中的水含量、砷含量和含硫化合物分布，最终确定原料中的二硫化碳为主要致毒物，并提出了控制原料中二硫化碳含量的建议[2]。

（3）催化剂和加氢原料的分析

1）中毒前后催化剂的分析　用 XRD 分析了反应器中取出中毒失活的钯催化剂的晶相结构，并与新鲜的钯催化剂进行比对分析，XRD 分析谱见图 8-11。图谱表明，反应器入口上部、中部、下部的催化剂与新鲜催化剂的晶相结构没有发生变化。

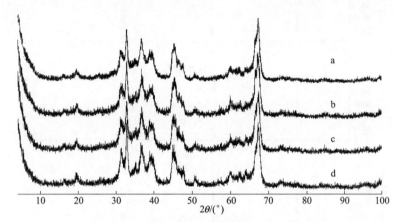

图 8-11　中毒催化剂与新鲜催化剂的 XRD 图

a—下部催化剂；b—中部催化剂；c—下部催化剂；d—新鲜催化剂

用 ICP-OES 测定了新鲜钯催化剂和中毒失活催化剂中的活性组分钯的含量，数据见表 8-5。反应器入口的上、中、下部催化剂中钯的含量与新鲜催化剂的基本一致，表明催化剂中毒非钯流失所引起。

表 8-5　新鲜催化剂和中毒后的催化剂中钯含量

钯催化剂	新鲜催化剂	上部催化剂	中部催化剂	下部催化剂
钯质量/%	0.30	0.28	0.29	0.28

2）裂解汽油中有害组分的分析　加氢原料为裂解汽油 $C_6 \sim C_8$ 馏分。首先分析了一段加氢原料中的砷、水含量，数据见表 8-6。尽管砷、水含量各有不同，但是符合裂解汽油一、二段加氢要求。

表 8-6　一段加氢原料中砷和水的含量

样品编号	砷/(μg/kg)	水/(mg/kg)
1	18	373
2	19	495
3	29	496
4	13	496
5	16	400

在测定一段加氢原料的总硫含量时，也没有发现异常之处，但是在用 GC 分析含硫化合物分布时，发现除了噻吩、2-甲基噻吩和 3-甲基噻吩外，还检测到一种含量相对较

高的含硫化合物（见图 8-12 中的峰 1），在裂解汽油全馏分、一段加氢原料、裂解 C_5 馏分中均检测到该含硫化合物。其中裂解 C_5 馏分中含量最高，为了便于定性分析，以裂解 C_5 馏分作为研究对象，采用 GC-MS 和不同色谱条件下标准物质比对分析进行定性，经过分析确定图 8-12 中的峰 1 为二硫化碳（CS_2）。分析见图 8-12～图 8-15。

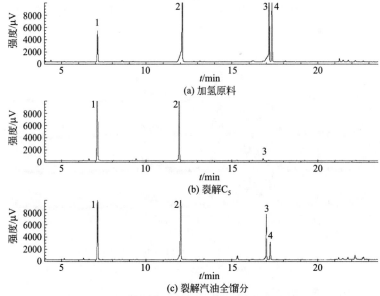

图 8-12　异常裂解汽油不同馏分中含硫化合物的分布

1—未知含硫化合物；2—噻吩；3—2-甲噻吩；4—3-甲噻吩

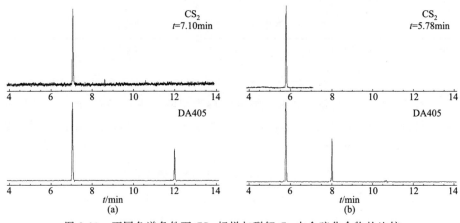

图 8-13　不同色谱条件下 CS_2 标样与裂解 C_5 中含硫化合物的比较

（4）催化剂中毒原因分析

1）致毒物分析　文献［3］报道钯系催化剂晶相的变化和活性组分的变化，都会引起催化剂活性的变化。比对分析表明，中毒后的催化剂没有发生晶相的变化，钯含量也没有流失，表明催化剂自身没问题，可能吸附原料中有害物质，致使钯形态或周围环境发生变化，影响钯的活性。

一段加氢原料的分析表明，砷、水、硫含量均在正常范围，但是原料中形态含硫化合物的分布分析表明，在原料中含有较高含量的活性含硫化合物 CS_2。文献［4～6］研究表明，CS_2 与 H_2S、二硫醚、硫醇等一样，是一种容易导致钯系催化剂中毒的含硫化合物。因此，初步推断 CS_2 可能导致此次催化剂中毒。

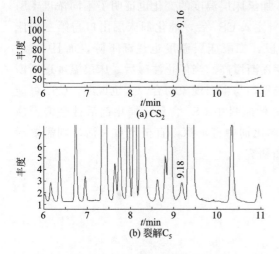

图 8-14　GC-MS 总离子流图

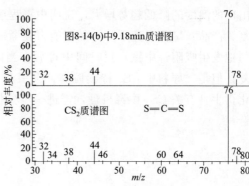

图 8-15　GC-MS 图 8-14 中峰 9.18min 的质谱图

2）不同原料比对分析　为了分析催化剂中毒原因，跟踪分析了一段加氢异常原料和该公司不同采样点裂解汽油中的含硫化合物。分析数据表明，该公司来自不同装置的裂解汽油中的 CS_2 含量差别较大。为了减少一段加氢原料中 CS_2 的引入量，调整原料的配比，降低了 CS_2 含量高的裂解汽油用量。生产加氢情况表明，当 CS_2 含量高时，一段加氢无温升，催化剂失活明显；当 CS_2 含量下降后，一段加氢逐渐正常，催化剂活性也慢慢恢复。这表明催化剂失活与原料中的 CS_2 含量有关。

为进一步确认催化剂中毒失活原因，对比分析了使用同牌号催化剂、不同企业（公司）加氢装置的一段加氢原料，不同企业的原料分析结果见表 8-7。表 8-7 数据表明，生产正常的企业所用原料中 C_5 含量有高有低，但是 CS_2 含量（以硫计）均低于 1mg/kg，而生产异常原料的 CS_2 含量较高，CS_2 含量（以硫计）在 1.8～20.2mg/kg，这进一步表明催化剂失活与 CS_2 含量有关。

表 8-7　异常和正常一段加氢原料中 CS_2 含量（以硫计）

检测项目	不同企业的加氢原料			
	企业 1	企业 2	企业 3	企业 4
	异常	正常	正常	正常
二硫化碳/(mg/kg)	1.8～20.2	0.7	0.1	未检出
C_5 质量分数/%	1.4～2.9	3.5	0.7	1.2

3）含硫化合物中毒评价实验　为了进一步证明此次催化剂中毒是 CS_2 所致，选择 CS_2、二甲基二硫、噻吩在小试评价装置上进行了毒性实验，通过测定加氢产品的双烯值和反应器床层温度，研究不同含硫化合物的致毒性。图 8-16 数据表明，随着各含硫化合物浓度的增加，反应活性变化差异较大，当 CS_2 浓度增大时，产品中的双烯值明

显增加，说明催化剂失活明显；当二甲基二硫的浓度增大时，产品中的双烯值缓慢增加，催化剂缓慢失活；而噻吩对催化剂活性影响不大。实验表明，CS_2 的致毒性远大于二甲基二硫和噻吩，二甲基二硫的致毒性大于噻吩。尽管原料中噻吩含量很高，但是其致毒性非常小，实验结果与文献报道一致。加氢床层温度的变化也证明了不同浓度 CS_2 对催化剂的活性有很大影响，图 8-17 表示当注入 CS_2 后，催化剂床层出口与第三段床层温度首先下降，随着 CS_2 浓度增加，一段、二段床层温度也逐渐下降，而且三段、出口的温度的降低趋势增大，说明中毒程度逐渐增高。当停止注硫后，床层温度逐渐恢复，产品双烯值迅速下降，加氢能力逐渐恢复，与生产现象吻合。这也说明，CS_2 可能与钯发生吸附性中毒，短时间中毒后，当降低原料中 CS_2 含量，催化剂活性会慢慢恢复；但是，原料中 CS_2 持续偏高，会引起催化剂中毒加深，直至严重失活，则需要活化再生。有关 CS_2 中毒机理，需进一步分析研究。

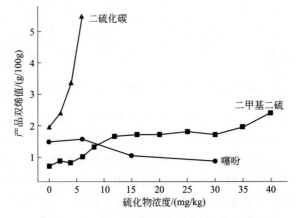

图 8-16 不同含硫化合物对催化剂加氢的影响

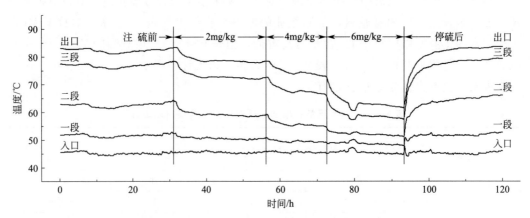

图 8-17 不同浓度 CS_2 对一段加氢床层温度的影响

综合以上分析，引发该公司裂解汽油加氢催化剂中毒失活的主要原因是裂解汽油中 CS_2 含量较高。

4）二硫化碳来源分析 有文献报道[7]某裂解加氢催化剂中毒的原因也是裂解汽油中 CS_2 偏高，而裂解汽油中的 CS_2 主要来自裂解制乙烯原料石脑油，石脑油中 CS_2

高达 72.6mg/kg。为了查找此次催化剂中毒物 CS_2 的来源，对乙烯装置用裂解原料——注硫前后的石脑油进行了分析。分析数据（见表 8-8）表明，注硫前后的石脑油中 CS_2 含量在 2mg/kg 左右，含量并不高，说明裂解汽油中的 CS_2 主要由石脑油中其他含硫化合物裂解产生，非石脑油中 CS_2 直接引起，可能由原料中的其他含硫化合物的转化生成。

表 8-8　裂解原料（石脑油）注硫前后 CS_2、二甲基二硫含量（以硫计）

取样日期	注硫说明	二硫化碳/(mg/kg)	二甲基二硫/(mg/kg)
2011.02.10	注硫前	1.7	0.2
2011.02.10	注硫后	1.8	55.6
2011.02.12	注硫前	2.4	0.0
2011.02.18	注硫后	1.7	28.0

5）控制加氢原料中 CS_2 的建议　统计分析了该公司一段加氢原料中 C_5 含量和 CS_2 含量数据，统计数据（见图 8-18）表明原料中 CS_2 含量与 C_5 含量有比较明显的线性关系。由于 CS_2 与 C_5 馏分中的许多组分的沸点非常接近（见表 8-9），因此，通过控制 C_5 馏分切割分离，控制一段加氢原料中 CS_2 的残留量，也便于用常规 GC 检测分析。数据统计表明，将一段加氢原料 C_5 含量控制在 0.5％ 以下，CS_2 的残留量就可以降低至 1 mg/kg 以下，此时加氢生产正常，加氢产品合格。统计数据还表明，一段加氢原料中 C_5 含量波动较大，这与裂解汽油 C_5 分离塔生产负荷有关，当生产负荷提高时，C_5 分离塔切割效果欠佳。在尚不能解决石脑油裂解产生 CS_2 的问题前，可以通过控制加氢原料中 C_5 的含量，达到控制 CS_2 含量的目的（生产单位当时不具备检测 CS_2 的硬件，但是可以检测 C_5 含量）。

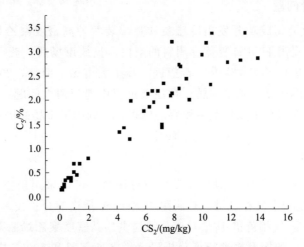

图 8-18　一段加氢原料中 CS_2 含量与 C_5 含量关系

表 8-9　CS_2 与 C_5 馏分组分的沸点比较

组分	沸点/℃	组分	沸点/℃
反-1,3-戊二烯	42.0	环戊二烯	42.5

组分	沸点/℃	组分	沸点/℃
顺-1,3-戊二烯	44.0	环戊烷	49.3
环戊烯	44.2	二硫化碳	46.5

（5）结论及建议

① 根据原料分析和含硫化合物致毒性评价实验，确定导致一段加氢钯系催化剂中毒的物质是裂解汽油中的二硫化碳。

② 可以通过控制裂解汽油 C_5 分离塔的操作，控制一段入口原料中 CS_2 含量。建议一段加氢原料中 C_5 含量应控制在 0.5％以下。

③ 建议优化裂解汽油 C_5 分离塔的工艺参数，此外还应通过裂解原料评价实验，确定 CS_2 生成原因，以便彻底裂解汽油中的 CS_2 含量。

8.2 产品质量问题的分析

由于受生产原料和生产工艺波动的影响，在生产中难免会出现一些产品质量缺陷问题，这就需要借助分析技术，通过对产品的组成、结构的分析研究，确定质量缺陷的所在，为生产单位解决产品质量问题提供科学的依据。

8.2.1 实例一 高密度聚乙烯瓶盖料异味问题分析

（1）产品质量问题

2007 年某石化公司成功开发出冷罐装和热罐装两种高密度聚乙烯（HDPE）瓶盖专用树脂，填补了我国 HDPE 瓶盖专用料的空白，投放市场后，获得了诸如娃哈哈等公司的认可，随后进行了扩大生产，希望进一步扩大市场。但是，2008 年年底至 2009 年年初部分用户投诉产品有质量问题。在注塑过程中遇到两大问题：一是气味比较大；二是歪盖率高。严重影响了该瓶盖专用料的销售，并制约了市场的进一步拓展。该公司非常重视，委托实验室分析气味产生的原因。

（2）气味分析

1）挥发物的定性　气味一般是挥发性组分所致，可以采用顶空-气相色谱、顶空-气相色谱-质谱、热脱附-气相色谱、热脱附-气相色谱-质谱等分析技术测定。

实验室采用顶空-气相色谱-质谱对该公司提供的高密度聚乙烯瓶盖料、同生产线生产的 HDPE 5000S 中的挥发物进行了分析研究[8]，瓶盖料和 5000S 中的挥发物组成基本相同，150℃下挥发物主要是混合己烷，组分见表 8-10。表 8-10 的分析数据表明，挥发物的主要成分是 C_6 混合物，有极少量的正辛烷。C_6 混合物可能是淤浆法聚乙烯生产过程中所用的己烷溶剂残留。为此，分析了生产过程所使用的己烷溶剂，结果表明己烷成分与瓶盖料中的挥发物基本相同，说明挥发物主要是残留的己烷溶剂。气相色谱-质谱总离子流见图 8-19。

表 8-10　瓶盖料和 5000S 中挥发物的定性数据

样品名称	150℃下主要挥发性组分
瓶盖料 粒料	正己烷、3-甲基戊烷、甲基环戊烷、2-甲基戊烷
瓶盖料 粉料	正己烷、3-甲基戊烷、甲基环戊烷、2-甲基戊烷
5000S 粒料	正己烷、3-甲基戊烷、甲基环戊烷、2-甲基戊烷、正辛烷
5000S 粉料	正己烷、3-甲基戊烷、甲基环戊烷、2-甲基戊烷、正辛烷

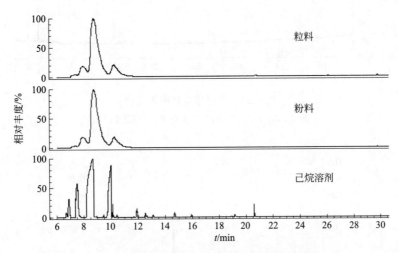

图 8-19　瓶盖料粒料、粉料和己烷的总离子流

2）瓶盖料异味原因　采用顶空-气相色谱-质谱比对分析了该公司产瓶盖料和市场上常用的进口瓶盖料，在该公司产的瓶盖料中均检测到挥发性己烷溶剂，而在进口瓶盖料中未检测到己烷溶剂，在该公司和进口瓶盖料中均检测到正辛烷、正癸烷和正十二烷等乙烯低分子齐聚物，见图 8-20。随着瓶盖料的放置时间增加，瓶盖料中挥发性组分的含量也明显降低［见图 8-20 瓶盖料 2］，气味也明显降低。说明异常气味与残留己烷溶剂有关。

该公司为验证和解决聚乙烯瓶盖专用料的气味问题，在气相法线型低密度聚乙烯装置上试生产瓶盖专用料，实验室也对比分析气相法和淤浆法生产的瓶盖料的挥发物。比对分析结果表明，淤浆法生产的瓶盖料在 150℃下检测到的挥发性组分主要有残留正己烷溶剂和少量低聚物正辛烷等；而气相法生产的瓶盖料中挥发性组分含量非常低，主要有正辛烷、正癸烷和正十二烷，无己烷组分。顶空 GC-MS 总离子流见图 8-21。气相法生产的瓶盖料气味非常小，而淤浆法生产瓶盖料气味很大，说明瓶盖料异常气味的主要来自残留溶剂。

3）瓶盖料己烷残留的原因　经过调查，该公司在扩大瓶盖料生产量后，脱气装置的改造没有及时跟上，导致装置脱气能力不足，致使己烷溶剂残留偏高，从而影响了产品的气味。

(3) 分析结论

通过大量的比对分析研究，可以确定该公司产瓶盖料的异味与生产用己烷溶剂的残

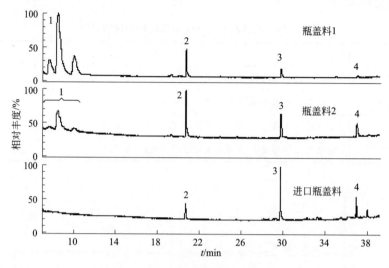

图 8-20 不同瓶盖料中挥发物

1—己烷；2—正辛烷；3—正癸烷；4—正十二烷

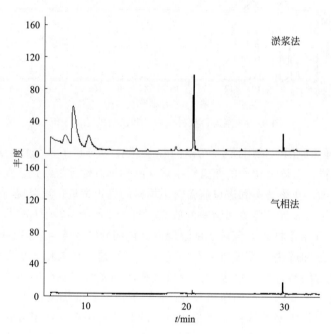

图 8-21 淤浆法和气相法生产的瓶盖料挥发物对比 GC-MS 图

留过多有关；溶剂残留与脱气干燥工艺有关，是溶剂脱除不完全所致。

8.2.2　实例二　脱硫汽油辛烷值降低原因分析

(1) 产品质量问题

为了应对汽油质量升级，某石化公司引进了先进的 S-zorb 吸附脱硫技术，用于

FCC汽油脱硫处理，在开车后前两年装置运行基本平稳，原料硫含量在550mg/kg左右，产品硫含量在10mg/kg以下，辛烷值损失1.6～1.8个单位。但是，2015年10月后随着加工原油的调整，脱硫后FCC汽油的辛烷损失偏大，至2016年4月辛烷值损平均损失2.5～2.7个单位，对企业的效益影响较大。为了尽快查找到原因，及时解决问题，该公司6月委托实验室开展相应的分析研究工作。

（2）脱硫处理前后汽油辛烷值降低原因分析

未加氢脱硫的FCC汽油中含硫化合物、含氮化合物含量非常低，加氢前后含硫化合物、含氮化合物的变化不会影响辛烷值，影响FCC汽油辛烷值的组分主要是其烃组成。所以，分析的重点是脱硫前后FCC汽油烃组成的变化。

实验室采用GC-FID、GC×GC-TOFMS、GC-SCD、GC-NCD对FCC汽油脱硫前后的烃组成、含硫化合物、含氮化合物进行了分析，同时测定了FCC汽油脱硫前后总硫含量、研究法辛烷值，分析数据见表8-11。FCC汽油经过脱硫后，研究法辛烷值降了2.2个单位，降幅大于正常水平；二烯烃降了0.62gI/100g油；硫含量由458.7mg/kg降至5.6mg/kg，产品的硫含量符合国Ⅵ标准；脱硫后族组成变化较大，脱硫后FCC汽油的正构烷烃含量增加了约3.7个百分单位，异构烷烃含量增加了约2.7个百分单位，环烷烃含量和芳烃含量变化不大，但是，烯烃含量减少了约7.3个百分单位。

表 8-11　FCC汽油脱硫前后主要性质指标变化

项目	原料	产品	差值	测定方法
辛烷值 RON	91.3	89.1	−2.2	ASTM D2699
二烯值/(g/100g)	1.06	0.44	−0.62	UOP 326
硫含量/(mg/kg)	458.7	5.6	−453.1	SH/T 0689
密度/(g/mL)	0.711	0.710	−0.001	GB/T 1884
正构烷烃 P 质量分数/%	5.59	9.27	3.68	毛细管气相色谱法
异构烷烃 iP 质量分数/%	34.46	37.16	2.70	
烯烃 O 质量分数/%	31.85	24.57	−7.28	
环烷烃 N 质量分数/%	9.01	9.54	0.53	
芳烃 A 质量分数/%	19.09	19.45	0.36	

众所周知，烃的类型、结构对汽油辛烷值的贡献有一定差异。异构烷烃、烯烃、芳烃对辛烷值为"正"贡献，即随着这几类烃的含量增加，辛烷值增加；正构烷烃对辛烷值为"负"贡献，随着正构烷烃含量增加辛烷值降低。表8-12的数据表明，FCC汽油脱硫后，高辛烷值的烯烃降低明显，降低约22.9%（7.3个百分单位），而且高辛烷值的戊烯、己烯含量降低最为明显。尽管组分的辛烷值没有简单的加和关系，但是集合效应仍然导致汽油辛烷值降低。

表 8-12　FCC 汽油脱硫前后烃族组成变化

类型	碳数	质量分数/%			类型	碳数	质量分数/%		
		原料	产品	差值			原料	产品	差值
P	3		0.07	0.07	N	3			
	4	0.28	0.66	0.38		4			
	5	1.59	3.02	1.43		5		0.28	0.28
	6	1.29	2.30	1.01		6	1.71	2.00	0.29
	7	0.93	1.28	0.35		7	2.51	2.75	0.24
	8	0.85	1.02	0.17		8	2.77	2.68	−0.09
	9	0.32	0.46	0.14		9	1.63	1.49	−0.14
	10	0.28	0.38	0.10		10	0.34	0.29	−0.05
	11	0.05	0.08	0.03		11	0.05	0.05	0.00
	12		0.01	0.01		12			
	合计	5.59	9.28	3.69		合计	9.01	9.54	0.53
iP	3				A	3			
	4	0.06	0.16	0.10		4			
	5	9.23	10.40	1.17		5			
	6	9.90	10.64	0.74		6	0.58	0.64	0.06
	7	6.10	6.47	0.37		7	2.95	3.10	0.15
	8	3.77	3.93	0.16		8	6.47	6.52	0.05
	9	2.92	2.91	−0.01		9	7.16	7.22	0.06
	10	1.50	1.59	0.09		10	1.83	1.84	0.01
	11	0.88	0.95	0.07		11	0.08	0.09	0.01
	12	0.10	0.11	0.01		12	0.02	0.04	0.02
	合计	34.46	37.16	2.70		合计	19.09	19.45	0.36
O	3				总烃	3		0.07	0.07
	4	1.00	0.74	−0.26		4	1.34	1.56	0.22
	5	11.04	8.49	−2.55		5	21.86	22.19	0.33
	6	8.76	6.72	−2.04		6	22.24	22.30	0.06
	7	5.40	4.11	−1.29		7	17.89	17.71	−0.18
	8	2.71	2.09	−0.62		8	16.57	16.24	−0.33
	9	1.92	1.52	−0.40		9	13.95	13.60	−0.35
	10	0.63	0.55	−0.08		10	4.58	4.65	0.07
	11	0.39	0.35	−0.04		11	1.45	1.52	0.07
	12					12	0.12	0.16	0.04
	合计	31.85	24.57	−7.28		合计	100.00	100.00	0.00

　　由于不同的烯烃对辛烷值贡献不同（见表 8-13），为了认识 FCC 汽油脱硫后变化的烯烃类/结构，进一步细化了脱硫前后 FCC 汽油中的详细烯烃的变化，将烯烃分为直链

端基烯、直链内烯、单直链烯、多直链烯等，脱硫前后不同类型烯烃含量数据见表8-14。从表8-14的数据看出，FCC汽油经过脱硫后，$C_5 \sim C_6$支链烯烃、C_5内烯、C_6内烯损失较大，这些烯烃又是辛烷值比较高的烯烃。通过对FCC汽油脱硫前后烃组成的分析，可以确定FCC汽油脱硫后辛烷值降低的主要原因是汽油中对辛烷值贡献高的烯烃损失比较严重，特别是内烯、异构烯，这些烯烃被饱和后转化为正构烷烃、异构烷烃，而且转化为正构烷烃的多，导致辛烷值降低明显[9]。

表8-13　不同类型烯烃的辛烷值变化

烯烃	辛烷值	烯烃	辛烷值
1-丁烯	97.4	C_6 直链内烯	93
1-戊烯	90.9	C_7 直链内烯	80
1-己烯	76.4	C_8 直链内烯	63
1-庚烯	55	多支链内烯	96
1-辛烯	29	C_5、C_6 支链烯烃	98
C_4 直链内烯	100	C_7 单支链内烯	89
C_5 直链内烯	100	C_8 单支链内烯	71

表8-14　原料、产品中不同类型烯烃的含量

烯烃类型	质量分数/%		
	原料	产品	差值
1-丁烯	0.19	0.27	0.08
1-戊烯	0.86	0.53	−0.33
1-己烯	0.35	0.00	−0.35
1-庚烯	0.15	0.05	−0.10
1-辛烯	0.08	0.07	−0.01
C_4 直链内烯	0.80	0.47	−0.33
C_5 直链内烯	3.73	2.72	−1.01
C_6 直链内烯	2.34	1.79	−0.55
C_7 直链内烯	1.07	0.85	−0.22
C_8 直链内烯	0.90	0.66	−0.24
$C_5 \sim C_6$ 支链烯烃	10.64	9.15	−1.49
多支链烯烃	0.92	0.53	−0.39
C_7 单支链烯烃	1.82	1.51	−0.31
环烯烃	2.30	1.80	−0.50
其他烯烃	5.70	4.17	−1.53
总烯烃	31.85	24.57	−7.28

（3）导致烯烃降低的原因分析

实验室又分析研究了新催化剂、再生催化剂、待生催化剂和废催化剂的晶体结构、组成，结合生产工况，推断 FCC 汽油脱硫后烯烃饱和严重与工艺条件有关，反应器藏量大、循环量高、氢油比和再生风量偏高等会导致待生剂和再生剂载硫量小、硫差小、吸附剂积炭含量低，在满足脱硫率的情况下引起烯烃饱和程度增大。根据分析提出了相应的建议。

8.2.3 实例三 丁酮干点偏高原因分析

（1）产品质量问题

某石化公司 2010 年 1 月生产的丁酮出现质量问题，丁酮干点偏高 1℃，影响产品的正常出厂。为此，需要分析研究丁酮干点偏高的原因。

（2）丁酮中残留重组分分析

受该公司助剂厂委托，对有问题的丁酮进行分析测试。根据干点测试原理，干点偏高与待测样品的重组分有关。所以，采用 GC 对丁酮和丁酮蒸馏残留液进行了分析，在丁酮蒸馏残留液中检测到 4 个高沸点的组分，经过 GC-MS 定性分析，确定了其中 3 个高沸点的组分，GC-MS 总离子流见图 8-22，图 8-22 中峰 2 与峰 3 的质谱图一样，是同分异构体，经过检索是 5-甲基-4-庚烯-3-酮及其异构体。峰 4 和峰 5 结构相似，其分子式为 $C_8H_{16}O_2$ 或 $C_9H_{20}O$，可能是丁酮的缩聚体。峰 2～峰 5 的质谱见图 8-23。GC-MS 的分析条件如下。

① 仪器：气相色谱-质谱仪 TraceGC-MS（Finnigan 公司）。

② 色谱柱：HP PONA 柱（50m×0.2mm×0.5μm）。

③ GC 参数：起始柱温 35℃（保持 10min），以 5℃/min 速率升温至 200℃（保持 30min）；载气为氦气，柱头压 200kPa；汽化室 200℃；接口 200℃。

④ MS 参数：EI 源，电离能为 70eV，质量数范围 11～431，离子源 200℃。

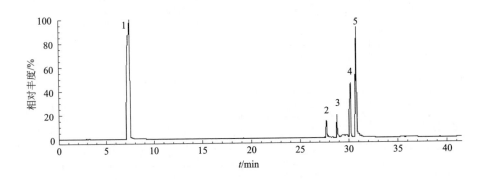

图 8-22 丁酮蒸馏残留物 GC-MS 图

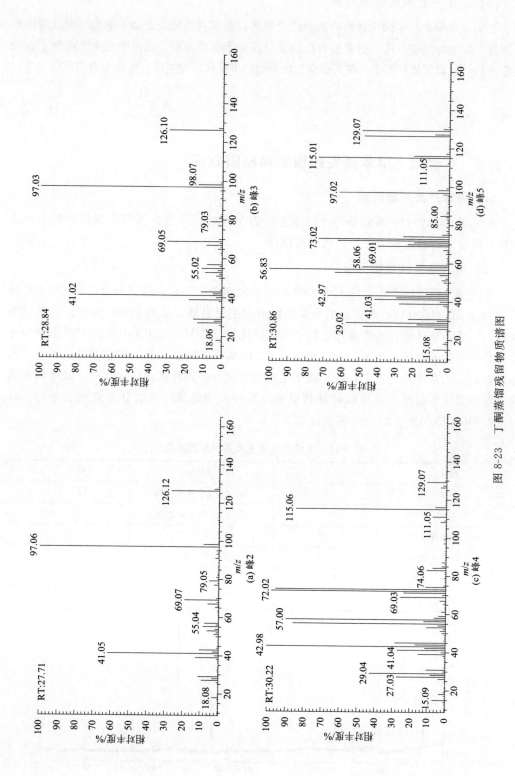

图 8-23　丁酮蒸馏残留物质谱图

(3) 丁酮干点偏高原因分析

丁酮干点偏高与丁酮中含有高沸点组分有关，高沸点组分主要是丁酮自缩合二聚体和丁酮与丁醇的醇醛缩合体，这些缩合反应主要发生于生产过程，也可能发生于检测干点的蒸馏过程，后者可能性极小，在实验室二次蒸馏时未见残留物生成。可能缩合的反应如下：

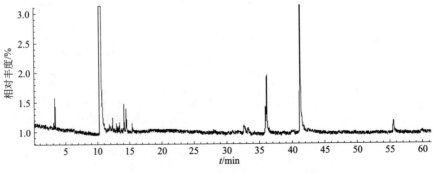

8.2.4 实例四 甲苯蒸发残留偏高原因分析

(1) 甲苯产品质量问题

2008 年 7 月中旬，某炼油厂连续重整装置生产的甲苯蒸发残留物偏高，影响产品质量，需要分析残留物组成，查明偏高原因。

(2) 甲苯蒸发残留物分析

采用预先蒸馏的方法，除去甲苯中 75% 的轻组分，然后对残留部分进行 GC-MS 分析。经过 GC-MS 分析，蒸馏后的甲苯残留液中主要组分（除甲苯外）有水、三甲基环戊烯、二甲基环己烯、二甲基环己烷、丙基环戊烷、乙苯、二甲苯，此外，残留液中还含有非常少量的甲基乙基苯、三乙基苯、（二甲基环戊烷基）苯、四乙基苯、1,1-二苯基乙烷、二乙基联苯、碳十六烷、碳十七烷等重组分。这些组分中除水外，其余组分的沸点均高于甲苯的沸点，从而可导致甲苯蒸发残留物偏高，各组分沸点见表 8-15。残留液的 GC-MS 见图 8-24，分析条件如下。

表 8-15 甲苯残留液中主要组分的沸点

组分	沸点/℃	组分	沸点/℃
甲苯	110.6	顺-1,4-二甲基环己烷	124~125
1,2,3-三甲基环戊烯	120.4	顺-1,2-二甲基环己烷	123~124
1,6-二甲基环己烯	133	正丙基环戊烷	131.3
1,2-二甲基环己烯	138	异丙基环戊烷	126.4
1,1-二甲基环己烷	119.5	乙苯	136.2
反 1,3-二甲基环己烷	124		

图 8-24 甲苯蒸发残留液的 GC-MS 图

① 仪器：气相色谱-质谱仪 TraceGC-MS（Finnigan 公司）。

② 色谱柱：HP PONA 柱（50m×0.2mm×0.5μm）。

③ GC 参数：起始柱温 60℃（保持 5min），以 5℃/min 速率升温至 200℃（保持 40min）；氦气为载气，柱头压 200kPa；汽化室 200℃；接口 200℃。

④ MS 参数：EI 源，电离能为 70eV，质量数范围 11～281，离子源 200℃。

8.3　生产装置结垢物/堵塞物的分析

在石油炼制和石油化工生产中，由于原料中烯烃的自聚、装置管线内表面磨损脱、装置管线内表面腐蚀脱、原料中机械杂质的积累、原料异常泄漏以及其他因素，在精馏塔、热交换器、原料管线、反应器中不可避免会出现异常的结垢物、堵塞物，影响生产正常进行。为了查找结垢物、堵塞物的形成原因或来源，需要及时剖析这些未知物。

这些未知物可能是固体、液-固混合物、液体，组成可能是无机物、有机物、无机-有机混合物。在剖析这类未知物时，需要根据未知物的形状、可能组成，制订可行的分析方案。通常的分析思路如下。

（1）固体物

① 确定固体物的类别为无机物、有机物、无机-有机混合物。可以采用热失重、马弗炉进行初步分析，确定类型。

② 如果是无机物，采用无机分析技术剖析组成。常用的有 X 射线衍射仪（XRD）、X 射线荧光光谱仪（XRF）、原子吸收光谱仪（AAS）、电感耦合等离子体发射光谱仪（ICP-OES）、化学分析、离子色谱仪（IC）等手段分析。

③ 如果是有机物，则采用有机分析技术剖析。常用的分析技术有气相色谱、液相色谱、质谱、红外光谱（IR）、核磁共振（NMR）、碳氢氧氮硫元素分析等。如果是有机物的混合物，通常需采用预分离技术，如采用蒸馏方法将混合物切分为不同的馏分，采用柱分离技术将混合物分离为极性和非极性有机物，再用色谱-质谱、色谱-红外光谱联用技术分离、定性定量。

④ 如果是无机-有机混合物，先采用溶剂萃取的方式，或者蒸馏的方法，将无机-有机混合物分离为无机物、有机物，再进行下一步分析。

（2）液体物

液体堵塞多为有机物，也有水-有机物混合物。

① 将水-有机物分离。分成有机液体和水两部分。

② 将有机液体蒸馏切割，分成低沸点和高沸点馏分。采用 GC、GC-MS、GC-IR 分析低于 300℃的馏分；用 LC、LC-MS 分析高于 400℃的馏分，或用红外光谱分析高沸点馏分的主要官能团。

③ 对于分离出水溶液，采用 ICP-OES、AAS 分析金属元素组成；或采用 IC 分析阴离子、阳离子组成；或将水蒸发干，用 XRD 测定无机物组成。

(3) 固-液混合物

① 如果液体混合物沸点高，则用溶剂萃取方法，将未知物分离为无机物和有机物。将溶剂蒸发，再按照无机物、有机物步骤分析。

② 如果液体混合物含沸点低的组分，则采用顶空、热脱附技术与 GC-MS 联用技术，直接分析低沸点未知物，从而获取挥发物相关信息。如果低沸点组分含量较高，可以采用蒸馏的方法，将低沸点的组分蒸馏切割，分成低沸点液体馏分和高沸点固-液部分。再按照液体的方法处理低沸点液体馏分。

总之，在分析生产装置的结垢物、堵塞物时，可以根据样品的具体情况确定合适的分析方案。

8.3.1 实例一 裂解 C_5 分离装置管线内结垢物

(1) 结垢物来源

2011 年 1 月某公司裂解 C_5 分离装置因某管线流量异常停车检修时，发现管线内有大量结垢物，致使管线内径由 100mm 减小至 80mm 左右。需要剖析结垢物，确定结垢物形成原因。

(2) 结垢物分析

结垢物：棕黄色固体，有刺激性的气味。实验室采用 TGA、IR、pyrGC、XRD 等技术对结垢物进行了分析研究，并确定了结垢物的主要组成[10]。

1) 有机物、无机物初筛选　经过热失重分析，确定结垢物中 600℃ 前挥发的有机物（含水）含量约为 35%，其中失重的有机物中有超过 1/2 的是高分子聚合物，热失重见图 8-25。经过 XRD 分析，确定无机物主体为 Fe_3O_4 和 $Fe_2O_3 \cdot H_2O \cdot xH_2O$。

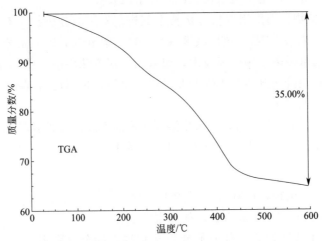

图 8-25　裂解 C_5 分离装置管线内结垢物热失重图

2) 有机物的分析　因结垢物中含有大量无机物，直接分析结垢物中的有机物时，获取的信号较弱，不利于定性，为了便于分析，需采用溶剂萃取的方法分离有机物。

① 有机物分离：采用甲苯萃取结垢物，在红外灯下挥发至干。

② 有机物定性：首先采用方便快捷的 IR 技术对分离的有机物进行分析，经过 IR 分析初步推断可能是丁二烯、异戊二烯、环戊二烯的均聚物或是共聚物，但是不能准确定性。为此，采用裂解气相色谱对分离出的有机物进行进一步分析，在 600℃下的裂解产物色谱见图 8-26，裂解色谱图表明结垢物中的聚合物组成相对比较单一，聚合物主体不是丁二烯、异戊二烯、环戊二烯的共聚物。在相同裂解色谱条件下，比对分析天然橡胶（NR）、丁苯橡胶（SBR）（见图 8-27、图 8-28），确定该结垢物中的聚合物不是丁二烯聚合物或异戊二烯聚合物。为了进一步定性，又对比分析了裂解 C_5（见图 8-29），确定结垢物中有机物的裂解主产物为环戊二烯，即结垢物中的有机物主体为环戊二烯自聚形成的高分子聚合物。

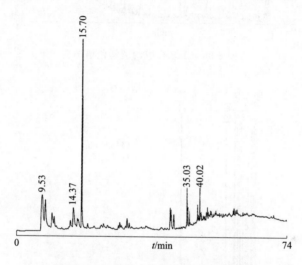

图 8-26　结垢物中有机物的裂解色谱图

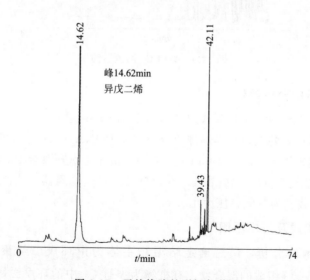

图 8-27　天然橡胶的裂解色谱图

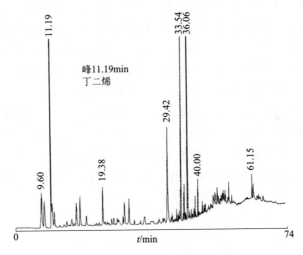

图 8-28　丁苯橡胶的裂解色谱图

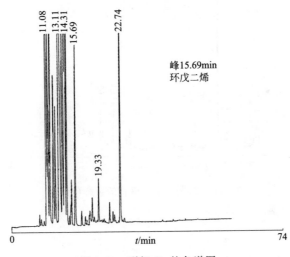

图 8-29　裂解 C_5 的色谱图

（3）裂解色谱的分析条件

仪器：HP 5880A，配 SGE 管式炉裂解器 Pyrojector Ⅱ 。

色谱柱：中国科学院兰州化学物理研究所 AT PONA （50m×0.25mm×0.5μm）。

色谱参数：起始柱温 30℃ （10min），以 5℃/min 速率升温至 150℃ （0min），再以 10℃/min 速率升温至 250℃ （10min）。汽化室 200℃，检测器 （FID） 250℃。裂解温度 600℃，裂解器载气为氢气，压力 15psi。

（4）结垢物组成及形成原因

通过多种技术的分析，最后确定结垢物主体为由环戊二烯聚合物、Fe_3O_4 和 $Fe_2O_3 \cdot H_2O \cdot xH_2O$ 组成的混合物。有机物为裂解 C_5 中的环戊二烯热自聚形成，氧化铁为装置表面氧化物产生或分离系统残留氧化铁残留。自聚物与氧化铁相互夹带沉积于管线内表面，并慢慢积累增厚，导致物料输送不畅。

8.3.2 实例二 脱碳五塔冷凝器附着结垢物的分析

(1) 结垢物来源

2011 年 12 月某公司裂解汽油脱 C_5 塔冷凝器的换热效率略有降低，在随后检修时，发现冷凝器表面附着一层土黄色结垢物，这可能是影响冷凝器冷凝效果的问题所在。为了认识结垢物形成原因，需要对结垢物进行分析研究。

(2) 结垢物分析

1) 有机物、无机物粗含量测定 使用热失重分析仪（TGA）对结垢物进行测定。分析结果表明，结垢物在 150℃ 以下的失重约占 3.3%，为挥发性组分；在 150～550℃ 失重约占 38.4%，为高沸点组分和聚合物；第三个失重平台含量约为 8.7%，通氧后分解，为积炭；剩下约占 49.6% 的不分解组分为无机物，经过 XRD 分析无机物主体为 Fe_3O_4。TGA 图见图 8-30。

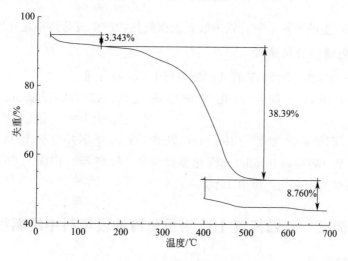

图 8-30 冷凝器结垢物的 TGA 图

2) 有机物的分析 TGA 分析表明，结垢物中 150～550℃ 失重的 38.4% 的有机物主要集中在 350～450℃，说明是分子量较大的聚合物。

为了便于对有机物定性，需采用溶剂萃取的方法分离获得有机物，然后采用裂解色谱法对比分析 NR、SBR，确定有机物为异戊二烯、环戊二烯、苯乙烯的均聚物或共聚物。裂解色谱见图 8-31。

(3) 结垢物组成及形成原因

冷凝器结垢物主体是由异戊二烯、环戊二烯、苯乙烯聚合物与 Fe_3O_4 组成的混合物。

1) 结垢物产生的因素 裂解汽油 $C_5 \sim C_9$ 馏分中富含 C_5 二烯烃、苯乙烯，其中异戊二烯、环戊二烯、苯乙烯，均是在加热的条件下极易自聚或共聚的组分，并附着于系统内表面，特别是表面不光滑或流动不畅的地方。热交换器一般表面积大、拐弯地方多，容易附着聚合物和机械杂质，从而形成结垢物。

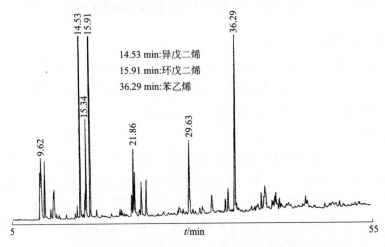

图 8-31　冷凝器结垢物的裂解气相色谱图

2）无机物产生的因素　氧化铁为装置表面氧化物产生或分离系统残留氧化铁。

（4）裂解色谱的分析条件

仪器：HP 5880A，配 SGE 管式炉裂解器 Pyrojector Ⅱ。

色谱柱：中国科学院兰州化学物理研究所 AT OV-1（50m×0.20mm×0.33μm）。

色谱参数：起始柱温 25℃（10min），以 5℃/min 速率升温至 150℃，再以 10℃/min 速率升温至 250℃（10min）。汽化室 200℃，检测器（FID）250℃。裂解温度 600℃，裂解器载气为氦气，压力 15psi。

8.3.3　实例三　乙烯装置 101 塔重急冷油段填料中结垢物分析

（1）结垢物来源

某石化公司 2009 年 5 月 25 日开始大检修热裂解制乙烯装置，经过对装置倒空、置换、蒸煮后，在裂解装置 101 塔重急冷油段填料中发现一定量的结垢物，为了认识结垢物的产生原因，需要剖析这些结垢物。

塔壁结垢物：从靠近塔壁部位取的结垢物，灰黄色固体，有挥发性气味。

塔中结垢物：从塔的中间部位取的结垢物，灰黄色固体，有挥发性气味。

（2）结垢物分析

实验室采用顶空气相色谱分析了结垢物中的挥发性组分。

塔壁结垢物：两个样品中挥发性组分（150℃）含量分别为 7%～14% 和 23%～26%；主体为水，其余为裂解汽油组分。

塔中结垢物：两个样品中挥发性组分（150℃）含量分别为 8%～16% 和 20%～25%；主体为水，其余为裂解汽油组分。

挥发物中裂解汽油组分包括苯、甲苯、乙苯、二甲苯、苯乙烯、甲基乙基苯、正丙基苯、甲基苯乙烯、茚、萘、异戊烷、正戊烷、戊二烯、2-甲基戊烷、3-甲基戊烷、正己烷、甲基环戊烷、环己烷、甲基环戊二烯、2-甲基己烷、二甲基环己烷、正辛烷、三甲基环己烷、正壬烷等。主要组分的相对含量见表8-16。

表 8-16 样品在 105℃下挥发性组分含量及组分

样品		质量分数/%			
		塔壁结垢物 1	塔壁结垢物 2	塔中结垢物 1	塔中结垢物 2
挥发物含量		7～14	23～26	8～16	20～25
挥发物	水	73	41	85	35
	苯	2.5	3.0		
	甲苯	0.9	4.8	1.2	0.9
	二甲苯	3.4	12.5	2.4	7.4
	苯乙烯	2.6	12.3	2.3	8.8
	C_9 芳烃	11.0	15.8	4.3	29.1
	茚	2.9	5.3	2.4	12.1

注：1. 因样品挥发性较大，样品自身也不均匀，所以不能准确测定挥发物含量和其组分的含量。

2. 挥发物中水、苯、甲苯、二甲苯等的含量为挥发物中相对的含量，非样品中的含量。

采用 CHNS 元素分析仪、IR、TGA 和 XRD 对样品中的高沸点组分和残渣进行分析，105℃以上的组成物主要为芳烃、稠环芳烃或积炭，含有少量四氧化三铁。

8.3.4 实例四 火炬罐堵塞物分析

(1) 堵塞问题

2007 年 9 月 20 日，某石化公司发现火炬罐中又出现黏稠状堵塞物，9 月 24 日清出 40 桶堵塞物，25 日火炬罐再次出现堵塞物。该火炬罐的主要用途是承载苯胺、C_5 球罐、MTBE、C_4、ABS、苯乙烯等装置送来的废气，但是上述堵塞物的出现影响火炬罐的正常使用，需要分析堵塞物的组成，确定其来源，以便采用相应的措施。

(2) 堵塞物性状

堵塞物 R1：黑色液体，有刺激性气味。

堵塞物 R2：黑色黏稠液体，有刺激性气味。

(3) 堵塞物分析

为了便于气相色谱分析，首先采用恩氏蒸馏将堵塞物切割成不同的馏分，避免难汽化组分和无机物污染气相色谱系统，然后再用 GC-MS 分析蒸馏出的馏分组成。

堵塞物 R1（黑色液体）：切割馏分见表 8-17。初馏点约为 92℃，92～96℃馏分约为 77%，98～132℃馏分为 9%，残渣为 14%。经过 GC-MS 分析，92～96℃馏分主体是水，98～132℃馏分主要成分为水和乙醇胺，黑色残渣以水溶性无机物为主。详细定性结果见表 8-17。98～132℃馏分的 GC-MS 总离子流见图 8-32。

表 8-17　堵塞物 R1（黑色液体）的切割

馏分温度	质量分数/%	性状	组成
92~96℃	77	淡黄色透明液体	绝大部分是水,含有少量 NH$_3$、甲醇、乙醇及微量乙腈、异丙醇、叔丁醇、苯胺等
98~132℃	9	亮黄色透明液体	主要组分是水、乙醇胺、丙腈、吡咯、2-甲基噁唑啉、2-甲基噻唑烷、3,5-二甲基-1,2,4-三硫环戊烷等
132℃以上	14	黑色黏稠液体	无机物为主,含有少量的有机物

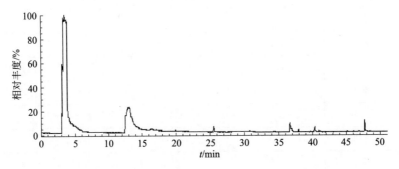

图 8-32　堵塞物 R1 蒸馏馏分（98~132℃）GC-MS 总离子流图

堵塞物 R2：初馏点约为 45℃,蒸馏产物的性状见表 8-18。GC-MS 分析数据表明,45~80℃馏分主要由 C$_4$~C$_8$ 的烃组成,苯含量非常高,其他高含量组分有异戊烷、正戊烷、环戊烷、2-甲基戊烷、3-甲基戊烷、正己烷、甲基环戊烷、环己烷、甲基环己烷、甲苯,含有微量的水,GC-MS 总离子流见图 8-33;80℃残留物为黑色胶状物,经过 IR 分析,80℃残留物主要是丁二烯聚合物和少量其他有机物、无机物等。

表 8-18　堵塞物 R2（黑色黏稠液体）的切割

馏分温度	质量分数/%	性状
45~80℃	30	淡黄色透明液体
80℃以上	难以蒸馏出	亮黄色透明液体

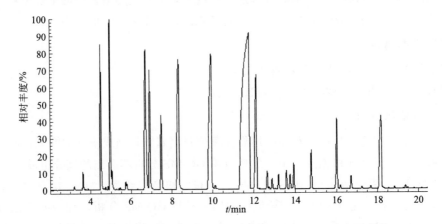

图 8-33　堵塞物 R2 蒸馏馏分（45~80℃）的 GC-MS 总离子流图

图 8-32 和图 8-33 分析条件如下。

① 仪器：气相色谱-质谱仪 TraceGC-MS（Finnigan 公司）。

② 色谱柱：HP PONA 柱（50m×0.2mm×0.5μm）。

③ GC 参数：起始柱温 35℃（保持 10min），以 5℃/min 速率升温至 230℃（保持 30min）；氦气作为载气，柱头压 200kPa；汽化室 200℃；接口 200℃。

④ MS 参数：EI 源，电离能为 70eV，质量数范围 11～335，离子源 200℃。

（4）堵塞物来源分析

通过分析，确定阻塞物主要组成是水、乙醇胺、苯、甲苯等，并含有少量其他烃。根据堵塞物的组成，可以判断水来自各装置用水，乙醇胺来自脱硫装置（乙醇胺是脱硫剂），苯、甲苯和其他烃主要来自芳烃装置和乙烯装置，丁二烯聚合物由来自裂解 C_4 分离装置和橡胶装置的丁二烯自聚形成。

（5）后续工作

该公司根据火炬罐堵塞物的分析数据，对各自单位排往火炬罐的管线进行了排查，在橡胶厂排往火炬某段管线中发现有大量黄色液体，受该公司委托，对该黄色液体又进行分析。

采用水浴预先蒸馏的方法，将黄色液体蒸馏切割。初馏点约为 20℃，20～94℃的馏分占样品总量的 75% 以上，在蒸馏过程中，轻组分挥发损失较多。采用 GC-MS 分析 20～94℃的馏出物（见图 8-34），经分析确定了馏出物的碳数分布在 C_4～C_9，高含量组分主要集中在 C_4～C_7，主要有异丁烷、1-丁烯、异丁烯、1,3-丁二烯、2-丁烯、正丁烷、异戊烷、正戊烷、2,2-二甲基丁烷、2,3-二甲基丁烷、环戊烷、2-甲基戊烷、3-甲基戊烷、正己烷、2,3-二甲基-1-丁烯、甲基环戊烷、2,2-二甲基戊烷、己二烯、环己烷、2-甲基己烷、2,3-二甲基戊烷、3-甲基己烷、二甲基环戊烷、正庚烷、甲基环己烷以及少量的苯、甲苯芳烃。

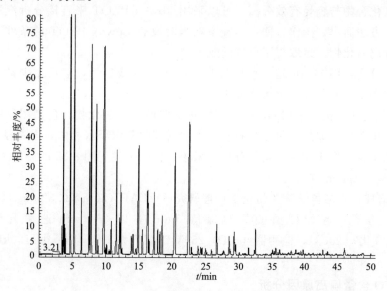

图 8-34　20～94℃蒸出物的 GC-MS 总离子流图

分析条件如下。

① 仪器：气相色谱-质谱仪 TraceGC-MS（Finnigan 公司）。

② 色谱柱：HP PONA 柱（50m×0.2mm×0.5μm）。

③ GC 参数：起始柱温 28℃（保持 15min），以 2℃/min 速率升温至 100℃，再以 5℃/min 速率升温到 230℃（保持 30min）；载气为氦气，柱头压 200kPa；汽化室 200℃；接口 200℃。

④ MS 参数：EI 源，电离能为 70eV，质量数范围 15～295，离子源 200℃。

8.4 生产中的其他异常问题

8.4.1 实例一 乙烯装置裂解产物 CO 偏高原因分析

(1) 生产问题

2009 年 11 月 11 日晚上某公司乙烯装置裂解产物中一氧化碳（CO）含量突然偏高，致使 C_2 加氢反应器入口 CO 含量从正常值 400～500mg/kg 上升到 800～900mg/kg，引起加氢催化剂中毒，活性降低。怀疑与热裂解原料中含氧化合物有关，需要分析原料中的含氧化合物。受该公司委托，实验室开展了相应的分析研究。

(2) 原料中含氧化合物的分析

1）氧化物的预分离 该乙烯装置裂解原料是石脑油和轻烃，由于石脑油和轻烃中氧化物含量非常低，如果用常规色谱柱分析，很难将氧化物与单体烃分离，单体烃干扰极为严重，无法直接检测，可以采用预分离方法将氧化物与烃基质分离，除去绝大部分基质——烃，然后再测定氧化物。由于 Lowox PLOT 对氧化物保留效果非常好，可以将低碳含氧化合物与轻烃有效分离，可以采用 Lowox PLOT 来直接分析汽油和轻烃中的氧化物，方法简单、操作方便。实验室在当时没有 Lowox PLOT 的条件下，采用以下方法预分离氧化物，也取得了良好的效果。

氧化物分离：用 10mL 超纯水萃取 100mL 石脑油或轻烃，然后用少量甲苯反萃取水 1 次，除去水中残留烃。留水样分析。

2）氧化物的分析 采用 GC-FID 测定水萃取液中的氧化物，色谱图见图 8-35，经过水萃取和甲苯反萃取后，可以将石脑油中的低碳醇萃取至水相中，去除轻烃、石脑油中烃基质的干扰，便于定性、定量分析。采用外标法定量。图 8-35 的分析条件如下。

① 仪器：Agilent 7890。

② 色谱柱：中国科学院兰州化学物理研究所 FFAP（50m×0.32mm×0.33μm）。

③ GC 参数：起始柱温 60℃（保持 5min），以 5℃/min 速率升温至 150℃（20min）。汽化室 200℃，检测器（FID）250℃。载气为氦气，柱头压 150kPa，分流比 10∶1。

(3) CO 含量偏高原因分析

通过色谱分析，在生产异常后首次送的石脑油中检测到高含量的甲醇（约 100mg/

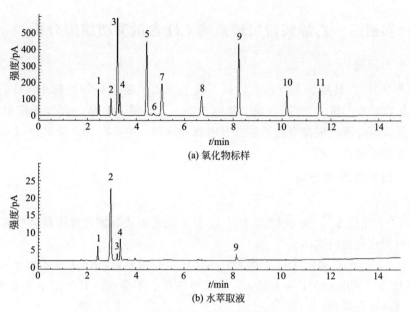

图 8-35　石脑油中含氧化合物分析色谱图

1—丙酮；2—甲醇；3—异丙醇；4—乙醇；5—叔戊醇；6—2-丁醇；
7—正丙醇；8—异丁醇；9—正丁醇；10—异戊醇；11—正戊醇

L)，分析数据见表 8-19。高含量的甲醇可能会导致裂解产物中 CO 含量增加。该装置随后加大了对原料中醇类含氧化合物的清洗处理，裂解产物中 CO 含量也随之降低。

表 8-19　轻烃和石脑油中含氧化合物测定

组分	含量/(mg/L)						
	石脑油 103 罐 091112	石脑油 091112	石脑油 103 罐 091114	轻烃 (102F)	轻烃 (6101C) 091114	轻烃 (6101D) 091114	轻烃 (SC3)
丙酮	2.0	0.3	0.4	0.4	0.5	0.5	0.6
甲醇	100	2.0	2.0	5.0	7.0	2.0	6.0
异丙醇	0.2	0.2	0.1	0.3	0.2	0.3	0.3
乙醇	2.0	0.7	0.3	0.9	1.0	0.7	0.6
叔戊醇		0.2	0.1	0.1	0.1	0.1	0.1
2-丁醇		0.1	0.1	0.1	0.1	0.1	0.1
正丙醇		0.1	0.1	0.1	0.1	0.1	0.1
正丁醇	0.2	1.0	1.0		0.2	0.2	0.2
异戊醇		0.1	0.1		0.1	0.1	

（4）萃取分离方法的缺陷

采用萃取方法处理石脑油中的含氧化合物时，萃取率不高，一般在 40%～80%，化合物不同，回收率不同。如果实验室有 Lowox PLOT 柱和 GS-OxyPLOT 柱，可以直接分析石脑油和轻烃中的含氧化合物，操作简单，定量准确（见第 4 章）。

8.4.2 实例二 乙烯装置裂解产物CO含量突增原因分析

(1) 生产问题

2012年4月17日凌晨1点左右，某石化公司乙烯装置裂解产物中CO含量突增，导致碳二加氢装置严重"飞温"，碳二加氢产品——乙烯不合格，无法正常聚合，被迫送炼厂废气火炬处理。事发突然，需要及时查明原因，解决问题。受该公司委托，实验室及时开展相关应急分析。

(2) 乙烯装置原料分析

① 样品

样品1#、样品2#：为2012年4月17日不同时间从裂解装置进料泵中取的裂解原料，样品均为黄色透明液体。

6101D（切过水）、6101D（未切水）、6101C（切过水）、6101C（未切水）：2012年1月18日样品。其中6101D（未切水）为黄色液体、不分层，其他三个样品无色透明、底部分层（可能有水层）。

② 样品分析

从所送的样品1#、样品2#外观看，样品问题很大，乙烯装置原料不论是石脑油、轻烃、凝析油、轻柴油均是无色透明的，而所送样品1#、样品2#均为淡黄色，其颜色不同于正常的石脑油、轻烃、凝析油。

采用气相色谱对样品1#、样品2#进行检测，在样品1#、样品2#中均检测到大量的甲醇，未检测到任何烃类化合物，色谱见图8-36。样品1#、样品2#中甲醇含量高达50%以上（见表8-20），其余为水，说明样品问题极为严重。当时怀疑样品取错，随后与生产企业联系，重新从送往乙烯装置的原料罐6101D、6101C取样分析，即4月18日所送样品。

表 8-20　样品中甲醇含量检测结果

样品	甲醇体积分数/%	样品	甲醇体积分数/%
1#	53.9	6101D(切过水)	0.60
2#	59.5	6101C(未切水)	0.24
6101D(未切水)	50.5	6101C(切过水)	0.41

在4月18日再次送的6101D（未切水）、6101D（切过水）、6101C（切过水）、6101C（未切水）样品中均检测到甲醇，见图8-37和图8-38。其中，6101D（未切水）中的甲醇含量约50%，其余都是水，在6101D（未切水）中仅检测到极少量的有机烃；6101D经过切水处理后，样品6101D（切过水）中甲醇含量仍然高达0.60%；罐6101C切过水与未切水的样品中甲醇含量接近，0.3%～0.4%。分析数据见表8-20。由于6101D（切过水）、6101C（切过水）、6101C（未切水）样品中存在少量水层，导致不能准确测定样品中的甲醇含量。

6101D（未切水）样品组成主要为甲醇和水，经过切水后6101D（切过水）样品中甲醇含量明显降低，说明6101D罐中甲醇和水含量非常高，当甲醇和水的液面高于取样点时，导致取样时只取到甲醇和水。

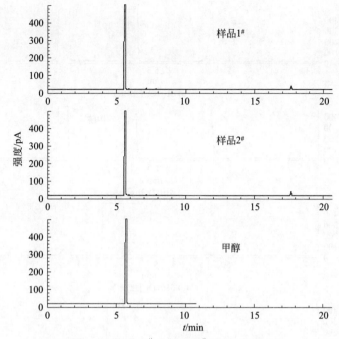

图 8-36　样品 1$^\#$ 和样品 2$^\#$ 的 GC-FID 图

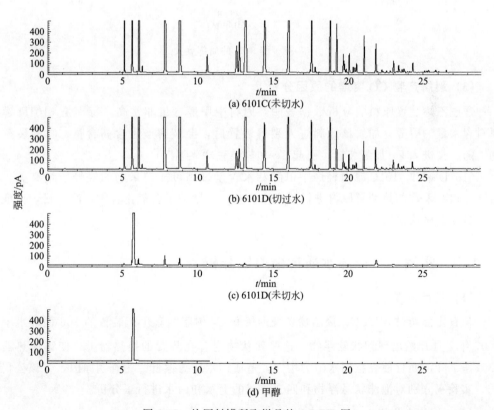

图 8-37　从原料罐所取样品的 GC-FID 图

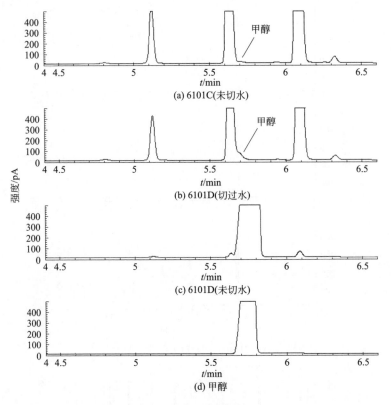

图 8-38　图 8-37 的局部放大

(3) 裂解产物 CO 突增的原因分析

送往乙烯装置原料的分析数据表明，原料中甲醇含量非常高，特别是 6101D 罐的原料含大量的甲醇，如果该原料进入裂解装置后，会裂解产生含高含量 CO 的裂解产物，随后又进入 C_2 加氢装置，引起 C_2 加氢装置"飞温"。

6101D 罐和 6101C 罐内轻烃中甲醇和水含量过高可能与采购的轻烃质量有关，随后该公司对采购的热裂解原料进行了严格检验，并增加了含氧化合物检测项目，保证了原料检验合格后再入厂。

8.4.3　实例三　循环水质污染原因分析

(1) 生产问题

某石化公司供 MTBE、聚乙烯、聚丙烯和 C_5 树脂四套生产装置的 306 循环水中自 2007 年 7 月开始出现絮状悬浮物，这些絮状物附着在装置的换热器上，使得换热器换热效率下降，而且使壳程回水阻力增大，造成回水压力偏低。为查明原因，受该公司委托，实验室分别对泡沫状悬浮物和四套装置的上水和回水进行了分析。

(2) 水样的分析

1）样品

① 悬浮物：306 循环水悬浮物，为灰色泡状物，有刺激性气味。

② 循环水：C222 回水、C222 上水、E704 上水、E704 回水、E401 回水、306 循环水出口、C-911 上聚、C-911 回聚、E923 上聚、E-2811 上聚、E2812 回聚、E-222 回聚、E923 回聚等，无色透明。

③ 药剂：循环水中加入的主要药剂，药剂 961、药剂 580A、药剂 580B。

2）样品处理 循环水中有泡沫悬浮物和加入的药剂，这些物质可能分子量较大，难以汽化，会污染气相色谱进样室（汽化室）、色谱柱等。所以，在色谱分析前需要将样品进行预处理。

① 悬浮物：采用顶空技术，分析其挥发性组分。

② 循环水：经过恩氏蒸馏，将大部分水蒸馏出来，用于气相色谱分析；蒸馏残渣用于裂解气相色谱分析。

3）样品分析

① 悬浮物：经过顶空气相色谱分析，在悬浮物质中检测到大量的正己烷、3-甲基戊烷、甲基环戊烷、环己烷、2,3-二甲基丁烷、2-甲基戊烷和 C_7 等，说明泡沫状悬浮物中富集有混合 C_6——己烷溶剂，色谱见图 8-39；悬浮物不溶于甲苯、己烷等溶剂，红外光谱数据显示悬浮物仅含有少量聚烯烃组分；悬浮物与循环水蒸干物的裂解色谱图比较接近，且悬浮物的裂解产物也与药剂 961、药剂 580A 相近。分析结果表明悬浮物主要含有混合己烷、药剂 961、药剂 580A、水等。

② 循环水：在蒸馏出的水中几乎未检测到低沸点的有机物，个别水样有极低含量的有机物，但是未检测到己烷混合物［图 8-39］；蒸干物的裂解色谱图［图 8-40(b)］表明，循环水蒸干物与悬浮物中组成非常接近，含量较低。

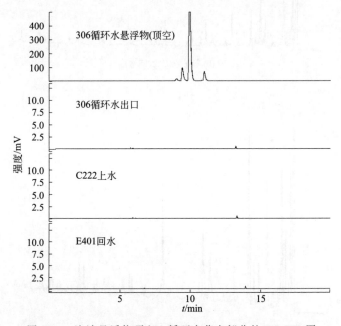

图 8-39 泡沫悬浮物顶空、循环水蒸出部分的 GC-FID 图

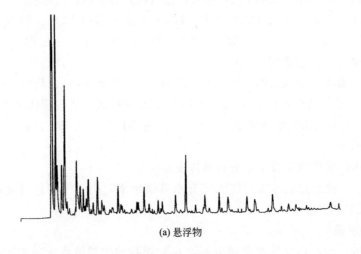

(a) 悬浮物

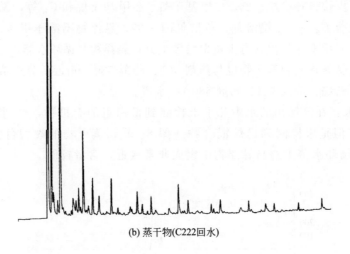

(b) 蒸干物(C222回水)

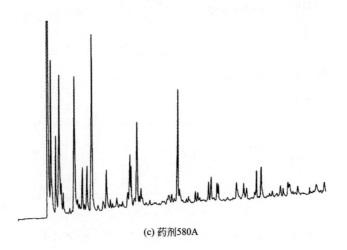

(c) 药剂580A

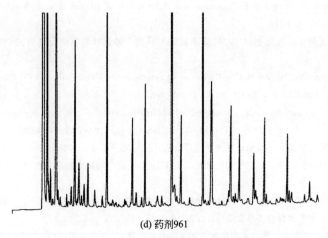

(d) 药剂961

图 8-40   悬浮物、循环水蒸干物裂解色谱和药剂的裂解气相色谱

色谱分析条件见表 8-21。

表 8-21   循环分析条件

图号	分析条件
图 8-39	气相色谱：Varian CP-3800 色谱柱：Agilent PONA 柱(50m×0.25mm×0.5μm) GC 参数：起始柱温 35℃(15min)，以 1.5℃/min 速率升温至 70℃。氦气作为载气，柱头压 150kPa。进样量 0.4μL，分流比 20∶1。汽化室 150℃，检测器 200℃
图 8-40	气相色谱：HP 5880A，配 SGE 管式炉裂解器 Pyrojector Ⅱ 色谱柱：中国科学院兰州化学物理研究所 AT OV-1(50m×0.2mm×0.33μm) GC 参数：起始柱温 35℃(5min)，以 10℃/min 速率升温至 200℃，以 5℃/min 速率升温至 250℃ (30min)。氦气作为载气，柱头压 12psi。汽化室 200℃，检测器(FID)200℃

4）悬浮物形成的可能原因　泡沫悬浮物主要由己烷溶剂、药剂组成，并含有极少量聚乙烯，可能还含有微生物，这些组分混合在一起，在加热的情况下，己烷汽化可能形成泡沫。306 循环水只供给 MTBE、聚乙烯、聚丙烯和 C$_5$ 树脂，只有聚乙烯装置和聚丙烯装置使用己烷溶剂，初步判断循环水中的己烷来自聚乙烯装置和聚丙烯装置。

在炼油和化工生产中会遇到各种各样突发的生产问题和产品质量问题，当出现这些问题时，首先需要用先进的分析技术来查找问题所在，为认识问题产生的原因和解决问题提供科学的依据。本章的实例介绍表明，在解决石油炼化生产问题中，气相色谱及其联用技术可以发挥很大的作用，降低企业的经济损失。当然，从实例中也可以认识到，在分析生产的问题和产品质量问题时，还需要多种分析技术联合发挥作用，这样才能准确有效地分析问题。

参考文献

[1]　王芳，秦鹏，耿占杰，等．丙烯中微量硫化物的定性分析 [J]．兰州理工大学学报，2012，38（1）：55-58．
[2]　薛慧峰，耿占杰，王芳，等．裂解汽油加氢钯系催化剂中毒原因的分析 [J]．石油化工，2014，43（9）：1076-1081．

［3］　Albers P，Pietsch J，Parker S F. Poisoning and deactivation of palladium catalysts ［J］. J. Mol. Catal. A：Chem. ，2001，173：275-286.

［4］　黄星亮，张明，沈师孔. 硫化物对 Pd/树脂催化剂上异戊二烯选择加氢催化性能的影响 ［J］. 催化学报，2002，23（3）：253-256.

［5］　Zoltan K，Bernadett V，Agnes M. CS$_2$ Poisoning of Size-Selective Cubooctahedral Pd Particles in Styrene Hydrogenation ［J］. Catal. Lett. ，2004，95（1-2）：57-59.

［6］　Istvan P. Effects of surface modifiers in the liquid-phase hydrogenation of olefins over silica-supported Pt，Pd and Rh catalysts，II. Thiophene and CS$_2$ ［J］. Stud. Surf. Sci. Catal. ，1994，88：603-608.

［7］　赵汝，刘静. 裂解汽油加氢一段催化剂失活原因分析 ［J］. 乙烯工业，2006，18（4）：56-58.

［8］　秦鹏，薛慧峰，耿占杰，等. 顶空气相色谱法测定 HDPE 瓶盖专用料中的残留溶剂 ［J］. 塑料科技，2010，（8）：76-78.

［9］　王春燕，林骏，史得军，等. S Zorb 脱硫汽油反应前后烯烃的组成分布及变化 ［A］. 第 10 届全国石油化工色谱及其他分析技术学术报告会论文集 ［C］，2016：135-136.

［10］　薛慧峰，耿占杰，曾令志，等. 采用裂解气相色谱分析裂解 C$_5$ 分离生产中的结垢物 ［A］. 第 17 届分析与应用裂解学术会议论文集 ［C］，2017：41-44.

第9章

石油炼制和石油化工色谱分析注意事项

气相色谱仪是石油炼制和石油化工行业使用最多的分析仪器,在气相色谱仪使用过程中,有许多需要关注的问题;此外,根据有些石油炼化产品和中间产品具有的特殊性,如气液混合、待测组分含量非常低、馏程宽、高沸点、组成复杂等,在采样、分析过程中也需要特别注意具体的操作方法,否则会影响分析结果的准确性,或者会影响气相色谱仪的正常使用。本章介绍气相色谱仪在石油炼化分析应用中应注意的事项、操作方法、仪器日常维护和问题处理方法等。

9.1 分析应用注意事项

本节介绍采样、取样进样、色谱汽化室温度选择、色谱柱选择及使用、定性、定量、微量痕量组分分析、气液混合样分析、宽馏程样品分析、高黏度样品分析等注意事项。

9.1.1 采样及取样进样

石油炼化样品种类繁多,样品有气体、气液混合物(如液化气、混合 C_4、混合 C_5)、液体、固体等。在分析气液混合样(如炼厂气、液态烃、轻烃混合物、轻汽油等)、高黏度样品(如蜡油、渣油、结垢物、堵塞物)、微量痕量组分样品时,需要特别关注采样、样品前处理、进样过程中的每个操作细节,但是,在实际工作中,许多细节容易被操作者忽视。

（1）采样

采样是分析中的第一个重要环节，采样方法会直接影响到分析数据的准确性和重复性。但是，在实际工作中，采样过程往往容易为分析者所忽视。

1）常用的采样器　球胆、专用气袋、石油液化气采样钢瓶（以下简称采样钢瓶）、玻璃瓶、金属器皿。

2）常见不正确的采样做法　有以下几种。

① 用球胆取需分析微量组成的气体样品。用球胆采样会导致气体中的微量组分吸附于球胆内壁，特别是极性大、易液化的组分，如丙烯中羰基硫、丁烯中的甲醇、丁二烯残留抽提剂、抽余 C_4 中的残留乙腈等。

② 用球胆、气袋取含半挥发或高沸点组分的气体样品。沸点相对高的组分会冷凝吸附于球胆、气袋的内壁，导致待测重组分的实际含量降低。常见的样品有炼厂轻烃、炼厂气等。

③ 用磨口玻璃瓶、饮料瓶取气液混合样。样品中的低沸点组分极易汽化损失，常见的样品有裂解 C_5、混合 C_4、炼厂轻烃、凝析油等。

④ 用饮料瓶、塑料瓶取液体样品。饮料瓶和塑料瓶中的助剂、添加剂可能会溶解于待测样品中，影响微量组分的测定。

⑤ 用球胆、普通采气袋、普通采样钢瓶，取需分析微量痕量含硫、磷、砷化合物等的气体样品。样品中微量痕量含硫、磷、砷化合物将吸附于采样器的内表面，影响准确定量。如果用这些采样器取过高浓度含硫、磷、砷化合物的样品，采样器又会释放出含硫、磷、砷化合物，影响低浓度样品的检测。

⑥ 用普通采样钢瓶取需分析微量痕量含硫、磷、砷化合物等的气液混合样品。样品中微量痕量含硫、磷、砷化合物将吸附于采样器的金属表面。

⑦ 用金属器皿取需分析痕量硫、砷等的液体样品。痕量含硫、砷化合物会吸附于金属表面。

⑧ 未用待测样品置换采样器残留或置换不干净，特别是取需要检测含 N_2、O_2、CO_2、H_2O 的气体样品。

⑨ 交叉使用采样器，即使用同一采样器先后取含不同浓度待测组分的样品，或使用同一采样器取不同样品。例如取完高浓度含硫化合物的样品后，又用同一采样器取低浓度含硫化合物的样品，采样器中吸附的高浓度硫化物会释放到低浓度的样品中，导致低浓度样品的实测值偏高。

⑩ 从装置、储存罐采样时，未排出采样管线内或死角中的残留液体（气体），或排出不彻底。

3）针对不同样品和分析需求不同的样品，建议采样（取样）方法如下。

① 分析微量待测组分的气体样品：采用普通采样钢瓶取样。如果待测组分容易为金属所吸附，应使用钝化处理的采样钢瓶。

② 含半挥发或高沸点组分的气体样品：采用普通采样钢瓶取样。

③ 气液混合样品：采用普通采样钢瓶取样，或用带安全网的耐压玻璃瓶采样。耐压玻璃瓶仅限于混合 C_4、混合 C_5、轻烃等，不能用于 C_1、C_2、C_3 含量高的，极易汽

化的气液混合样品。

④ 液体样品：采用玻璃瓶采样。如果样品中含有一定的挥发组分，应使用带聚乙烯内盖的螺口玻璃瓶（如试剂瓶），或专用镀锌取样铁桶。

⑤ 测定微量痕量含硫、磷、砷化合物等的气体样品：应使用内表面经钝化处理的采样钢瓶、钝化处理的专用气袋。

⑥ 测定微量痕量含硫、磷、砷化合物等的气液混合样品：应使用内表面经钝化处理的采样钢瓶。

⑦ 测定微量痕量含硫、磷、砷化合物等的液体样品：采用玻璃瓶取样。如果需要避光，采用棕色瓶，或采用内表面钝化处理的金属器皿。

⑧ 取样前应用待测样品多置换几次采样器，尽可能将采样器残留置换干净，特别是需测 N_2、O_2、CO_2、H_2O 的气体样品。

⑨ 不能交叉使用采样器，特别是采集待测组分浓度相差较大、且易被采样器吸附的样品。

⑩ 从装置、储存罐采样时，应彻底排出采样管线内或死角中的残留液体（气体）。

（2）取样进样

即从采样器中取出试样，导入到气相色谱仪汽化室的过程，这也是气相色谱分析操作过程中一个很重要的环节，容易被忽视。

1）不合理做法主要有以下几种。

① 气液混合样品、易汽化样品：直接进样（手动、自动进样器、阀进样）。由于待测样品极易汽化，用手动取样、进样或采用自动进样器进样的过程中，低沸点、易汽化的组分可能已经汽化，特别在夏季实验室温度比较高的情况下；用阀进样时，低沸点、易汽化的组分可能在加热的阀中先汽化流出定量管。这些会使样品汽化不均，导致所进试样不具有代表性。

② 高黏度的样品：样品未经稀释，用自动进样器直接进样。由于样品黏度大，容易使进样针杆推拉不畅，在进样时容易导致针杆打弯。

③ 油水混合、浑浊或有分层的样品：未进行预分离，直接取样分析。油水混合、浑浊样品可能存在不均匀性，致使取样不均匀。

④ 信息不明的样品：直接进样。样品中可能含高沸点的组分，难以汽化或汽化不完全，将残留于汽化室和色谱柱中，污染分析系统；样品中也可能存在腐蚀性组分，会腐蚀进样针和分析系统。

⑤ 分析气体（如乙烯、丙烯）中微量痕量含硫、磷、砷化合物等时，与试样接触的进样系统内表面未经钝化处理，特别是气体进样的连接管线、接头、进样阀等。

⑥ 使用自动进样器时，未观察进样针中是否有残留待测样品和洗针用的残留溶剂。使用自动进样器进完样后都有一定量的样品残留，需用低沸点溶剂清洗进样针，这时就有溶剂残留，在下一次进样前残留溶剂可能尚未挥发干净，特别当实验室环境温度比较低时。此外，有些操作者在连续分析同一样品时不洗进样针，误以为残留样品组成不变，但是，当分析含有挥发性组分的样品时，残留在进样针中的样品同样也在挥发，尤其是环节温度比较高的时候，如夏季或进样塔装于汽化室正上方，会导致残留样品组成发生变化。

⑦ 使用毛细管柱时，当采用无分流进样、分流比太小、进样体积过大时，致使进样量过大，超过毛细管柱的负载，难以获得良好的分离效果。

2）针对不同样品，建议取样进样的做法如下。

① 气液混合样品、易汽化样品：以轻组分为主样品，如混合 C_3、混合 C_4、液化气、炼厂气、液态烃等（$C_1 \sim C_5$），建议先将样品汽化后再进气体样品，如采用闪蒸进样，也可以用高压液体阀进样。

对于轻组分不多的样品，如混合 C_5、含 $C_5 \sim C_6$ 的样品，可能含少量 C_4，不能用自动进样器进样，建议采用手动进样，而且进样前需将进样针和样品均冷冻，再取样进样；也可以用高压液体阀进样，需要用采样钢瓶装样。

② 高黏度的样品：需要用低沸点的溶剂先稀释高黏度样品，或用 CS_2 稀释（针对FID）后再进样分析。

③ 油水混合、浑浊或有分层的样品：通过静置或离心，使样品分层，再将分层的样品分离，然后分别称重分离后的样品。分别分析分离后的样品，并根据两相的质量比计算整个样的组分含量。

④ 信息不明的样品：需了解样品信息如馏程、酸碱性、机械杂质、腐蚀性等，以便采用适当方法预处理。如果无法明确样品信息，需要测定酸碱性，除去机械杂质，并通过蒸馏的方法得到馏出物，只分析能蒸馏出的馏分。

⑤ 分析气体中的微量痕量含硫、磷、砷化合物等时，需要钝化处理进样系统的气路连接管线、接头、进样阀、定量管等的内表面。

⑥ 自动进样针中的残留问题：采用低沸点溶剂清洗，并增加清洗次数，同时还需观察是否有溶剂残留，特别是在冬季或使用空调的实验室。此外，在进样前需用待测样品多洗几次进样针。

⑦ 由于毛细管柱的负载低，使用毛细管柱时，进样量不宜太大；此外，还可以通过调整分流比降低进样量，尤其在使用微径毛细管柱时。

9.1.2 色谱柱选择安装使用

(1) 色谱柱

石油炼制和石油化工分析常用的气相色谱柱及应用对象如下。

1）非极性柱 固定液为 100% 聚二甲基硅氧烷，以壁涂开管毛细管柱为主，常见的牌号有 OV-1、OV-101、SE-30、PONA、HP-1、DB-1、CP-Sil5CB 等，主要用于 C_5 以上混合烃的分析。

2）弱极性柱 固定液为 5% 二苯基-95% 聚二甲基硅氧烷，以壁涂开管毛细管柱为主，常见的牌号有 SE-54（SE-52）、HP-5、DB-5 等，主要用于 C_5 以上混合烃的分析。

3）中等极性柱 固定液为 50% 苯基-50% 聚二甲基硅氧烷，以壁涂开管毛细管柱为主，常见的牌号有 OV-17、DB-17、HP-50、CP-Sil24CB、Rtx-50、SPB-50、BPX50，主要用于芳烃混合物的分析。

4）中强极性柱 固定液为硝基对苯二甲酸改性聚乙二醇（FFAP），以壁涂开管毛细管柱为主，常见的牌号有 CP-WAX 58CB、DB-FFAP、HP-FFAP、SP-1000，主要用于芳烃、醇类、酸类、酯类、醛类、腈类等，如汽油中的芳烃测定、混合芳烃分析、苯、甲苯、二甲苯纯度分析及非芳总量分析。

5）强极性柱　固定液为聚乙二醇 20M（PEG-20M），以壁涂开管毛细管柱为主，常见的牌号有 CP-WAX 52CB、DB-WAX、HP-Wax、Carbowax 等，主要用于芳烃、醇类、酸类、酯类、醛类、腈类等的分析，如汽油中的芳烃测定、混合芳烃分析，苯、甲苯、二甲苯纯度分析及非芳总量分析，乙烯、丙烯、丁二烯、异丁烯、混合 C_4 等中醇类及其他极性杂质的分析。

6）氧化铝柱　固定相为改性的吸附性氧化铝，常用的改性剂有 KCl、Na_2SO_4 等，以多孔层开管柱（PLOT 柱）为主，常见的牌号有 AT-PLOT Al_2O_3/KCl、AT-PLOT Al_2O_3/S、HP-PLOT Al_2O_3/KCl、GsBP-PLOT Al_2O_3/S 等，主要用于 $C_1 \sim C_4$ 轻烃的分析，如炼厂气、C_4、C_3、C_2 等中烃组成及丁二烯、丙烯、乙烯中烃类杂质的分析。使用氧化铝柱时，样品和载气中的水分会影响其保留行为，通过老化色谱柱可以除去水分，但是，样品中的极性组分（如甲醇、硫醇等）会吸附于氧化铝上，难以脱附。

7）分子筛柱　固定相为 5A 分子筛或 13X 分子筛，以多孔层开管柱（PLOT 柱）为主，也有填充柱。主要用于 H_2、O_2、CO、CH_4 的分析。在炼厂气 MGC 中常用，13X 分子筛柱还用于汽油族组成分析。

8）特殊的高选择性色谱柱　汽油及轻烃中含氧化合物专用分析柱 Lowox PLOT 和 GS OxyPLOT。

（2）色谱柱的选择

1）色谱柱的选择原则

① 分配型色谱柱（GLC）：相似相溶分离原理，用非极性柱分析非极性化合物，用极性柱分析极性化合物。如果样品中化合物极性不同，首选极性小的，对于偶极或氢键化合物，选择含氰基或聚乙二醇柱。

吸附型色谱柱（GSC）：按照分子尺寸筛分分离组分，还与相似相溶原理有关。

② 需考虑待测组分的浓度。如果分析微量、痕量组分，可以考虑选择大口径、厚液膜的色谱柱，增加柱的负载，提高进样量，便于微量、痕量组分的定量。

③ 对于一些特殊的检测器，要避免选择因微量的柱流失污染或干扰检测的色谱柱，如使用 NCD、NPD 时，应避免使用固定相中含 N 的色谱柱；使用 ECD 时，应避免使用固定相中含 F 的色谱柱。

④ 对于专用分析仪，如 PONA 分析仪、模拟蒸馏仪、炼厂气分析仪，应选择专用的色谱柱，以保证色谱柱的再现性。

2）石油炼制和石油化工分析常用色谱柱的选择

① 汽油、轻石脑油、混合物 C_5、混合物芳烃、柴油烃组成分析：非极性色谱柱，常用柱牌号有 OV-1、OV-101、SE-30、PONA、HP-1、DB-1、CP-Sil5CB。柱长为 $50 \sim 100m$。

② 汽油中芳烃、混合芳烃的分析：常用聚乙二醇极性柱，常见柱牌号有 DB-WAX、HP-Wax，这些柱对芳烃保留时间长，非芳烃保留时间短，对非芳烃的分离欠佳，只能测非芳烃的总量。也可以使用改性的聚乙二醇中极性柱，常见柱牌号有 DB-

FFAP、HP-FFAP、AT-FFAP。选择柱长一般为 25～50m。

③ 乙烯、丙烯、丁二烯、C_2、C_3、C_4、$C_1 \sim C_4$、炼厂气、液态烃等烃组成分析，常用大口径或宽口径 PLOT Al_2O_3 柱，柱长为 30～50m。

④ 永久性气体。常用分子筛柱。

(3) 色谱柱安装

不同厂家的仪器安装毛细管柱的要求不同，即毛细管柱插入汽化室和检测器的深度不同，应按照厂家仪器的要求安装色谱柱。色谱柱安装不当，可能导致色谱峰展宽、拖尾。

(4) 色谱柱老化

1) 需要老化色谱柱的情况

① 新柱使用前必须老化。

② 如果使用的是分配型色谱柱（GLC），在分析完含高沸点组分的样品后，最好老化色谱柱；分析完高烯烃含量的样品或含有共轭二烯烃的样品，也需要老化色谱柱，因为烯烃特别是共轭二烯烃容易自聚，生成分子量大、沸点高的低聚物。

③ 如果使用的是吸附型色谱柱（GSC），使用过程中需要经常老化；如果吸附型色谱柱久置未用，也会吸附空气中的相关组分，使用前需要老化。

2) 色谱柱的老化方法

① 在通载气的条件下老化，而且需在室温下先通载气 20～30min，再程序升温。不能在未通载气的情况下老化色谱柱。

② 采用柱箱程序升温的方法老化色谱柱，从室温程序至色谱柱最高温度或略低于最优使用温度，并保持一定时间。不可直接将老化温度设置到最高使用温度老化。

图 9-1 是在连续分析裂解汽油过程中，每天开机后首先老化 PONA 柱时得到的色谱。图 9-1 表明，每天分析完裂解汽油后，分析系统中总有残留。

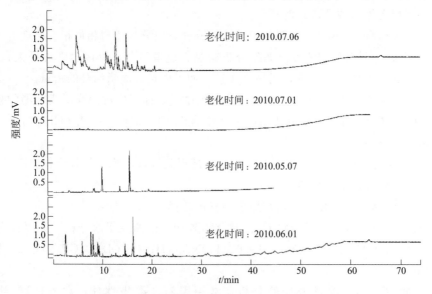

图 9-1 分析裂解汽油前 PONA 柱的老化色谱

图 9-2 是用 Al_2O_3 PLOT 柱分析液态烃时，每天开机后老化色谱柱的色谱。图 9-2

表明，分析液态烃后，Al_2O_3 PLOT 柱中或多或少有残留。

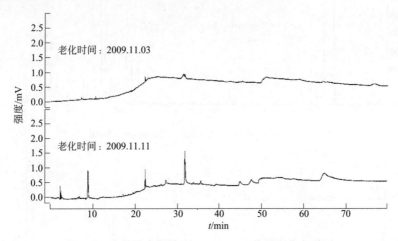

图 9-2　分析液态烃前 Al_2O_3 PLOT 柱的老化色谱图

(5) 色谱柱温度——柱箱温度设置

① 组成简单的样品：选择恒温，避免程序升温后需降温的环节，节省分析时间。如混合 C_4 分析、二甲苯分析。

② 组成复杂的样品：选择程序升温，在满足宽沸点混合物的分离时，可以通过优化柱温参数，缩短分析时间。例如 C_1～C_4 混合烃、汽油、柴油等烃组成分析。

③ 针对不同分离原理的色谱柱，设置柱温有差异。对于分配型色谱柱，初始柱温一般低于样品初始沸点；对于吸附型色谱柱，初始柱温远高于样品初始沸点。如用 PO-NA 柱测定汽油烃组成时，起始柱温可以设置为 0～35℃，而用 Al_2O_3 PLOT 柱分析 C_1～C_4 的混合烃时，初始柱温可以设置为 35～80℃。

④ 设置柱温要合理，防止终止温度过低，致使高沸点的组分不能全部流出，从而不能获得样品的全部组成信息。图 9-3 是在不同柱温条件下，连续三次进样分析某萃取分离样品的 GC-MS，图 9-3(a)为第一针样品图，尚有重组分未流出；图 9-3(b)是第二针进样，图中有第一针样品的高沸点残留组分，而且第二针样品的重组分尚未完全流出；图 9-3(c)是第三针进样，组分全部流出，进第三针前，已经升温除去第二针的残留组分。图 9-3 说明，当终止温度低或保持时间不足时，样品中的某些重组分可能难以流出色谱柱，残留于色谱柱中，会影响下一针样品的正常测试。

(6) 使用 Al_2O_3 PLOT 柱注意事项

Al_2O_3 PLOT 柱是石油炼化中最常用的色谱柱之一，主要用于分析炼厂气、液化石油气（液态烃）、混合 C_4 等轻烃的烃组成分析。在使用 Al_2O_3 PLOT 柱时要注意以下几点：a. 不同化学物质改性 Al_2O_3 PLOT 柱其保留行为有差异，特别是炔烃和二烯烃。如果试样中含有炔烃、二烯烃等组分，要注意炔烃和二烯烃与其他烃的流出顺序的变化。b. Al_2O_3 PLOT 柱中水含量也影响其保留行为。在使用同一 Al_2O_3 PLOT 柱时，即使色谱参数不变，也要注意待测组分保留时间是否有变，因为 Al_2O_3 PLOT 容易吸附试样、载气、存放环境中的水，从而影响 Al_2O_3 PLOT 柱的保留行为。

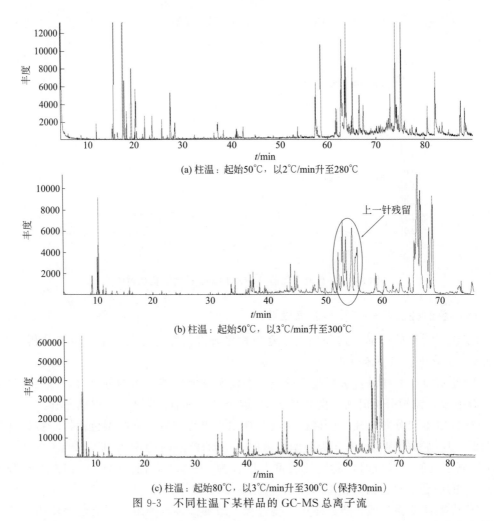

(a) 柱温：起始50℃，以2℃/min升至280℃

(b) 柱温：起始50℃，以3℃/min升至300℃

(c) 柱温：起始80℃，以3℃/min升至300℃（保持30min）

图 9-3　不同柱温下某样品的 GC-MS 总离子流

现在常用的 Al₂O₃ PLOT 柱有 KCl 改性的 Al₂O₃/KCl PLOT 柱和硫酸钠改性的 Al₂O₃/S PLOT 柱，在使用两种 Al₂O₃ PLOT 柱分析低碳烃时，炔烃、二烯烃流出顺序有明显的差异，如果不注意会导致定性识别错误。

实验室采用 Al₂O₃/S PLOT 柱和 Al₂O₃/KCl PLOT 柱，在其他色谱条件基本不变的情况下，比较不同柱温下分析热裂解气标准气的差异。不同条件下的热裂解气色谱见图 9-4，色谱条件见表 9-1。图 9-4 表明使用同一种 Al₂O₃/S PLOT 柱，随着柱温调高，各组分的保留时间明显缩短，各组分的流出顺序尚未发生变化［见图 9-4（a）、（b）、（c）］。但是，图 9-4（c）、（d）表明，使用不同的 Al₂O₃ PLOT 柱时，尽管色谱柱温条件基本接近，出峰顺序却发生了明显的变化。与使用 Al₂O₃/S PLOT 柱相比，使用 Al₂O₃/KCl PLOT 柱时，炔烃、二烯烃的保留时间明显前移，而且炔烃流出时间的缩短程度大于二烯烃的。在 Al₂O₃/S PLOT 柱上，丙二烯（峰 8）和乙炔（峰 9）在正丁烷之后相继流出，1,2-丁二烯（峰 16）、1,3-丁二烯（峰 17）和丙炔（峰 18）在正戊烷之后相继流出；在 Al₂O₃/KCl PLOT 柱上，乙炔（峰 9）和丙二烯（峰 8）前移至异丁烷之前先后流出，丙炔（峰 18）和 1,2-丁二烯（峰 16）前移至异戊烷之前先后流出，1,3-丁二烯（峰 17）前移至正戊烷之前流出。

表 9-1　不同 Al_2O_3 PLOT 柱分析热裂解气的条件

图号	色谱柱	柱温	柱头压
图 9-4(a)	Al_2O_3/S PLOT(50m×0.53mm)中国科学院 兰州化学物理研究所	起始 50℃，以 2℃/min 速率升温至 195℃	10psi
图 9-4(b)	同上	起始 80℃，以 2℃/min 速率升温至 195℃	10psi
图 9-4(c)	同上	起始 80℃，以 5℃/min 速率升温至 195℃	10psi
图 9-4(d)	Al_2O_3/KCl PLOT(50m×0.53mm)Chrompack	起始 100℃（保持 1min），以 5℃/min 速率升温至 195℃	10psi

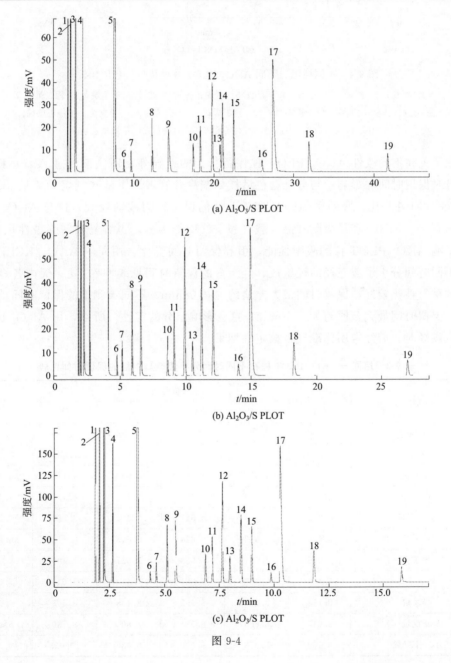

(a) Al_2O_3/S PLOT

(b) Al_2O_3/S PLOT

(c) Al_2O_3/S PLOT

图 9-4

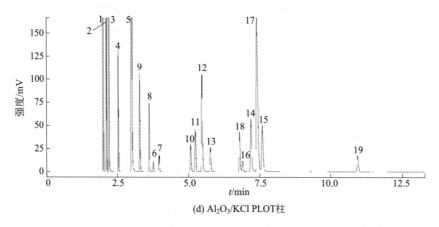

(d) Al$_2$O$_3$/KCl PLOT柱

图 9-4 不同柱温、不同 Al$_2$O$_3$ PLOT 柱的炼厂气色谱比较

1—甲烷；2—乙烷；3—乙烯；4—丙烷；5—丙烯；6—异丁烷；7—正丁烷；8—丙二烯；
9—乙炔；10—反丁烯；11—正丁烯；12—异丁烯；13—顺丁烯；14—异戊烷；15—正戊烷；
16—1,2-丁二烯；17—1,3-丁二烯；18—丙炔；19—乙烯基乙炔

除了关注不同改性 Al$_2$O$_3$ PLOT 柱保留行为的差异外，还应该注意 Al$_2$O$_3$ PLOT 柱自身对保留时间的影响。与分配型色谱柱如壁涂开管聚二甲基硅氧烷 OV-1、聚乙二醇 PEG 20M 柱相比，吸附型 Al$_2$O$_3$ PLOT 柱的保留行为波动较大，这与 Al$_2$O$_3$ 吸附性很强有关。Al$_2$O$_3$ 容易吸附样品、载气和空气中的水分，也容易吸附强极性化合物，从而影响 Al$_2$O$_3$ PLOT 柱的吸附性能，引起保留时间变化。用同一 Al$_2$O$_3$/KCl PLOT 柱在不同时间分析了液态烃的烃组成，烃组分的保留时间见表 9-2，同一天内各烃保留时间的重复性比较好，保留时间最大差值约为 0.08min；不同天测得的保留时间重复性较差，保留时间最大差值约为 0.50min，这会影响组分的定性。所以，用 Al$_2$O$_3$ PLOT 分析低碳烃时，需经常用标准气校核定性结果。

表 9-2 用同一 Al$_2$O$_3$ PLOT 柱在不同时间分析液态烃中烃的保留时间比较

组分	保留时间/min					
	A-1	A-2	A-3	A-4	B	C
丙烷	2.566	2.562	2.563	2.563	2.598	2.551
丙烯	3.509	3.502	3.494	3.505	3.603	3.461
异丁烷	4.099	4.094	4.092	4.095	4.179	4.051
正丁烷	4.409	4.403	4.400	4.404	4.498	4.350
反-2-丁烯	6.372	6.363	6.347	6.364	6.560	6.271
正丁烯	6.654	6.642	6.624	6.646	6.863	6.542
异丁烯	7.066	7.054	7.033	7.057	7.290	6.947
顺-2-丁烯	7.420	7.407	7.381	7.410	7.645	7.299
异戊烷	8.118	8.105	8.095	8.108	8.265	7.981
正戊烷	8.615	8.600	8.584	8.606	8.780	8.465
1,3-丁二烯	9.702	9.678	9.620	9.688	10.033	9.537

组分	保留时间/min					
	A-1	A-2	A-3	A-4	B	C
3-甲基 1-丁烯	10.935	10.913	10.874	10.923	11.206	10.760
反-2-戊烯	11.140	11.119	11.082	11.129	11.396	10.967
2-甲基-2-丁烯	11.788	11.767	11.724	11.776	12.060	11.611
1-戊烯	11.940	11.917	11.871	11.928	12.227	11.759
2-甲基-1-丁烯	12.187	12.165	12.118	12.175	12.479	12.005
顺-2-戊烯	12.458	12.436	12.387	12.446	12.742	12.278

注：A-1、A-2、A-3、A-4 为同天测试数据，A、B、C 为不同天的测试数据。

9.1.3　检测器的使用

(1) 使用 TCD

① 常量分析，最好选用 N_2 作为载气；分析低含量组分时，用 H_2 或 He 作为载气，用 H_2 时 TCD 的灵敏度会更高。

② 用 H_2 作载气时，应认真检查分析系统的气密性；此外，需将从 TCD 排出的 H_2 引到室外或引入排风系统。

(2) 使用 FID

① 容易忽略的问题——气体参数。氢气与空气流量比一般为 1∶10；使用常规毛细管柱，尾吹/补充气（makeup）为 20～30mL/min；使用大口径毛细管柱，尾吹/补充气为 10～20mL/min。

② 在安装 PLOT 柱时，要细心谨慎，避免柱子脱手突然弹蹦出，同时要轻取轻放，防止色谱柱振动引起内填料涂层塌方或颗粒物脱落，脱落颗粒填料则会随载气流入 FID，堵塞喷嘴，导致气体流出不畅，点火异常、灵敏度降低，甚至没有信号。

(3) 使用 SCD

① 应定期用相同的标准品或浓度接近的标准品检查 SCD 的灵敏度。当灵敏度有明显下降时，应更换 SCD 内的陶瓷管。

② 如果采用外标法定量，应每天测定标准曲线或单点校正。因为每天开机时，空气、氢气的流量会有微小变化，这种微小变化都会影响 SCD 的灵敏度。

(4) 使用质谱检测器

① 开机后，除了检查 MS 的真空情况外，还应检查系统中残留空气的水平。现在 GC-MS 配有高速分子泵，很快可以抽到相应的真空度，但是，系统里残留的空气不易及时抽干净。此外，当更换载气时，会带入空气进入载气管线，更应该关注此问题。

② 应定期或经常用全氟三丁胺检查质量偏离情况，及时自动校准。

③ 用 MS 定量时，最好用内标法定量。质谱的真空度随时都可有微小的变换，真空度不同，电离的离子强度就不同，从而影响质谱的灵敏度。

9.1.4　定性分析

气相色谱定性常用的方法有文献值法、标准品比对分析法、质谱联用法、红外联用法、选择性检测器法、化学反应法等，在使用这些定性方法时，应注意以下问题。

(1)　文献值定性

文献值主要是指已发表的用于定性的保留值——保留指数、保留时间。使用保留值定性，要求所用的色谱条件与文献的相同或相近。但是，在实际使用中会发现，即使色谱条件相同，仍会有一定的偏差，有些保留指数还相差较大。原因可能有2种。

① 即使采用柱几何尺寸相同、固定液相同，但同一生产商的色谱柱，两根色谱柱仍有差异，因为目前尚无法生产出色谱柱固定液涂层厚度完全相同的两根色谱柱；此外，即使同一台气相色谱，其柱箱两次程序的每个温度点也不可能完全相同。

② 文献值也可能有误。所以，在用文献值定性时一定要用标准样品或其他方法验证。

(2)　标准品比对分析定性

在同一色谱条件下，对比分析标准品和待测样品，根据保留时间定性待测样品中的目标组分。这是许多实验室定性分析目标化合物常用的方法。但是，当用这种方法定性分析时，一定要注意定性的假阳性问题——可能出现不同化合物会在同一保留时间流出的结果，从而导致定性错误。图9-5是采用 Al_2O_3 PLOT柱分析液态烃所遇到的一个实例，用炼厂气标准气对比分析定性液态烃时，图9-5(a)条件下的分析表明液态烃中有较高含量的"丙炔"，但是，"丙炔"这一含量与工艺预测和常见液态烃中的含量出入较大，为了进一步确认，采用调整柱温条件进行验证，当降低了色谱柱温度后，标准气中丙炔的保留时间明显后移［见图9-5(b)］，与图9-5(a)液态烃中疑似丙炔的峰不一致，而其他组分保留时间重合，可以确认图9-5(a)条件的定性有误。所以，用标准品对比分析定性目标化合物时，应在不同柱温的条件下进行比对分析，因为，每个物质在给定色谱柱上的保留时间随柱温的变化呈一定的线性或曲线关系，由于化合物组成结构的差异，不同物质的这种关系曲线或直线不会重合，但是可能会在某一特定柱温条件下发生交叉，即出现两个组分的保留时间完全重合现象，当遇到这种情况时就可能导致定性错误，这就需要采用不同柱温条件进行验证。当验证时，流出柱温相差越大越好，便于将保留时间差距拉大；也可以采用不同极性色谱柱进行双柱验证，使用双柱验证时，极性差异大的组分流出顺序还可能发生变化。

(3)　质谱定性

气相色谱-质谱联用技术是未知物定性最常用的手段。随着台式质谱技术的普遍使用，台式 GC-MS 已经广泛用于石油炼化科研开发和生产控制分析，用于未知物定性和中间馏分族组成分析。石油产品和化工产品以烃类化合物为主且同分异构体多，由于同分异构体的质谱图基本相同或非常接近，用 GC-MS 很难确定同分异构体的结构；对于常用的单质量数分辨的质谱，分子量相近、结构相近的化合物，其质谱也可能比较接近。所以，当用台式 GC-MS 定性分析未知物时，需要借助标准品对比分析、保留时间

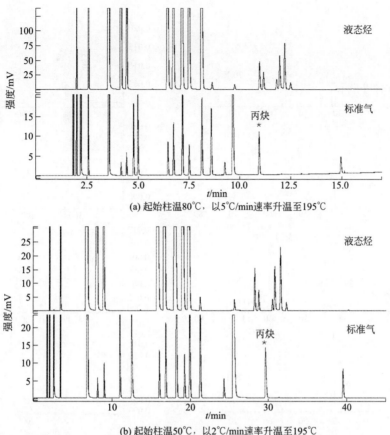

(a) 起始柱温80℃，以5℃/min速率升温至195℃

(b) 起始柱温50℃，以2℃/min速率升温至195℃

图 9-5　不同柱温下标准品与待测样品比对分析色谱图

或 GC-IR 验证定性结果。图 9-6 是异戊烯的 MS 和 IR 的比较，异戊烯的 MS 图基本相同，而 IR 图差别较大，通过 MS 确定分子组成，再借助 IR 确定结构，GC-MS 和 GC-IR 同时用于未知物定性，可以提高定性的准确度[1,2]。

实验室采用 GC-MS 和 GC-IR 联用技术对丁苯橡胶（SBR）生产中的废水提取物进行了定性研究[3]。SBR 废水提取物的 GC-MS 的总离子流和 GC-IR 的重建色谱见图 9-7，其中四个主要组分峰 18、19、23 和 24 的质谱图比较相近（见图 9-8），低分辨台式质谱测得的质量数都为 178，其中峰 19、23 和 24 的质谱图基本相同，峰 18 的分子离子峰 $m/z = 178$ 和主要离子 $m/z = 121$ 的相对丰度略高于峰 19、23 和 24。通过质谱数据直接检索，得到峰 18、19、23 和 24 可能是（1，1-二甲基乙基）苯基-α-乙醇和（1-羟基-1-甲基乙基）苯乙酮，仅凭借质谱数据难以确定结构，可能的结构如下：

$3630 \sim 3640 cm^{-1}$ 为羟基，$1700 cm^{-1}$ 为羰基，$1610 cm^{-1}$ 为苯环骨架伸缩振动；$790 cm^{-1}$ 与 $700 cm^{-1}$ 为苯环上 1,3-二取代 =C—H 非平面变角振动吸收峰；$840 cm^{-1}$ 为苯环上 1,4-二取代的 =C—H 非平面变角振动吸收峰。但是，GC-IR 分析的红外光谱信息有明显差异，红外图中均在 $3640 \sim 3630 cm^{-1}$ 有羟基吸收峰，说明均含羟基；峰

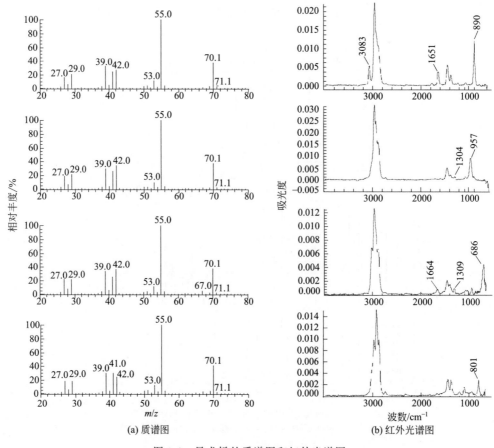

(a) 质谱图　　　　　　　(b) 红外光谱图

图 9-6　异戊烯的质谱图和红外光谱图

23、24 在 $1700cm^{-1}$ 处有羰基吸收峰，说明含有羰基，而峰 18、19 没有羰基吸收峰；峰 18、23 在 $790cm^{-1}$ 与 $700cm^{-1}$ 处有苯环 1,3-二取代═C—H 非平面变角振动吸收峰，峰 19、24 在 $840cm^{-1}$ 处有苯环上 1,4-二取代的═C—H 非平面变角振动吸收峰，峰 18、23 是间位二取代，峰 19、24 是对位二取代。根据红外光谱信息最后确定峰 18、19、23、24 的具体结构，峰 18 为 3-(1,1-二甲基乙基)苯基-α-乙醇,峰 19 为 4-(1,1-二甲基乙基)苯基-α-乙醇，峰 23 为 3-(1-羟基-1-甲基乙基) 苯乙酮，峰 24 为 4-(1-羟基-1-甲基乙基) 苯乙酮。所以，采用 GC-MS 和 GC-IR 可以提高定性分析同分异构体或组成相近组分的准确性。

（4）同系物保留规律定性

在线性程序升温和等温色谱条件下，化合物的保留时间与其结构关系密切，如同系物的保留时间与碳原子数或亚甲基数呈一定的线性关系。利用这一色谱特性，可以定性分析或验证定性结果。但是，使用这一方法定性时，最好采用多个柱温条件进行分析，可以提高定性的准确性。图 9-9 是不同含硫化合物同系物的保留时间与硫原子数、亚甲基数的关系，图 9-9 表明在四个不同的线性程序升温条件下，二乙基硫醚、二乙基二硫醚、二乙基三硫醚的保留时间与其硫原子数均呈线性关系，二甲基二硫醚、甲基乙基二

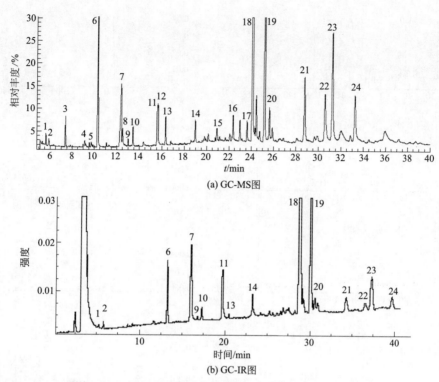

图 9-7   SBR 工业废水中提取物的 GC-MS 图和 GC-IR 图

硫醚、二乙基二硫醚的保留时间与其碳原子数均呈线性关系[4]。

（5）多种技术联合定性

采用单一技术定性时，可能会出现定性失误，为了减少气相色谱定性的失误率，可以采用多种定性技术联用，如化学反应（如烯烃加成反应）、选择性检测器（杂原子化合物定性）、GC-MS、GC-IR 联用、与生产工艺指标比对等。

采用反应前后比对的方法，对裂解汽油及其加氢产品中的烯烃属性进行了分析。图 9-10 是裂解汽油 C_9 及其加氢产品的 GC-FID，通过比对分析，裂解汽油 C_9 色谱图中消失的或明显降低的色谱峰为烯烃组分，新增加的峰和强度增加的峰为相应的加氢产物——饱和烃，这一结果与 GC-MS、GC-IR 定性结果一致[1]。

9.1.5　定量分析注意事项

气相色谱的定量方法有归一法、外标法和内标法，使用这些定量方法时应注意以下问题。

（1）归一法定量

归一法定量的前提是全部组分能流出色谱柱并在检测器上有响应。以下情况不能采用归一法定量：a. 当样品含难汽化的组分、汽化不完全的组分、难以流过色谱柱时，如用色谱法分析原油模拟蒸馏、重质油组成、重质油模拟蒸馏；b. 使用 FID 分析含永久性气体、水、甲醛等的样品。

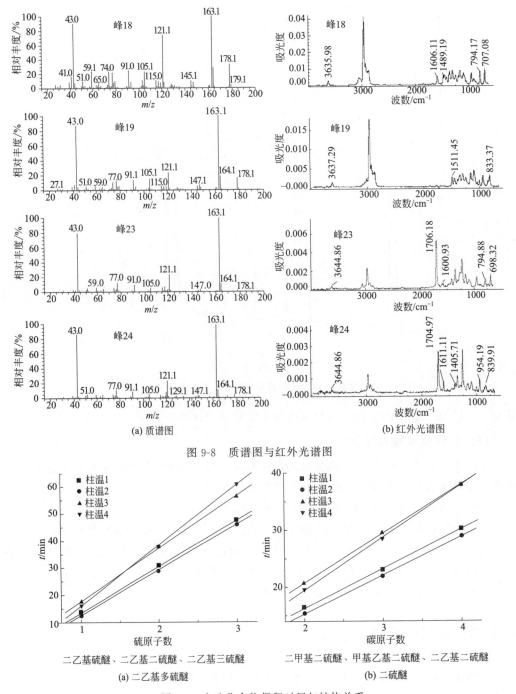

(a) 质谱图　　　　　　　　(b) 红外光谱图

图 9-8　质谱图与红外光谱图

二乙基硫醚、二乙基二硫醚、二乙基三硫醚
(a) 二乙基多硫醚

二甲基二硫醚、甲基乙基二硫醚、二乙基二硫醚
(b) 二硫醚

图 9-9　含硫化合物保留时间与结构关系

　　由于不同的化合物在检测器上的响应因子差异较大，应采用面积校正归一法定量。当待测组分的校正因子非常接近时，可以用峰面积归一定量。表 9-3 是汽油烃类和含氧化合物在 FID 上的相对质量校正因子[5]，含氧化合物与烃类化合物的相对校正因子相差很大，但是不同类（族）的烃类化合物的相对校正因子相差不大，而且同类烃类化合物的相对校正因子非常接近。因此，当测定含氧化合物的汽油时，应用校正归一法定量；当分析烃混

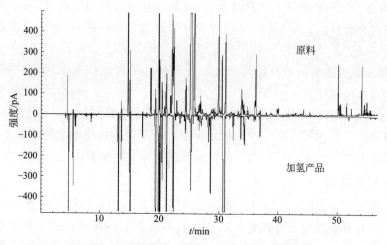

图 9-10　裂解汽油 C_9 馏分及其加氢产品的色谱

合物，尤其以同类烃为主组成的烃混合物时，可以采用面积归一法定量。

采用面积归一法和内标法[6] 定量分析了苯纯度及其杂质含量，分析数据见表 9-4，数据表明面积归一法的定量结果与内标法的结果比较接近。

表 9-3　不同化合物在 FID 上的相对质量校正因子[5]

化合物	相对相应因子	化合物	相对相应因子
庚烷	1.000	甲醇	2.996
甲基环己烷	0.980	乙醇	2.087
庚烯	0.980	叔丁醇	1.302
甲基环己烯	0.960	甲基叔丁基醚	1.577
甲苯	0.920	乙基叔丁基醚	1.407

表 9-4　面积归一法与内标法的定量分析苯烃组成含量的比较

组分	炼厂苯			化工苯		
	面积归一	内标法①	差值	面积归一	内标法	差值
苯	99.9133	99.8962	0.0171	99.9002	99.9058	−0.0056
甲基环戊烷	0.0027	0.0029	−0.0002	0.0021	0.0021	0.0000
1,2-二甲基环戊烷	0.0008	0.0008	0.0000			
甲基环己烷	0.0054	0.0060	−0.0006	0.0229	0.0244	−0.0015
乙基环戊烷	0.0014	0.0008	0.0006	0.0068	0.0073	−0.0005
环己烷	0.0088	0.0151	−0.0063	0.0255	0.0160	0.0095
甲基环己烯	0.0028	0.0030	−0.0002	0.0232	0.0250	−0.0018
甲苯	0.0055	0.0059	−0.0004	0.0096	0.0102	−0.0006
链烷烃	0.0593	0.0693	−0.0100	0.0097	0.0092	0.0005

① 内标法：采用 ASTM D4492—2007（2008 年实验数据，新版标准为 ASTM D4492—10）。

(2) 外标法定量

进样量的重复性和准确性是外标法定量的关键点，为此应注意以下几点。

① 采用自动进样器（针对液体样品）、气体进样阀（针对气体样品）、高压液体进样阀（气液混合物样品）、闪蒸-气体进样阀（气液混合物样品），避免手动进样量不能完全重复的问题。

② 配制标准溶液时，最好选用密度与待测样品的密度接近的溶剂，密度越接近，二者的进样量才能越接近。

③ 在分析标准溶液和待测样品时，二者的环境温度差别越小，密度变化越小，才能保证进样量尽可能相同。在生产控制分析中，经常会连续不断分析样品，如果上午、下午实验室温度变化较大，下午也应分析标准溶液，重新校准。

（3）内标法定量

内标法定量不受进样量的重复性影响，但是，选择内标物需要注意：a. 内标物的保留时间不能与其他任何组分重叠；b. 应选择高纯度的内标物；c. 即便没有合适的高纯度内标物，内标物中的杂质也不能与待测组分共流出，特别是分析低含量待测组分时，此外还需要测定内标物的纯度，用于计算内标物的实际加入量。

（4）定量分析需注意其他事项

① 使用文献校正因子时，最好使用权威专业书和期刊论文中列出的校正因子。

② 实测校正因子时，最好使用与待测样品基质相近溶剂，如果二者性质相差很大，测定的校正因子可能有差异。

③ 使用气体阀进样时，应使定量管与外界达到压力平衡后再进样，不能未达到平衡时进样，因为不同压力下进样量不同。为了便于观察是否得到压力平衡，可以将气体进样阀的排气管线插入装有水的玻璃瓶中，并保持每次进样时排气孔与水面的距离（高度）基本不变。

④ 使用液体自动进样器进行外标法定量时，应特别注意进样针中是否有残留溶剂，尤其在冬季和环境温度比较低的情况下。

⑤ 当定性结果、定量结果与生产工艺指标、科研预测指标有较大出入时，一定要复查分析过程，直到确认分析无误。

9.1.6 其他注意事项

（1）痕量组分的分析

待测组分含量不同，对分析系统的要求也不同。常量分析对样品的采样器和分析系统无特殊的要求，但是，对于痕量分析，采样器和进样系统的钝化情况以及检测器所用气体中的杂质含量直接影响分析数据的重复性和准确性。在石油炼化生产和技术开发中，痕量分析需求越来越多，如汽油柴油的硫含量已经降低至 10mg/kg，又如对聚合级乙烯、丙烯中的含硫化合物、CO、含砷化合物等含量的要求已低至 10^{-9} 级。在开展痕量组分分析时应注意以下事项。

① 分析气体样品中的痕量炔烃、二烯烃等活性烃类化合物时，需要严格净化 FID 用气体，特别是压缩空气，常用活性炭吸附除去气体中的烃类。

② 分析样品中的痕量含硫化合物、含氮化合物时，需要严格净化 SCD、NCD 用气

体，特别是压缩空气，常用活性炭进行脱硫、脱氮净化处理，也可以使用专用脱硫剂、脱氮剂等。此外，需要钝化处理试样接触的所有部件——定量阀、连接管线、接头的内表面，包括采样钢瓶。

③ 用外标法定量分析痕量组分时，不宜长时间存放低浓度标准溶液或标准气，最好在测样前用高浓度的标准溶液或标准气稀释至低浓度。如果使用在线稀释标准气，需检查在线稀释是否成比例。

(2) 宽馏程样品的分析

宽馏程样品的沸点分布比较宽，样品汽化可能不均匀，分流不均匀，从而引起样品汽化的歧视效应，影响准确定量。因此，分析这类样品，应采用较高的汽化温度，保证样品瞬间全部汽化，分流均匀。为了证明是否存在汽化的歧视效应，可以选择两个不同的汽化温度进行比对实验，如果测定结果一致，说明汽化分流均匀，没有汽化的歧视效应。

(3) 高沸点样品的分析

高沸点样品不仅可能存在汽化的歧视问题，过高的汽化温度还可能引起大分子烃裂解。为了克服这些问题，可以用低沸点溶剂将样品溶解、稀释，采用冷柱头进样（on-column）或程序升温进样（PTV），降低样品汽化温度，在较低的温度先将溶剂汽化分流，再将高沸点样品缓慢汽化，使其进入色谱柱，减少瞬间高温汽化引起的裂解反应和汽化的歧视效应。

(4) 高黏度样品的分析

用进样针直接进高黏度的样品时，容易使针杆发黏，推拉受阻，甚至堵塞进样针。如果使用自动进样器，当针杆推进发黏受阻时，很容易导致针杆打弯。为了解决这些问题，可以采用低沸点溶剂稀释高黏度样品，降低样品的黏度。用 FID 时，常用 CS_2 作为稀释剂，CS_2 在 FID 上无响应，但 CS_2 毒性较大，应注意防护。

9.2 气相色谱仪维护与故障排除

9.2.1 阀进样系统维护

(1) 使用进样阀可能会遇到的问题

① 样品中的机械杂质可能会被带入系统阀体，当阀芯转动时，会磨损阀芯，破坏阀芯的气密性。

② 阀芯转动不能复位，进样受阻。

③ 长期使用，磨损物导致阀芯堵塞；或样品中的颗粒物、高黏度物质被带入阀体，堵塞阀芯。

④ 设置的温度超过阀的使用温度限制，损坏阀芯，导致气密性降低。

(2) 当出现以上问题时可以采用的处理方法

① 立即停止使用进样阀，拆下阀体、阀芯，进行清洗。

② 清洗连接进样阀的管线，以防管线中有残留颗粒物等。

③ 如果阀芯有磨痕，可能影响其气密性，应更换阀芯。

（3）进样阀的维护

① 在采样钢瓶与进样阀连线中间增加带过滤膜的专用接头，过滤样品中可能存在的颗粒物、机械杂质，防止进入阀体中。

② 经常清洗接头，防止接头的过滤膜堵塞。

③ 定期检查阀芯，如果有异物，需超声波清洗。

9.2.2 液体自动进样器维护

（1）常遇到的问题

主要包括：a. 针杆黏结，推拉不畅；b. 进样针头堵塞；c. 进样针杆打弯；d. 进样针头打弯。

（2）出现问题的原因

1）针杆黏结 未清洗干净进样针的残留所致。在分析高黏度样品时，一般会用溶剂稀释，如果分析完样品后没有清洗干净进样针，当残留样品中的稀释溶剂挥发后，残留样品黏度增加，引起进样针杆推拉不畅；此外，在分析含高烯烃样品时，特别是含有二烯烃、苯乙烯的样品，如果未清洗干净进样针，残留样品中烯烃会聚合，导致分子量增加，黏度增加。针杆推拉不畅的原因，除了与针杆粘黏有关，还与长期使用导致针杆磨损有关，磨损物会残留于进样针中，如果清洗不彻底，也会引起针杆推拉不畅，甚至推拉不动。

2）进样针头堵塞 样品中的机械杂质及进样杆磨损物均可以导致进样针堵塞。

3）进样针杆打弯 由进样针黏结、推拉不畅引起。当针杆推拉受阻，在进样塔驱动器快速下移时，瞬间会将针杆打弯。

4）进样针头打弯 样品瓶放置的位置不当，常见因样品标签粘贴不当，导致样品瓶斜放，进样针可能会扎到瓶盖上；进样塔与进样口错位，主要是进样塔转动出现机械故障或进样塔受外力碰撞移位所致。

（3）维护液体进样器的办法

① 进完样品后，及时清洗进样针，如果分析的是高黏度的样品，应多清洗几次进样针。

② 使用液体自动器前检查针杆推拉是否顺畅，可以用手先推拉一下针杆，尤其是分析过高黏度样品后。

③ 定期将进样针拆卸下来，手动清洗进样针，检查是否有残留的磨损沉积斑状物，如果有斑状沉积物，可以采用洗涤剂、肥皂水清洗，然后用依次用清水、乙醇、丙酮清洗。

④ 定期校对进样塔，保证进样塔与进样口处于正常的位置。

⑤ 在放置样品瓶时，注意样品瓶的高度、位置，保证样品瓶在正常的位置，粘贴的样品标签不易过厚、过大、过长。

9.2.3　汽化室（进样口）的维护

(1) 主要问题

主要问题为汽化室的污染物残留。残留主要来自以下几个方面。

① 高沸点样品的残留物。在待测样品中不乏含高沸点组分的样品，如中间馏分油、重馏分油、重质油、产生装置中的异常堵塞物，这些样品不仅自身沸点高，而且含有不易汽化的胶质、沥青等微量组分。

② 高沸点基质的残留。在分析合成树脂、合成橡胶中的添加剂时，需要将待测组分分离出来，但是，在分离过程中不可避免会残留低分子聚合物和其他高沸点填充油。

③ 大分子的缩聚产物。当分析高沸点样品时，一般设置的汽化室温度比较高，高温下大分子组分裂解的同时，也会发生缩聚反应，产生分子量更大、沸点更高的物质。

④ 进样垫的碎屑。频繁进样会导致进样垫破损脱落，脱落物掉入衬管中，这些碎屑中可能含有半挥发的高沸点组分。进样口中残留的高沸点物质会引起基线不稳定，出现异常峰等，影响分析的正常运行。

另一个问题是汽化室分流异常。分流异常的主要原因是：a. 分流捕集管失效，当分流的样品或溶剂透过捕集阱，沸点较高的组分会沉积于分流阀，甚至阻塞分流阀，导致 EPC 不能正常控制压力；b. 高沸点物质沉积于分流捕集管，使分流捕集管堵塞，引起分流异常；c. 衬管底部的分流平板（Agilent 的 GC）上沉积物过多，导致分流不畅。

(2) 维护方法

① 不直接分析信息不详的样品。如果需要分析这类样品，需要测定样品的馏程、酸碱度，并采用过滤方法除去机械杂质。

② 不分析含难汽化组分的样品。如果需要分析这类样品，最好采用蒸馏方法，将难汽化的组分除去；如果样品量过少，无法蒸馏处理，需要在衬管中填充经净化处理的玻璃棉，使难汽化的组分大部分沉积于玻璃棉上，完成这类样品分析后及时取出玻璃棉，并适当清洗衬管。

③ 定期检查汽化室的衬管。如果发现衬管内有沉积物，及时清洗衬管；如果是钝化处理的衬管，需要按照说明要求清洗衬管，如果清洗不当，可能破坏钝化层；如果因清洗不当破坏了钝化层，可以将此衬管用于常规分析。

④ 经常检查进样垫。如果进样垫明显有脱落，除了更换进样垫，还需要检查衬管，及时清理衬管中的进样垫碎屑。

⑤ 定期检查分流捕集管。如果分流异常，更换分流捕集管。

⑥ 经常检查衬管底部的分流平板。如果发现沉积物过多，及时更换分流平板。

9.2.4　检测器的维护

这里主要介绍石油炼化行业常用几种检测器可能遇到的问题、故障及处理、维护方法。

(1) FID 检测器

主要问题：a. 喷嘴微堵塞或堵塞，导致点火异常，堵塞物主要来自 PLOT 柱的脱落填料或密封色谱柱的石墨碎屑；b. FID 喷嘴有积炭。

维护方法：a. 当发现点火有问题时，及时拆卸 FID 检查，如果喷嘴中有颗粒物，及时清理；b. 定期超声清洗 FID 喷嘴，除去沉积物、积炭等。

(2) TCD 检测器

1）主要问题

① 检测器被污染。高沸点的组分可能沉积于检测器内或热丝上，使检测器污染，引起基线波动、噪声增加。

② 热丝被氧化。载气或补偿气中含氧气量较高，致使热丝被缓慢氧化，最终导致 TCD 灵敏度降低。

2）维护方法

① 载气和补偿气均需经过脱氧处理，减少残留氧气对热丝的氧化作用，延长热丝寿命，防止灵敏度降低。

② 对于无自动保护功能的 TCD，打开热丝电流前，需要通载气 15～30min，除去系统中残留的空气；关机前，需要降低 TCD 温度至 150℃以下，关闭 TCD 电流，并持续通载气，最后关机。有 EPC 控制的 TCD 具有自动保护功能。

③ 热清洗 TCD。在通载气下，将 TCD 的温度升到 350～400℃，通过加热清除沉积于热丝和 TCD 池中的高沸点的沉积物。

(3) SCD 检测器

使用 SCD 检测器遇到的主要问题有：a. 灵敏度降低；b. 基线不稳，波动较大；c. 实验室内有臭氧的异味。

处理的方法如下。

① 灵敏度降低多数与陶瓷管有关，一般使用 6～12 月更换一次陶瓷管，具体时间与使用的频率、样品情况有关；灵敏度降低也可能与真空度不够有关，一般 6～12 月换一次真空泵油，3～6 月换一个油污分离滤芯。

② 基线不稳除了与分析系统污染有关外，还与实验室的温度有关，当实验室温度过低时，基线很难稳定，这一因素往往容易被忽略。控制实验室温度一般在 15～30℃，最好在 20～25℃。

③ 实验室内的臭氧异味与 SCD 尾气的臭氧捕集阱失效有关。当臭氧捕集阱失效后，如果未将尾气引出实验室，或实验室通风效果不佳，臭氧会聚集于实验室中，导致实验室出现异味。一般 3～6 月换一次臭氧捕集阱。

(4) NCD 检测器

NCD 检测器的问题和处理方法与 SCD 检测器的基本相同。

9.2.5 峰形异常问题的处理

这里谈及的故障指在气相色谱分析中常见的一些分析问题，如异常峰、不出峰、灵敏度降低等，不包括电路、机械方面的故障。

（1）无规律的异常峰

无规律地出现异常峰是气相色谱分析中常遇到的问题，一般是分析系统被污染所致。主要可能污染的单元有汽化室（进样口）和色谱柱，也有可能是检测器被污染；此外，没设置隔垫吹扫的流量，进样垫老化分解的挥发物和吸附于进样垫上的残留挥发物会进入色谱柱，也会产生异常峰。

排查异常峰的步骤如下。

① 首先检查隔垫吹扫是否设置流量，如果没有设置流量，即可设置流量，然后再检查是否还有异常峰。如果还有异常峰，与隔垫吹扫关系不大。

② 老化色谱柱。如果老化色谱柱时，峰的异常问题无明显变化，说明不是色谱柱被污染；如果老化色谱柱时异常峰明显增多，通过长时间老化色谱柱后再无异常峰出现，说明色谱柱被污染，其他单元正常；如果老化色谱柱时异常峰明显增多，通过长时间老化色谱柱后，仍有异常峰出现，说明除了色谱柱被污染外，还可能有其他单元被污染。需要进一步检查。

③ 断开色谱柱，检查检测器（TCD 除外）。如果异常峰没有改变，说明检测器有污染，需清理或清洗检测器。如果基线平稳正常，说明检测器无污染，需检查汽化室。

④ 安装空柱，检查汽化室。如果仍然有异常峰，说明汽化室有污染，需清理或清洗衬管。如果基线平稳正常，说明汽化室也没有污染，还是原色谱柱被污染，需要进一步老化色谱。

⑤ 长时间老化原色谱柱，至基线平稳。如果仍然不能解决问题，需更换色谱柱。

（2）不出峰

在气相色谱分析中，也会遇到进样后不出峰的问题。可能的问题及处理方法如下。

1）进样针堵塞，特别是气体进样针　当进样后不出峰时，先检查进样针是否有堵塞问题，如果抽不上样品，表明针头被堵塞，需要清洗。清除方法：a. 用另一个进样针抽取溶剂，将溶剂注入堵塞针的后部，然后缓慢推进针杆，有可能将针头内的堵塞物顶出，推进速度不宜过快，过快可能导致进样针玻璃筒破裂；b. 也可以用酒精灯烧针头，相当于将堵塞物灰化处理，然后用溶剂清洗，烧过的针头硬度会降低，如果无法清除堵塞物，更换进样针。

2）进样阀堵塞，导致无法进样　用液体进样针取溶剂进行测试，如果出峰正常，则表明进样阀堵塞。进样阀堵塞的可能性主要有阀芯堵塞，或阀芯没有复位。当确认是进样阀堵塞后，即可拆卸进样阀进行检查。a. 如果是阀芯未复位，则调整阀芯位置，使阀芯复位；b. 如果阀芯位置正常，表明阀芯堵塞，取下阀芯，进行超声波-溶剂清洗，然后重新安装阀芯。

3）如果进样针、进样阀没有问题，可能检测器有问题　主要问题如下。

① FID 检测器未点着火。主要问题是 FID 喷嘴堵塞、气体参数不匹配、气体有问题，也有可能是 FID 的电路板损坏。当出现点火问题时，首先检查气体参数是否匹配，如果不匹配，及时调整；其次，检查 FID 是否被堵塞，拆卸色谱柱，用手电筒从 FID 底部向上照射，观察是否堵塞，如果有堵塞，拆下 FID 喷嘴，清除堵塞物。点不着火

也可能与气体纯度、性质有关，特别是刚更换气体后，可以重新更换气瓶进行检查。关于电路板的问题，建议由厂家来确认电路板是否损坏。也可以用以下方法检查电路板是否有问题：将螺丝刀插入 FID，若出现极大信号，表明电路板正常；也可以用手轻轻扇一扇 FID 出口，如果有信号的变化，表明电路板正常。

② 需要检查 TCD 的温度。对于有自动保护的 TCD 检测器，当 TCD 温度低于最小设定值（如 Agilent 低于 150℃），TCD 不能开启灯丝，所以没有信号。

(3) 峰强度变小

在日常色谱分析中，也会遇到色谱峰强度（峰高）明显变小，可能的问题有以下几种。

1) 进样针漏气　多发生于 $50\mu L$、$100\mu L$ 的气体进样针。用液体进样针进样，检查分析系统，如果峰强度与以往的变化不大，说明气体进样针漏气。建议使用气密性好的气体进样针，即针杆前端有聚四氟密封杆的气体进样针。

2) 进样针微堵　这种问题经常发生，特别是当分析高黏度或含微量聚合物的样品时或进样针使用后未清洗干净。检查方法：将进样针杆拉出，然后将针头放入水中或乙醇中，再快速推进针杆，如果针头出气泡不畅，说明针头微堵；或用进样针抽取低黏度的溶剂如乙醇，如果吸取溶剂过慢，说明针头微堵。如果发生了针头微堵现象，应及时清洗，以防影响定量分析。

3) 进样垫漏气　这种现象也时常发生，特别是频繁进样后会使进样垫破损脱落，不能起到密封作用；此外，如果设置汽化室温度比较高、进样垫的螺丝拧得太紧，导致进样垫弹性降低，进样时也容易使进样垫破损。平时应经常检查进样垫，如果发现进样垫破损，及时更换；此外，更换进样垫时，不宜将固定进样垫的螺丝拧得过紧。

4) 检测器气体参数配比不合理　可能的问题有检测器的气路堵塞，导致参数配比发生变化；检测器的参数设置不合理；补偿气的流量过小，导致灵敏度降低。

(4) 峰拖尾

色谱峰拖尾也是色谱分析常见的问题之一，导致色谱峰拖尾的可能原因有：a. 柱温过低，溶质脱附速度不够；b. 进样量过大，超过柱容量；c. 因柱流失或其他原因致使色谱柱柱效降低，分离能力降低；d. 色谱柱选择不当；e. 进样针漏气（气体进样）或进样垫漏气。

针对以上问题，首先可以通过提高柱温、降低进样量，检查峰形是否有改善；如果没有改善，检查进样垫是否有破损；如果进样垫无破损，则与色谱柱有关，需更换不同极性的色谱柱。

9.3　仪器购置及验收事项

选购和验收气相色谱仪也是许多色谱分析人员需要做的一部分工作，下面介绍一些经验和体会。

9.3.1 仪器购置技术协议

(1) 明确仪器用途

石油炼化用气相色谱仪有专用气相色谱仪和通用气相色谱仪。专用气相色谱仪只用于某个特定项目的分析，如常用的天然气组成分析仪、炼厂气组分分析仪、汽油族组成分析仪等，这些仪器配置固定，不能再调整；通用气相色谱仪可以用于多个项目/参数的分析，可以根据需求配置多种附件，也可以根据后续的需要增加配置（附件），配置灵活，用途较多。所以，首先需要根据需求明确气相色谱仪的用途，以便确定配置。

(2) 经费

预算的经费决定了仪器的配置和备品、备件等。

(3) 确定配置

根据用途、经费确定仪器的配置。各厂家气相色谱仪的标准配置一般由 1 个毛细管进样口（汽化室）、1 个 FID 检测器、1 套色谱工作站和 1 根调试色谱柱组成。用户可以根据工作需求和经费额度，调整配置、增加附件，扩展色谱仪的功能和用途，以便今后拓宽分析范围。

1）进样口（汽化室） 气相色谱有多种进样口可供选择，用户可根据需求选择不同的进样口，如果分析高沸点馏分，可以考虑选择程序升温进样口（PTV）。

2）检测器 在石油炼制生产中，目前非常关注石油馏分中的含硫化合物、含氮化合物、含氯化合物，需要考虑增加 SCD、NCD、ECD 等检测器，拓宽应用范围。在石油化工生产中，也非常关注这些化合物，这些化合物容易引起催化剂中毒、设备腐蚀；此外，在聚乙烯、聚丙烯生产中，除了关注含硫、含氮、含砷化合物外，还特别关注 CO、CO_2 等，需要考虑增加 PDHID 或 DID 检测器。

3）进样器 如果今后可能会分析气体样品，需要配置气体进样阀或高压液体进样阀；如果日常分析样品量非常大，需要考虑配置液体自动进样器，此外，使用液体自动进样器可以提高外标法定量的准确性。

4）色谱柱 石油炼化分析常用的色谱柱主要有 PONA、OV-275、FFAP、PEG-20M、Al_2O_3 PLOT、分子筛等柱，基本覆盖了炼化分析的主要产品，可以考虑适当配置一些色谱柱。

5）消耗品 常用消耗品的主要有进样垫、样品瓶（自动进样器）、衬管、进样针、密封垫、柱接头等，可以多订购这些消耗品。

6）前处理附件 气相色谱前处理附件（设备）非常多，有在线联用的附件，也有离线的附件。在线联用的附件有裂解器、顶空进样器、热脱附、固相微萃取等；离线的附件有固相萃取、快速溶剂萃取、超临界萃取等。这些附件价格比较高，可以根据需要适当配置。

7）专用色谱仪 主要有天然气分析仪、炼厂气分析仪、汽油族组成分析仪，这些专用分析仪为固定配置，没有可选择的余地。但是，可以考虑配置一些消耗品和色谱柱。如购置汽油族组成分析仪时，可以多订购烯烃吸附阱。

（4）技术协议编写注意事项

1）仪器配置　根据需要和经费，确定气相色谱配置，包括附件和消耗品，而且在配置中一定要明确所有部件的数量。但是，在不少技术协议中没有明确部件的数量，投标人可能会按照最少数量投标。

2）技术指标　应根据工作需要确定技术指标，在技术协议中应明确关键技术指标。许多购置技术协议中的指标只是将厂家的色谱仪技术指标全部复制，没有与实际需求有机结合，没有抓住关键指标。此外，专用色谱仪的技术指标是按照通用色谱仪的指标设置的，没有专用色谱仪的专用指标，如汽油烃族组成测定多维色谱仪，应填写多维色谱仪的专用指标。

3）验收指标　应明确具体的、关键的验收指标以及验收方法，如针对特殊检测器，应验收最低检出限或灵敏度；针对载气压力和柱箱温度的控制精度，可以采用测定保留时间的重复性来综合评价压力和温度控制系统的稳定性，建议在程序升温柱箱温度的条件下，通过测定高沸点组分保留时间的重复性来进行评价，因为低沸点组分的保留时间短，重复性一般都很好，不易判断保留时间重复性的好坏，但是，当测量高沸点组分时，其保留时间比较长，重复性不一定很好，这样才能更准确地评价载气压力和柱箱温度的稳定性。

4）人员培训　培训一般包括现场培训和厂家培训中心的培训，如果技术协议中包含厂家培训中心的培训，应明确培训人数和培训费的支付方。

9.3.2　仪器验收

气相色谱仪的验收主要包括仪器到货验收、货物数量验收、技术指标验收，其中到货数量、技术指标验收非常重要。在验收过程中应详细记录验收和培训过程的细节。

（1）到货验收

气相色谱仪到货后，首先仔细检查外包装，如果发现有破损，应详细记录，同时拍照或录像备查，并及时反馈给供应商。按照技术协议（或商务合同）核对到货清单和实物。如果不一致，则及时与供应商联系。

（2）货物数量验收

在供应商安装工程师到场后，开箱核对货物名称及数量，应与技术协议（或商务合同）中的名称和数量一致。如果品名不对或数量不足，应与供应商的安装工程师确认，签订备忘录，并要求供应商及时补充。

（3）技术指标验收

气相色谱仪的技术指标非常多，但是，对于普通分析检测实验室而言，大部分技术指标无法在实验室进行现场验收，如温度精度、压力精度、升温速率、温度范围、压力范围等。在普通分析检测实验室可以验收的技术指标主要有保留时间重复性、峰面积的重复性、检测器灵敏度等。

1) 保留时间重复性　可以用于考察柱温、压力控制系统的稳定性。在验收保留时间重复性时，最好选择保留时间长的组分进行测定，选择保留时间在 30～60min 为宜，如果测定的保留时间过短，重复性都会非常好，不能有效评价柱温、柱头压控制系统的稳定性。

2) 峰面积的重复性　可以考察阀进样、液体自动进样器、分流系统、检测器气体控制系统和检测器自身的稳定性。可以用多个同系物配制浓度不同的几组标准溶液，通过重复测定标准溶液，考察测定低浓度、高浓度组分的重复性，同时通过计算同系物的相对校正因子，评价检测器定量的准确性。

3) 检测器灵敏度　对于选择性检测器或特殊检测器，必须验收其灵敏度。建议用有证定量标准溶液评价灵敏度，也可以用自己配制的标准溶液。验收灵敏度时，需要按照要求净化处理所用的气体。

4) 特殊样品的验收　可以复测调研时的样品，考察仪器的再现性；也可以选择其他特殊样品，进行某些参数的测定，评价仪器的某些性能。

5) 通用气相色谱仪　可以按照国家标准 GB/T 30431[7] 验收仪器，这是最基本的要求，厂家的技术指标一般高于 GB/T 30431。所以，验收的指标除了应符合 GB/T 30431 规定的指标项外，还应符合厂家公开的技术指标。

6) 专用分析仪　采用有证标准样品进行验收。如果有相关的标准，专用分析仪应符合相关标准，同时符合厂家的技术指标。如汽油烃组成多维气相色谱仪应符合 GB/T 30519[8]、汽油烃组成和含氧化合物多维气相色谱仪应符合 GB/T 28768[9]，此外还应符合厂家的技术指标。

9.3.3　培训

气相色谱的培训一般包括验收现场培训和厂家培训中心培训，这两种培训一般在技术协议或商务合同中有说明，均为免费培训。当然，参加厂家培训中心的培训时，旅差费和住宿费一般由用户支付。

(1) 现场培训

完成仪器安装调试后均有现场操作培训，分析人员最好能详细记录现场培训的全过程，即仪器操作步骤、操作要点和注意事项，特别是初次接触色谱的分析人员应做到可以根据记录顺利将仪器启动，并开展相应的简单分析工作。

(2) 厂家培训中心的培训

最好在使用气相色谱仪 6～12 月后再参加厂家的培训。因为，通过 6～12 月的仪器使用，操作者不仅可以熟悉气相色谱仪的基本操作和基本应用，而且在使用过程中还会发现许多问题或遇到许多难题，自己可能无法解决，这样就可以带着问题有针对性地参加相应的培训和学习。如果未使用过仪器就去参加培训，或验收完就立即参加培训，由于操作者对色谱仪尚不了解，可能难以跟上培训老师的讲课速度，培训效果不会很好。所以，不提倡仪器货到前培训和验收完就去培训。

参考文献

［1］ 薛慧峰，赵家林，刘满仓，等. 用气相色谱-质谱和气相色谱-红外联用技术分析热裂解汽油 C_9 馏分中的组成 ［J］. 分析化学，2004，34（9）：1145-1150.

［2］ 薛慧峰，耿占杰，秦鹏，等. 用气相色谱-红外和气相色谱-质谱技术分析热裂解汽油 C_5 馏分组分结构 ［J］. 石化技术与应用，2011，29（4）：362-367.

［3］ 薛慧峰，赵家林，赵旭涛，等. 丁苯橡胶废水中有机物的定性分析 ［J］. 分析化学，2006，34（增刊）：141-144.

［4］ 薛慧峰，王芳，秦鹏，等. 甲基叔丁基醚中有机硫化物的分析研究 ［A］. 第 21 届全国色谱学术报告会及仪器展览会会议论文集 ［C］. 2017：831-832.

［5］ ASTM D6729—14 Standard Test Method for Determination of Individual Components in Spark Ignition Engine Fuels by 100 Metre Capillary High Resolution Gas Chromatography.

［6］ ASTM D4492—07 Standard Test Method for Analysis of Benzene by Gas Chromatography（新版为 ASTM D4492—10）.

［7］ GB/T 30431—2013 实验室气相色谱仪.

［8］ GB/T 30519—2014 轻质石油馏分和产品中烃族组成和苯的测定 多维气相色谱法.

［9］ GB/T 28768—2012 车用汽油烃类组成和含氧化合物的测定 多维气相色谱法.

赛默飞 四通道炼厂气分析系统

炼厂气是指石油炼制及后加工过程中所产生的混合气体，对于工艺控制和安全生产具有重要意义。其组分复杂，包括C_1~C_6+烷烃、烯烃、二烯烃、炔烃、氢气、硫化物、永久性气体等。随着工艺的多样性需求增多，越来越多的用户希望在常规分析组分外增加诸如：C_6以上烃类组成、微量硫化物组成、微量含氧化合物组成、微量CO及CO_2含量等信息。

赛默飞Trace1300系列气相色谱仪独特的模块化检测器配合功能强大的大阀箱，使得四通道炼厂气成为可能，可以提供6阀8柱4检测器的扩展炼厂气分析系统。

通道1： TCD检测O_2、N_2、CO、CO_2、H_2S等永久性气体。

通道2： FID检测C_1~C_5烃类及C_6+合峰。

通道3： TCD检测H_2含量。

通道4： 可以安装相应的任何一款检测器，用于分析C_6~C_{16}烃类或者微量含氧化物、微量硫化物、微量CO和CO_2。

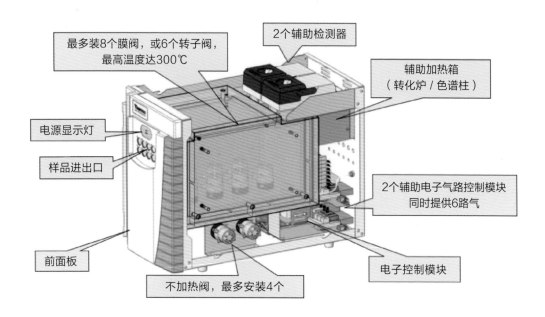

最多装8个膜阀，或6个转子阀，最高温度达300℃

2个辅助检测器

辅助加热箱（转化炉／色谱柱）

电源显示灯

样品进出口

2个辅助电子气路控制模块同时提供6路气

前面板

不加热阀，最多安装4个

电子控制模块

赛默飞气相色谱辅助炉温箱的阀箱中除了安装阀以外还可以安装5根以上的填充柱，或者安装3根以上30m长的毛细管柱，还有额外的辅助加热箱安装色谱柱，并且可以设置不同的温度，为复杂样品分析的方法优化提供了便利条件。

赛默飞的炼厂气分析采用了专用的水捕集阱来捕集样品中的水分以避免水对Al_2O_3柱的影响。避免了Al_2O_3柱的频繁老化，延长了Al_2O_3柱的使用寿命，为烃类定性定量提供了便利。

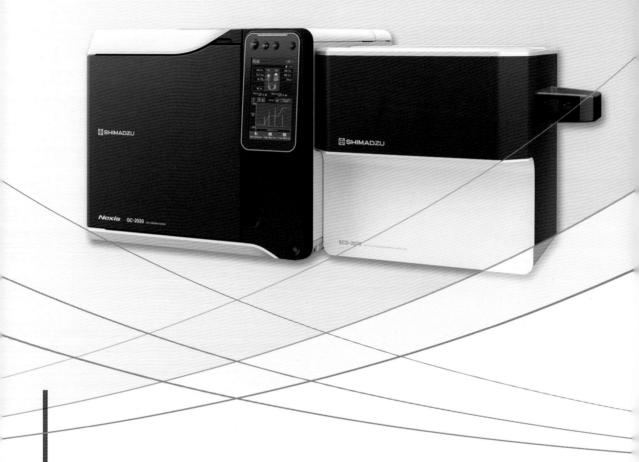

"智"享无忧，"触"动未来

全新 Agilent 8890 和 8860 智能化气相色谱系统

起初，Agilent Intuvo 全面提升了气相色谱的智能化水平。如今，这两款新型气相色谱系统已将这种智能化扩展到了整个安捷伦气相色谱系统产品组合中。因此，您随时可以按自己喜欢的方式工作，同时获得高质量数据。

Agilent 8890 气相色谱仪可确保系统正常工作，并指导您解决问题。更重要的是，通过远程访问功能您能随时随地查看实验室状况。

Agilent 8860 气相色谱仪让常规分析"不常规"。它能够监测系统健康状况、跟踪样品分析情况并在泄漏时及时发出警报。因此，您可以游刃有余地规划工作（包括维护），无需应对意外停机。

了解安捷伦智能化气相色谱系统系列的最新产品：
www.agilent.com/chem/gc

汇集方寸，遍行天地

Agilent 990 微型气相色谱系统
助您随时随地立即获得结果

内置智能功能凭借以下方面提升效率：
– 以小巧体积为您提供所需的重要答案
– 约10分钟内完成应用更改
– 1~4 个通道配置最大程度提高灵活性
– 增强的诊断和智能功能为您规划维护工作

Agilent 8890 气相色谱系统

Agilent 8860 气相色谱系统

中国科学院兰州化学物理研究所色谱中心
兰州中科凯迪化工新技术有限公司
(AT) ANALYTICAL TECHNOLOGY

高效毛细管色谱柱/Capillay Columns

固定相	长度 / m	内径 /mm	膜厚 / μm
AT. KD-1	25	0.20	0.25
AT. SE-30	30	0.25	0.33
AT. OV-1	50	0.32	0.50
AT. OV-101	60	0.53	1.00
AT. KD-5	25	0.20	0.25
AT. SE-54	30	0.25	0.33
AT. SE-52	50	0.32	0.50
AT. OV-1301	60	0.53	1.00
AT. 624	25	0.20	0.25
AT. KD-20M	30	0.25	0.33
AT. PEG-20M	50	0.32	0.50
AT. WAX-20M	60	0.53	1.00
AT. 20M-TPA	25	0.20	0.25
AT. KD-FFAP	30	0.25	0.33
AT. FFAP	50	0.32	0.50
AT. OV-351	60	0.53	1.00
AT. KD-1701	25	0.20	0.25
AT. OV-1701	30	0.25	0.33
AT. KD-17	50	0.32	0.50
AT. OV-17	60	0.53	1.00
AT. OV-225	25	0.20	0.25
AT. DX-1	30	0.25	0.33
AT. DX-4	50	0.32	0.50
AT. OV-11	60	0.53	1.00
AT. 35	25	0.20	0.25
AT. OV-61	30	0.25	0.33
AT. OV-210	50	0.32	0.50
AT. OV-215	60	0.53	1.00

专用色谱柱/Special Columns

固定相	长度 / m	内径 /mm	膜厚 / μm
AT. PONA	50	0.20	0.5
AT. TVOC	50	0.32	1.0
AT. VOC	30/60	0.25/0.32/0.53	1.4/1.8/3.0
AT. 624	30/60	0.25/0.32/0.53	1.4/1.8/3.0
AT. LZP-930白酒柱系列	18~60	0.25/0.32/0.53	1.0
AT. 农残 I	30	0.32/0.53	1.0
AT. 农残 II	30	0.32/0.53	1.0
AT. Amine/低碳胺	30	0.53	1.0
AT. CL-Toluene/氯甲苯	30	0.25/0.32/0.53	1.0
AT. Cresol/酚类	30/50	0.25/0.32/0.53	1.0
AT. NO_2-Benzene/硝基甲苯	30	0.25/0.32/0.53	1.0
AT. 添加剂	15/30	0.53	1.0

经典填充柱/Packed Columns

研制生产符合国家标准、EPA和相关企业标准的各种规格的不锈钢、玻璃、聚四氟乙烯填充柱和微填柱。

白酒分析专用柱
液化气分析专用柱
天然气分析专用柱
变压器油溶解气体分析专用柱
食品添加剂分析专用柱
苯系物分析专用柱

高效液相色谱柱/HPLC Columns

选用高质量的色谱填料、采用先进的装填技术和全面严格的检测筛选手段制备而成的高性能色谱柱。同时提供多种品牌多种类型的常规分析柱。

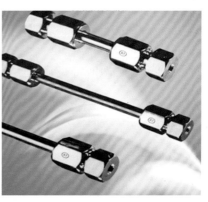

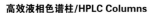

中国科学院兰州化学物理研究所色谱中心　　地址：兰州市南昌路640号　　电话：0931-8278211　8279211　　Http: www.anatechweb.com
兰州中科凯迪化工新技术有限公司　　邮编：730000　　　　　　　　　　　　8275222　8275333　　E-mail: sepuke@126.com
　　　　　　　　　　　　　　　　　　　　　传真：0931-8273211　　　　　　　　　　　　　　　　　　E-mail: 122589559@qq.com
　　　E-mail: 474819177@qq.com